終極武器百科

從冷兵器、火器到現代槍械，最齊全的全球武器大圖鑑

Boulder Media 大石文化

DK

終極武器百科

從冷兵器、火器到現代槍械，最齊全的全球武器大圖鑑

編輯顧問——英國皇家軍械博物館　撰文——羅傑·福特Roger Ford 等　翻譯——于倉和

Boulder Media 大石文化

終極武器百科
從冷兵器、火器到現代槍械，
最齊全的全球武器大圖鑑

撰　文：羅傑·福特Roger Ford 等
翻　譯：于倉和
主　編：黃正綱
資深編輯：魏靖儀
美術編輯：吳立新
行政編輯：吳怡慧

發 行 人：熊曉鴿
總 編 輯：李永適
印務經理：蔡佩欣
發行經理：曾雪琪
圖書企畫：陳俞初

出 版 者：大石國際文化有限公司
地 址：新北市汐止區新台五路一段97號14樓之10
電 話：（02）2697-1600
傳 真：（02）8797-1736
印 刷：群鋒企業有限公司

2024年（民113）3月初版三刷
定價：新臺幣 1700 元
本書正體中文版由Dorling Kindersley Limited授權
大石國際文化有限公司出版

ISBN：978-986-99563-9-0（精裝）
＊本書如有破損、缺頁、裝訂錯誤，請寄回本公司更換

總代理：大和書報圖書股份有限公司
地址：新北市新莊區五工五路2 號
電話：（02）8990-2588
傳真：（02）2299-7900

國家圖書館出版品預行編目（CIP）資料

終極武器百科 從冷兵器、火器到現代槍械，最齊全的全球武器大圖鑑 / 羅傑·福特Roger Ford 等 作；于倉和 翻譯. -- 初版. -- 新北市：大石國際文化, 民109.12 392頁；23.5 x 28.1公分
譯自：Weapon : a visual history of arms and armour
ISBN 978-986-99563-9-0（精裝）

1.武器 2.軍事裝備 3.歷史
595.9　　109018800

目錄

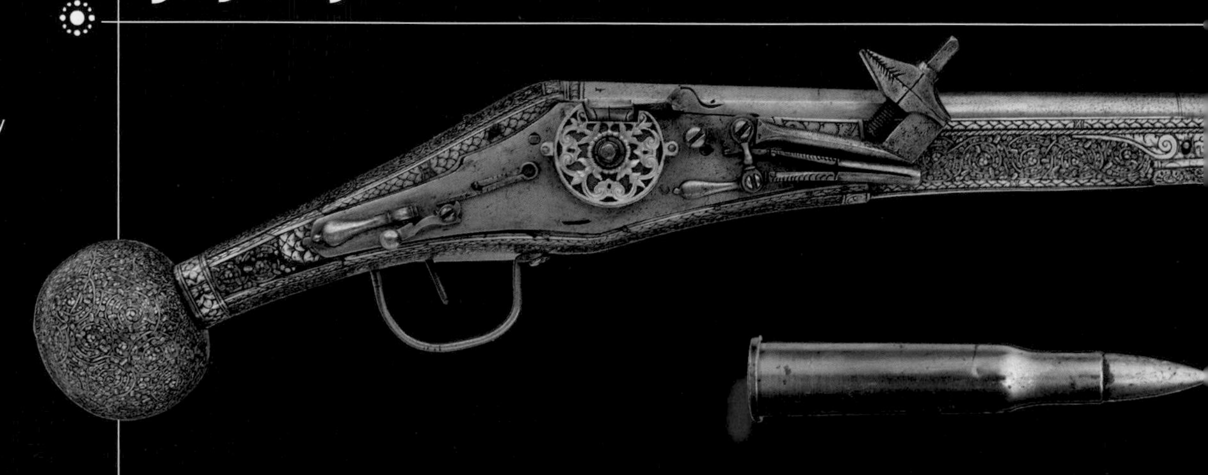

革命的世界
（公元1775年-1900年） 180

現代世界
（公元1900年-2006年） 292

前言

我在2005年加入皇家軍械庫博物館（Royal Armouries）的信託管理委員會後，生活開始變得多采多姿。我還在劍橋大學就讀時，某個夏天在當時位於倫敦塔的皇家軍械庫博物館裡工作。要是我踏上另一條職涯道路，很可能就會成為一名策展人，而不是軍事歷史學者。從某種意義上來說，這兩條人生道路並沒有那麼分歧，因為軍事歷史離不開戰場，若沒有把武器納入考量，就很難想像出戰鬥中的人是什麼樣子。

戰爭比文明還古老。事實上，來自我們人族祖先的線索顯示，這件事甚至比人類還要古老。武器是軍人這一行的工具，本書將會凸顯出武器的重要性，展現出它們如何從用來獵野生動物的原始工具迅速發展，並在接下來的數千年裡展現出定義它們的特徵。它們一開始是打擊武器，用來直接攻擊對手，首先是棍棒，接著是斧頭，然後是劍、匕首和用來刺擊的矛。此外還有投擲武器，可以在施加力量後向前拋出，從一定的距離外擊中目標，剛開始是削尖的棍棒，如標槍一般用力投擲，然後再進步到長矛、弓箭和弩箭等。火藥武器自15世紀起愈來愈有存在感，但它們並未立即取代打擊或投擲武器。在17世紀，火槍兵由長矛兵保護，而拿破崙的騎兵在近距離則是用劍戰鬥。即使到了21世紀初，從古代有刃武器衍生而來的刺刀，依然是步兵裝備的一部分。

本書涵蓋的時間跨度和地理範圍幾乎可說是史無前例，這反而凸顯出即使是完全不同的文化和時代，武器間的相似程度也意外地高。火器的出現並不是立即帶來決定性影響，而歷史學家對於在17世紀前半這段時間裡發生的變化是否快速且徹底到可以構成「軍事革命」也莫衷一是，但它們的影響深遠則毋庸置疑。可抵擋攻城器械的要塞堡壘，在火砲面前不堪一擊，君士坦丁堡（Constantinople）在1453年陷落就是具代表性

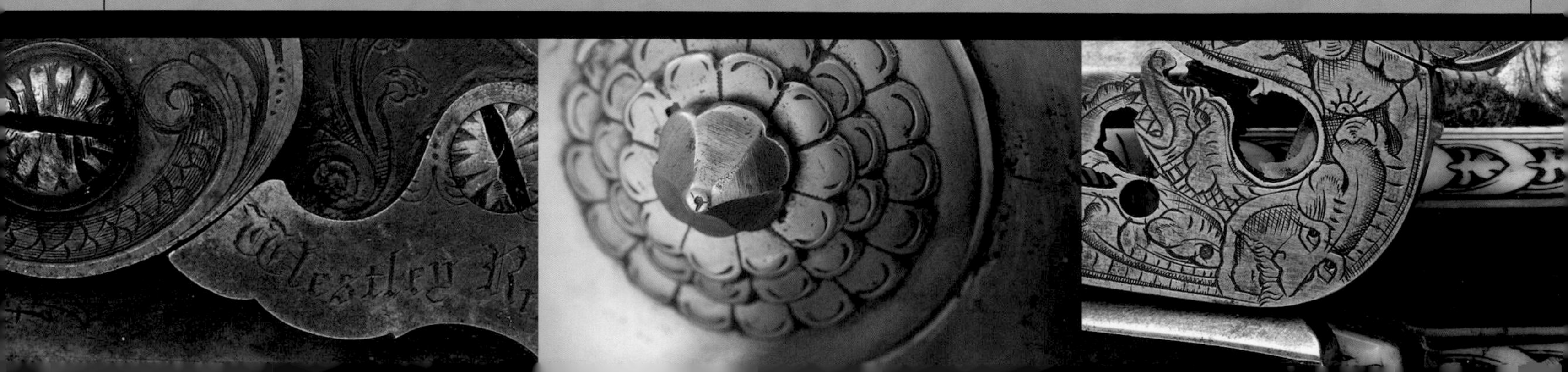

的里程碑。其他戰役也有類似的歷史地位，例如1525年在帕維亞（Pavia），裝備火槍的步兵擊退了穿著盔甲的騎兵。火器是大型部隊興起的關鍵，因為它們可以大量生產。它們的發展十分快速，差不多只過了一個半世紀多一點，就從射程短、不精準又不可靠的燧發滑膛槍，進步到可靠的現代化突擊步槍。

但武器不只是軍人的工具而已。只要翻閱本書，你一定可以對武器為狩獵、自衛和執法等用途衍生出的獨創性和創造力感到耳目一新。有些武器具有宗教或魔法意涵，至於其他武器，像是日本武士成對配戴的刀劍，或是18世紀歐洲紳士在臀部佩掛的小劍，則是身分地位的象徵，也反映個人財富。攜帶武器的權利與社會地位之間長久以來都有密切關聯，而這個權利在美國的憲法第二修正案裡白紙黑字清楚記錄（但也有所爭議），有如聖旨。在某些社會，像是古希臘城邦，這個權利則與公民權利有直接關聯。

討論了武器，就不可能不提盔甲。本書也詳細解說盔甲如何達到保護穿戴者的作用，甚至超越原本的功能。它也常被用來震懾、威嚇、展現穿戴者的財富或地位，例如銅器時代戰士的有角頭盔和日本武士的「面頰」（mempo）武士面具就有相當多的共通之處。不過在上一個世紀，我們已經重新見證這些護具的復興，當代的士兵穿戴凱夫勒頭盔和防彈衣，同時呈現出復古和現代的輪廓。

總而言之，這次的合作不但能體現皇家軍械庫博物館策展團隊的淵博學識，同時也讓博物館的世界級收藏可以展現在世人眼前。能夠參與這項計畫，我感到十分榮幸。

理察・霍姆斯 Richard Holmes

弓、箭與矛

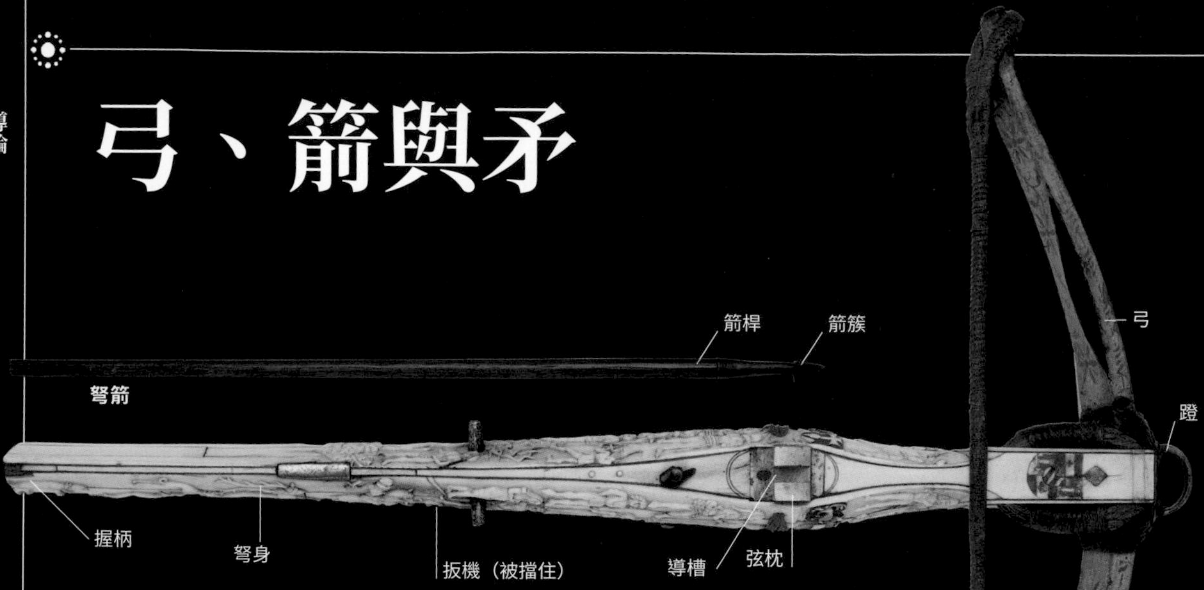

箭桿
箭簇
弩箭
握柄
弩身
扳機（被擋住）
導槽
弦枕
15世紀弩
弓
蹬
弓弦
筈
葉片形矛頭
銹蝕的金屬矛頭
木柄
薩克森矛
北美印地安複合弓 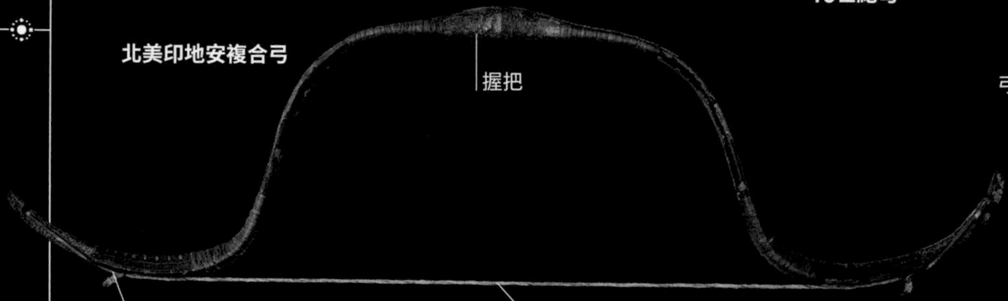  
握把
弓弭上的凹口，用來固定弓弦
弓弦
出箭點
上弓臂
下臂
亞述簡易弓箭
筈
箭翎
箭桿
箭簇腳
箭簇

投射武器，例如弓箭和長矛，可以隔著一段距離施力。由於這類武器在狩獵的時候相當實用，因此人類很早就開始運用它們。這類武器當中構造最簡單的就是擲矛，也就是一端削尖的桿子。不過它的主要缺點是：一旦被扔出去，就等於失去這個武器，而且非常可能被敵人扔回來。但古羅馬的重標槍（pilum）有特殊設計，擲出後，鐵柄在碰到目標時就會彎曲，可防止再被敵人拿來使用。

簡易的弓是把一根拉弦綁在一段木柄的兩端而成。這種型式的弓不論是生產還是操作都很簡單，在古代世界到處都有人使用。複合弓則是把幾片木材用膠黏合而成，核心部分用獸骨及筋腱加強，彈性更大，因此射程更遠。在蒙古人之類的遊牧民族手裡，這種弓可以發揮毀滅性的威力，從遠距離就可以摧毀步兵方陣。自13世紀起，英國人廣泛運用長弓（longbow），這是一種簡單的弓，長度達2公尺，由紫杉木製成。這種弓的射程長，又可快速射箭，在公元1298年於福庫克（Falkirk）對抗蘇格蘭人，以及1346年在克雷西（Crécy）、1415年在亞金科特（Agincourt）和法國人作戰時，長弓都被視為勝利的關鍵。

弩

弩（crossbow）是一種機械弓，可發射金屬或木製弩箭。它有一個托，可以讓弩保持在待發射狀態，而不必用手去拉緊弓弦。弩經證明首先在中國漢朝（公元前206年到公元220年）出現，之後在中世紀歐洲自十字軍運動時起開始廣泛使用。隨著時間過去，用來裝填（或張開）弩的機械結構愈來愈複雜，包括腳踏操作桿和齒輪式絞弦器等，這類裝置可以讓弩的威力大增，但裝填速度也更慢。到了16世紀末期，弩就幾乎從戰場上消失。

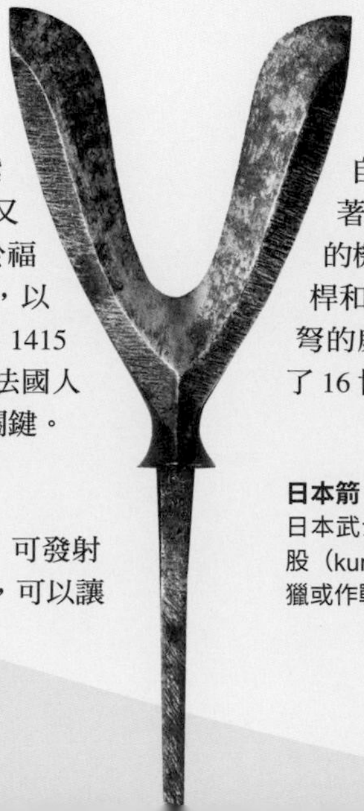

日本箭
日本武士使用多種箭簇。這種開岔的箭簇稱為雁股（kurimata），可以造成多重傷害，不論是狩獵或作戰均適用。

斧與棍棒

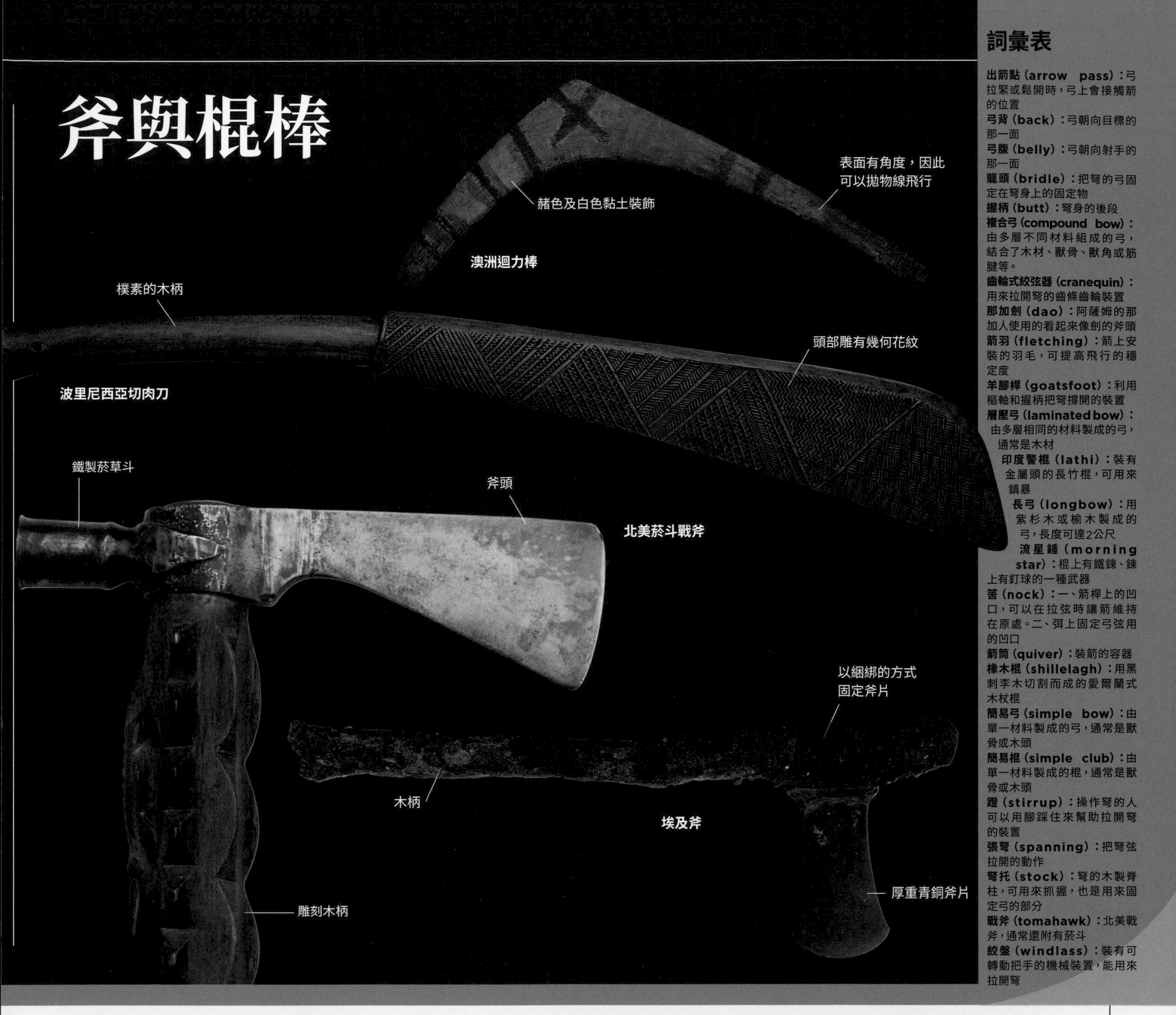

詞彙表

出箭點（arrow pass）：弓拉緊或鬆開時，弓上會接觸箭的位置
弓背（back）：弓朝向目標的那一面
弓腹（belly）：弓朝向射手的那一面
籠頭（bridle）：把弩的弓固定在弩身上的固定物
握柄（butt）：弩身的後段
複合弓（compound bow）：由多層不同材料組成的弓，結合了木材、獸骨、獸角或筋腱等。
齒輪式絞弦器（cranequin）：用來拉開弩的齒條齒輪裝置
那加劍（dao）：阿薩姆的那加人使用的看起來像劍的斧頭
箭羽（fletching）：箭上安裝的羽毛，可提高飛行的穩定度
羊腳桿（goatsfoot）：利用樞軸和握柄把弩撐開的裝置
層壓弓（laminated bow）：由多層相同的材料製成的弓，通常是木材
印度警棍（lathi）：裝有金屬頭的長竹棍，可用來鎮暴
長弓（longbow）：用紫杉木或榆木製成的弓，長度可達2公尺
流星錘（morning star）：棍上有鐵鍊、鍊上有釘球的一種武器
筈（nock）：一、箭桿上的凹口，可以在拉弦時讓箭維持在原處。二、弭上固定弓弦用的凹口
箭筒（quiver）：裝箭的容器
橡木棍（shillelagh）：用黑刺李木切割而成的愛爾蘭式木杖棍
簡易弓（simple bow）：由單一材料製成的弓，通常是獸骨或木頭
簡易棍（simple club）：由單一材料製成的棍，通常是獸骨或木頭
蹬（stirrup）：操作弩的人可以用腳踩住來幫助拉開弩的裝置
張弩（spanning）：把弩弦拉開的動作
弩托（stock）：弩的木製脊柱，可用來抓握，也是用來固定弓的部分
戰斧（tomahawk）：北美戰斧，通常還附有菸斗
絞盤（windlass）：裝有可轉動把手的機械裝置，能用來拉開弩

石塊和磨尖的石頭曾經是最原始的武器。當這種石頭固定在木條上時，就成了棍棒或斧，攻擊範圍立刻增加，還能透過槓桿作用提高攻擊力道。棍棒可以對有盔甲的對手造成嚴重打擊，而即使被斧頭輕輕掃到一下，也可能導致大量出血。

簡易的棍棒在非常早以前就已經出現，但它們的效益卻透過各種不同型式的發展來證明，像是祖魯人的圓頭棒（knobkerrie）、美洲北極地區的鯨骨棍，還有裝飾繁複的紐西蘭木棍等。在太平洋地區，這類棍棒是歐洲殖民擴張前最廣泛使用的武器。加上一個頭或是插進木柄裡的複合式棍棒，通常還會加上釘子或凸起設計，可增加致命性。在澳洲則發展出所謂的擲棍或迴力棒，有些還會彎曲，萬一投擲者錯失目標時，可以飛回投擲者的手上。

繼續發展

手斧首度被運用的時間，大約是在150萬年前，且很可能被拿來當成刮刀使用。青銅斧於公元前3世紀出現在近東地區，之後廣為散布，從埃及到斯堪地那維亞都有它的蹤跡。之後由於鐵和鋼的發明，人可以鍛造出更尖銳、更扁薄的斧片，因此更加實用。雖然羅馬人並沒有廣泛運用斧頭，但他們的某些蠻族對手卻有使用，例如法蘭克人的擲斧（francisca）。維京人以雙手持握的戰斧為主要武器，當中有一些以戟的變化形延續到中世紀。不過在堅持保留狩獵傳統的社會裡，斧頭仍然廣受使用，像是北美地區的戰斧和阿薩姆的那加人（Naga）使用的一種混和了劍和斧特徵的那加劍（dao）。

菁英權杖
儘管木棍在南非被用來戰鬥，但圖中這根木棍製作精美，末端有雕刻成19瓣的飾球，很可能是某個顯赫人士的權勢象徵。

劍與匕首

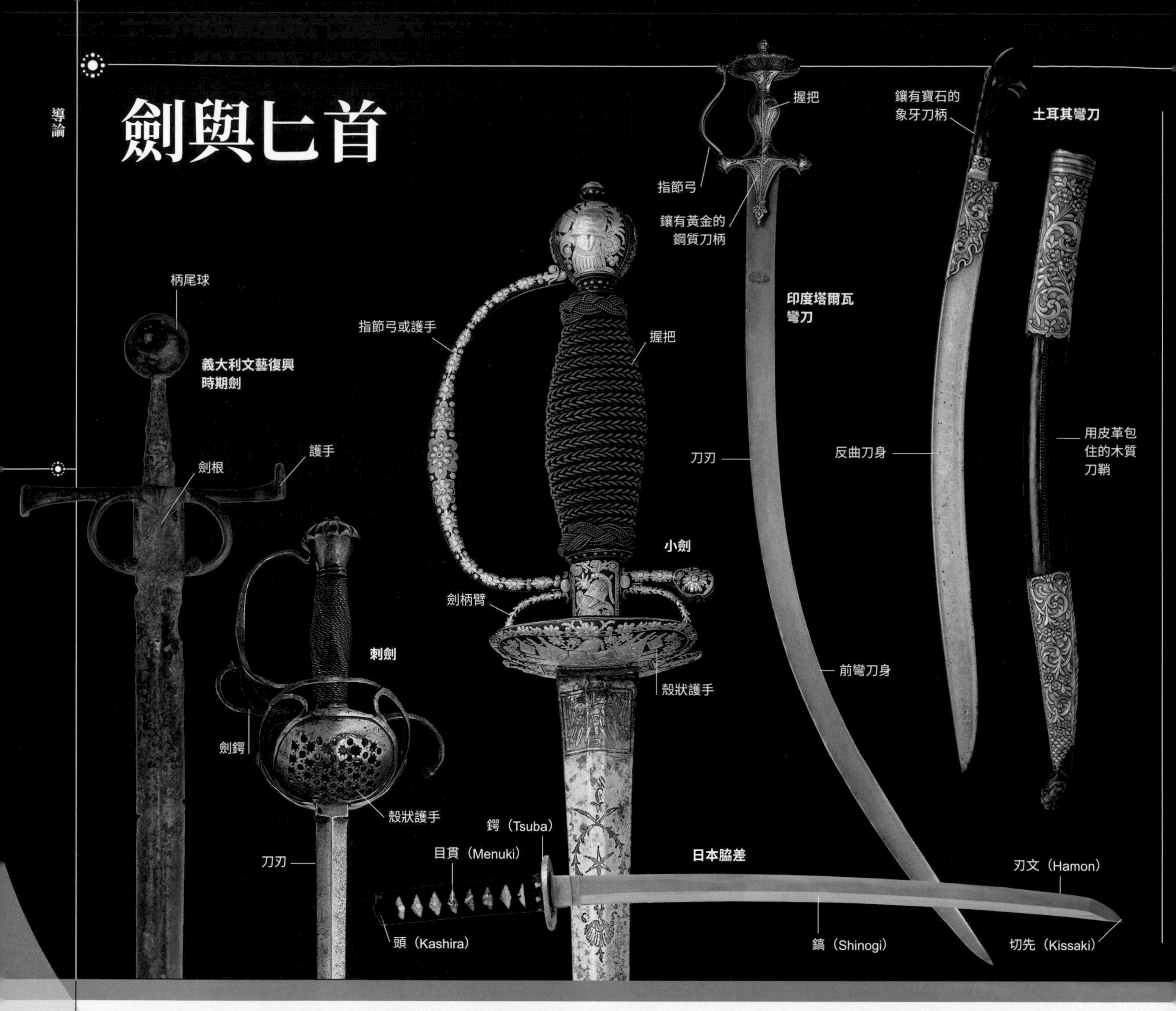

劍是最廣泛使用的武器之一，它基本上就是一把加上握柄的長刀。由於長度較長，加上刀身的形狀和鋒利區域變化多端，因此可以用來砍劈或刺擊。最早的刀身是由燧石或黑曜石製成，一直要到公元前 3 世紀左右人類發明了青銅器，刀身強度提高、變得更堅固耐用，劍才算真正問世。米諾安（Minoan）和邁錫尼（Mycenaean）短劍（約公元前 1400 年）沒有複雜的握把，但已經在握把和劍柄之間設計了凸緣，以保護持劍者的手。到了公元前 900 年，人類發明鐵器，加上隨後出現的鍛接熔合技術，可以把刀身的幾個部分混和熔接成一個更堅固且更有彈性的整體，劍也因此變得更加致命。

劍

然而，劍對希臘的重裝步兵來說依然是次要武器。一直要到羅馬兵團使用適於在近距離向上刺擊的西班牙短劍，劍術這套東西才成為步兵戰術的一部分。到了中世紀歐洲，配劍成為軍事菁英的身分象徵，他們一開始比較偏愛寬劍身，因為不但適合砍劈，還可給鏈甲毀滅性的一擊。自從板甲在 14 世紀出現後，劍開始變得更窄，更適合從盔甲接合處的弱點刺進去，最後衍生出 16 和 17 世紀的刺劍。劍柄的做工也愈來愈精細，通常有劍杯和金屬護籃來保護持劍者的手。

在歐洲以外的地方，劍在 14 世紀的日本達到發展歷程中的巔峰。日本武士用的長劍「武士刀」，不但是身分階級的象徵，層疊鍛造的鋼製刀身也使它成為極有效率的致命武器。伊斯蘭世界也有漫長的製劍歷史，

杯柄式刺劍
劍柄護手，例如圖中杯狀的這一種，從 17 世紀時開始普及。在其他案例中，以護手凸出的部分搭配下掃的動作，可以撥開對手的攻擊。

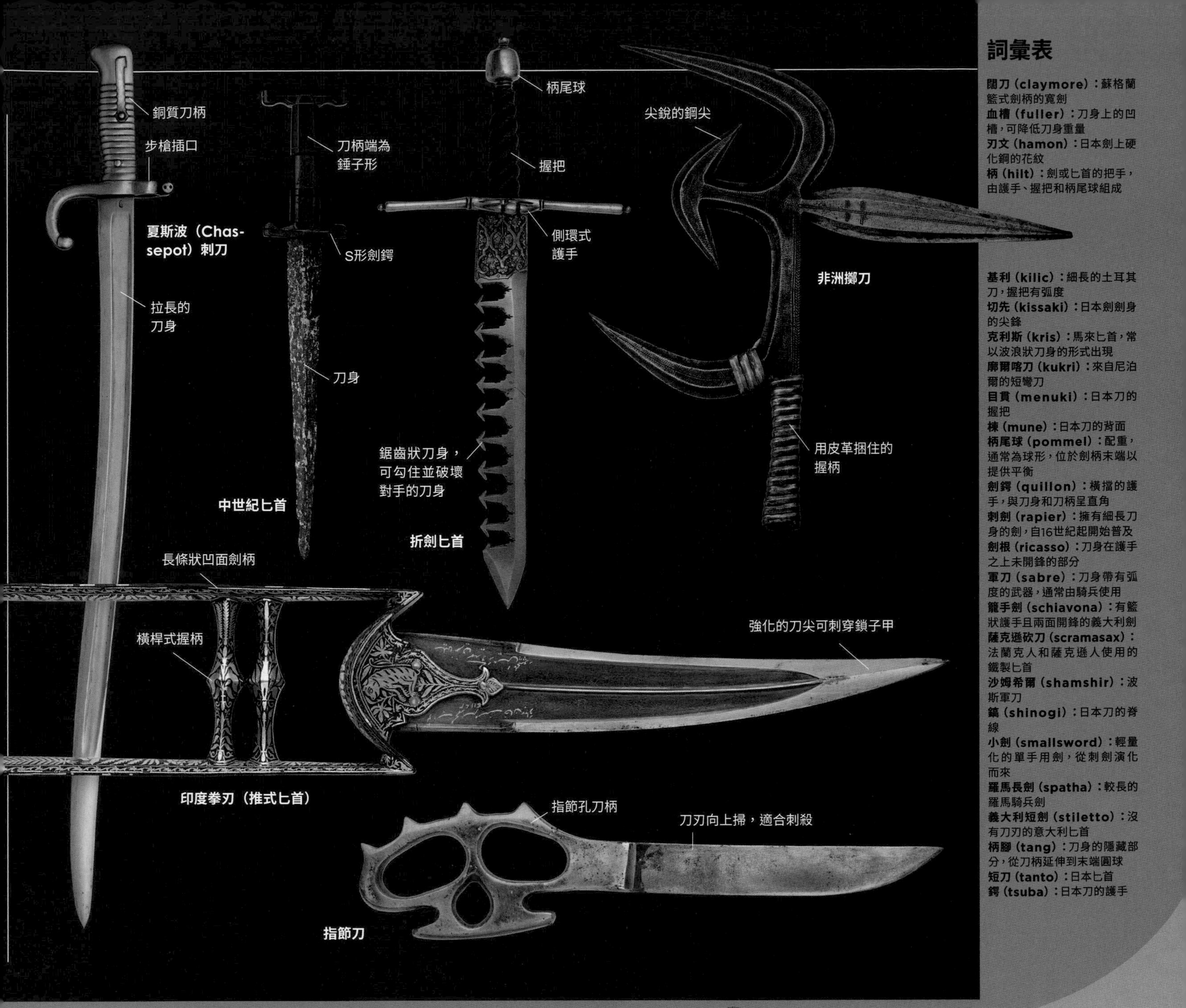

詞彙表

闊刀（claymore）：蘇格蘭籃式劍柄的寬劍
血槽（fuller）：刀身上的凹槽，可降低刀身重量
刃文（hamon）：日本劍上硬化鋼的花紋
柄（hilt）：劍或匕首的把手，由護手、握把和柄尾球組成
基利（kilic）：細長的土耳其刀，握把有弧度
切先（kissaki）：日本劍劍身的尖鋒
克利斯（kris）：馬來匕首，常以波浪狀刀身的形式出現
廓爾喀刀（kukri）：來自尼泊爾的短彎刀
目貫（menuki）：日本刀的握把
棟（mune）：日本刀的背面
柄尾球（pommel）：配重，通常為球形，位於劍柄末端以提供平衡
劍鍔（quillon）：橫擋的護手，與刀身和刀柄呈直角
刺劍（rapier）：擁有細長刀身的劍，自16世紀起開始普及
劍根（ricasso）：刀身在護手之上未開鋒的部分
軍刀（sabre）：刀身帶有弧度的武器，通常由騎兵使用
籠手劍（schiavona）：有籃狀護手且兩面開鋒的義大利劍
薩克遜砍刀（scramasax）：法蘭克人和薩克遜人使用的鐵製匕首
沙姆希爾（shamshir）：波斯軍刀
鎬（shinogi）：日本刀的脊線
小劍（smallsword）：輕量化的單手用劍，從刺劍演化而來
羅馬長劍（spatha）：較長的羅馬騎兵劍
義大利短劍（stiletto）：沒有刀刃的意大利匕首
柄腳（tang）：刀身的隱藏部分，從刀柄延伸到末端圓球
短刀（tanto）：日本匕首
鍔（tsuba）：日本刀的護手

大馬士革（Damascus）在很長一段時間內一直是刀劍生產和貿易的中心。鄂圖曼帝國（Ottoman Empire）特別重視騎兵，也生產許多高檔刀劍，像是刀身有弧度的軍刀，如波斯彎刀（Kilij）和尤它坎彎刀（yataghan）等。至於印度蒙兀兒帝國（Mughal）的印度塔爾瓦彎刀（talwar），特色則是圓盤狀的柄尾球。

禮儀配劍

然而，手持火器出現後，劍和其他近距離專用兵器就幾乎變成了多餘的。在西方國家的陸軍中，劍做為武器在騎兵中存在的時間最久，因為在馬匹奔馳的過程中，用有弧度的軍刀由上往下攻擊可以造成嚴重傷害。但到了20世紀，劍在大部分情況下都已成為儀式性武器，僅限穿著軍禮服的軍官佩掛。

匕首

匕首可說是最古老的武器，從切割用的刀具進化而來，可在戰鬥中使用。因為它的刀身較短——從15到50公分不等，因此主要是近距離戰鬥武器，用於刺或戳等動作。

但非洲發展出擲刀，多點式設計可確保在任何角度攻擊目標時均可刺穿。有些匕首——例如印度的拳刃（katar）——擁有強化的刀身和握把表面，可以刺穿鏈甲。17世紀時，隨著擊劍技術變得愈來愈精細，短劍開始出現，主要由不持長劍的另一隻手使用，以便在必要時做出格擋動作，並且在對手有防備的狀況下近距離刺擊。人偶爾也會用帶有齒狀邊緣的匕首勾住並破壞敵人的武器。自17世紀起，又從匕首衍生出刺刀——基本上就是把匕首安裝到火器上，需要進行肉搏戰時可以派上用場。

作戰人員若是常有機會跟敵人近距離接觸，就會繼續使用匕首，例如特種部隊的士兵。

大砍刀（machete）
這是一種來自南美洲的武器，特色是刀身有弧度，可用來砍劈灌木叢，當然也可拿來砍殺敵人。這把輕盈的棕櫚木大砍刀來自厄瓜多。

長柄武器

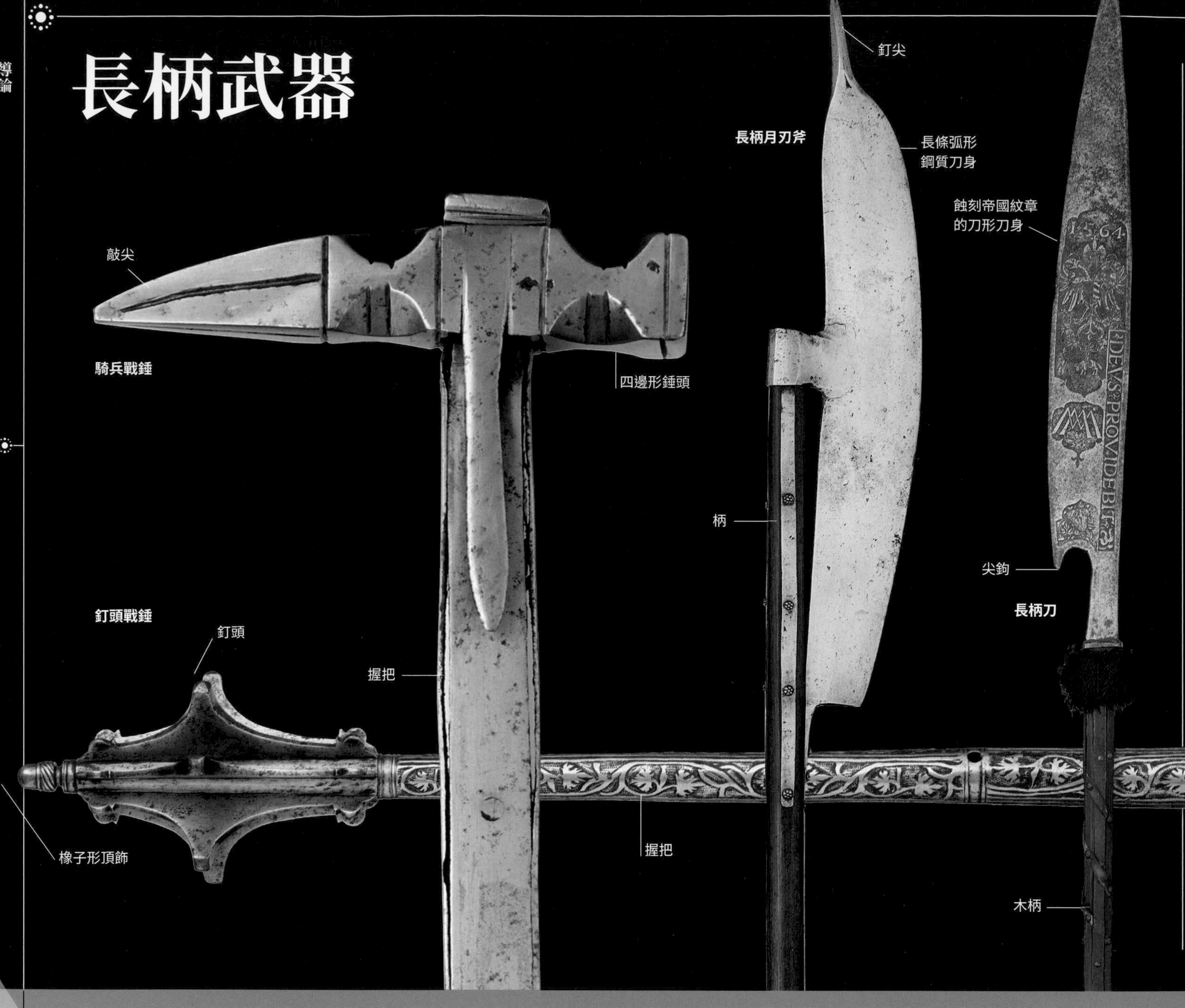

把刀身或較短的棍棒固定到常見的木柄上，就創造出所謂的長柄武器，步兵能用它們對付騎兵，或至少讓他們無法靠近。在歐洲，這類武器的多樣性在中世紀後期和文藝復興時期達到顛峰，當時基於社會變遷，來自瑞士、荷蘭和義大利的徒步民兵和騎士軍團互相對抗。

但長柄武器的起源卻比這更古老得多。公元前 6 世紀的古希臘重裝步兵的主要武器，就是在方陣隊型之中運用長矛作為刺擊武器，形成幾乎無法打散的金屬刺蝟。到了公元前 4 世紀，亞歷山大大帝（Alexander the Great）麾下的馬其頓步兵更是配備加長的薩里沙長矛（sarissa），有近 6 公尺長。但自此之後，長柄武器絕大部分就失寵了，直到 13 世紀才又復甦。

敲擊武器

幾乎所有主要用來進行近距離戰鬥的長柄武器都是戰錘，在部分國家甚至成為權力的象徵。我們可以在那爾邁石板（Palette of Narmer，公元前 3000 年）上看見古埃及統治者手裡揮舞著戰錘，而在中世紀晚期的歐洲，戰錘開始和民權和皇權產生關連。它在軍事上的用途是作為敲擊武器，即使隔著盔甲都可以擊碎人骨。這類武器通常會有鋼質凸緣，可以集中打擊力道，對敵人造成更嚴重的傷害。

14 世紀開始出現的許多長柄武器，主要都是從農用器具修改發展而成。舉例來說，長柄鍥在刀身內側藏有鋒利的刀刃，是一種經過

比武槍

像下圖這樣的比武用槍，木柄由粗變細，這樣的設計可以讓它在撞上盔甲或盾牌時破碎斷裂。但若斷裂後的尖端或木刺穿透頭盔或頸部的護甲，也有可能造成致命的傷害。

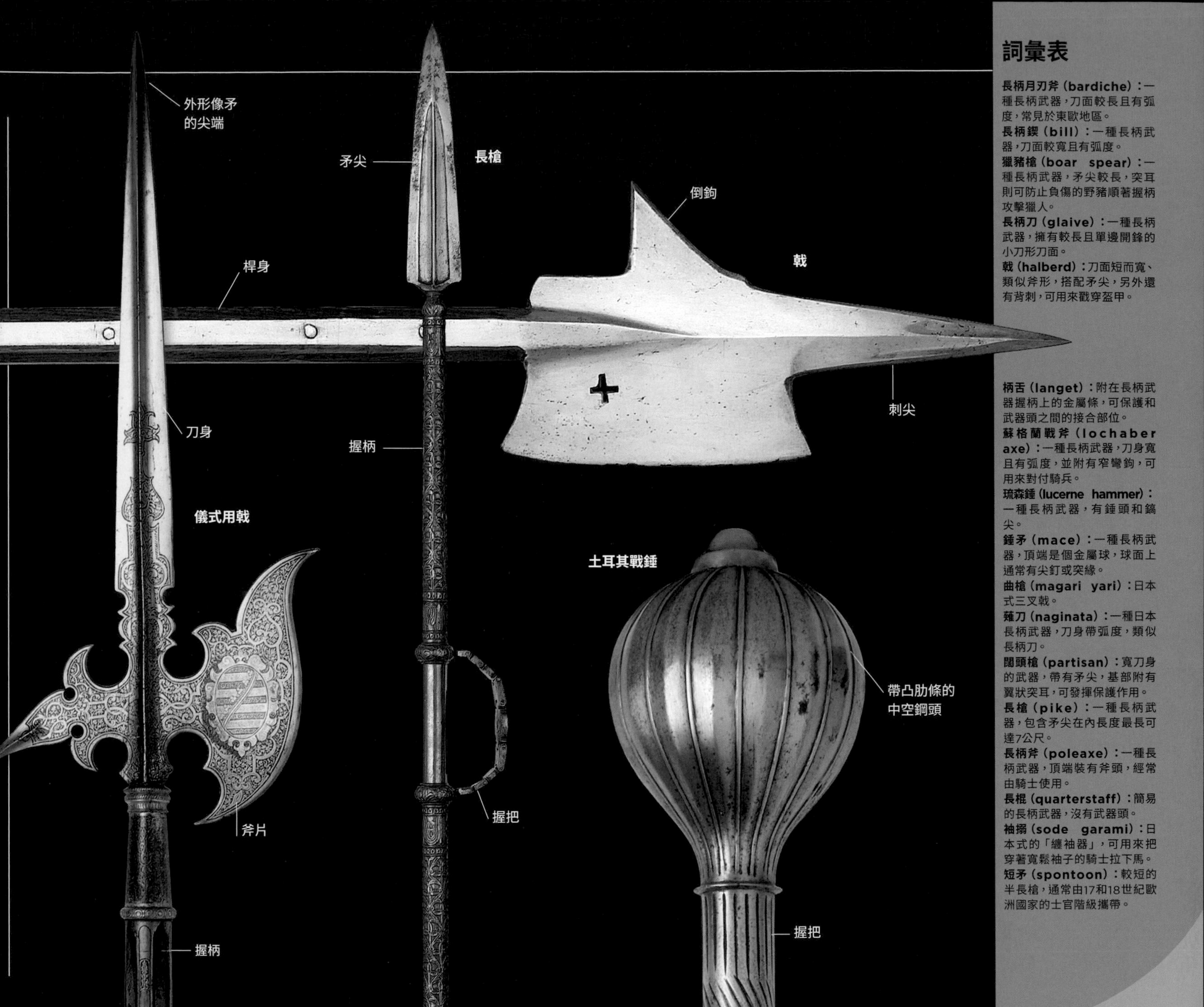

詞彙表

長柄月刃斧（bardiche）：一種長柄武器，刀面較長且有弧度，常見於東歐地區。

長柄鍥（bill）：一種長柄武器，刀面較寬且有弧度。

獵豬槍（boar spear）：一種長柄武器，矛尖較長，突耳則可防止負傷的野豬順著握柄攻擊獵人。

長柄刀（glaive）：一種長柄武器，擁有較長且單邊開鋒的小刀形刀面。

戟（halberd）：刀面短而寬、類似斧形，搭配矛尖，另外還有背刺，可用來戳穿盔甲。

柄舌（langet）：附在長柄武器握柄上的金屬條，可保護和武器頭之間的接合部位。

蘇格蘭戰斧（lochaber axe）：一種長柄武器，刀身寬且有弧度，並附有窄彎鉤，可用來對付騎兵。

琉森錘（lucerne hammer）：一種長柄武器，有錘頭和鎬尖。

錘矛（mace）：一種長柄武器，頂端是個金屬球，球面上通常有尖釘或突緣。

曲槍（magari yari）：日本式三叉戟。

薙刀（naginata）：一種日本長柄武器，刀身帶弧度，類似長柄刀。

闊頭槍（partisan）：寬刀身的武器，帶有矛尖，基部附有翼狀突耳，可發揮保護作用。

長槍（pike）：一種長柄武器，包含矛尖在內長度最長可達7公尺。

長柄斧（poleaxe）：一種長柄武器，頂端裝有斧頭，經常由騎士使用。

長棍（quarterstaff）：簡易的長柄武器，沒有武器頭。

袖搦（sode garami）：日本式的「纏袖器」，可用來把穿著寬鬆袖子的騎士拉下馬。

短矛（spontoon）：較短的半長槍，通常由17和18世紀歐洲國家的士官階級攜帶。

修改的鐮刀，而軍用雙齒叉或三叉戟也是從農用的乾草叉改良而來的。

和古代相比，長槍的變化不大，在失寵了一陣子之後，再次成為最普遍的長柄武器。步兵（尤其是瑞士人）會手持長槍組成密集隊形，或像西班牙的大方陣一樣混合編隊，發揮防盾的作用，火槍手可以躲在他們後面開火，因此可以證明是一種有效的多用途武器。長槍在1302年的柯爾特萊（Courtrai）戰役裡發揮極大的功效。在這場戰役中，裝備長矛和日安棒（goedendag）的法蘭德斯民兵成功打散了法國騎士的衝鋒，接著再把他們劈死。

晚期的長柄武器

在長槍的尖端加上一塊斧片，然後在斧片的背後加上尖釘，就成了戟。戟比長槍短一些，卻用途廣泛，可用來刺擊、把騎士從馬背上勾下來，也可像棍棒一樣敲擊。在東歐，長柄月刃斧是常見的長柄武器形式，擁有較長的切削刃，類似斧頭，但不像戟有尖端。

騎兵則特別愛用戰錘——握柄的尖端一側是個錘子，另一側則是個像鎬一樣的刃片。錘頭可以把對手打昏，鎬頭則能刺穿盔甲殺死他們。

但由於火器變得愈來愈重要，裝備長柄武器的步兵就愈來愈少。它們逐漸成為士官的身分地位象徵，並以短矛的形式存留到18和19世紀。

然而就在這個時候，長柄武器再度以長矛的形式再度被騎兵編隊採用。長矛起源於中世紀騎士的比武用武器，在拿破崙時代再度獲得青睞，成為槍騎兵單位的衝擊武器。到了第一次世界大戰，有些國家的陸軍騎兵依然裝備長矛，但到了那時，不管是長柄武器還是騎兵本身，都已是舊時代的殘跡了。

日耳曼闊頭槍
闊頭槍（partisan）堪稱是最後一種存留的長柄武器。裝飾用的闊頭槍，例如圖中這支17世紀後期的日耳曼闊頭槍，被用來作為士官階級的軍階地位象徵。

火器

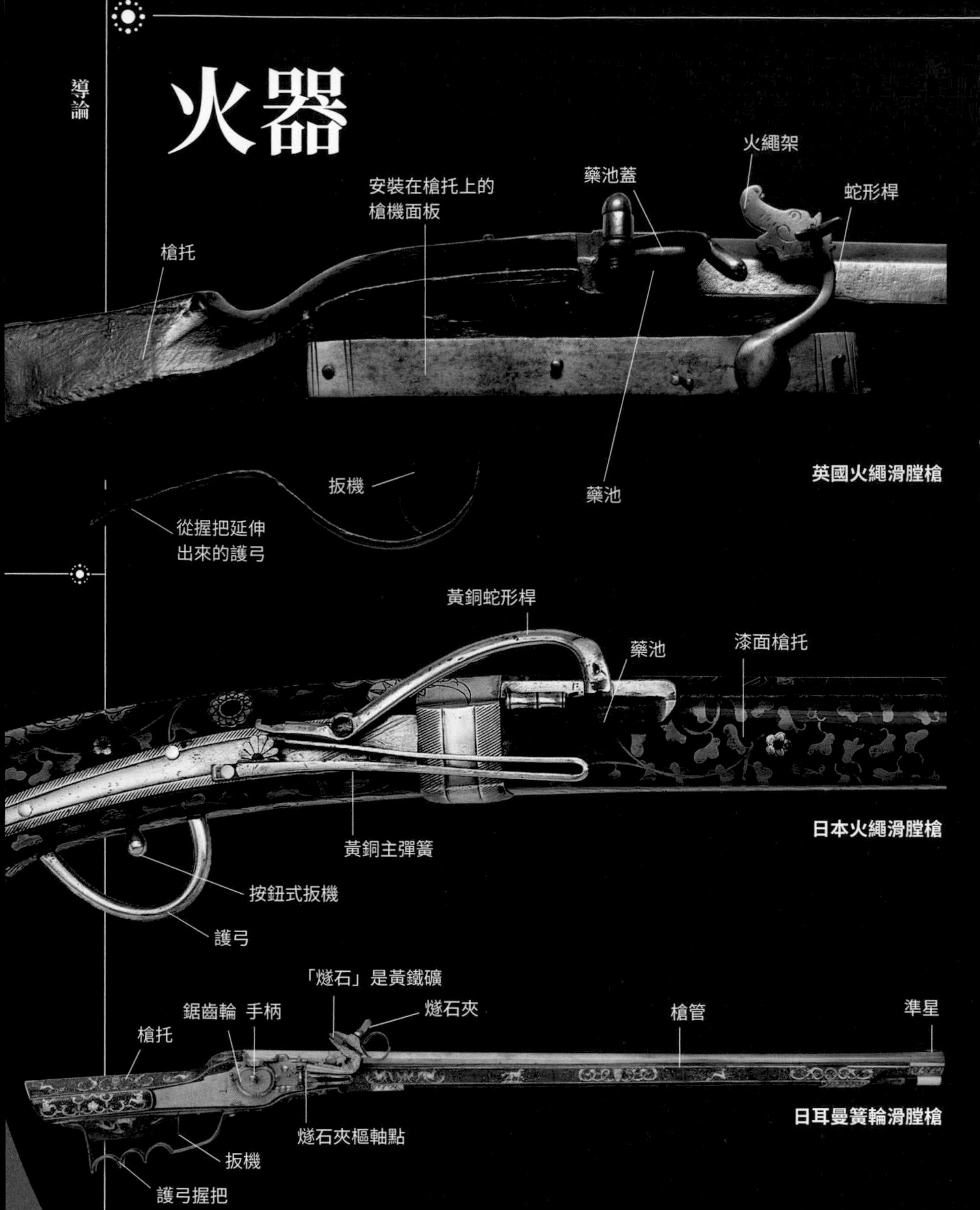

火藥和彈丸

運作原理

火藥和彈丸分別塞進槍管裡，槍管上鑽有一個小洞（火門）通往藥池，藥池裡有少量火藥。當藥池裡的火藥被火繩（如下圖）或燧石的火花點燃時，就會產生閃燃，進而點燃主推進藥。

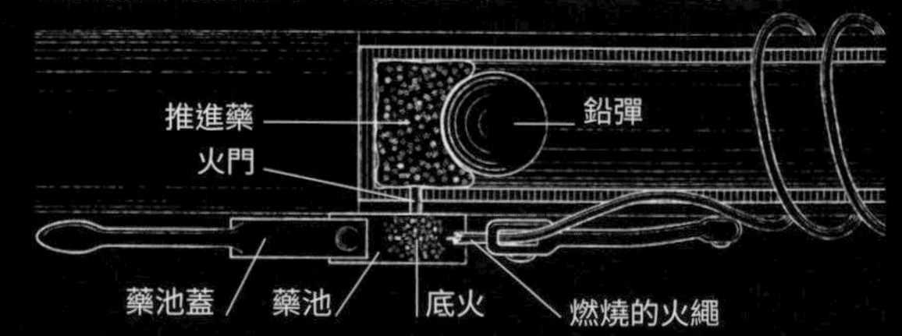

火繩

運作原理

最早的槍枝是用手拿著煤碳接觸藥池來發射，但不久就後就有了簡單的機械組件，也就是一支火繩架，把緩慢燃燒的火繩固定在藥池上方位置。之後又增加了藥池蓋和裝有彈簧的扳機。

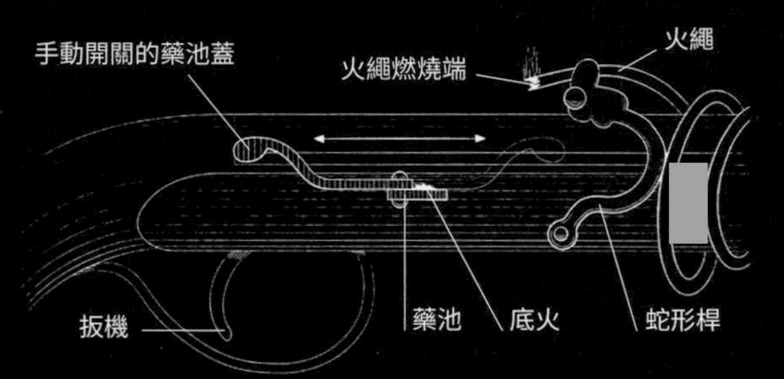

射擊前，先把火繩上的火吹旺，然後把藥池蓋拉開。此時槍枝就準備好，隨時可以開火。

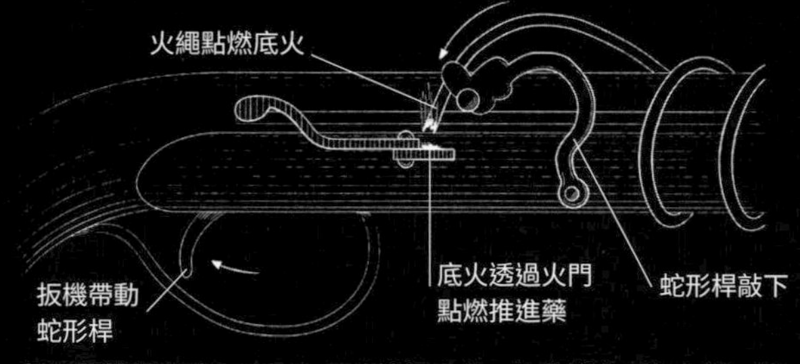

扣下扳機就會讓火繩插入藥池接觸底火。如此就會產生火花，透過槍管側面的火門點燃推進藥。

火藥是哪裡發明的這件事，一直眾說紛紜，中國、印度、阿拉伯和歐洲的說法都有人支持。至於火藥發明的時間則有共識，公認是在 13 世紀的某個時候，不過也有可能更早。至於槍枝的發明，我們就有比較精確的答案了。根據當時兩份不同的手稿，槍枝在 1326 年之前便已問世，而且從這個時間點之後提及槍枝的次數就愈來愈頻繁。目前已知最早的槍枝是在義大利瓦里諾山（Monte Varino）城堡的遺跡裡發現的，這座城堡毀於 1341 年。這把槍只是一根簡單的管子而已，一端封閉，且封閉端鑽了一個火門孔，讓內部的推進藥可以用灼熱的繩子或煤炭點燃。它在後膛上裝了一根桿子，射擊時可能需要兩個人。

火繩槍

這種簡單的設計經過第一次改良，就有了所謂的火繩槍，加裝了一組蛇形桿（會叫這個名字是因為它呈 S 形，看起來就像蛇）。蛇形桿上固定著一段繩子（所謂的「慢速火繩」），這種繩子用硝石處理過，可以持續燃燒。蛇形桿可以繞著中心點旋轉，把下臂往回拉，上臂就會往前伸，讓火繩燃燒灼熱的那一端接觸底火。後者位於槍管外的藥池裡，但透過槍管上的火門和槍管裡的主推進火藥與彈丸相連接。這種設計的主要優點是只需一個人就可以操作。之後，槍上還加裝了扳機，透過連接阻鐵和蛇形桿相連，再裝上一組彈簧把火繩抬高遠離藥池，直到扳機扣下。在另外一種版本中，彈簧以另一種方式運作（阻鐵被釋放後，會推動火繩向前），但產生的衝擊力道時常讓火繩熄滅。

儘管經過多次改良，火繩槍依然是笨重且

簧輪手槍
這種設計稱為簧輪，是首度嘗試用機械方式來點燃推進藥。它把一個輪子固定在彈簧上，可以由扳機釋放。轉輪上的黃鐵礦可以製造火花，點燃底火。

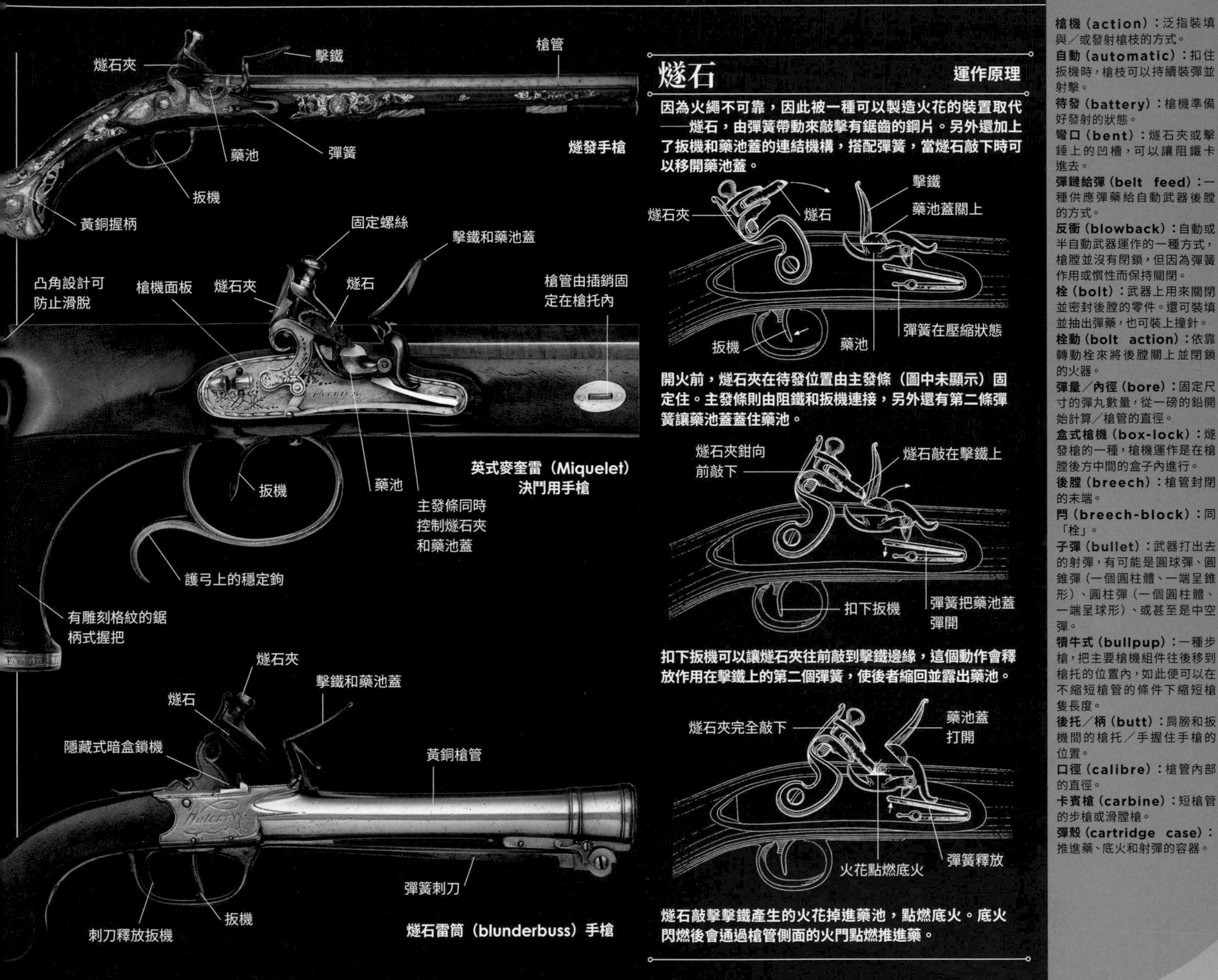

燧發手槍

英式麥奎雷（Miquelet）決鬥用手槍

燧石雷筒（blunderbuss）手槍

燧石　運作原理

因為火繩不可靠，因此被一種可以製造火花的裝置取代——燧石，由彈簧帶動來敲擊有鋸齒的鋼片。另外還加上了扳機和藥池蓋的連結機構，搭配彈簧，當燧石敲下時可以移開藥池蓋。

開火前，燧石夾在待發位置由主發條（圖中未顯示）固定住。主發條則由阻鐵和扳機連接，另外還有第二條彈簧讓藥池蓋蓋住藥池。

扣下扳機可以讓燧石夾往前敲到擊鐵邊緣，這個動作會釋放作用在擊鐵上的第二個彈簧，使後者縮回並露出藥池。

燧石敲擊擊鐵產生的火花掉進藥池，點燃底火。底火閃燃後會通過槍管側面的火門點燃推進藥。

詞彙表

槍機（action）：泛指裝填與／或發射槍枝的方式。
自動（automatic）：扣住扳機時，槍枝可以持續裝彈並射擊。
待發（battery）：槍機準備好發射的狀態。
彎口（bent）：燧石夾或擊錘上的凹槽，可以讓阻鐵卡進去。
彈鏈給彈（belt feed）：一種供應彈藥給自動武器後膛的方式。
反衝（blowback）：自動或半自動武器運作的一種方式，槍膛並沒有閉鎖，但因為彈簧作用或慣性而保持關閉。
栓（bolt）：武器上用來關閉並密封後膛的零件。還可裝填並抽出彈藥，也可裝上撞針。
栓動（bolt action）：依靠轉動栓來將後膛關上並閉鎖的火器。
彈量／內徑（bore）：固定尺寸的彈丸數量，從一磅的鉛開始計算／槍管的直徑。
盒式槍機（box-lock）：燧發槍的一種，槍機運作是在槍膛後方中間的盒子內進行。
後膛（breech）：槍管封閉的末端。
閂（breech-block）：同「栓」。
子彈（bullet）：武器打出去的射彈，有可能是圓球彈、圓錐彈（一個圓柱體、一端呈錐形）、圓柱彈（一個圓柱體、一端呈球形）、或甚至是中空彈。
犢牛式（bullpup）：一種步槍，把主要槍機組件往後移到槍托的位置內，如此便可以在不縮短槍管的條件下縮短槍隻長度。
後托／柄（butt）：肩膀和扳機間的槍托／手握住手槍的位置。
口徑（calibre）：槍管內部的直徑。
卡賓槍（carbine）：短槍管的步槍或滑膛槍。
彈殼（cartridge case）：推進藥、底火和射彈的容器。

不可靠的裝備。1500年左右發明的簧輪槍可靠許多，它使用由渦漩彈簧轉動的輪子，從黃鐵礦上把火花打進藥池裡。儘管這整個過程十分複雜，但單手即可操作，且可以維持在備射狀態。

燧發槍

下一步就是找出可以更簡單製造出火花的方法。結果是使用裝上彈簧的燧石（持續時間比黃鐵礦更久），然後讓它和形狀合適的鋸齒狀鋼片接觸，在接觸的過程中可以產生火花。第一種這樣的燧發槍在英文中稱為 Snaphance 或 Snaphaunce，是從荷蘭片語「schnapp hahn」以訛傳訛而來，原本的意思是「啄食的母雞」，用來形容後來被稱為燧石夾的零件的動作。

這種燧發槍起源於北歐，但在差不多同一時間，義大利人也開始採用一種非常類似的裝置。它有缺陷，尤其是藥池蓋和扳機的連接方式，要打開它非常不順暢。但這些問題在16世紀中葉被西班牙人解決。這個簡單的權宜之計就是把擊鐵的尾端拉長變成藥池蓋，射擊時可透過外露的主發條彈開，成為麥奎雷槍機。

大約過了60年之後，法國槍匠馬林．勒．布爾吉瓦（Marin le Bourgeois）將麥奎雷槍機的一片式擊鐵藥池蓋和早期燧發槍的內藏式主發條結合起來，創造出第一款真正的燧發槍。之後的改良幅度就比較小，另外還加上滾子軸承和強化龍頭等等。

哈德利（Hadley）燧發運動槍，1770年
燧發槍在1750年左右發展到極致，加裝了在彈簧上作用的滾子軸承，還有把所有組件維持在調校好位置的轡頭。這把槍就是燧發槍在全盛時期的一個例子。

火器

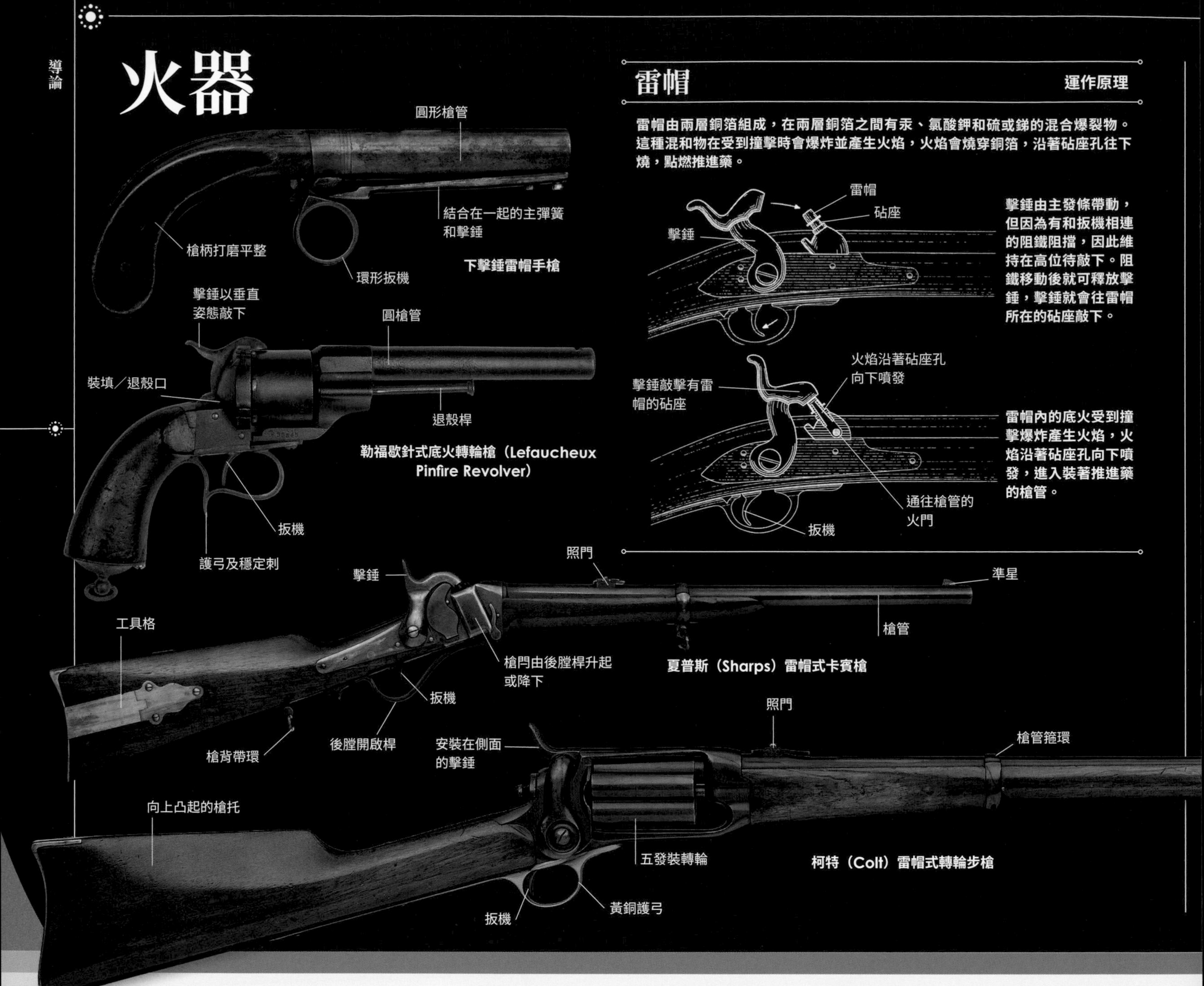

雷帽

燧發槍即使是在最有效的設計裡依然有缺陷，當中最嚴重的就是就是燧石要精準地維持在正確的形狀和位置，火門也要維持清潔不能有積碳，此外燧石夾敲下和彈丸發射出去之間也有時間差。人知道雷酸鹽受到衝擊會爆炸這件事已經超過一個世紀，但因為爆炸特性過於猛烈而無法成為燧石的實用替代品。之後在 1800 年時，艾德華．霍華德（Edward Howard）合成出雷酸汞，性質相對溫和。亞歷山大．福西斯牧師（Alexander Forsyth）熱中野外打獵，在這種物質裡添加氯酸鉀，然後用這種新調配出來的底火去點燃火藥。要再過 20 年，才發展出讓雷酸鹽底火以更可靠的狀態進入後膛的系統，也就是以雷帽的形式。但它一問世——很可能是英國出生、在美國工作的藝術家約書亞．蕭（Joshua Shaw）於 1822 年發明的——就立即讓所有其他點火系統相形失色。

轉輪槍

第一批運用新發明生產出來的火器是既有武器的改裝版（單發槍口裝填的手槍和步槍），但不久就發展出多管手槍，又叫胡椒盒（pepperbox）。這種手槍有一組槍管，安裝在一根可旋轉的軸上，每根槍管都附有火藥和雷帽，因此每轉動一次擊錘都可擊發完整裝填好的槍管。到了 1836 年，年輕美國人山繆．柯特（Samuel Colt）取得旋轉彈膛轉輪槍的專利，並開始生產使用這種構造的手槍和步槍。柯特的槍在短短幾秒內便可發射六發子彈，雖然裝填依然很花時間，但裝填過程卻因為防水藥包的發明簡化許多，因為它裝有火藥和射彈，且不需從槍口裝填。

柯特直到 1857 年都享有專利權，但自

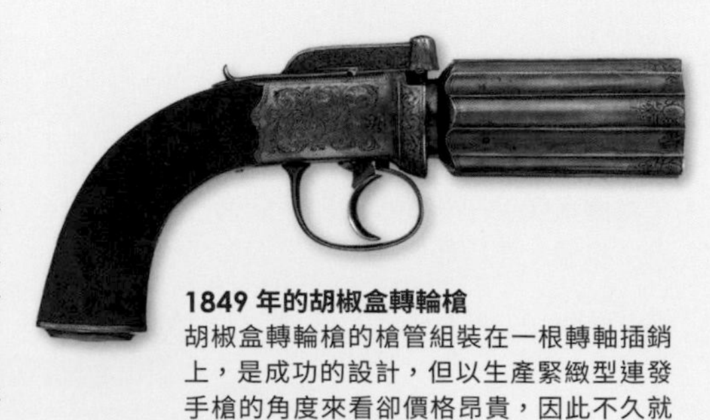

1849 年的胡椒盒轉輪槍
胡椒盒轉輪槍的槍管組裝在一根轉軸插銷上，是成功的設計，但以生產緊緻型連發手槍的角度來看卻價格昂貴，因此不久就被旋轉彈膛轉輪槍取代。

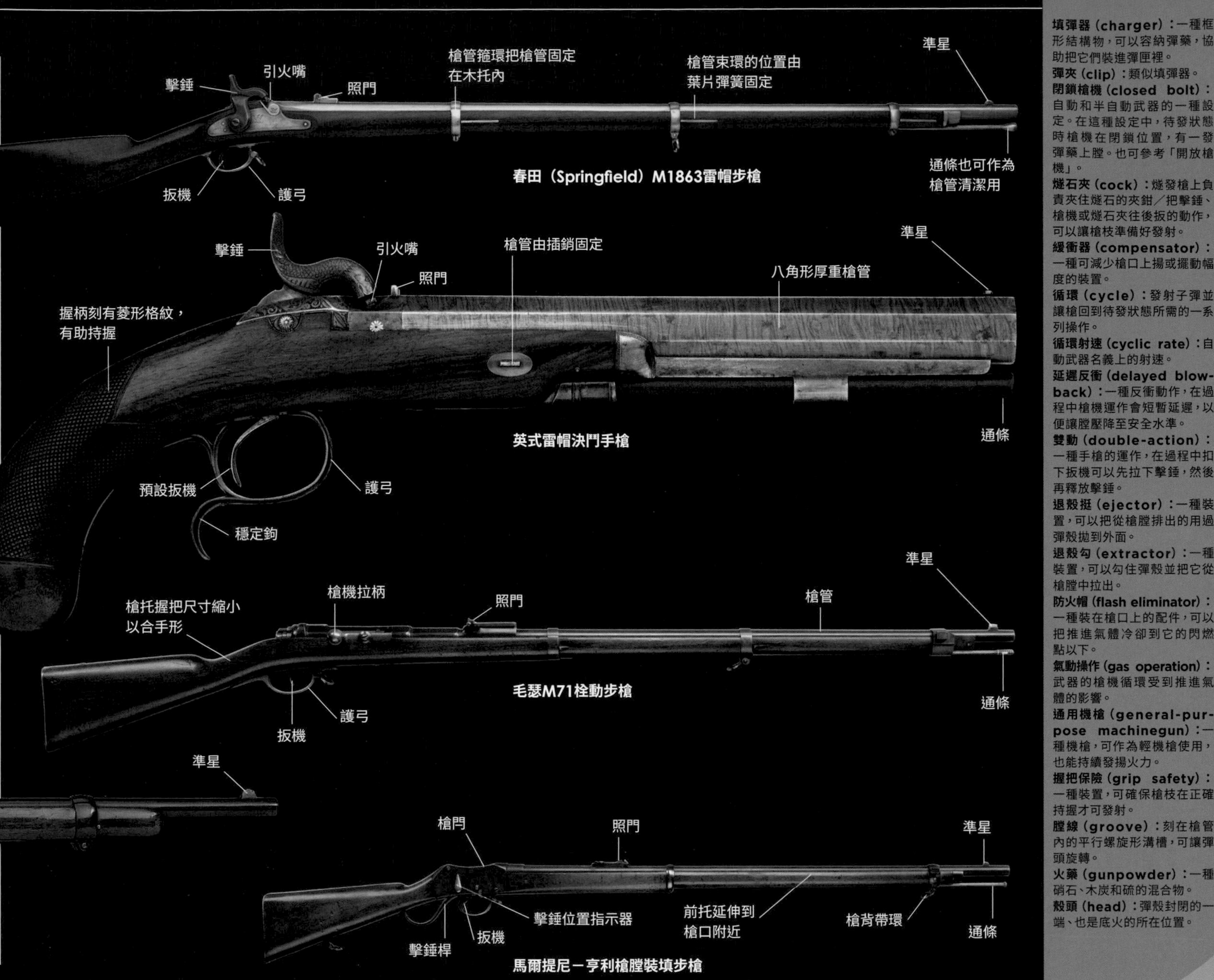

詞彙表

填彈器（charger）：一種框形結構物，可以容納彈藥，協助把它們裝進彈匣裡。
彈夾（clip）：類似填彈器。
閉鎖槍機（closed bolt）：自動和半自動武器的一種設定。在這種設定中，待發狀態時槍機在閉鎖位置，有一發彈藥上膛。也可參考「開放槍機」。
燧石夾（cock）：燧發槍上負責夾住燧石的夾鉗／把擊錘、槍機或燧石夾往後扳的動作，可以讓槍枝準備好發射。
緩衝器（compensator）：一種可減少槍口上揚或擺動幅度的裝置。
循環（cycle）：發射子彈並讓槍回到待發狀態所需的一系列操作。
循環射速（cyclic rate）：自動武器名義上的射速。
延遲反衝（delayed blow-back）：一種反衝動作，在過程中槍機運作會短暫延遲，以便讓膛壓降至安全水準。
雙動（double-action）：一種手槍的運作，在過程中扣下扳機可以先拉下擊錘，然後再釋放擊錘。
退殼挺（ejector）：一種裝置，可以把從槍膛排出的用過彈殼拋到外面。
退殼勾（extractor）：一種裝置，可以勾住彈殼並把它從槍膛中拉出。
防火帽（flash eliminator）：一種裝在槍口上的配件，可以把推進氣體冷卻到它的閃燃點以下。
氣動操作（gas operation）：武器的槍機循環受到推進氣體的影響。
通用機槍（general-purpose machinegun）：一種機槍，可作為輕機槍使用，也能持續發揚火力。
握把保險（grip safety）：一種裝置，可確保槍枝在正確持握才可發射。
膛線（groove）：刻在槍管內的平行螺旋形溝槽，可讓彈頭旋轉。
火藥（gunpowder）：一種硝石、木炭和硫的混合物。
殼頭（head）：彈殼封閉的一端、也是底火的所在位置。

1850 年代開始，大西洋兩岸的槍匠都開始思索一個棘手問題的解決之道，也就是如何從槍膛裝填子彈，然後在那個位置產生氣密狀態——這個過程稱為閉塞。

黃銅彈殼

大約 1840 年時，巴黎槍匠路易．弗洛伯（Louis Flobert）就已經生產出最早的黃銅彈殼。這種小配件（主要用在室內目標射擊練習）裡裝的推進藥是雷酸鹽。弗洛伯在 1851 年倫敦的萬國工業博覽會（Great Exhibition）上展示了他設計的彈殼，吸引了全世界所有槍匠的目光。在這些人當中，有一位丹尼爾．威森（Daniel Wesson）把這個構想再進一步發展，把雷酸鹽底火裝在一個黃銅殼的邊緣，再裝進火藥和彈頭，於是一枚完整的銅殼子彈就此誕生。這種新式彈藥一次解決了兩個惱人的問題。首先，這項發明把槍枝彈藥的所有材料都裝進一個包裝內，並保證閉塞完美，因為銅殼本身就可在後膛形成密封狀態。凸緣底火彈藥有缺陷，因此很快消失，但卻在小口徑兵器上保留下來，而更加堅固耐用的中央底火彈藥自 1866 年起出現，不久之後世界各國的陸軍部隊就趨之若鶩。正當燧發槍轉換為最早的雷帽槍時，原本的槍砲口裝填武器也轉換為初代後膛裝填武器，但這一切都只是暫時之計。短短幾年後，第一批專門設計的後膛裝填槍械，例如馬爾提尼－亨利（Martini-Henry）和毛瑟（Mauser）M71，就開始配發給部隊了。

1875 年的加特林機槍
理察．加特林（Richard Gatling）在 1862 年生產出第一款可實際運作的手搖曲柄多管機槍。它的彈藥是經由上方的進彈斗進入位於 12 點鐘位置的槍管的開放式後膛。在槍管從 12 點鐘位置向下轉到 6 點鐘位置的過程中，後膛會關閉，並在這個位置發射，然後在向上轉的過程中再度開啟。

火器

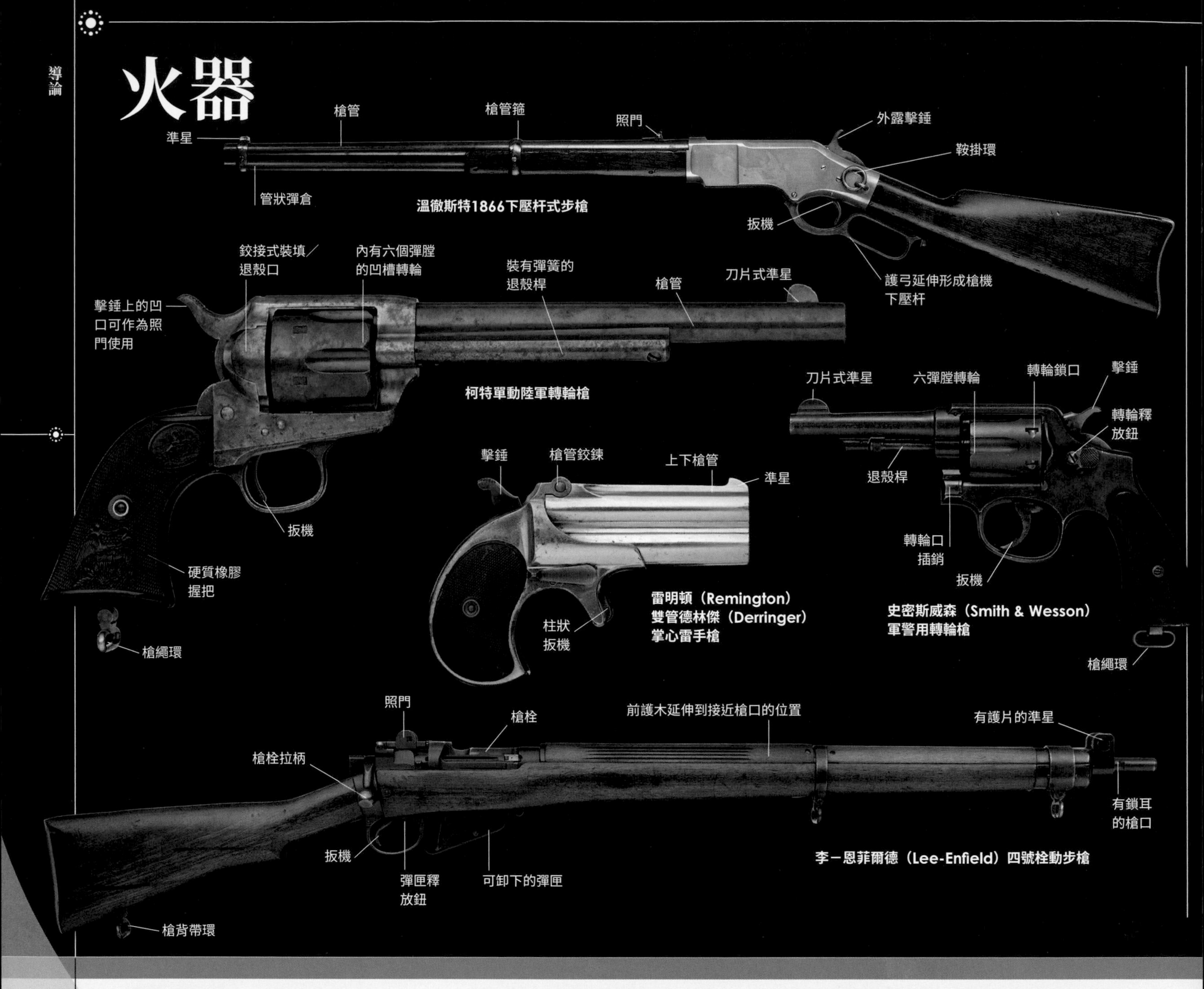

可連發的火器

另一方面，威森（Wesson）和他曾在溫徹斯特（Winchester）工作的伙伴霍芮斯．史密斯（Horace Smith），開始專注在設計使用銅殼彈藥的轉輪槍，但卻發現他們所需的「全搪孔」（bored-through）轉輪已經被柯特搶先申請了專利。幸運的是，他們以所生產的槍每把 15 美分的費用取得了授權。等到 1857 年他們可以無償使用這項專利時，就發布了第一款可使用銅殼彈藥的轉輪槍。接下來換成柯特因專利保護措施而嘗到失敗的滋味。到了 1873 年，也就是柯特過世 11 年之後，他的公司才推出另一款舉世無雙的產品：單動陸軍手槍，一般稱為「和平締造者」（Peacemaker）。在別的地方，其他人則想方設法運用銅殼彈藥可把彈藥所需的所有材料全裝進去的特性，來開發其他類型的可連發火器。有兩個人在初期大獲成功：克里斯多福．斯賓賽（Christopher Spencer）和班傑明．泰勒．亨利（Benjamin Tyler Henry）。他們兩人都在 1860 年生產出管式彈倉的可連發步槍（史賓賽的槍彈倉位於握把內，亨利的槍彈倉位於槍管下方）。不過這兩款槍枝並不完美，因為他們只能使用低威力彈藥，無法滿足軍方要求，所以美國陸軍堅持使用單發後膛裝填槍枝。但在歐洲，由於毛瑟兄弟成功開發出 M/71 步槍，大家也開始轉而設計擁有旋轉槍栓的步槍。史賓賽和亨利的槍有另一個弱點，也就是管式彈倉，問題出在子彈的尖端會頂到前方子彈的底火，在某些狀況下就像是撞針敲擊底火一樣，會造成悲慘的走火意外。有些歐洲槍械製造商在栓動步槍上使用管式彈倉，但效果不佳，因此被盒式彈匣取代。

春田 M1903
美國陸軍堅持使用單發後膛裝填槍枝，直到 1892 年才採用栓動彈匣式步槍，也就是挪威的克拉格（Krag）步槍。1903 年，春田兵工廠（Springfield Armoury）生產的改良型毛瑟式步槍取代了克拉格步槍。

栓動

運作原理

栓動的基本運作原理就跟花園柵門上的門閂差不多，是（也許是因為原理太簡單）最可靠也最有效的步槍開啟槍栓機制。鎖耳可位於槍栓的前端或尾端，也可能兩端都有。

扳動槍栓拉柄，連帶旋轉槍栓本體，釋放鎖耳，就能把槍栓完全往後拉。在往前推的過程中，就會把一枚子彈從彈匣裡往前推進槍膛裡。

槍栓拉柄回到閉鎖位置，鎖耳就定位，槍膛關閉，而撞針因為連結到扳機的阻鐵把彈簧扣住，和子彈保持距離。

扣下扳機可以帶動阻鐵釋放撞針。在彈簧的作用下，撞針向前推進，撞擊子彈的底火，加以引爆。

往後拉開槍栓後，槍栓頭上的退殼勾會勾住空彈殼邊緣，將其抽出。空彈殼被抽出槍膛後，會碰到一塊擋鐵，讓空彈殼和退殼勾分離，然後被拋出。

詞彙表

重機槍（heavy machine-gun）：機槍的槍膛可容納比一般步槍口徑更大的子彈，通常是12.7公釐。
絞鏈底把（hinged frame）：手槍槍管的部分可向下彎折，以露出一個或以上槍膛。
卡榫（hold-open device）：一種可勾住槍機的裝置，可在沒有要讓子彈上膛的時候把槍機卡在後方定位／一種在自動手槍上可以讓滑套卡在後方定位的裝置，以方便拆卸槍枝。
中空彈（hollow-point）：一種尖端有中空或凹狀設計的子彈，在擊中目標時可產生擴張或破碎的效果。
陽膛（land）：槍管內側在陰膛之間的平面。
輕機槍（light machine-gun）：一種機槍，通常裝有雙腳架，使用步槍口徑子彈，但無法承受長時間持續射擊。
閉鎖槍機（locked breech）：槍（砲）在射擊的時候，槍（砲）栓確實把槍（砲）管封閉住的狀態。
機槍：一種運用氣體或後座力來達成槍機循環而可以持續射擊的火力。
衝鋒槍（machine-pistol）：參見submachine-gun。
彈匣（magazine）：一種盛裝子彈的容器，通常運用彈簧壓力來把子彈送進槍機循環中。
中型機槍（medium machine-gun）：一種使用步槍口徑子彈的機槍，可持續射擊發揚火力。
槍口（muzzle）：槍管開口的一端。
槍口抑制器（muzzle brake）：參見「緩衝器」。
開放槍機（open bolt）：武器的槍機維持在開啟狀態，直到扣下扳機，可冷卻槍膛。也可參見「閉鎖槍機」。
帕拉貝倫（parabellum）：魯格為他的自動手槍所開發的9x19公釐彈藥的名稱。
底火（primer）：用來引發槍枝射擊的少量火藥／子彈內的雷帽組。

自動裝填火器

在 19 世紀後期，毛瑟式軍用步槍是設計領域的佼佼者，且在全世界大口徑運動步槍市場也占有一席之地。其他大部分設計師都是直接拷貝毛瑟的成品，但位於英國恩菲爾德（Enfield）的皇家兵工廠（Royal Ordnance Factory）卻大量生產一款明顯不同的栓動步槍，由蘇格蘭出生的美國人詹姆士・帕黎斯・李（James Paris Lee）設計——不過其他歐洲人的設計，尤其是德國出生的奧地利槍械設計師斐迪南・馮・曼利夏（Ferdinand von Mannlicher）和瑞士的施密特（Schmidt），也有較小規模的陸軍採用。

至於在德國，由於有普魯士軍國主義驅使，愈來愈多公司進入軍備製造領域，當中有一位路德維希・洛韋（Ludwig Loewe）。他先以製造縫紉機起家，之後取得授權生產馬克沁（Maxim）機槍，之後他經營的德意志武器彈藥廠（Deutsche Waffen und Muntitionsfabrik，DWM）就蒸蒸日上，併購了毛瑟。

第一款實用化的自動手槍博哈特（Borchardt）C/93 就是德意志武器彈藥廠的產品。這間公司也生產了大部分的毛瑟 C/96，而葛歐格・魯格（Georg Luger）也是在德意志武器彈藥廠服務期間生產出他的傑作 P'08 手槍。

另一位槍械設計製造大師也在 19 世紀後期展露頭角：約翰・摩瑟斯・白朗寧（John Moses Browning），他是來自猶他州奧格登（Ogden）的摩門教徒。他曾在溫徹斯特公司工作，並在服務期間生產了第一款幫浦式自動裝填霰彈槍，接著他和位於比利時列日（Liège）附近的埃勒斯塔國營兵工廠（Fabrique Nationale de Herstal）合作，生產堪稱世界最佳的機槍和自動手槍。

貝爾格曼 M18/1
第一代快速射擊手槍因為不好操作，因此催生出衝鋒槍。1918 年問世的貝爾格曼（Bergmann）M18/1 就是一款早期的衝鋒槍。

火器

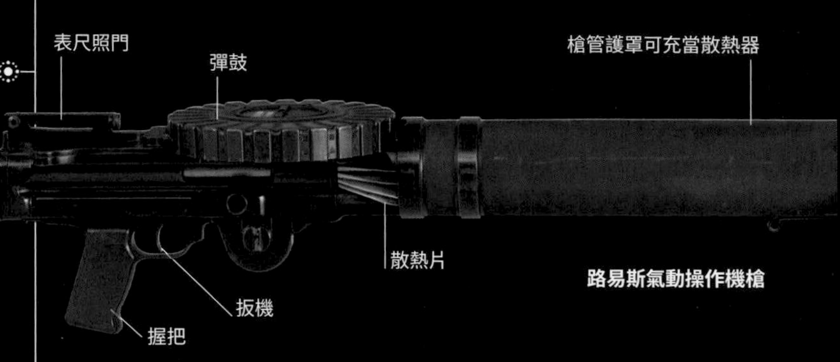

反衝

運作原理

牛頓第三運動定律告訴我們，任何作用力都具備相等且相反的反作用力。火器內部產生驅動子彈通過槍管飛向目標的作用力，反作用力就是後座力，把槍枝推向射手的肩膀或手掌。海勒姆．馬克沁是第一個想到可以利用這種反作用力來讓槍枝的射擊機制循環的人，並根據此一原理生產了他設計的機槍。

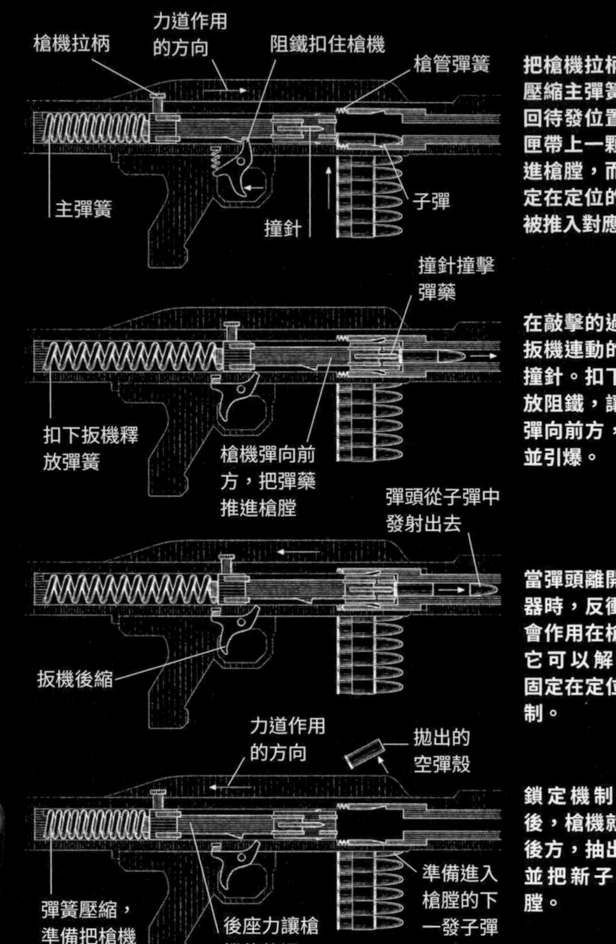

把槍機拉柄往後拉，壓縮主彈簧。當它彈回待發位置時會從彈匣帶上一顆子彈並推進槍膛，而把槍機固定在定位的鎖耳則會被推入對應的凹槽。

在敲擊的過程中，和扳機連動的阻鐵釋放撞針。扣下扳機會釋放阻鐵，讓撞針可以彈向前方，撞擊底火並引爆。

當彈頭離開槍口制退器時，反衝的後座力會作用在槍機上，使它可以解開把鎖耳固定在定位的機械機制。

鎖定機制被解開之後，槍機就可以退回後方，抽出空彈殼，並把新子彈推進槍膛。

機槍

1883年，美國人海勒姆．馬克沁（Hiram Maxim）在倫敦打造出他設計的第一種機槍。它運用後座力來抽出射擊過後的空彈殼，並把新子彈上膛，在過程中完成整個槍機循環。如果扣住扳機不放，那這個過程就會反覆發生，直到彈藥消耗殆盡（或是早期時更常出現的機槍卡彈狀況）。人花了幾年時間，才真正理解他的發明具有什麼意義，但當到這天來臨時，它就從根本上改變了戰爭的本質。

馬克沁的專利在第一次世界大戰爆發時已經過期，也早已有競爭產品生產，不過六個主要交戰國家中的三個——英國、德國和俄國（還有一個較小的鄂圖曼帝國則是接受德國軍援）——都採用馬克沁的設計，基本上可以說他們主導了整個戰局。英國和後來的蘇聯（英國是以維克斯機槍的形式）在整個第二次世界大戰中都還是依賴馬克沁機槍。法國陸軍則配備了自行開發的氣動操作氣冷霍奇吉斯（Hotchkiss）機槍，於1893年投入生產。這款機槍的構造比馬克沁機槍簡單許多，但經常過熱。不過只要冷卻劑可以持續供應，水冷式機槍就絕對不會遇到這個問題。

馬克沁、霍奇吉斯、奧匈帝國的許科達（Skoda）和史瓦茨羅瑟（Schwarzlose），以及美國的白朗寧這類重機槍並不是一次大戰戰場上唯一的自動武器（重機槍這個名稱指的並不是它們槍膛裡裝的步槍口徑彈藥，而是它們能夠持續投射的猛烈火力）。更輕、更方便攜帶的

沙漠之鷹，1983年
以色列製的沙漠之鷹（Desert Eagle）是氣動操作，後膛為閉鎖設計，是第一款可使用最重、威力最強大的麥格農（Magnum）手槍子彈的自動手槍。

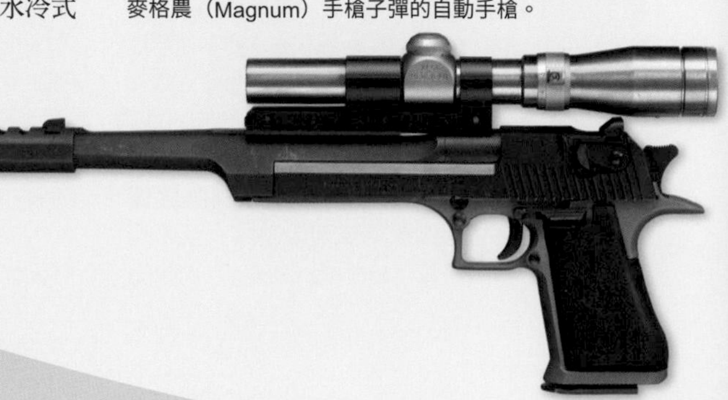

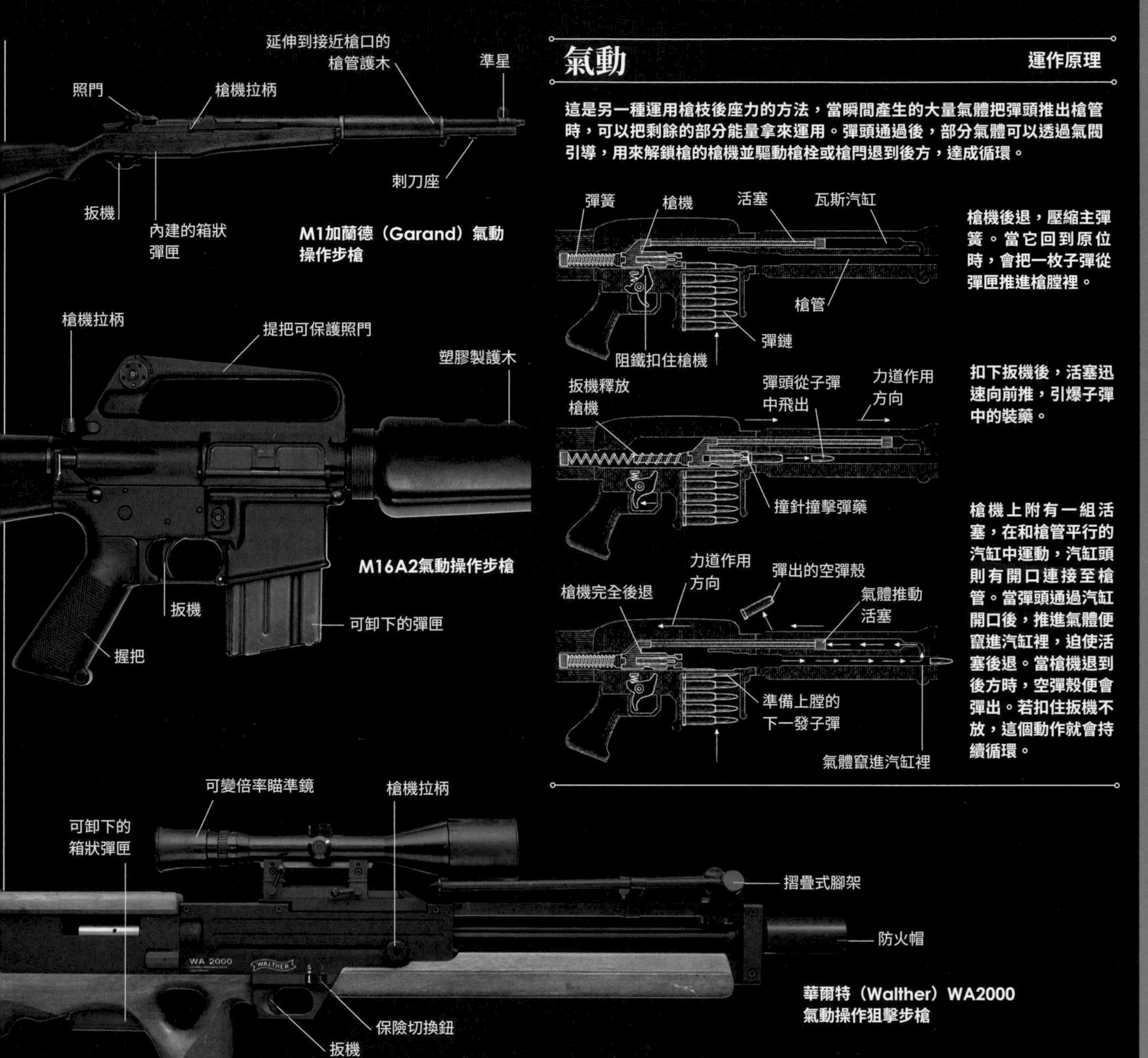

詞彙表

後座力（recoil）：槍管（或武器）因子彈向前運動的反應而產生的向後力道。
後座加強器（recoil intensifier）：一種裝在槍口的裝置，可以強化反衝操作自動武器的後座力道。
反衝操作（recoil operation）：武器的動作循環受到槍管或槍栓的後座力影響。
轉輪槍（revolver）：一種武器，彈藥裝在可旋轉的彈倉裡。
膛線（rifling）：刻在槍管內側的螺旋形凹槽，可讓彈頭旋轉。
無緣（rimless）：彈藥的一種型式，擁有內縮的凹槽，而非頭部有凸出的邊緣，可讓退殼勾抓住。
凸緣（rimmed）：彈藥的一種型式，頭部有凸出的邊緣，可讓退殼勾抓住。
阻鐵（sear）：射擊機制的一部分。扳機透過阻鐵鉤住凹槽的方式連接槍機、擊錘或擊鐵。當射手扣下扳機時，阻鐵離開凹槽，擊錘便會落下。
射擊選擇（selective fire）：武器射擊時，可選擇單發射擊或自動射擊。
自動裝填（self-loading）：武器在發射時可以讓槍機回到定位，同時也讓下一發新的彈藥上膛。
減音器（silencer）：一種安裝在槍口的裝置，可以引導推進氣體穿過隔板，讓它噴發的速度變慢，也降低彈頭的速度，進而壓低音速。
衝鋒槍（submachine-gun）：一種手持自動武器，使用手槍口徑的子彈。
扳機（trigger）：一根短控制桿，可以把阻鐵從槍機或擊錘上的凹槽移開，已啟動射擊程序。
風偏修正（windage）：調整武器的光學瞄準鏡，以抵銷側風對彈頭造成的影響。
歸零（zeroing）：調整武器的光學瞄準鏡，讓瞄準點和彈著點在同一位置。

武器，像是路易斯（Lewis）和輕量化的馬克沁（又叫MG08/15）使用相同的子彈，但可在突擊行動中伴隨步兵前進，也出現在戰場上。到了一次大戰結束時，除了步槍口徑的機槍以外，還多了許多更小型的自動武器，採用手槍子彈，設計上可以讓單兵也能擁有自動火力。貝爾格曼MP18/I扮演的角色無足輕重，但卻預告了未來發展。等到世界大戰再度在歐洲爆發的時候，衝鋒槍已經無所不在。然而，這並不是說大家還不理解它在近距離戰鬥中的角色。甚至到現在有許多人依然堅持它最棒的特色就是它的震撼力，尤其是在局限空間裡，因為這類武器射速最高可達每分鐘1200發，實際上如果扣著扳機不放，根本沒有人能控制。黑克勒柯赫（Heckler & Koch）的MP5也許是當代最佳衝鋒槍，它的射擊模式便可選擇非全自動的點放射擊。警察（還有許多軍人）攜帶這類武器不是因為它的火力，而是因為它的槍管比較長，因此準確度比手槍好，且彈匣容量較大。

從來沒有人認為衝鋒槍可以取代步兵的突擊步槍。突擊步槍已經經歷過大幅改良，因此現在已有愈來愈多理由暗示，衝鋒槍即將和手槍一樣，在軍用領域成為除了自衛以外沒有其他用途的東西。而且突擊步槍超越其他任何人員便攜式武器的地方是，突擊步槍已經改良到可適應配備它的士兵所要面對的任務性質（因為「犢牛式」設計使得長度和重量都大為減少，主要機構位於槍托內，且可使用更輕量化的子彈）。

步兵反戰車彈射器（Projector, Infantry, Anti-Tank，簡稱PIAT），1942年
二次大戰期間英國陸軍的步兵反戰車彈射器堪稱20世紀最古怪武器的典型。儘管它非常簡單，卻可從91.7公尺以外的距離癱瘓重型戰車，也可當成迫擊砲或在破壞碉堡時使用。

火砲

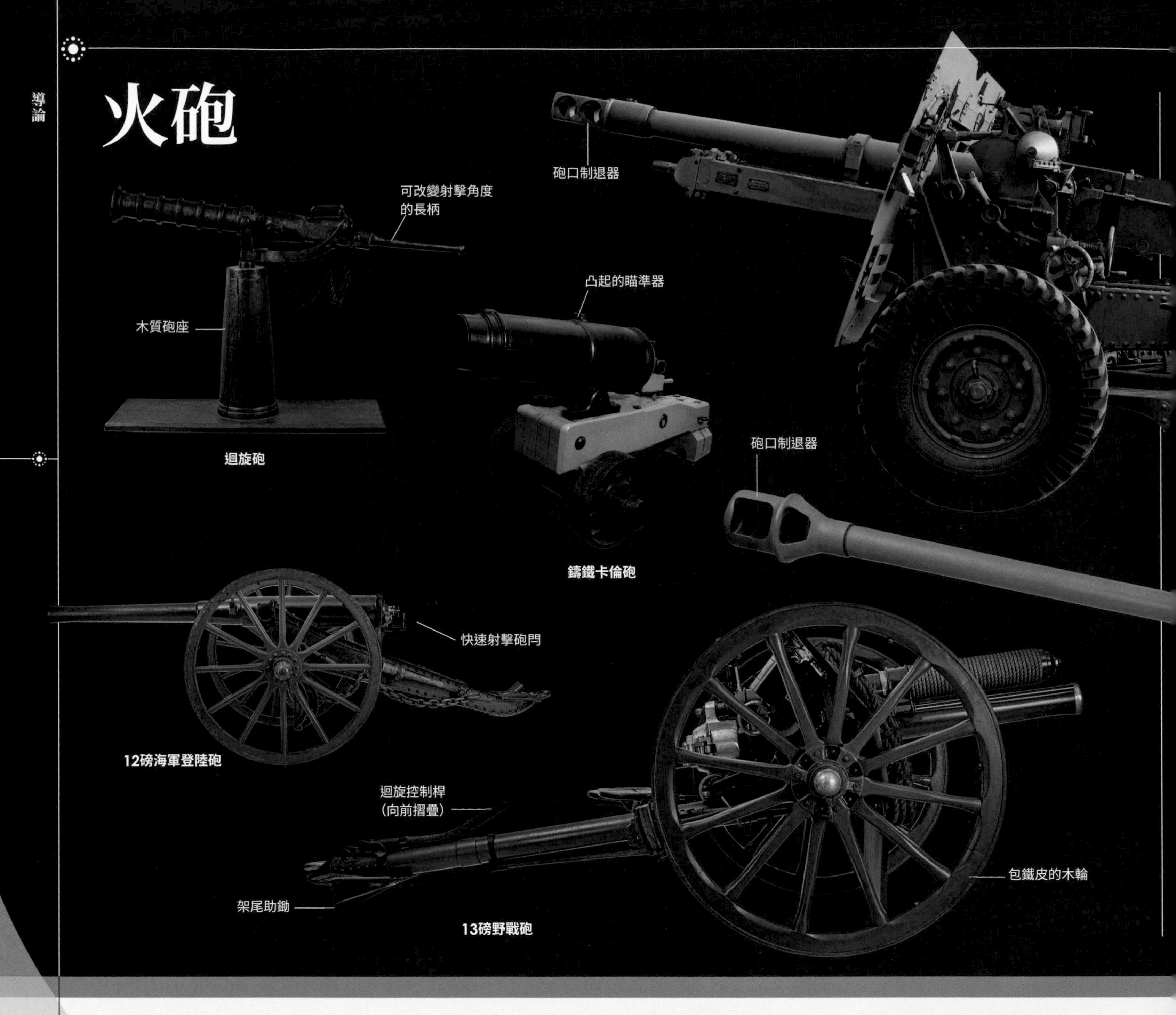

火砲的起源可以回溯到 14 世紀，當時開始有人採用以火藥為動力、從管子裡射出射彈的武器。他們的準確度極低，主要是帶來心理上的效果，不過到了 1500 年，攻城戰卻因為砲擊的發展而開始改觀。有效射程達 600 公尺的大口徑火砲可以隨心所欲地摧毀城堡的厚牆。

這些早期的大砲當中有一些是後膛裝填，射彈和推進火藥是裝在砲管後部。但因為當時的技術還無法在後膛製造出氣密狀態，因此它們逐漸消失，被更可靠的前膛（砲口裝填）火砲取代，它們的推進火藥和彈丸是從砲管前端裝填的。這個設計一直盛行到 19 世紀中葉。

火砲被分成兩大類：重型攻城砲和較輕的野戰砲。攻城砲從固定陣地轟擊敵人的要塞堡壘，野戰砲則裝在有輪子的砲架上，跟著部隊一起投入戰鬥。自 16 世紀末起，火砲在海戰中的角色就日益吃重，船艦紛紛變成可機動的火砲平台。海軍戰術隨即迅速轉變，船艦排列成一直線航行，以發揚最強大的舷側砲擊火力為目標，以擊沉或癱瘓對手的船艦。最早的火砲射彈是石球，但之後逐漸被鐵製彈丸取代。在 200 公尺以內的開放空間對敵人射擊時，葡萄彈或霰彈格外有效。這些彈種內裝有多個較小的彈丸，一旦從大砲中射出便會散開，這個方式就跟現代霰彈槍的小彈丸一樣。臼砲則是砲身短的滑膛火砲，以高仰角姿態瞄準，發射球狀彈丸，內部填充火藥和定時引信，可以在擊中目標

土耳其彈丸
這些彈丸由鄂圖曼土耳其人使用，他們把大規模砲擊發揚光大。土耳其部隊在 1453 年成功占領君士坦丁堡，大部分要歸功於重型火砲的威力。

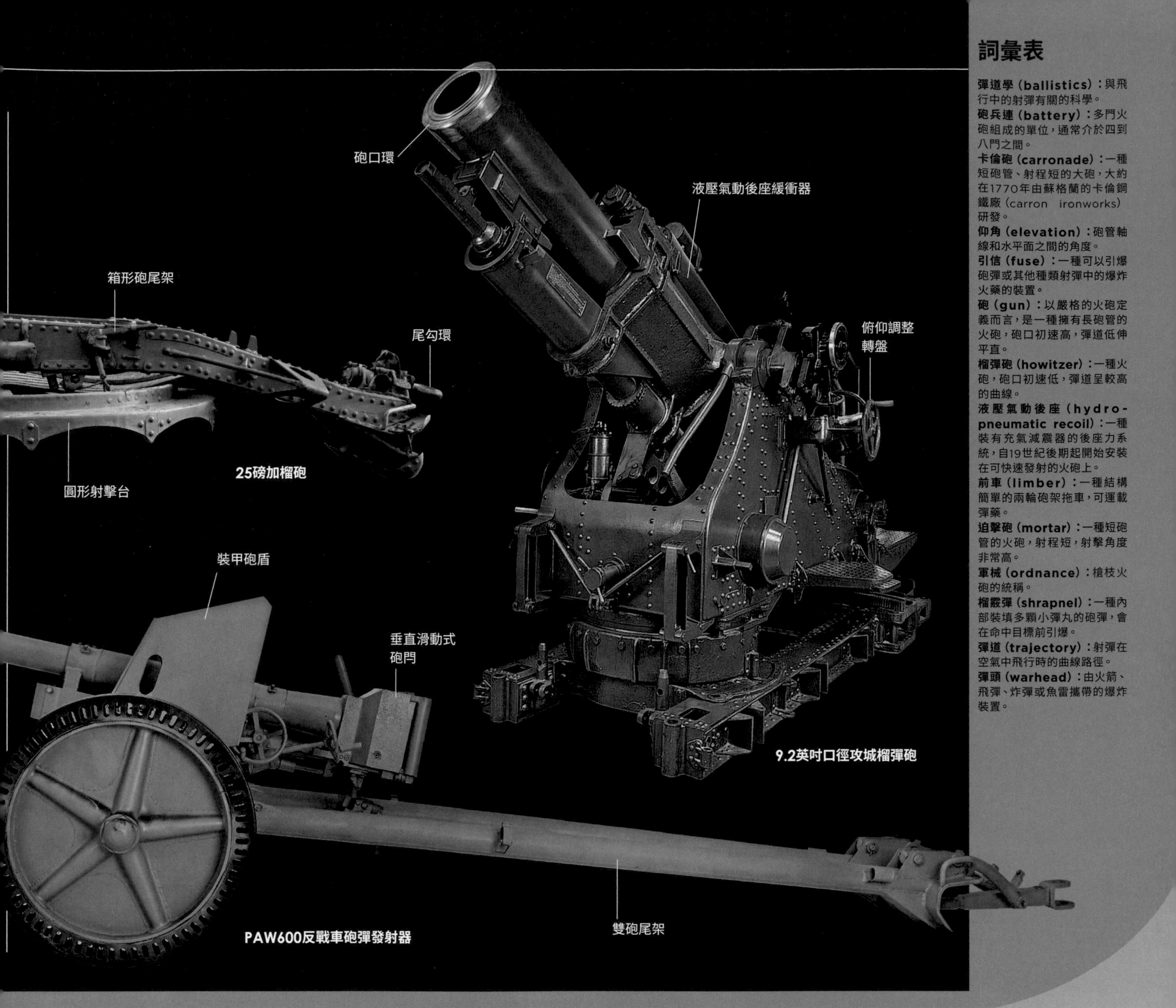

詞彙表

彈道學（ballistics）：與飛行中的射彈有關的科學。
砲兵連（battery）：多門火砲組成的單位，通常介於四到八門之間。
卡倫砲（carronade）：一種短砲管、射程短的大砲，大約在1770年由蘇格蘭的卡倫鋼鐵廠（carron ironworks）研發。
仰角（elevation）：砲管軸線和水平面之間的角度。
引信（fuse）：一種可以引爆砲彈或其他種類射彈中的爆炸火藥的裝置。
砲（gun）：以嚴格的火砲定義而言，是一種擁有長砲管的火砲，砲口初速高，彈道低伸平直。
榴彈砲（howitzer）：一種火砲，砲口初速低，彈道呈較高的曲線。
液壓氣動後座（hydro-pneumatic recoil）：一種裝有充氣減震器的後座力系統，自19世紀後期起開始安裝在可快速發射的火砲上。
前車（limber）：一種結構簡單的兩輪砲架拖車，可運載彈藥。
迫擊砲（mortar）：一種短砲管的火砲，射程短，射擊角度非常高。
軍械（ordnance）：槍枝火砲的統稱。
榴霰彈（shrapnel）：一種內部裝填多顆小彈丸的砲彈，會在命中目標前引爆。
彈道（trajectory）：射彈在空氣中飛行時的曲線路徑。
彈頭（warhead）：由火箭、飛彈、炸彈或魚雷攜帶的爆炸裝置。

時引爆。臼砲雖然不是那麼準確，但砲彈在擊中易燃的目標時容易引發火災，像是房舍和船艦等。

工業革命

火砲發展緩慢的狀況因 19 世紀後半的一連串技術發展而扭轉過來。鋼取代鐵，提供更高的強度和耐用度，而機械加工工具的進步也讓後膛（裝填）火砲具備氣密能力，反過來也可以讓砲管加上膛線以提高準確度。新研發出的推進藥——例如三硝基甲苯（TNT）和線狀無煙火藥——取代了一般火藥，野戰砲的射程因此提升到超過 4000 公尺。而這一波火砲革命的最後一塊拼圖則是液壓氣動後座系統，這讓火砲就不必每次開火都要重新移回原來的位置，如此一來火砲射速就會大幅提高，知名的「法國 75」（French 75）野戰砲每分鐘可發射 20 發砲彈。有了這些改良，火砲得以主宰第一次世界大戰（1914-18 年），成為主要武器，讓戰術平衡的天平朝火力而不是機動力那一方傾斜。到了第二次世界大戰（1939-45 年），最大的進步則在於無線電通訊，這讓火砲在瞄準的時候具有更大的彈性，還可把密集火力引導到特定的攻擊目標。火砲的歷史在 20 世紀後半期的特色就是穩穩進步，例如用導引彈藥補足傳統火砲，以及引進複雜的多管火箭發射器等。

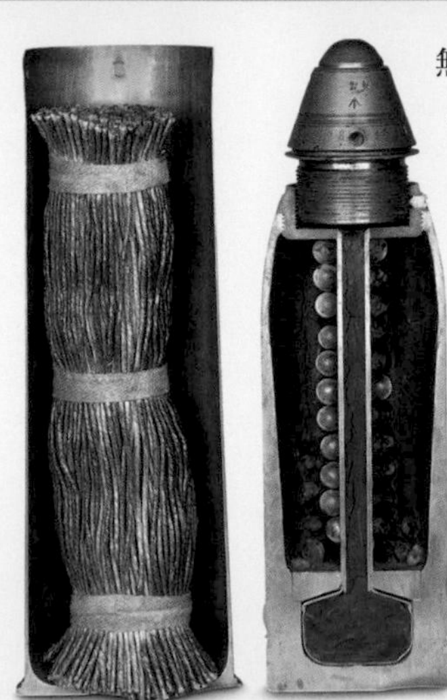

18 磅榴霰彈剖面圖
彈殼內看起來像繩子的推進藥就是線狀無煙火藥（左），而砲彈（右）的頂端是引信，接下來是球狀的榴霰彈彈丸，以及底部的起爆炸藥。

鎧甲與頭盔

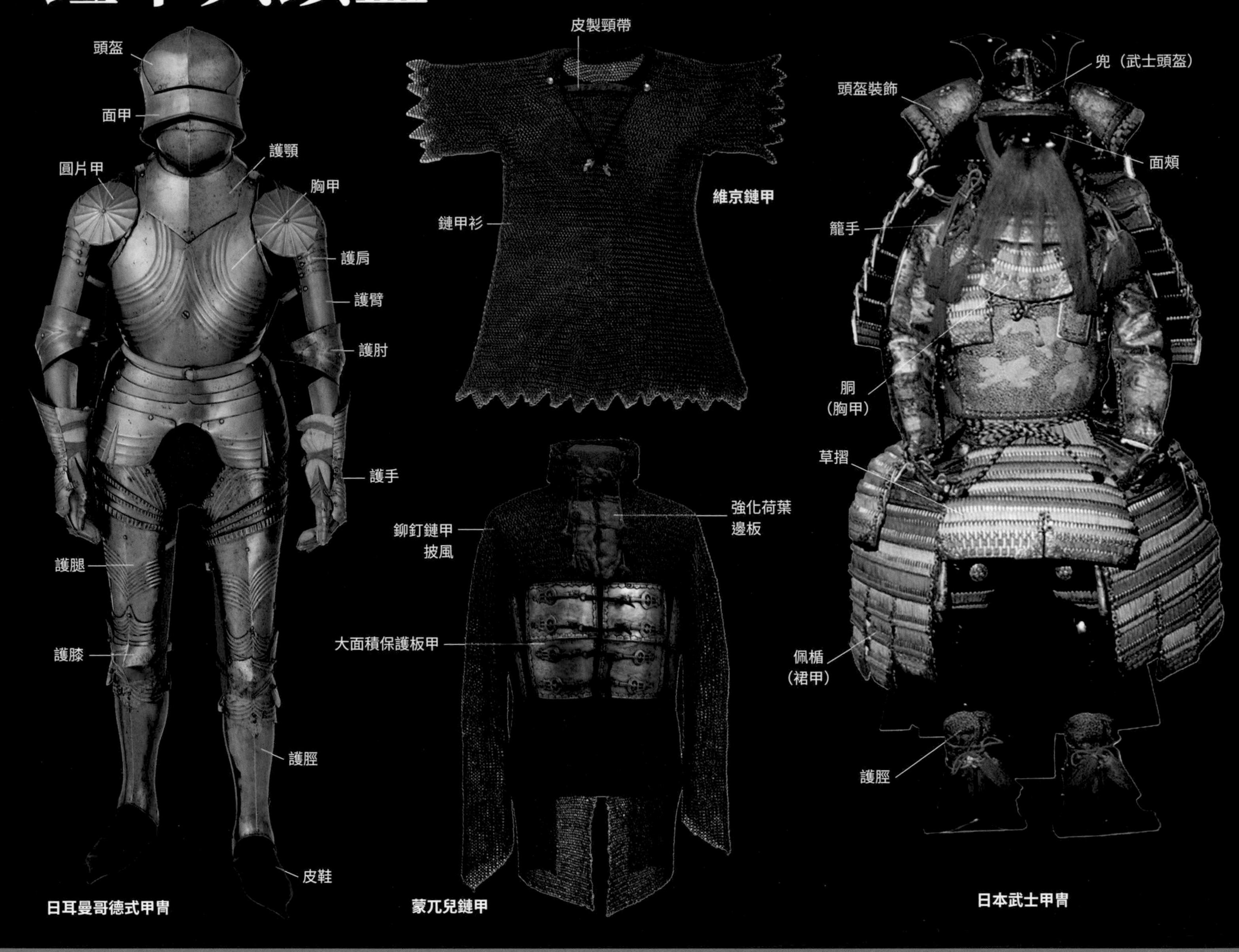

最古老的甲冑很可能是以獸皮，接著是皮革或棉製成。隨著金屬科技進步，青銅和鐵甲接著出現。公元前 7 世紀，古希臘重裝步兵配戴青銅頭盔、青銅或皮革製鐘形胸甲，以及青銅護脛。

在羅馬帝國初期，羅馬人發展出鐵質板甲（lorica segmentata），在肩膀處做出強化設計，以便運動時更加靈活有彈性。之後羅馬的步兵傾向穿著較輕量的甲冑，但他們的騎兵（鐵甲騎兵 cataphract）卻穿著一層厚重的鏈甲，接著鏈甲就成為西歐主要的甲冑形式，直到 15 世紀。

至於草原遊牧民族，像是土耳其人和蒙古人，則穿著鱗甲和札甲（lamellar）。札甲是把小金屬片一片片用繩子以水平方向排列串起（而不是縫上去），這樣會使得甲冑變得相當精細複雜，並在日本武士的大鎧上發展到極致。大鎧硬化皮革板塗上亮漆，強度等同鋼板，但彈性更大，重量也更輕。

階級象徵

頸甲可說是最晚退出戰場的甲冑。到了 18 世紀，縮小版的頸甲成為軍官的標誌。

科技發展

到了 15 世紀，經過改良的武器（例如長弓、弩和火器）破壞力愈來愈強，這代表適合抵擋刀劍攻擊的鏈甲變得保護力不足。人原本就已經會在甲冑上增添小鋼片來保護最容易受到傷害的部位，此時則更是進化到全套由堅硬鋼板組成的盔甲。

自 16 世紀起，步兵的甲冑逐漸減少，以減輕重量、節省開支。不過騎兵依然繼續使用胸甲和背甲，直到 19 世紀，且之後仍在儀典中沿用。到了 20 世紀，隨著可抵擋子彈的凱夫勒之類輕量化材料的發展，甲冑才開始

詞彙表

開閉式頭盔（armet）：附有臉頰護片的碗形頭盔，下顎處用絞鍊相接。
內襯帽（arming cap）：戴在頭盔下的襯墊帽。
鏈甲罩（aventail）：裝在鏈甲上的護罩，可保護頸部。
板帶盔（bandenhelm）：由中央帶或脊固定在一起的日耳曼頭盔。
馬甲（bard）：馬匹用的盔甲。
中頭盔（basinet）：圓錐形或球狀頭盔，通常無面甲。
圓片甲（besagew）：圓形的小鐵甲片，綁在肩膀上以防止腋下受到傷害。
護顎（bevor）：杯狀的下顎防護。
鐵帽（chapeau de fer）：簡易的金屬半球形頭盔。
科奧呂頭盔（coolus helmet）：共和晚期／帝國早期的羅馬盆形頭盔。
科林斯頭盔（corinthian helmet）：古典希臘重裝步兵頭盔。
護腿（cuisse）：保護大腿的甲冑。
胴（do）：日式胸甲。
鐵手套（gauntlet）：保護手的盔甲，由小鐵片安裝在皮革上製成。
護頸（gorget）：保護脖子的甲冑，通常用門或插銷固定在盔甲上。
大頭盔（great helm）：可以罩住整個頭和脖子的大型頭盔。
護脛（greave）：保護小腿的盔甲。
佩楯（haidate）：保護鼠蹊部的裙狀護片。
鎖子衫（hauberk）：鏈甲製成的上衣。
兜（kabuto）：日式頭盔。
籠手（kote）：日本武士甲冑中的保護袖套。
面頬（mempo）：日本盔甲中的裝飾面具。
護膝（poleyn）：保護膝蓋的盔甲，通常有絞接和凸出的外形設計。
護臂（rerebrace）：保護上手臂的管狀盔甲。
鐵靴（sabaton）：穿在皮鞋外保護腳部的盔甲，有絞接板的設計，末端有腳趾帽。
輕便盔（sallet）：帽緣呈喇叭型展開、附面甲的頭盔。
箍盔（spangenhelm）：拼接組成的日耳曼頭盔。
印度頂盔（top）：印度蒙兀兒頭盔，附有鎖鏈面罩。
前臂甲（vambrace）：保護前臂的管狀鎧甲。

以防彈衣的形式回到戰場上。

頭盔

羅馬帝國衰亡後，打造一體成形的頭盔的技術就失傳了。受維京人歡迎的拼接式頭盔（例如板帶盔）取而代之，盔體的兩半用一條帶子固定在一起。

歐洲中世紀初期的頭盔並不能保護整個臉部，且隨著保護身體的鎧甲愈來愈厚重，保護頭部的盔甲也是，因此到 12 世紀就進化成「大頭盔」（great helm），可以蓋住整個臉和脖子。但這些又太重，並不實用，因此輕量化的中頭盔（basinet）便在中世紀後期應運而生。

土耳其和蒙古頭盔常有帽舌，可說是草原遊牧民族毛氈帽的金屬版本。而日本武士則戴著精心製作的漆面皮革頭盔，且有武士面具作為額外保護。隨著火器日益普及，頭盔也開始消失，直到有進一步改良才又出現，可防禦子彈和砲彈破片，從而造成頭盔的復興，從第一次世界大戰時期的「錫鍋」頭盔開始，到現代化步兵使用的強化凱夫勒頭盔。

武士頭盔
日本武士頭盔有各種不同的款式風格。圖中這款是日根野家族的「頭形鉢」，顧名思義是「頭形」版本，附有簡化結構的碗形頭盔，並塗上紅漆，帽沿則塗上金漆。

最早的戰士
這幅在阿爾及利亞發現的岩畫可能是最早的戰爭圖像，雙方戰士用狩獵弓箭互相對抗。

最早的武器——弓、矛、棍棒和斧頭——都起源於狩獵，但卻是到了戰爭中（以暴力方式爭奪資源），才經過反覆淬鍊而成為完美的殺人工具。儘管這些武器的基本設計和打造它們所需的材料在整個古代時期都沒有太大變化，從石材到黃銅、青銅和鐵等，但它們的效能（和使用它們的組織）卻不斷增加。

史前時代並沒有所謂的軍隊，只有戰士們臨時集合形成的團體，配備石頭武器，任務是襲擊附近的團體。但到了新石器時代，農業聚落互相連結形成村落，公元前4000年起又進化成小鎮和大城，並出現有組織的統治和僧侶階級，進行作戰這件事的武器和手段，複雜程度和效益也跟著提高。

農業的出現代表有更多的資源集中在固定位置，而保護糧食、人力資源和礦產的需求，也催生了第一座有城牆圍繞的城市——耶利哥（Jericho），還有其他要塞化的村落，例如今日土耳其境內的加泰土丘（Çatal Hüyük）。這個過程在埃及和印度的肥沃河谷還有尤其是在美索不達米亞的蘇美文化中有了成果，在大約公元前3000年開始發展出最早的軍隊。

蘇美人生活在許多城邦裡，在一種幾乎從不間斷的戰爭狀態中求生存，背後的動機是要爭奪「兩條河流之間的土地」的好處。其中最繁華的一座城邦出土了一件文物：「烏爾軍旗」（Royal Standard of Ur），上面呈現了關於有組織武裝部隊的敘述，他們由貴族統治者或國王指揮。這支部隊裡包括輕步兵，攜帶標槍和戰斧（但沒有盾牌），戴頭盔的重裝步兵則集中使用較長的長矛。至於蘇美人的雙輪戰車則相當笨重，車輪為實心，由四隻驢子之類的動物拖曳，在戰鬥中不太實用。一塊稱為禿鷹之碑（Stele of Vultures）的紀念石板顯示，在公元前2450年，蘇美人以戴頭盔的長矛兵組成密集隊形戰鬥，可說是方陣的前身，也就是接下來超過2000年間步兵作戰的主要方式。

蘇美人的城邦最後被薩爾貢大帝（Sargon of Agade）征服（約公元前2300年），他建立了世界最早的帝國，且最早運用混合兵種的軍隊作戰，有輕裝備部隊搭配重步兵和弓箭手。雖然這個地區戰禍連連，但科技進步的速度卻相對緩慢，主要是既有武器的改良。一個例子就是改良鑄造方式，讓美索不達米亞的戰斧擁有雙刃，可製造出駭人的砍劈擊殺傷口，而這又導致了金屬頭盔使用率的提高。

科技創新

公元前2000年的一連串文化和科技發展改變了戰爭的樣貌，讓當時的國家可以把力量投射得更遠、獲得更多資源，並重複這個過程，直到碰上更強的對手為止。發展之一就是廣泛馴養馬匹，而在同一時間，彎曲木材的技術也臻至完善，讓雙輪戰車的車輪得以使用輪幅設計。此外也研發出一種實用的複合弓，可以從這些新式戰車上快速射箭。這些新研發出來的科技幫助新埃及帝國（儘管在政治上長期團結，但運用軍事科技卻依然非常保守）在近東地區展開一連串毀滅性的戰役。戰車的主要任務是干擾敵軍步兵，並在他們逃跑時加以攔截。戰車極少像公元前

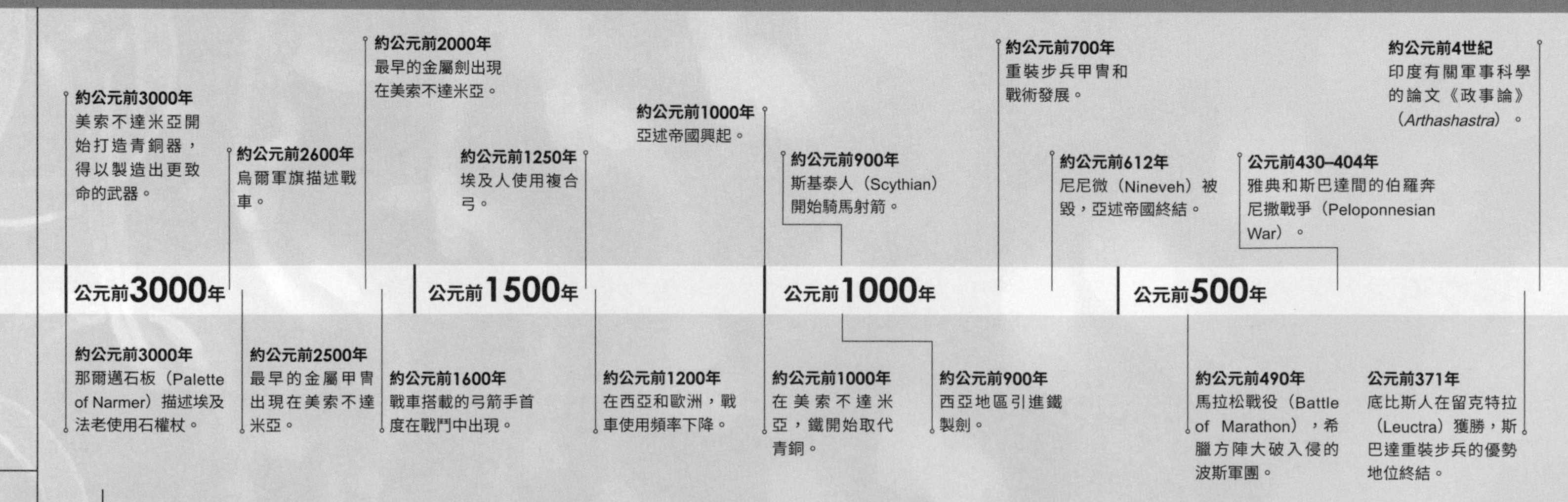

1275 年的卡德什（Kadesh）戰役中那樣和敵方戰車直接交戰，當時法老拉美西斯二世（Rameses II）的大軍和埃及的頭號對手西臺人（Hittite）打成平手。這是史上最早有完善文獻記錄的戰役。

公元前 1200 年左右，人發現把鐵加熱鍾打再放進水中焠火，可提高刀身的強度和耐用度。戰爭因此變得更加致命，長度較長、可用來刺擊或砍劈的劍也變得更加普及，取代匕首和斧頭，這兩者原本是最常見的有刃武器。

第一支常備陸軍

率先認真運用此一發展的是亞述人。亞述人雇用了最早的常備陸軍——根據一份文獻，有多達 10 萬人——並運用他們的軍事力量和名聲，無情地消滅反對者，建立了一個龐大的帝國，涵蓋絕大部分美索不達米亞地區。亞述人擁有定義明確的指揮體系，有手持鐵尖長矛的騎兵特種單位、投石兵和弓箭手，火力集中起來，對敵人可造成毀滅性打擊。因此有更多人穿上盔甲，像是長度及膝的鱗甲上衣。他們也發展並專精多種攻城戰術，並且在公元前 701 年攻占拉奇什（Lachish）的時候，布署了一直要到羅馬時代才被超越的攻城器械。亞述人在提格拉特帕拉沙爾三世（Tiglath-Pileser III）（公元前 745-27 年）等國王的領導下，有能力長時間作戰，並可運用機動的戰車部隊防衛大片地區。不過到最後，亞述帝國的多民族本質成為它垮台的原因。它的資源過度延伸且分散，一連串暴動導致它在大約公元前 612 年左右迅速解體。波斯人也自公元前 6 世紀中期起建立了一個多民族帝國，只是規模更大，從與印度的交界一路延伸到愛琴海。波斯陸軍的核心是一支稱為「長生軍」（Immortals）的精銳部隊，用短矛和布署在盾牆後的弓箭手作戰。當波斯的領域擴大時，甚至還加入了米底亞（Media）的輕騎兵、來自山地的輕步兵、以及阿拉伯的駱駝騎兵。不過諷刺的是，儘管有這些看起來十分均衡的組合，波斯人最後卻被戰術彈性明顯更低的希臘重裝步兵部隊擊敗。

希臘不適合發展騎兵，因為希臘地形多山，較適合小規模步兵作戰。從公元前 800 年黑暗時代的史詩戰役開始，希臘城邦就依賴集結成隊伍的步兵或重裝步兵，這點在荷馬的史詩中有所著墨。他們手持中間裝有握把的大塊盾牌，只能保護身體的左側，所以重裝步兵必須依賴鄰兵來屏障沒有保護的右側。呈方陣隊形時，縱深有 8 到 12 人，手持長矛，並戴上青銅頭盔，只有雙眼和嘴巴暴露在外。因此在敵人眼裡，重裝步兵組成盾牌和長矛構成的銅牆鐵壁，難以突破。有關這類方陣戰術運用的最早記載出現在公

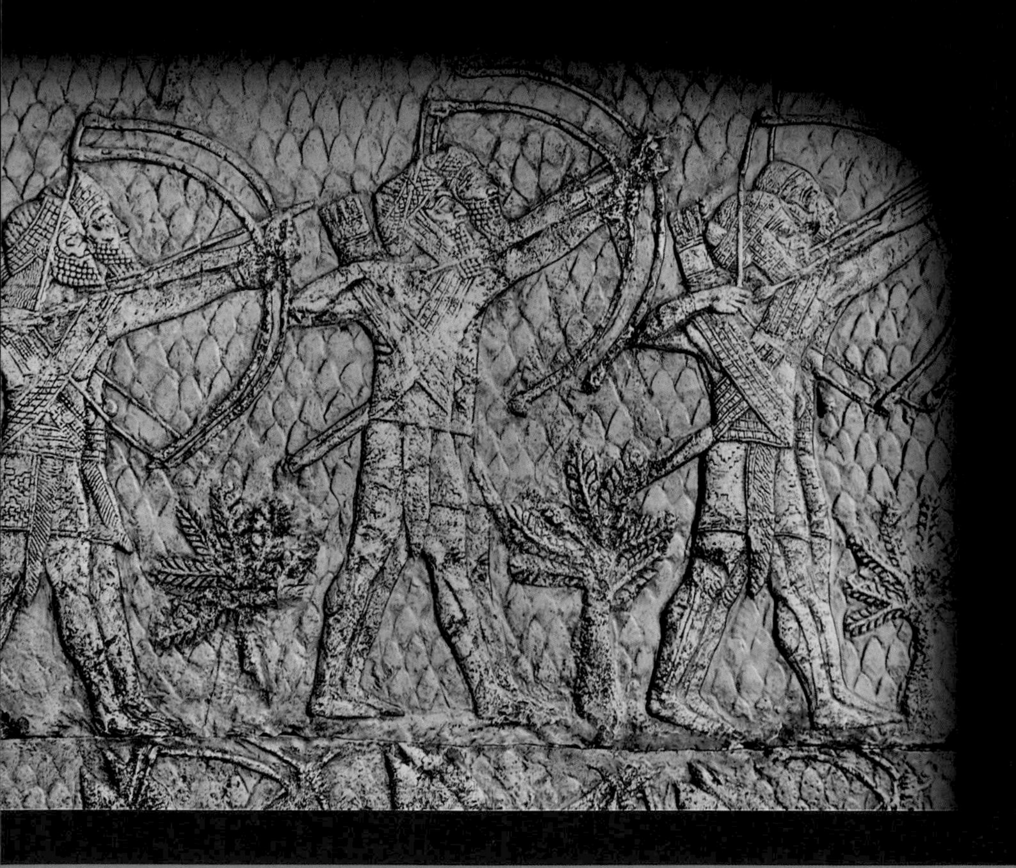

亞述人攻城
弓箭手是亞述軍隊的關鍵角色。多兵種組成的亞述軍隊可參與激烈的戰鬥，派出戰車部隊遠距離作戰，並布署攻城器械打擊任何膽敢反抗他們的城市。

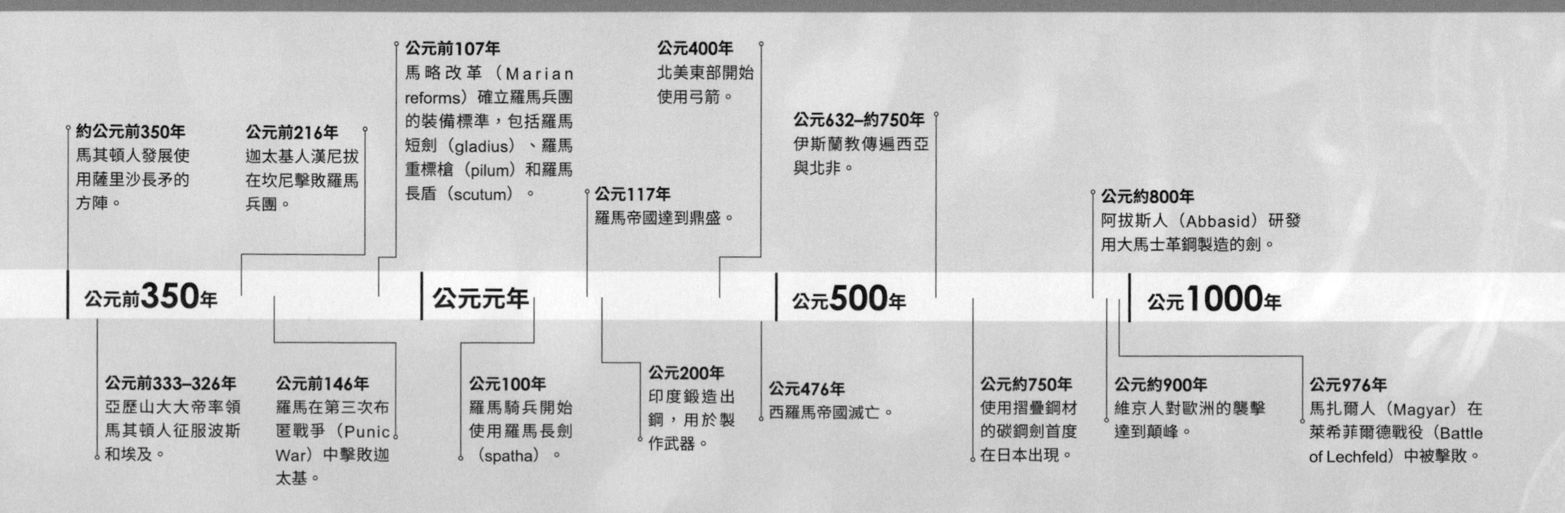

元前 670 年左右。等到波斯在公元前 490 年入侵後，這種需要依賴士兵團結凝聚為一體才能發揮集體力量的作戰形式，已經在斯巴達人手上達到完美。斯巴達人擁有一支常備軍隊，受過基本演習訓練，有能力執行機動作戰，可同時應付來自兩個方向的敵軍威脅。在馬拉松（公元前 490 年）和普拉塔亞（Plataea，公元前 479 年），波斯大軍在重裝步兵的衝鋒攻擊下崩潰，無法抵抗他們的騎兵，還因為紀律和心態較為差勁鬆散而自亂陣腳。

亞歷山大大帝的軍隊

到了公元前 4 世紀，有一支與眾不同的希臘軍隊挺身而出，對抗波斯人。亞歷山大大帝率領的馬其頓軍隊解決了方陣部隊的基本弱點——缺乏騎馬的攻擊兵種。亞歷山大大帝的「夥友騎兵」（Companion）是精銳騎兵單位，受過嚴格訓練，可編成楔形隊形作戰，適合用來穿透其他騎兵隊形，並擾亂步兵組成的盾牆。除此之外，夥友步兵——也就是在方陣隊形中徒步作戰的士兵——配備長達約 6 公尺的薩里沙長矛。方陣最前排的士兵手中的薩里沙長矛會伸到方陣前方約 4 公尺處，第二排士兵的則會伸到約 2 公尺處，依此類推，進而形成障礙，足以嚇阻任何意志軟弱的攻擊者，也可以擋掉投射過來的武器。基於薩里沙長矛本身的重量，方陣兵只能穿著輕量的皮製甲冑和護脛，且只能佩帶匕首作為副武器。在戰鬥中，夥友騎兵會在敵軍戰線上打出一個缺口，讓薩里沙長矛方陣加以利用。亞歷山大大帝憑藉他的戰術天才，運用傾斜正面隊形、佯攻和包圍等手法，製造毀滅性的效果，並結合馬其頓騎兵－步兵混和協同作戰所能容許的戰術彈性，在伊蘇斯（Issus，公元前 333 年）和高加米拉（Gaugamela，公元前 331 年）擊敗數量占優勢的波斯軍隊，並進而拿下整個波斯帝國。不過，他們因為軍事上的團結而贏得的成果，到了亞歷山大大帝的馬其頓繼承者手裡，卻因為政治動盪而喪失。公元前 1 世紀，位於亞洲和非洲的後繼國家都變得更加衰弱，同時希臘的人力危機也使得傳統的重裝步兵軍隊愈來愈難以維持。

羅馬的興起

同樣在地中海這座舞台上，新強權羅馬在「軍團」（legion）的支持下開始擴張，這是一股效率史無前例的軍事力量。羅馬之所以可以征服敵人，一部分是因為它有能力經常在戰場上維持數量龐大的軍隊（到了公元前 190 年時已有多達 13 個軍團）。在遭遇毀滅性的慘敗時，例如迦太基的漢尼拔於公元前 216 年在坎尼（Cannae）造成的打擊，羅馬依舊可以存活，但他們的敵人就沒有此等餘裕了。羅馬軍團的組織隨著時間不斷發展，在公元 1 世紀初達到巔峰（詳見方格內說明）。最首要的是軍團官兵的專業精神，因為每個人都服役 25 年，還有羅馬帝國優越的後勤能量，讓它可以裝備、訓練並運輸人數龐大的部隊，所以他們能併吞歐洲、北非和西亞的廣袤土地，並據守超過四個世紀。

羅馬人相當擅長打兩軍列陣對戰的戰役，因此時時都在努力製造這樣的對抗情境。不過，面對更加靈活機動、或是沒有城市或固定中心地區要防守的對手時，羅馬人的作戰方式就跟著失靈了。防守漫長且固定的戰線時，羅馬軍團便無法顧及所有可能的攻擊點。羅馬人除了長期飽受騎馬弓箭手帶來的困擾，例如公元前 53 年在卡萊（Carrhae）徹底粉碎克拉蘇（Crassus）的安

羅馬軍隊

羅馬帝國之所以可以維持超過400年，要歸功於它有能力修改軍事組織架構，以面對不斷變動的戰略需求。在公元前2世紀後期的馬略（Marius）時代，羅馬進行了廣泛的改革，創造出經典的羅馬軍團，配備由國家供應的標準化裝備，以大約100人的步兵大隊作為戰術單位，一個軍團的戰力大約有4-5000人。軍團士兵配備短劍、重標槍（經過設計可以在擊中目標時折斷）、橢圓形的長盾，從公元1世紀起還增加了甲冑「羅馬板甲」（lorica segmentata）。羅馬軍團有輔助部隊支援，他們的裝備差異更大，還有較專門的士兵，像是騎馬弓箭手和投石兵等。到了帝國後期，軍團的規模縮水，有時甚至只有1000人，但騎兵和從日耳曼部落徵募的單位角色卻變得更吃重。

雕刻石板

埃及矛頭

這個矛頭被發現時是包裹在亞麻布中。它是法老軍隊自舊王國時代起就配備的經典武器之一，直到戰車弓箭手在新王國期間的軍事改革裡脫穎而出為止。

息人（Parthian），也愈來愈難應付自公元 3 世紀開始以不斷運用掠奪手段和打帶跑戰術的日耳曼戰士聯盟，進而元氣大傷。到了帝國晚期，從加里恩努斯（Gallienus）時期（公元 260-68 年）開始，羅馬就更加依賴機動的野戰軍（comitatensis），他們擁有戰力強化的重騎兵，配備長度較長的羅馬長劍。這些有甲冑的士兵穿著鏈甲，有時攜帶長矛，模樣開始類似中世紀早期的騎士。在此同時，邊防部隊（limitanei）由於太缺乏資源和積極性，因此愈來愈無法抵擋一波波如潮水般湧來的蠻族，像是歌德人（Goth）、汪達爾人（Vandal）、匈人（Hun）和其他蠻族等。

羅馬帝國之後

當西羅馬帝國在公元 476 年滅亡時，後繼的日耳曼諸國繼承了許多原有的法律和行政系統。這些國家當中最強大的是法蘭克王國（Frankish kingdom），他們的勢力觸及萊茵河以外的地方，甚至在 8 世紀末期查理曼（Charlemagne）時代進入義大利甚至西班牙北部。法蘭克軍隊的武裝和組織較優異，士兵們穿著鏈甲上衣（皮外套），配備長劍與戰斧，搭配來自被征服國家——例如薩克森（Saxon）和卡林西亞（Carinthian）——的輔助部隊，可說是所向披靡，直到在 9 世紀因為政治分裂和國家動盪而解體為止。

就在歐洲和拜占庭（羅馬帝國在東方的殘存部分）面臨新的軍事挑戰之際，法蘭克帝國解體了。維京人自北方而來，剛開始只是以小團體乘船行動，四處劫掠，侵襲防衛較鬆散的海岸地帶，接著又集結成大部隊騎著小馬往內陸行軍，或是沿著河流之間轉運，將戰火與毀滅帶到各地，遠及盎格魯薩克遜威塞克斯（Wessex）、巴黎、基輔羅斯（Kievan Rus）和君士坦丁堡。維京人使用長約 70-80 公分的雙刃劍、適合投擲的輕長矛和適合刺擊的重長矛，還有長柄闊刃戰斧，在當時的歐洲各地肆虐了超過 250 年。

在此同時，阿拉伯又出現了一股軍事力量，存在的時間長久得多。自公元 630 年開始，各地阿拉伯軍隊在新興宗教伊斯蘭教的大旗下團結統一，橫掃阿拉伯半島，然後繼續向外擴張，一路打敗早已失去活力的拜占庭和波斯等專制政體。剛開始，伊斯蘭軍隊的勝利靠的不是什麼科技上的優勢，而是意識形態上的團結——雖然他們運用駱駝運輸確實對他們在沙漠中取得多次勝利幫助頗大。等到這個新興宗教在 9 世紀傳播到中亞大草原時，這種意識形態上的團結和當地的騎馬弓箭手結合起來，就成了一時無人可擋的威脅。

兵馬俑
秦始皇在公元前 220 年統一當時的中國，兵馬俑是他陵墓中的陪葬品，也是當時中國軍隊多樣化及複雜程度的證明。

古埃及的武器與盔甲

公元前約 3000 年到 1500 年，埃及軍隊主要是徒步作戰，士兵配備大塊木盾防身，並裝備弓箭、長矛和斧頭。公元前 2000 年，西克索人入侵，統治埃及部分地區，埃及人和他們長期征戰，帶來了武器科技的變革。頭盔、甲冑和刀劍變得更加普及，戰車也成為機動力強的弓箭作戰平台。

鱷魚皮甲冑

古埃及人敬畏鱷魚，相信穿著鱷魚皮的人可獲得這種可怕動物的力量和屬性。對鱷魚的崇拜持續到古典時期，駐防埃及的羅馬士兵非常流行穿著鱷魚皮甲冑。

年代	公元3世紀
來源	埃及
長度	胸甲：88.5公分

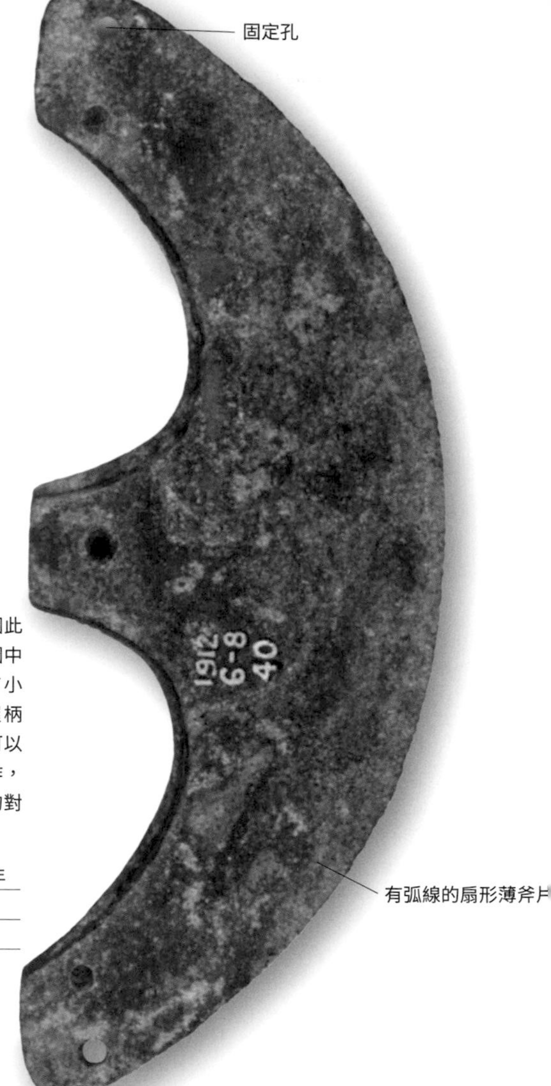

青銅斧頭

埃及人對斧相當有興趣，因此發展出各種形狀的斧頭。圖中這種較寬的扇形斧片上有小孔，可用來把斧片綁在握柄上。這種形狀獨特的斧片可以用來進行大幅度的砍劈動作，對於甲冑較少或沒穿甲冑的對手特別有效。

年代	公元前2200-1640年
來源	埃及
長度	17.1公分

青銅矛頭

這種矛頭是埃及步兵配備的典型武器之一，因為他們的主要武器就是長矛。這個矛頭以青銅製成，被細麻布覆蓋，麻布的編織方式從個種角度看相當明顯。這種武器主要是用於刺擊，而不是作為標槍投擲。

年代	約公元前2000年
來源	埃及
長度	25公分

燧石箭簇

埃及人是早期運用弓箭的代表，而弓箭也是埃及人手中最有效的武器之一。早在公元前2800年，一塊勝利紀念碑上就刻了複合弓的圖案。早期的箭簇以燧石製成，之後被青銅取代。

年代	公元前5500-3100年
來源	埃及
長度	6.1公分

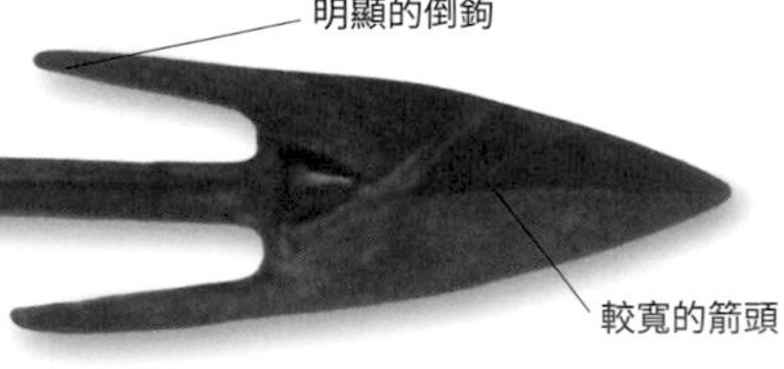

青銅尖頭

這種青銅尖頭可用在較細的長矛或箭上，特點是有明顯的倒鉤。青銅箭簇雖然生產成本高昂，卻被埃及人廣泛使用，裝在以尼羅河畔的長蘆葦製成的箭桿上。

年代	公元前1500-1070年
來源	埃及
長度	7公分

「獅子王」盾牌

這塊盾牌是在圖坦卡門（Tutankhamun）陵墓發現的八塊儀式用盾牌之一。它描繪以國王以獅子的面貌出現，驅散面前的敵人，是表現圖坦卡門尚武氣概的諸多同類主題裝飾之一。古埃及步兵便是配備這種盾牌的簡易木製版本。

年代	公元前1333-1323年
來源	埃及
長度	85公分

「屠獅」儀式用盾牌

圖坦卡門（約公元前1336-1327在位）陵寢的發現為現代人提供了大量有關古埃及人生活的訊息，包括當時的武器和工具。這塊儀式用盾牌的浮雕描繪國王手持一支罕見的劍，稱為鐮形劍（khepesh），正準備擊殺一頭猛獅。

年代	公元前1333-1323年
來源	埃及
長度	85公分

原本的埃及細亞麻布
的花紋

葉片形矛尖

◀ 34-35 美索不達米亞的武器與盔甲 ▶ 42-43 古希臘的武器與盔甲 ▶ 46-47 古羅馬的武器與盔甲

古埃及的武器與盔甲

較寬的雙刃金屬刀身

細節紋路受到中東影響

鍍金劍柄

木柄

短劍

一直要到新王國時期（約公元前1539-1075年），埃及人才開始重視劍，但他們和中東的好戰民族之間的對抗，卻刺激了可刺穿甲冑的有刃武器發展。圖中這把寬刀身的短劍有鍍金劍柄，幾乎可以確定屬於埃及王室成員所有。

年代	公元前1539-1075年
來源	埃及
長度	32.3公分

有裝飾的黃金握柄

雙刃鐵製刀身

法老的匕首

這把是圖坦卡門的匕首，擁有黃金握柄，以及在那個時代相當罕見的鐵製刀身。埃及人無法直接取得鐵礦，只能仰賴時常被敵人掌控的中東地區供應，因此生產鐵製武器也成為一件相當困難的事。

年代	約公元前1370-1352年
來源	埃及
長度	41.1公分

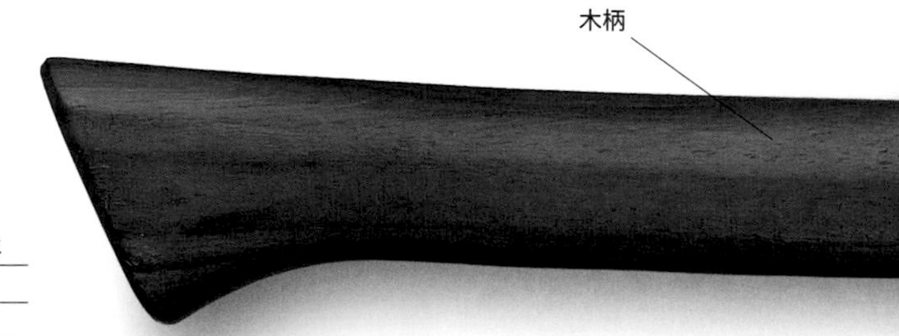

蘑菇形劍柄頭

長劍

這把劍的特色是相當大的蘑菇形劍柄頭，劍身為黃銅打造，劍柄則有鍍金。雖然銅可在埃及當地取得，但它缺乏鐵和青銅的強度，因此刀身無法開鋒。

年代	公元前1539-1075年
來源	埃及
長度	40.6公分

鍍金劍柄

雙刃銅刀身

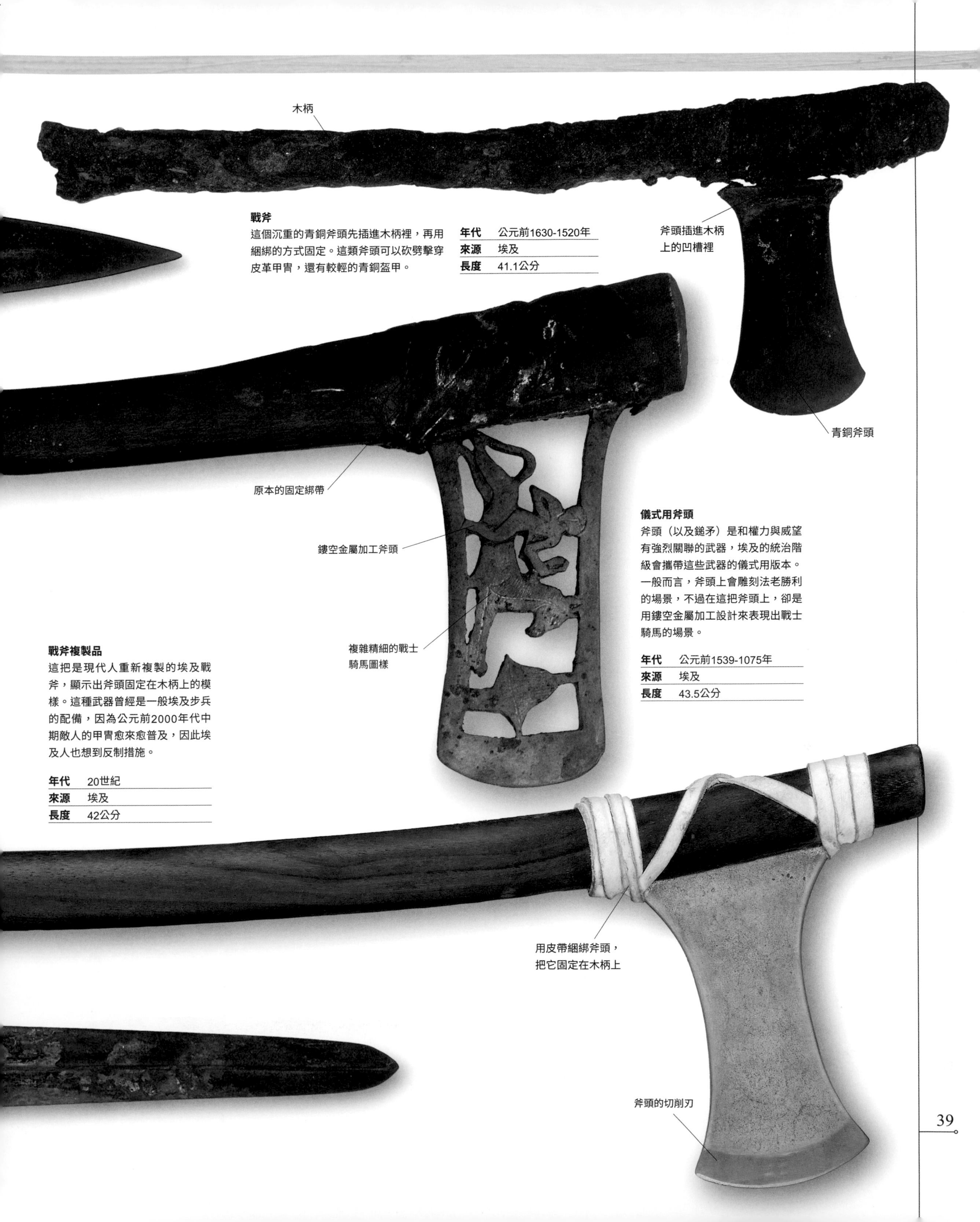

戰斧

這個沉重的青銅斧頭先插進木柄裡，再用綑綁的方式固定。這類斧頭可以砍劈擊穿皮革甲冑，還有較輕的青銅盔甲。

年代	公元前1630-1520年
來源	埃及
長度	41.1公分

儀式用斧頭

斧頭（以及鎚矛）是和權力與威望有強烈關聯的武器，埃及的統治階級會攜帶這些武器的儀式用版本。一般而言，斧頭上會雕刻法老勝利的場景，不過在這把斧頭上，卻是用鏤空金屬加工設計來表現出戰士騎馬的場景。

年代	公元前1539-1075年
來源	埃及
長度	43.5公分

戰斧複製品

這把是現代人重新複製的埃及戰斧，顯示出斧頭固定在木柄上的模樣。這種武器曾經是一般埃及步兵的配備，因為公元前2000年代中期敵人的甲冑愈來愈普及，因此埃及人也想到反制措施。

年代	20世紀
來源	埃及
長度	42公分

圖坦卡門

埃及國王圖坦卡門（約公元前 1336-1327 在位）從他的戰車上對著撤退中的敵人射箭。從他的陵墓繪畫、棺材上和其他出土的古物中發現的證據顯示，弓箭是這個時期最普遍使用的武器之一，會和斧頭和短劍一起使用。

希臘重裝步兵

錘打製成的科林斯頭盔

從公元前 7 世紀到 4 世紀，古希臘城邦都以重裝步兵為中心，建立了一批由公民組成的軍隊。他們以緊密的隊形進行近距離作戰，在馬拉松和普拉塔亞證明優於波斯入侵者的戰鬥力，並在伯羅奔尼撒戰爭中互相攻擊，兩敗俱傷。城邦衰落之後，希臘步兵在亞歷山大大帝麾下所向披靡的軍隊中服役，或是在中東國家的軍隊裡擔任傭兵。

公民士兵

城邦時代的重裝步兵是業餘的兼職士兵。身為雅典、斯巴達或底比斯（Thebes）的公民，服兵役是既是義務也是權利。當國家有需要時，重裝步兵有義務帶著盔甲、盾牌、劍和長矛出戰。

只有富裕的公民才負擔得起全套甲冑和其他裝備，所以重裝步兵必然是社會菁英。他們組成一種稱為方陣的緊密隊形作戰，其他較低階層人民組成的輕裝步兵則成群圍繞在他們的側翼，裝備投射類的武器。在這些城邦軍隊中，訓練最精良、紀律最嚴明的當屬斯巴達。斯巴達公民從七歲開始就要奉獻給軍旅生涯，年輕人必須和妻子分離，住在兵營裡，以培養男性間的袍澤情感。不過整體而言，正如大家對公民民兵的預期，重裝步兵沒有經過很嚴格的訓練。當時認為，透過體育競技來鍛鍊體能，比演習或嚴格的紀律更適合作為戰爭的準備。

他們的戰鬥效率絕大部分是源自他們身為自由人的高昂士氣，因為他們是為自己的城邦和自己在同胞眼中的名譽而戰。這賦予了他們決心，讓他們可以在面對面的近距離戰鬥中占優勢。

重裝步兵甲冑

一個穿戴全套甲冑的重裝步兵會戴上頭盔，穿著胸甲和護脛，全部是青銅製。甲冑會被拋光到發亮，除了實際的防護用途外，也可帶來令人印象深刻的視覺效果。

有臉頰護片的青銅頭盔

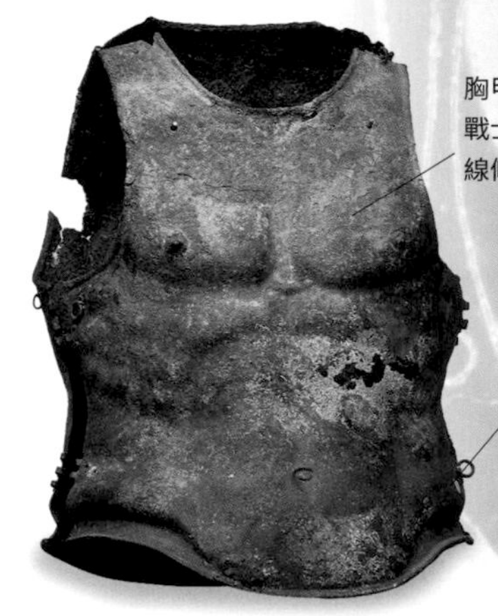

胸甲的形狀呈現戰士理想的肌肉線條

胸甲的兩片防護板會在側面用皮帶綁在一起

青銅護脛保護暴露在盾牌外的腿部

重裝步兵和戰車

戰車經常出現在古希臘的藝術作品中，因為他們在荷馬史詩《伊里亞德》中的特洛伊戰爭（Trojan War）故事裡占有重要地位。到了希臘城邦時代，希臘人早已不使用戰車，但他們的敵人波斯人仍有使用。

重裝步兵進入戰鬥

當重裝步兵和敵人接戰時，他們會把銳利的長矛高高舉在肩膀以上揮舞，大圓盾則鉤在左前臂上。由於小腿會在盾牌下方暴露，因此顯然需要穿戴護脛來保護小腿。頭盔上的馬鬃毛裝飾很可能是為了視覺效果。在藝術作品中，重裝步兵除了甲冑之外沒有穿其他服裝，但這只是一種表現手法。

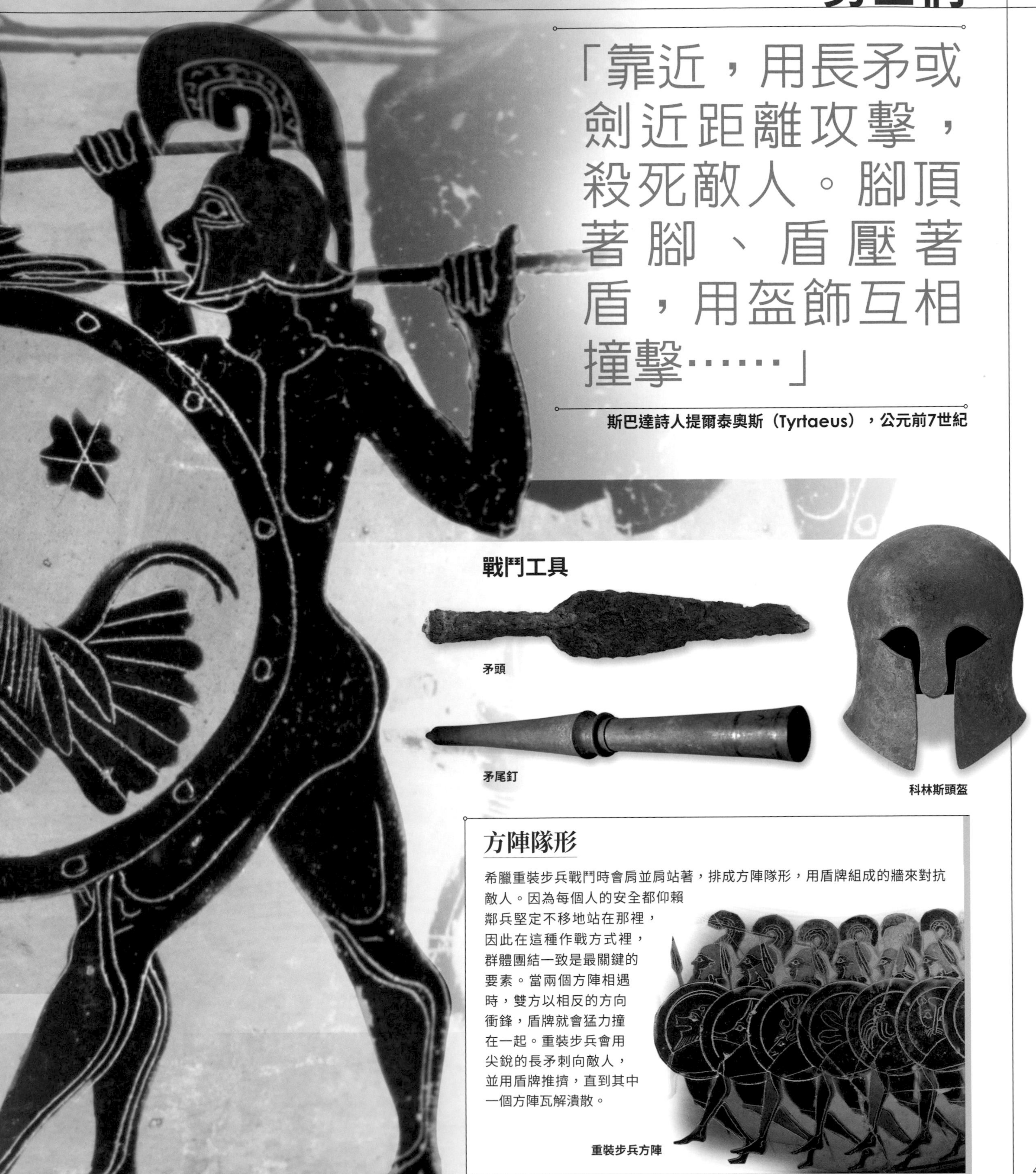

「靠近，用長矛或劍近距離攻擊，殺死敵人。腳頂著腳、盾壓著盾，用盔飾互相撞擊⋯⋯」

斯巴達詩人提爾泰奧斯（Tyrtaeus），公元前7世紀

戰鬥工具

矛頭

矛尾釘

科林斯頭盔

方陣隊形

希臘重裝步兵戰鬥時會肩並肩站著，排成方陣隊形，用盾牌組成的牆來對抗敵人。因為每個人的安全都仰賴鄰兵堅定不移地站在那裡，因此在這種作戰方式裡，群體團結一致是最關鍵的要素。當兩個方陣相遇時，雙方以相反的方向衝鋒，盾牌就會猛力撞在一起。重裝步兵會用尖銳的長矛刺向敵人，並用盾牌推擠，直到其中一個方陣瓦解潰散。

重裝步兵方陣

古羅馬的武器與盔甲

羅馬軍隊可說是古代世界最驍勇善戰的戰爭機器。他們紀律嚴明，訓練精良，領導有方。羅馬軍團的裝備也相當齊全，不論什麼樣的任務都使命必達。弓箭手和鏢槍手等輕裝部隊負責擾亂敵軍，但主要戰鬥一定是由重裝的徒步士兵負責：他們用大塊長方形盾牌保護自己，排成緊密隊型作戰，用手中的短劍壓倒敵人。

高盧盔

高盧盔起源於羅馬的高盧省（Gaul），在公元50-150年間廣泛使用。這頂高盧盔的複製品以鐵打造而成，特色是凸出的護頸和短短的護額，可讓攻擊臉部的刀劍或斧頭偏斜彈開，還有寬闊的護頰。護頰由絞鏈固定在頭盔兩側，再用皮帶或繫繩於下巴處綁緊。

年代	公元50-150年
來源	高盧／義大利

羅馬板甲

這套羅馬板甲（胸甲和護肩的結合體）複製品以條狀鐵片製成，早在公元1世紀就是士兵的裝備，且沿用到3世紀。這套護甲讓羅馬軍團士兵擁有合理的防護力和活動力。

年代	公元1到3世紀
來源	羅馬帝國

羅馬鱗甲

另一種形式的胸甲是鱗甲。這種甲冑是把許多互相重疊的小青銅片或鐵片固定在皮革或堅韌的布料上製成。小鐵片用金屬線串起來，通常以水平方向排列固定。

羅馬步兵盾

圖中這塊長方形的步兵盾是複製品，以層壓木條製成，再覆蓋皮革和亞麻布，亞麻布蓋上之後就可在盾牌表面繪製軍團標誌。這塊盾牌有些許弧度設計，以提供全方位保護。

年代	複製品
來源	112公分

短劍與劍鞘

長矛對削弱敵軍相當重要，但羅馬人的關鍵武器是短劍，軍團士兵會用它來刺殺敵人。這把華麗的禮儀用短劍擁有金銀雙色裝飾，很可能是由皇帝提比略（Tiberius）賞賜給他寵信的軍官。

年代	約公元15年
來源	羅馬
長度	57.5公分

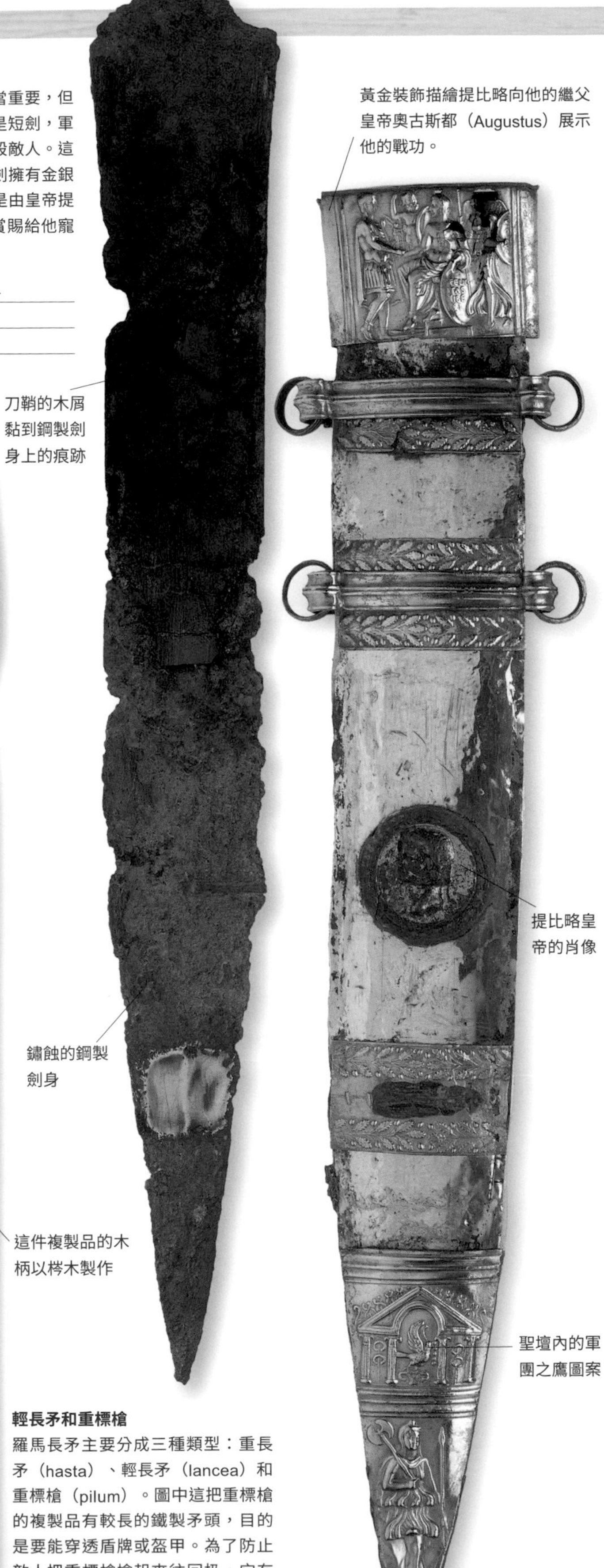

輕長矛和重標槍

羅馬長矛主要分成三種類型：重長矛（hasta）、輕長矛（lancea）和重標槍（pilum）。圖中這把重標槍的複製品有較長的鐵製矛頭，目的是要能穿透盾牌或盔甲。為了防止敵人把重標槍撿起來往回扔，它有特別的設計，擲出後在衝擊目標的當下會彎曲或折斷。

蒙特福爾第諾（Montefortino）頭盔

這個頭盔複製品的設計可以回溯到公元前200年，且是以羅馬人的對手凱爾特人使用的頭盔為基礎。它和科奧呂頭盔類似，也以青銅打造，大量生產以供羅馬軍團士兵配戴，直到公元1世紀中葉。

年代	公元前2世紀到公元1世紀
來源	義大利

高盧盔

這是羅馬高盧式頭盔的複製品。對羅馬軍團來說，它的相當好用，可以為頭部和肩膀提供良好防護，並讓軍團士兵有良好視野，也聽得見指揮號令。

年代	公元50-150年
來源	義大利

格鬥士頭盔

挑戰的格鬥士會戴上以羅馬軍團高盧盔為基礎製成的頭盔，但會加裝可蓋住整個臉部的面甲，眼洞也會加上保護用的格柵。

年代	公元前1世紀到公元3世紀
來源	羅馬

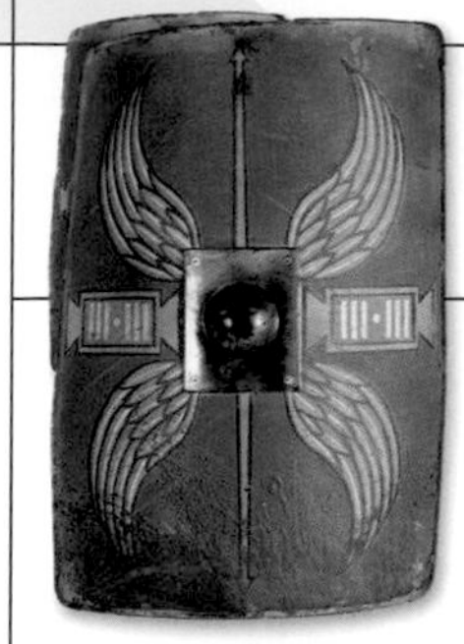
羅馬步兵盾

羅馬軍團

公元 1 世紀的羅馬軍隊要保衛帝國從不列顛延伸到北非、從西班牙延伸到中東地區的廣袤領土。羅馬軍團裡絕大多數士兵是有甲冑的步兵，他們駐防在帝國境內各地的堡壘、要塞和軍營裡，扮演警察、行政人員、建築工人和工程師等角色，負責執行從巡邏到大規模作戰等職務。

圖拉真柱
羅馬的圖拉真柱（Trajan'S Column）描繪達契亞戰爭（Dacian War）（公元101-106年），畫面中的羅馬士兵在堡壘城牆上抵抗達契亞人的突擊，一名騎馬軍官率領一隊士兵前來增援。圖拉真柱是為了紀念羅馬皇帝圖拉真的戰功而樹立的，可說是羅馬人軍事生活的視覺記錄。

職業軍人

羅馬軍團由職業軍人組成，他們必須服役 20 年，另外還要以「老兵」身分服勤務較輕的役期五年。軍團士兵從羅馬公民中招募，絕大部分自願入伍的人都來自貧民階級。他們會編成由 80 人組成的百人隊，由一名百夫長領導，六支百人隊組成一個大隊，十個大隊組成一個軍團。這套系統可以在每一個層級都提高團體忠誠度。

由於操練嚴格、日日演習，因此軍團士兵是軍紀優良、戰技超群的硬漢。他們接受訓練，需要在五個小時內行軍 32.2 公里，並且要以絕對冷酷無情的態度和敵人戰鬥。接戰時，軍團士兵會等到敵人逼近，然後先投擲長矛，接著再用短劍攻擊。喪失紀律的懲罰相當殘酷，例如若在站崗時打瞌睡，就會被同袍用棍棒活活打死。軍團士兵退役後，可以選擇獲得一小塊土地，或是拿一筆退役金，以表彰他在部隊裡的貢獻。

軍團士兵服裝
在羅馬帝國的鼎盛期，軍團士兵配戴簡易型青銅頭盔，穿著板甲甲冑。他們在甲冑下穿著束腰短袍，腳上則穿著堅固耐用、有金屬鞋釘的涼鞋。羅馬帝國給所有士兵裝備甲冑和頭盔的國力，和他們的「野蠻人」敵軍形成強烈對比。

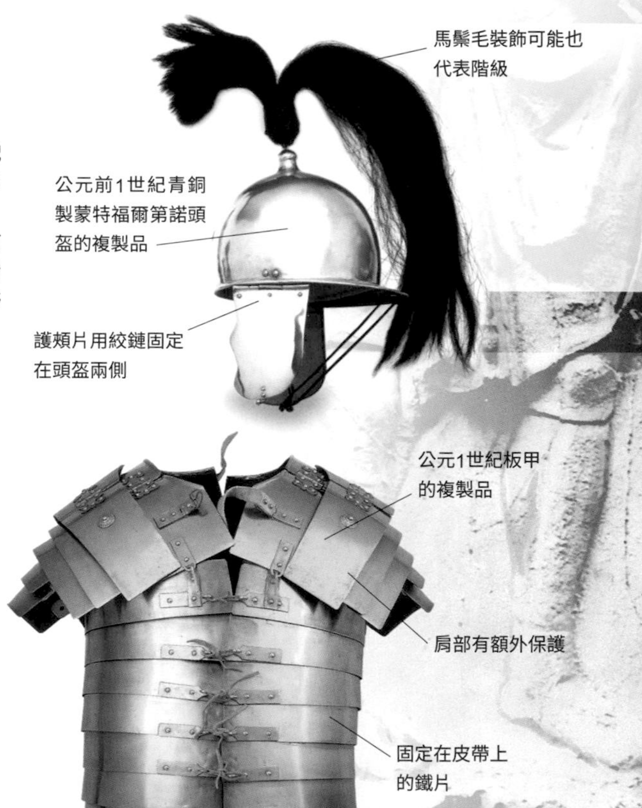

哈德良長城

羅馬軍團可以被歸類為戰鬥工兵，因為在他們職責裡，構築工程就和戰鬥一樣重要。哈德良長城（Hadrian's Wall）在英格蘭北部綿延長達118公里，是軍團士兵在公元2世紀初建造的。哈德良長城是帝國的極北疆界，羅馬軍團在那裡的城牆和堡壘駐防了超過250年。

哈德良長城文德蘭達要塞（Vindolanda Fort）遺址

「羅馬人對他們的士兵灌輸堅忍和剛毅，不只是肉體上的，還有靈魂上的。」

猶太歷史學家約瑟夫斯（Josephus），《猶太人的戰爭》（*The Jewish War*）

羅馬輔助部隊
兩名羅馬輔助部隊的士兵將割下來的敵人首及交給皇帝，背對著他們的是一列軍團士兵。羅馬軍團士兵全部是羅馬公民，輔助部隊的士兵則不是公民，可以透過他們的橢圓形盾牌和鏈甲加以辨認。輔助部隊的地位較低，但在戰鬥中卻往往首當其衝。

戰鬥工具

劍鞘

劍身

短劍

輕長矛和重標槍：投擲用長矛

短劍劍鞘

銅器和鐵器時代的武器與盔甲

凱爾特人是偉大的戰士。公元前 390 年，他們擊潰了羅馬共和的軍隊，還掠劫了羅馬。他們擅長劍術，是重裝步兵，會反復向敵人發動衝鋒，大部分都是徒步作戰，除了頭盔和盾牌以外幾乎沒有盔甲。他們的貴族會騎馬作戰，或是駕戰車出戰，尤其是在不列顛。除此之外，凱爾特人的裝飾和金屬加工技巧也相當出名。

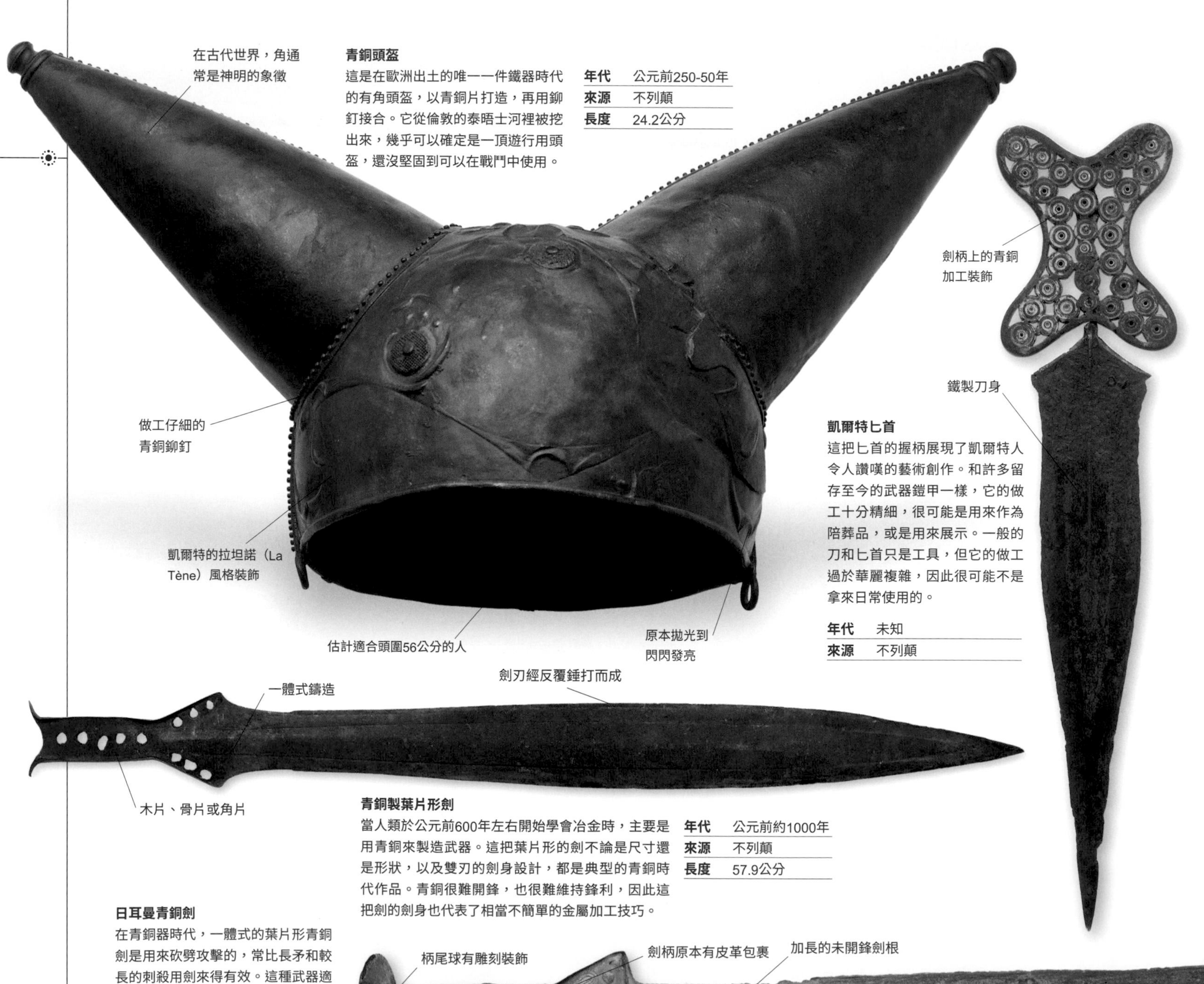

青銅頭盔

這是在歐洲出土的唯一一件鐵器時代的有角頭盔，以青銅片打造，再用鉚釘接合。它從倫敦的泰晤士河裡被挖出來，幾乎可以確定是一頂遊行用頭盔，還沒堅固到可以在戰鬥中使用。

年代	公元前250-50年
來源	不列顛
長度	24.2公分

凱爾特匕首

這把匕首的握柄展現了凱爾特人令人讚嘆的藝術創作。和許多留存至今的武器鎧甲一樣，它的做工十分精細，很可能是用來作為陪葬品，或是用來展示。一般的刀和匕首只是工具，但它的做工過於華麗複雜，因此很可能不是拿來日常使用的。

年代	未知
來源	不列顛

青銅製葉片形劍

當人類於公元前600年左右開始學會冶金時，主要是用青銅來製造武器。這把葉片形的劍不論是尺寸還是形狀，以及雙刃的劍身設計，都是典型的青銅時代作品。青銅很難開鋒，也很難維持鋒利，因此這把劍的劍身也代表了相當不簡單的金屬加工技巧。

年代	公元前約1000年
來源	不列顛
長度	57.9公分

日耳曼青銅劍

在青銅器時代，一體式的葉片形青銅劍是用來砍劈攻擊的，常比長矛和較長的刺殺用劍來得有效。這種武器適合凱爾特人偏愛的戰鬥方式。

年代	公元前1000年
來源	德國
長度	66.5公分

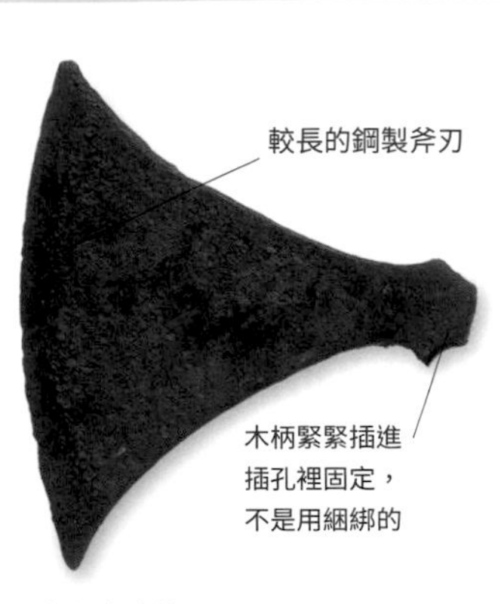

寬斧身戰斧

這塊斧頭是用一根鐵條槌打而成的。把一根長木柄緊緊地插進插孔裡，它就搖身變成了好用的徒手近戰用武器。

年代	未知
來源	北歐

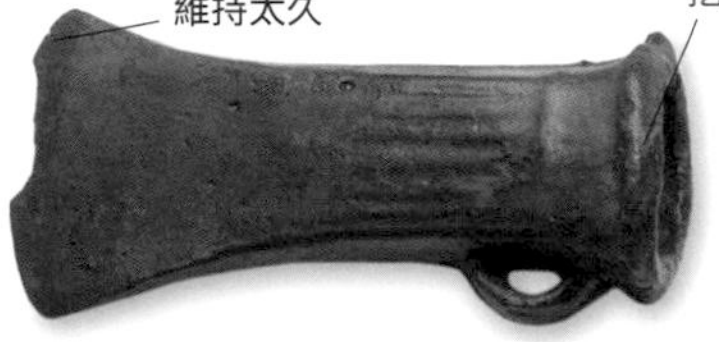

青銅斧頭

凱爾特人最早使用的戰斧就是有插孔的青銅戰斧，可插上木柄。它雖是當作工具使用，但也是相當有效的徒手近戰用武器，之後又改成用鐵製作，效果更好。

年代	公元前750-650年
來源	未知

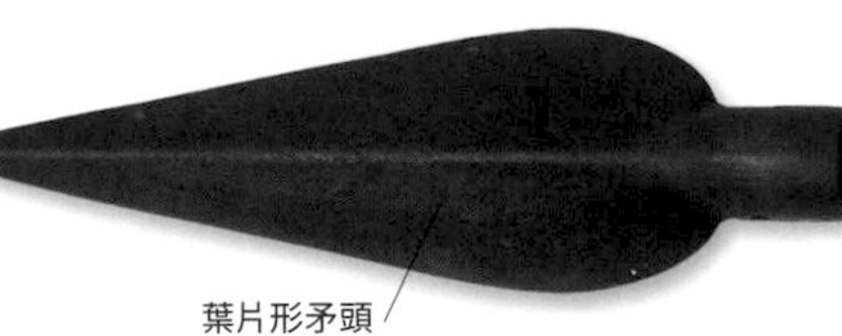

青銅矛頭

在凱爾特人的戰術裡，長矛和標槍扮演重要角色。步兵會朝著敵人衝鋒，並在大約30公尺的地方用力擲出標槍，目的是破壞敵人的陣形，以利單兵戰鬥。長矛則是步兵和騎兵使用的刺擊武器。

年代	公元前900-800年
來源	未知
長度	50公分

刀鞘裡的鐵器時代匕首

這把有裝飾的鐵製匕首附有一個青銅刀鞘，應該屬於一位部落首領。在這個時代，鐵製刀身能顯示身分地位，也可日常使用，但戰鬥中只有在最緊急的狀況下，才會和劍或長矛一起並用。

年代	公元前550-450年
來源	不列顛

巴特西盾牌

巴特西盾牌（The Battersea Shield）是1857年在倫敦巴特西橋（Battersea Bridge）下的泰晤士河打撈出土的。這是一塊木製盾牌，覆有青銅裝飾。它幾乎可以確定是拿來展示用的盾牌，因為做工太精細，不太可能用在戰鬥裡。凱爾特人的盾牌一開始是圓形的，但到了鐵器時代，他們就改用較長、可以遮住全身的盾牌。

年代	公元前350-50年
來源	不列顛
長度	77.7公分

盾牌完整圖

維京人的武器與盔甲

維京劍完整圖

8-9世紀維京劍

這把鐵劍是典型的維京武器，劍身筆直，長約90公分。它有兩件式的柄尾球和護手，兩者都有用黃銅鑲嵌的複雜紋路裝飾。劍身的一面有用鐵鑲嵌的「8」字形符號。

年代	公元900-1000年
來源	未知
長度	90公分

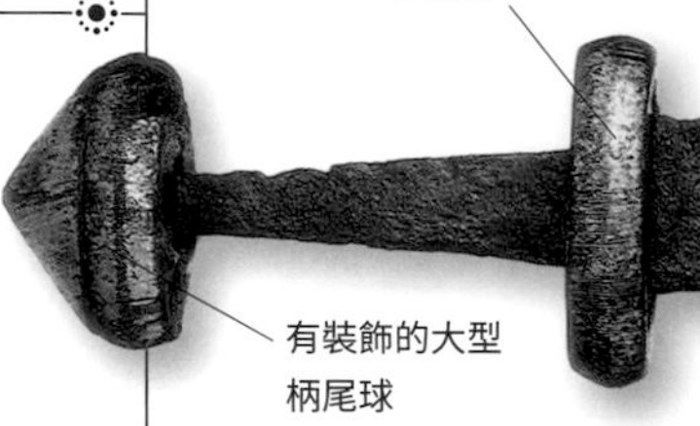

雙刃劍

維京劍有很多不同的變化，主要是柄尾球、護手和劍柄的形式。大部分的劍身都是雙刃劍，搭配較圓的尖端，因為它們是用來進行大動作的砍劈攻擊，要避開盾牌或防衛格擋，否則會讓劍身嚴重毀損。

年代	公元800-1100年
來源	丹麥
長度	90公分

有裝飾的雙刃劍

許多維京劍都經過鍛接熔合處理以提高強度，例如圖中這把。這種古代工法需要在燒紅的鐵裡加入碳，製成許多根鐵棒，之後再把這些鐵棒和含碳量較少的鐵棒一起扭曲纏繞起來後加以鍛造，產生有花紋的外觀。

年代	公元700-800年
來源	丹麥
長度	90公分

晚期的維京劍

這把劍身寬直的雙刃劍有鑲嵌銘文的痕跡，但文字內容已無法辨認，還有渦卷形設計的柄尾球，握把則已經不見。相較於較早期的版本，這把劍的尖端更窄。

年代	公元900-1150年
來源	斯堪地那維亞
長度	90公分

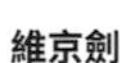

維京劍

這把晚期維京劍的劍身嚴重腐蝕，和在考古現場發現的許多劍一樣。它們的木製劍鞘和劍柄幾乎都已完全腐爛消失，讓解讀盧恩銘文的過程變得相當困難。

年代	公元900-1000年
來源	未知
長度	80-100公分

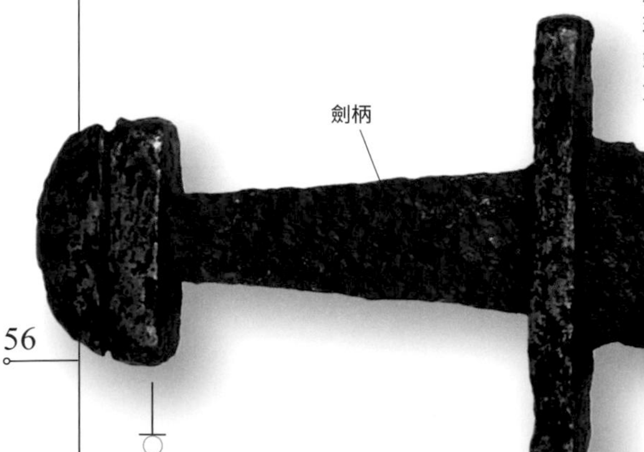

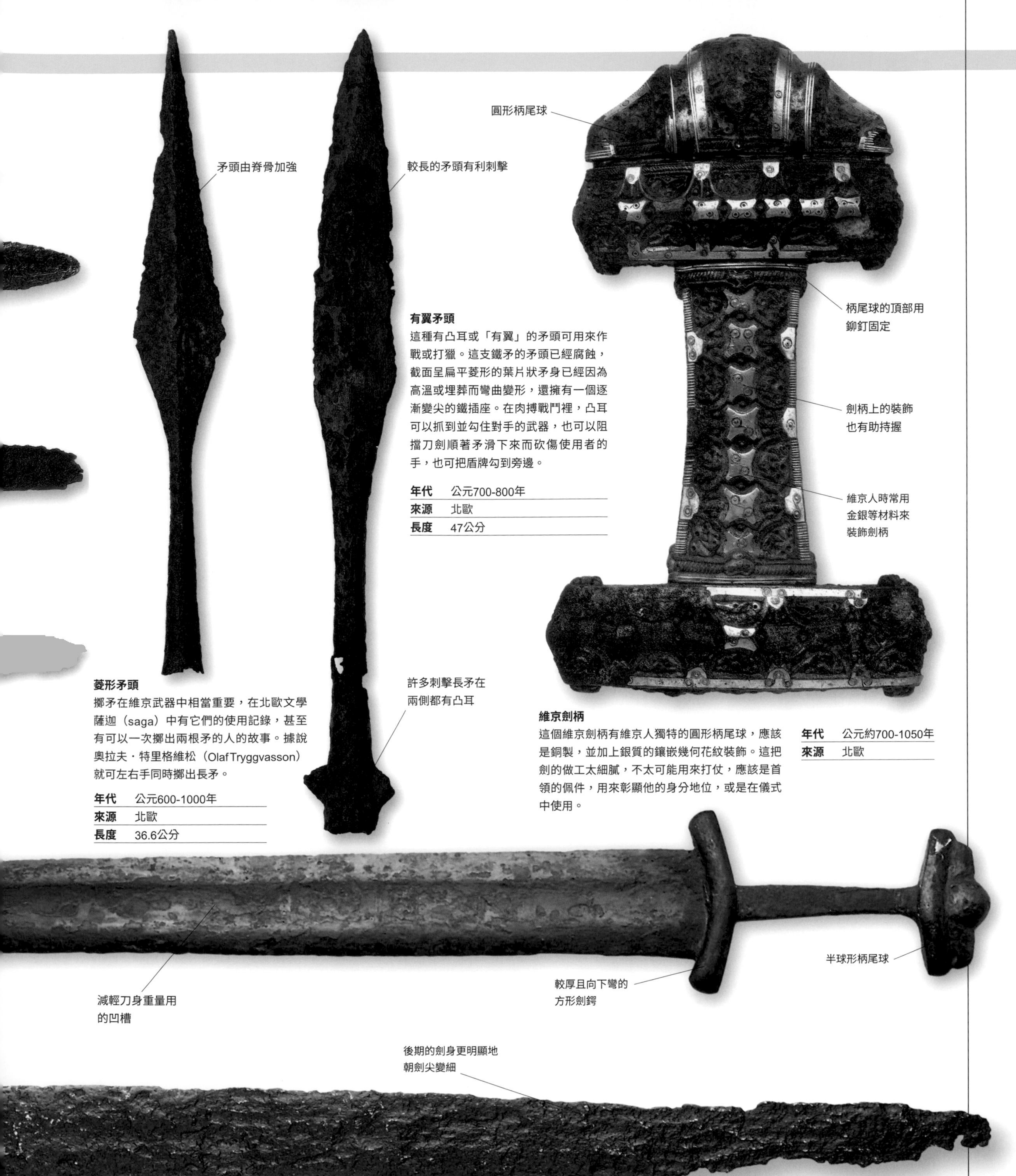

有翼矛頭

這種有凸耳或「有翼」的矛頭可用來作戰或打獵。這支鐵矛的矛頭已經腐蝕，截面呈扁平菱形的葉片狀矛身已經因為高溫或埋葬而彎曲變形，還擁有一個逐漸變尖的鐵插座。在肉搏戰鬥裡，凸耳可以抓到並勾住對手的武器，也可以阻擋刀劍順著矛滑下來而砍傷使用者的手，也可把盾牌勾到旁邊。

年代	公元700-800年
來源	北歐
長度	47公分

菱形矛頭

擲矛在維京武器中相當重要，在北歐文學薩迦（saga）中有它們的使用記錄，甚至有可以一次擲出兩根矛的人的故事。據說奧拉夫·特里格維松（OlafTryggvasson）就可左右手同時擲出長矛。

年代	公元600-1000年
來源	北歐
長度	36.6公分

維京劍柄

這個維京劍柄有維京人獨特的圓形柄尾球，應該是銅製，並加上銀質的鑲嵌幾何花紋裝飾。這把劍的做工太細膩，不太可能用來打仗，應該是首領的佩件，用來彰顯他的身分地位，或是在儀式中使用。

年代	公元約700-1050年
來源	北歐

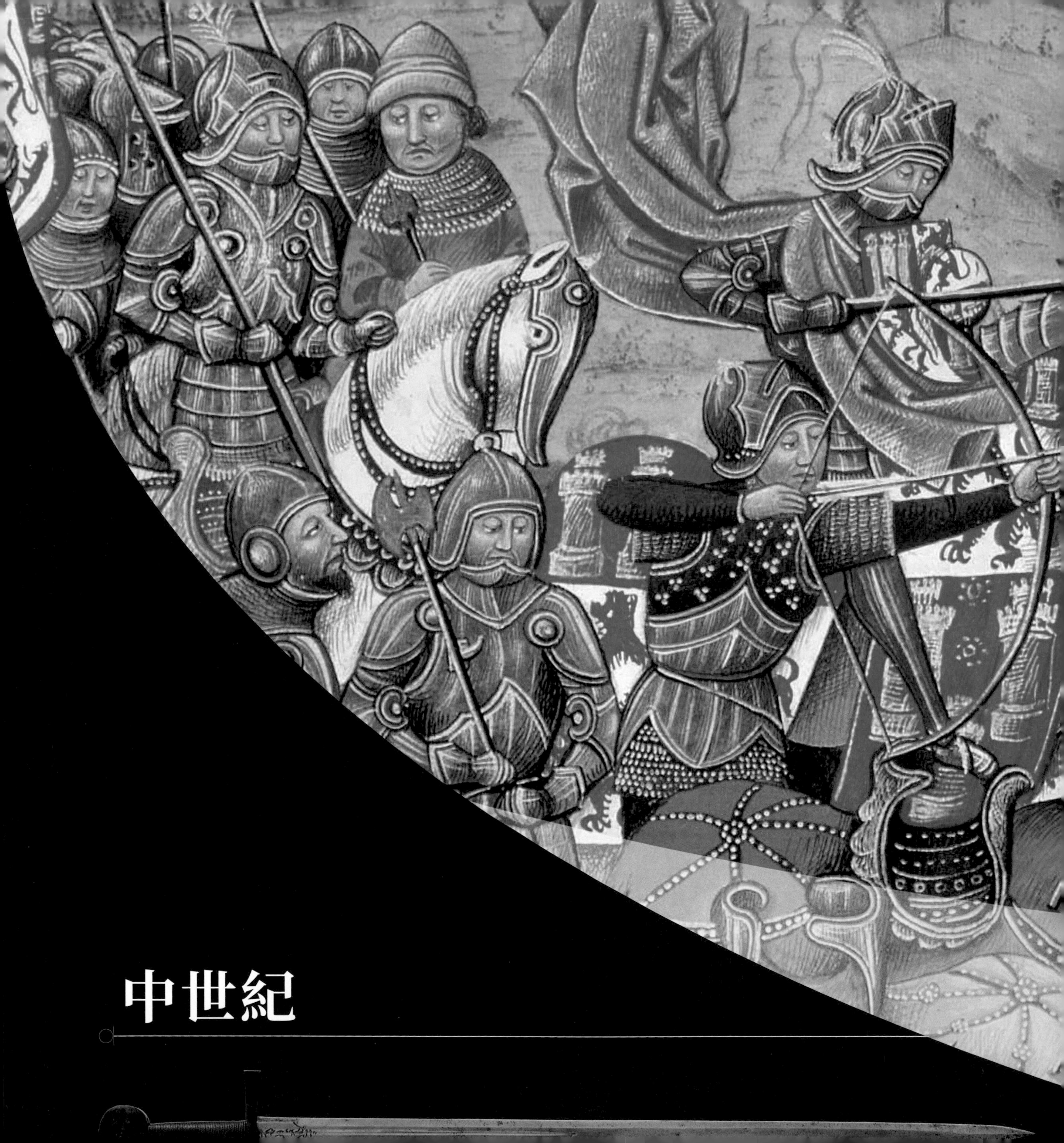

中世紀

許多大家認為具備中世紀特色的武器、戰術和社會組織形式，事實上在古典世界晚期就已經初具雛形。至於重騎兵、擁有土地才可服兵役、宗教戰爭，以及城市文明和騎馬遊牧民族之間的鬥爭則是新現象。中世紀結束時改變的則是國家力量的成長，可維持中央集權的行政制度，以及火藥武器的出現——這是即將面臨改變的有力指標。

諾曼人的攻擊
威廉一世（William of Normandy）麾下穿著鏈甲的軍隊攻擊布列塔尼（Breton）的城市迪南（Dinan），這座城有土丘與圍城式要塞防守（motte-and-bailey），形式和諾曼人引進英格蘭的一樣。

自從公元 955 年日耳曼奧圖一世（Otto I）的重騎兵在萊希菲爾德戰役中大破馬扎爾的輕裝騎兵後，歐洲就開始了一段相對和平的時期。但這段時間同時也是政治分裂的時期，尤其在法國和德國，9 世紀中央集權化的王國被眾多小國取代，這些國家的大小或存續時間，只取決於地方軍閥的執行能力。當王室組建大型軍事組織的能力衰退時，封建體系的興起就填補了此一空白（可參考第 62 頁方格內說明）。

騎馬軍隊的出現

封建體制軍隊的核心由騎馬武裝人員構成——他們並非每個人都是騎士。在馬背上戰鬥的能力——不只是騎著馬抵達戰場、也不只是靠弓箭戰鬥——在 8 世紀有驚人的提升，原因是馬鐙傳入歐洲，讓馬匹成為更加穩定的平台，戰士們因此可以使用劍或矛。這類 11 到 12 世紀戰士的服裝特色，可以從英格蘭國王亨利二世（Henry II）1181 年的《武裝法》（Assize of Arms）中看出。他在這個法案中宣布「讓每一個繳納騎士費的人都能擁有一套鏈甲、一頂頭盔、一塊盾牌和一支長矛」。

要供養一支這樣的軍隊所費不貲，且缺乏彈性，義務服役的時間過短，因此作戰時間也不會拉長。有鑑於此，加上重騎兵難以替補，需避免無謂傷亡，因此騎行劫掠（chevauchée）就成為標準的作戰型式。兩軍廝殺的場面相對罕見，但這種大規模的戰

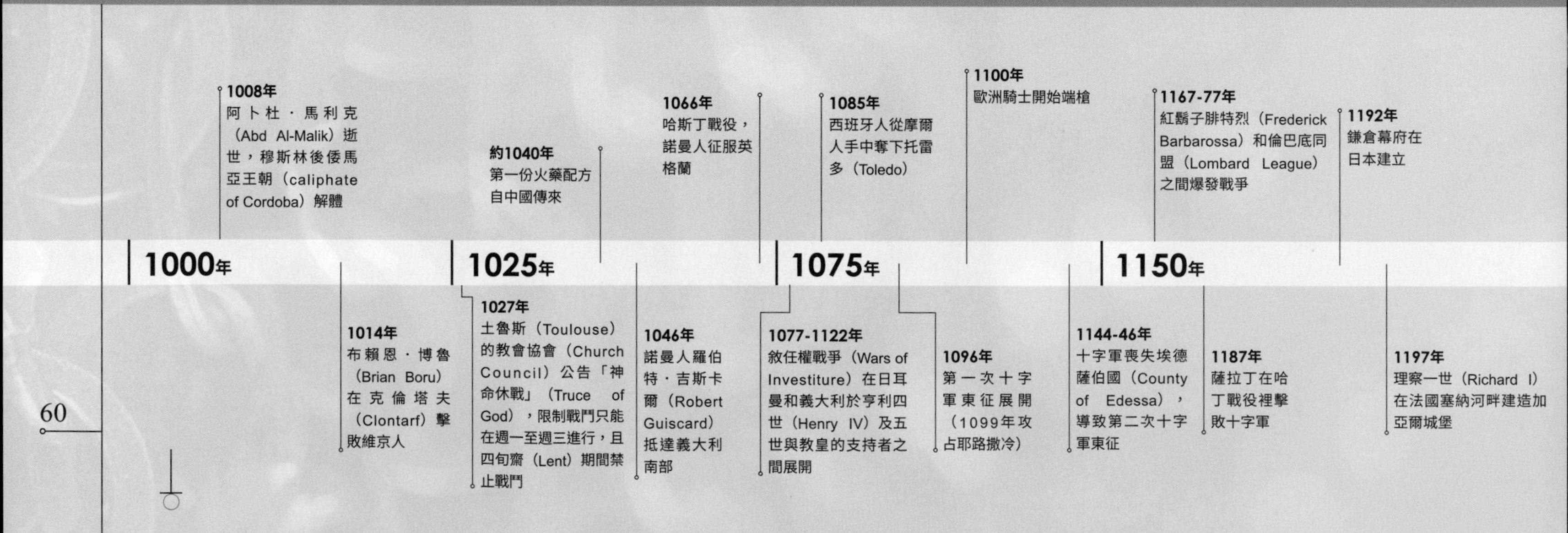

役一旦發生就特別具有決定性，例如 1066 年威廉一世在哈斯丁（Hastings）擊敗英格蘭國王哈羅德二世（Harold II）的那場戰役。

在《貝葉掛毯》（Bayeux Tapestry）上，威廉一世的軍隊被描繪為穿著鏈甲，戴著錐形頭盔。事實上大部分諾曼軍隊是由弓箭手組成，配備短弓或機械弩。在哈斯丁，集結的弓箭齊發，搭配騎兵的打帶跑攻擊，征服了哈羅德手下王室衛隊組成的英軍盾牌陣。儘管他們手持雙頭戰斧，作戰實力不容懷疑，但卻缺乏機動力，無法對應諾曼人的戰術。

建築城堡

諾曼人統治全英格蘭之後，帶來了一套城堡建築計畫。這類堡壘建築之所以可以迅速推廣，主要是因為受地方權貴而非王室的控制，因此成為形塑西歐政治景觀中的關鍵要素。在英格蘭，這些堡壘一開始是土丘與圍城的型式，搭配一座蓋在土墩上的強化木造塔樓。到了 13 世紀，建築手法變得更加複雜，不但改為石造，還有同心圓布局的防禦工事，圓形的塔樓可警戒敵人的挖掘行動。像威爾斯（Wales）的哈列赫城堡（Harlech）和法國的加亞爾城堡（Château Gaillard）等，可由人數相對較少但受過訓練的部隊防守，若有充足的糧食供應，還可抵禦大規模的圍攻。戰爭的重點於是轉移到透過各種手段來減少這類據點，像是突擊、外交談判，或是最常見的等待——等到防守方因缺糧或疾病而被拖垮。1138 年，蘇格蘭王大衛一世（King David of Scotland）能夠拿下瓦克城堡（Wark Castle），就是因為他允許守軍離去，甚至為對方提供馬匹，因為對方已經餓到把自己的馬匹殺來吃了。

蒙古戰士
成吉思汗的蒙古騎兵在開闊地形幾乎所向無敵，就算同樣是騎馬的對手（例如韃靼人）也擋不住他們。

十字軍

軍事建築的進一步提升，像是使用城垛，則是在十字軍時代自中東傳入的。來自黎凡特（Levant）的穆斯林軍隊絕大部分由輕裝騎馬弓箭手組成，他們運用機動力和難以捉摸的神出鬼沒，讓笨重的十字軍騎士疲於奔命，最後被消滅。這個時候的西方甲冑變得更重，鏈甲上衣的長度拉長到膝蓋位置，風箏形長盾則是為了要在馬背上獲得最大面積的防護。當集結起來的十字軍騎士端著長槍衝鋒時，就像 1191 年在阿爾蘇夫（Arsuf）那樣，則可帶來毀滅性的破壞力。但同樣地，當薩拉丁（Saladin）於 1187 年在哈丁（Hattin）運用高溫環境，讓缺乏飲水的基督教大軍不斷損耗時，如此重裝甲的部隊在缺乏補給和遮蔽處所的狀況下，很快就變得無用。

若要降低對昂貴且缺乏彈性的騎馬兵種的過度依賴，有一個辦法就是提高步兵的角色。儘管騎士時常徒步作戰，例如 1097 年第一次十字軍東征時在多里來昂（Dorylaeum），有一半的十字軍騎士都下馬徒步作戰，但各國變得愈來愈依賴真正的徒步士兵，首先是扮演支援的角色，之後更成為軍隊裡的主力。13 世紀以後，城鎮的經濟力量開始擴張，提供兵源的能力也急速增長，這種狀況就變得格外鮮明。1340 年時，布魯日（Bruges）可從其 3 萬

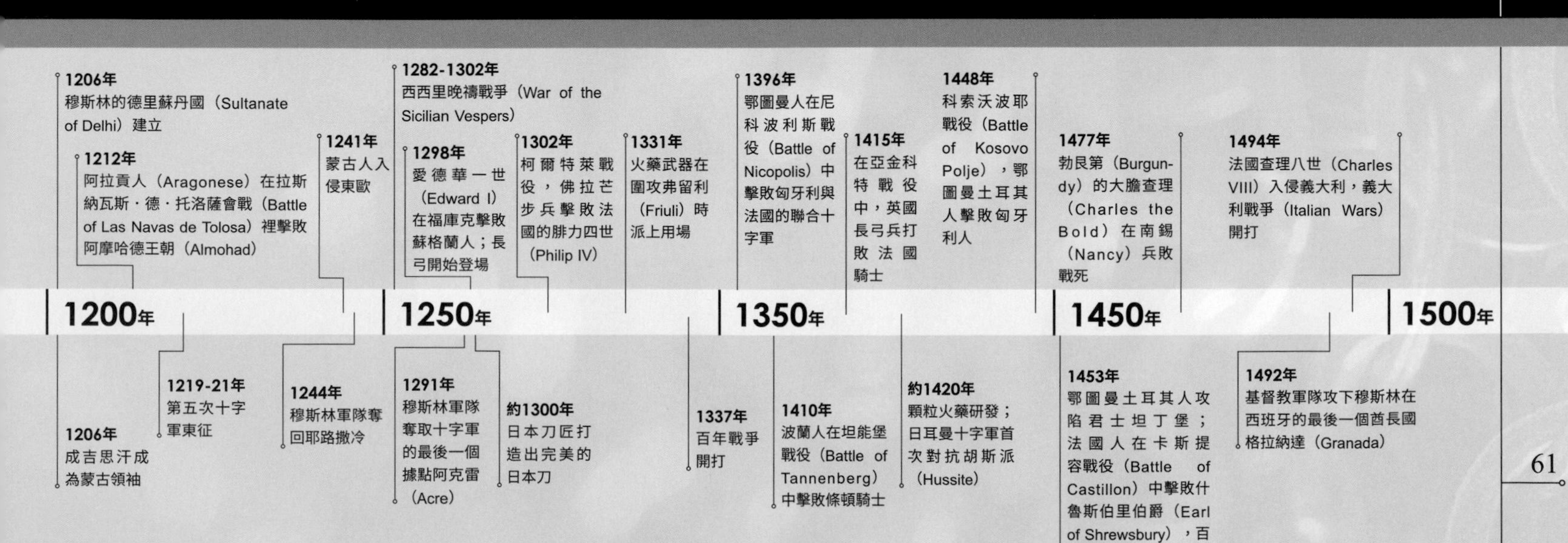

封建制度

「封建制度」（Feudalism）是一個現代詞彙，用來描述中世紀歐洲特有的土地持有及軍事義務的複雜制度。在封建制度的經典型態裡，每個人都有一位領主，而且必須為領主服務（絕大部分是軍事服務），而領主則以土地（封地）作為交換。如果統治者需要提供土地來讓一群軍事菁英從事領土的防禦工作，那麼這套制度就相當適合這種狀況，但等到城鎮的重要性提升，君主可以在封建義務制度以外用金錢購買軍事服務時（包括傭兵），這套制度的就不理想了。

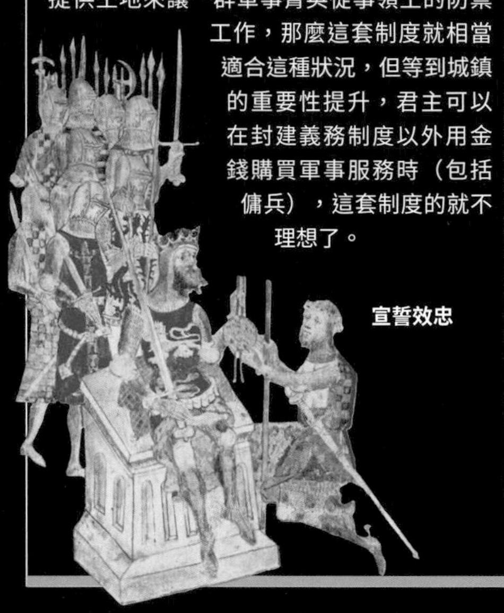

宣誓效忠

5000 人口中抽出達 7000 人的兵力，他們配備長柄武器，需要的裝備和訓練比騎士少。中世紀後期的步兵仰賴的是團結和密集的隊形，和馬其頓方陣的原始精神類似。1302 年，決定性的一刻發生在柯爾特萊，當時一支佛拉芒人（Flemish）民兵帶著長槍與長矛，趁法國騎士軍隊掙扎著越過泥濘不堪、滿是壕溝與陷阱的地方時，發動突襲並且獲勝。

弩與長弓

步兵並不是單純依賴長槍之類的靜態防禦性武器，或是棍棒之類的近距離棍類武器。投射技術的效果提升之後，弩——尤其是長弓——便得以稱霸戰場。弩在歐洲可說已經聲名狼藉，因為在 1139 年，拉特朗大公會議（Lateran Council）就企圖禁止對基督徒使用弩，因為它會造成慘不忍睹的傷勢，但最後徒勞無功。弩箭的穿透力相當強大，再加上不需要太多專業訓練就能使用，因此可說是隨處可見。但英格蘭人偏愛長弓，長弓不論在製作還是在使用的過程裡都需要極大的力氣，但射箭的速率大約是弩的四倍。雖然長弓要到 1297 年在福庫克對上蘇格蘭人時才首次發揮實際效益，但英法百年戰爭期間，長弓兵在兩度打敗法國人時扮演了關鍵角色，一次是 1356 年於波瓦提厄（Poitiers），另一次是 1415 年於亞金科特。在這兩場戰爭中，法國軍隊因受到地形影響而行動緩慢，且前進路線容易暴露在弓箭攻擊的火網中，卻仍堅持使用重騎兵衝鋒戰術，結果損失慘重。

為了消除此一弱點，一個辦法就是再提高騎士盔甲的防護能力。在 14 世紀，開放式頭盔被封閉式的「大頭盔」（great helm）取代。到了下一個世紀，更逐漸採用全板甲式盔甲，做工也跟著變得更加精細美觀。儘管金屬板上的凹槽和金屬件的鑄造都會配合穿戴者的體型加工，使得這些盔甲實際穿著起來不會像看起來那麼重，但這樣的全套盔甲幾乎成了奢侈品，只有貴族階級才負擔得起。但就算盔甲真的發揮保護功用，並凸顯出指揮官的身分地位，它們也只是更加顯示大部分由騎兵組成的軍隊即將成為明日黃花。

蒙古人

13 世紀中葉，另一群輕裝騎兵再度展現了

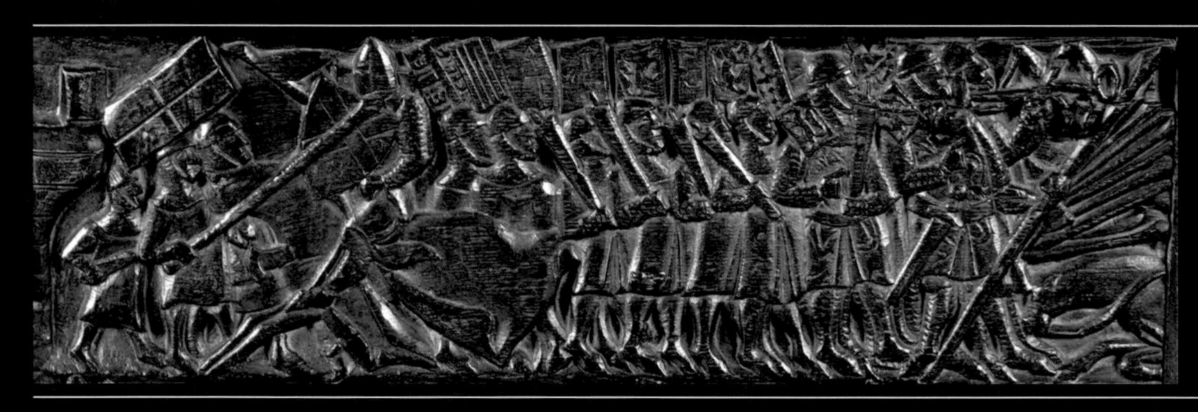

柯爾特萊寶箱（Courtrai Chest）
這個場景描繪的是柯爾特萊戰役，佛拉芒居民組成的步兵部隊面對法軍騎兵衝鋒，依然堅定不移。這場戰爭後來被稱為「黃金馬刺之戰」（Battle of the Golden Spurs），因為戰敗的法國騎士在戰場上遺落了大量馬刺，被居民撿走。

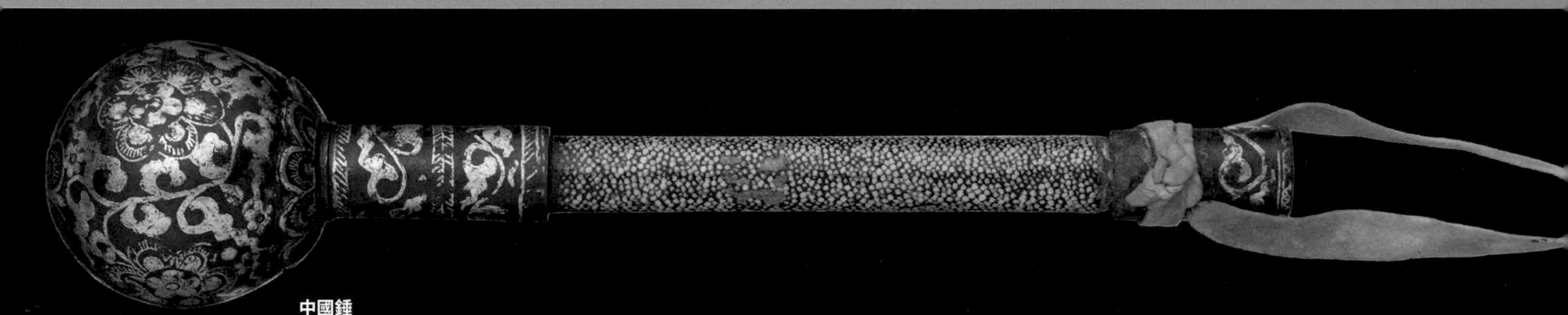

中國錘
這支錘的錘柄附有一條綁帶，可確保錘子掛在用錘人的手臂上。這支錘子是蒙古人統治中國時（1279-1368 年）的典型兵器之一。

騎馬弓箭手集結作戰的巨大威力。蒙古人從中亞起家，首先橫掃了中國北方——並在 1234 年攻占。然後是波斯和黎凡特的穆斯林國家，在 1240 年代席捲了俄國和東歐地區。蒙古人依賴輕裝簡騎的騎馬弓箭手，可以在短時間內長距離移動，即使在惡劣條件下也不例外，因此能夠迫使敵人在有利蒙古人的條件下作戰。他們運用偷襲戰術和恐怖手段，惡名昭彰，因此許多城鎮選擇直接投降，以避免所有居民慘遭屠戮的噩運。1241 年 4 月，兩支由波蘭人和匈牙利人組成的軍隊挺身而出，但蒙古人在短短幾天之內就把他們粉碎殲滅。最後，只因為蒙古王朝繼承體系反覆無常，才讓西歐免受蒙古鐵蹄徹底肆虐。

早期的火器

早在蒙古人還在中國作戰時，他們就碰上了一種全新的兵器——火器。最早的火藥配方來自《武經總要》一書（約 1040 年），而中國人也可能已經在 1132 年用「火矛」對抗游牧的女真人。蒙古人自己則是在 1274 和 1281 年入侵日本的失敗行動中使用原始的火藥武器，但到了後來的明朝，中國人才真正開始運用火藥武器，這就是為何火藥在歐洲被稱為「中國鹽」。明朝確實早在 1400 年代初就建立了軍事學校，專門指導士兵使用火器，並招募龍騎兵——也就是騎馬的手槍手。

雖然英國人在 1346 年的克雷西就已經動用過大砲，但一直要到這個時代即將結束時，火器才真正開始扮演重要角色。最值得注意的是在圍城戰裡，因為和野戰相比，運輸笨重大砲帶來的問題相對較小。1453 年，鄂圖曼土耳其人對君士坦丁堡的大規模砲轟，曾經預告了一個短暫的時代，也就是堅強的要塞工事將無法有效地保障衛戍部隊。不過一直要到大砲使用鐵球彈丸，才代表大砲體積可以進一步縮小，加上顆粒火藥出現（約 1420 年），讓火藥變得更有威力，如此一來野戰砲兵才有可能出現。1453 年，法國人在卡斯提容獲勝，讓．布羅（Jean Bureau）麾下的大砲狂轟猛射，打得英軍潰不成軍，這也許是透過這種戰術獲勝的第一個例子。

火槍最早在 1400 年代早期出現——據說在 1421 年，勃艮第的無畏約翰（John the Fearless）麾下軍隊中就有 4000 把。不過一直要到 1450 年左右開始採用「只是有可能」在戰鬥中再度裝填的火繩鉤銃，火槍才開始在戰場上有立足之地。即便如此，15 世紀晚期仍可說是十足的過渡時期：晚至 1494 年，入侵義大利的法國軍隊還有一半由重騎兵組成，反之，1477 年在南錫擊敗勃艮第人的瑞士傭兵則是由長槍兵和火槍兵混編組成。勃艮第人無法突破瑞士方陣，因此在火槍手成排齊放的火力面前倒下。

到了 16 世紀初，透過義務軍事服役換取土地的想法在西歐已經開始消退。至於其他地方，例如明朝和鄂圖曼土耳其，國家則團結統一起來，中央的資源因此再度可以布署更大規模的軍隊，並在戰場上維持更久的時間。此時的世界已面臨一場軍事革命。

文藝復興時期的戰鬥
在 1432 年的聖羅馬諾戰役（Battle of San Romano）中，來自佛羅倫斯（Florence）和西埃納（Siena）的重裝騎士排列成密集隊形持矛作戰，這種作戰形式不久之後就落伍了。

歐洲劍

在中世紀的歐洲，劍是最受重視的武器。劍不僅是戰爭中的華麗武器——時常代代相傳，也演變成了持劍人身分地位和名譽聲望的象徵。一個人受封成為騎士，必須在儀式中用劍輕觸他的肩膀。中世紀早期的劍是比較重的切削武器，用來劈開鏈甲，不過之後由於研發出高品質的板甲，人開始使用尖端鋒利的穿刺劍，劍身也愈來愈長。

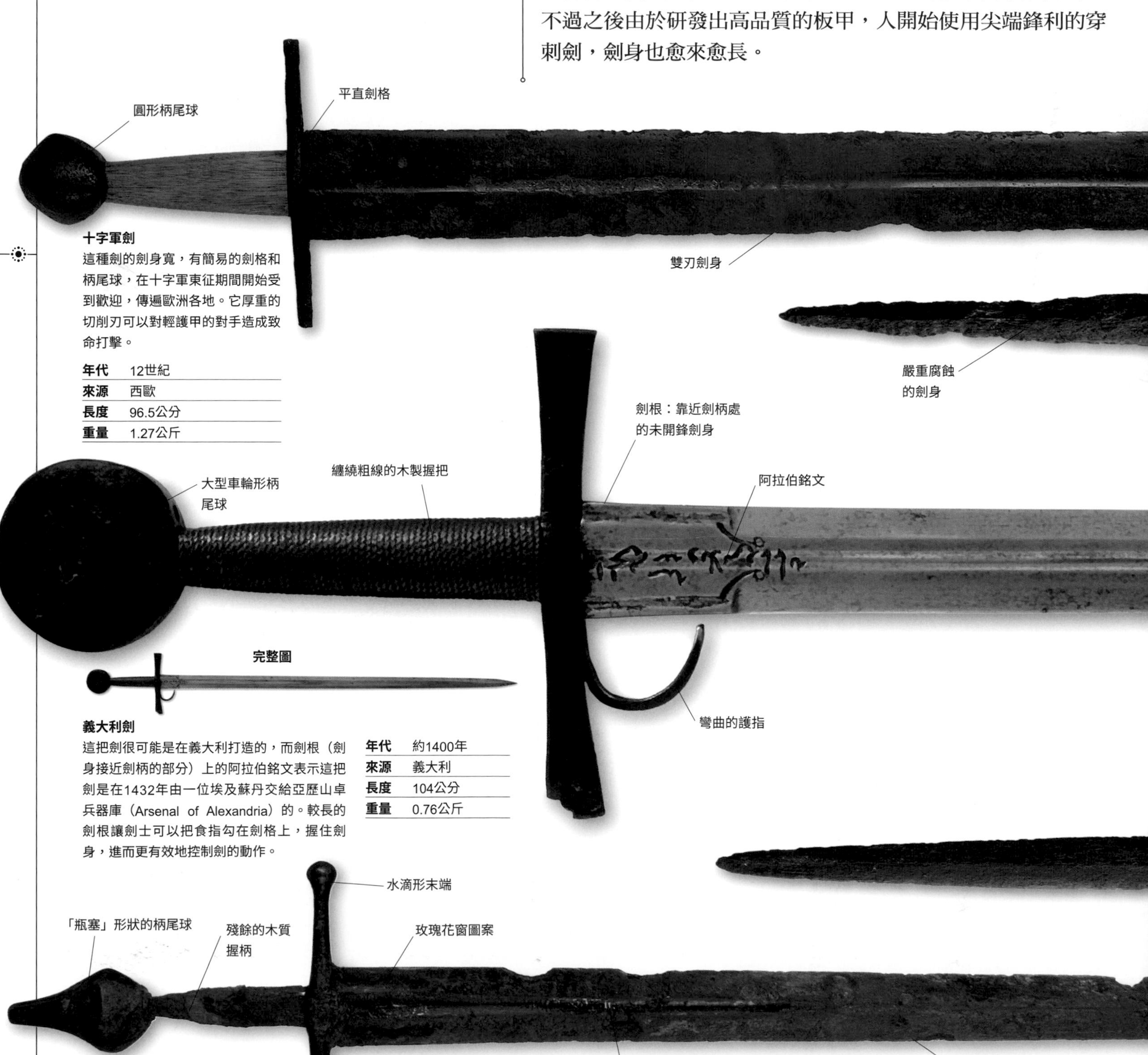

十字軍劍

這種劍的劍身寬，有簡易的劍格和柄尾球，在十字軍東征期間開始受到歡迎，傳遍歐洲各地。它厚重的切削刃可以對輕護甲的對手造成致命打擊。

年代	12世紀
來源	西歐
長度	96.5公分
重量	1.27公斤

義大利劍

這把劍很可能是在義大利打造的，而劍根（劍身接近劍柄的部分）上的阿拉伯銘文表示這把劍是在1432年由一位埃及蘇丹交給亞歷山卓兵器庫（Arsenal of Alexandria）的。較長的劍根讓劍士可以把食指勾在劍格上，握住劍身，進而更有效地控制劍的動作。

年代	約1400年
來源	義大利
長度	104公分
重量	0.76公斤

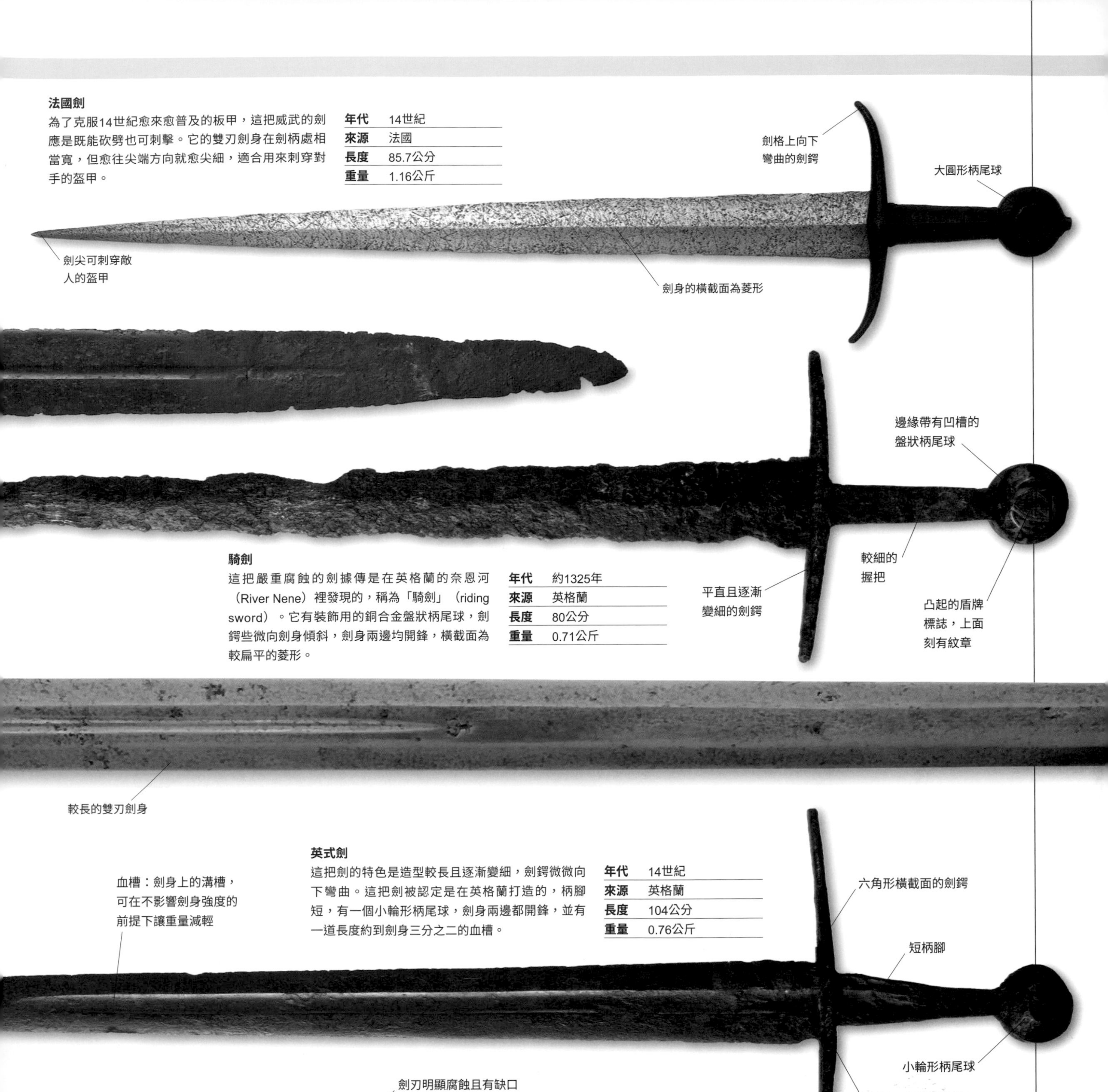

法國劍

為了克服14世紀愈來愈普及的板甲，這把威武的劍應是既能砍劈也可刺擊。它的雙刃劍身在劍柄處相當寬，但愈往尖端方向就愈尖細，適合用來刺穿對手的盔甲。

年代	14世紀
來源	法國
長度	85.7公分
重量	1.16公斤

騎劍

這把嚴重腐蝕的劍據傳是在英格蘭的奈恩河（River Nene）裡發現的，稱為「騎劍」（riding sword）。它有裝飾用的銅合金盤狀柄尾球，劍鍔些微向劍身傾斜，劍身兩邊均開鋒，橫截面為較扁平的菱形。

年代	約1325年
來源	英格蘭
長度	80公分
重量	0.71公斤

英式劍

這把劍的特色是造型較長且逐漸變細，劍鍔微微向下彎曲。這把劍被認定是在英格蘭打造的，柄腳短，有一個小輪形柄尾球，劍身兩邊都開鋒，並有一道長度約到劍身三分之二的血槽。

年代	14世紀
來源	英格蘭
長度	104公分
重量	0.76公斤

卡斯提容劍

這把劍據說是在法國卡斯提容（Castillon）出土的，在同一位置出土的還有其他至少80把劍。1453年，英法兩國軍隊曾在當地交戰。鐵製劍柄有「瓶塞」形狀的柄尾球、平直的劍格，以及水滴形的末端。這把劍原本的木質握把和鍍金的痕跡依然留存至今。

年代	15世紀中期
來源	英格蘭
長度	109.2公分
重量	1公斤

▸ 104-105 雙手劍　▸ 105-107 歐洲步兵和騎兵劍　▸ 186-189 1775-1900年的歐洲劍

歐洲劍

長且逐漸變細的雙刃劍身

一手半劍

這種長劍身的武器又叫「雜種劍」（bastard sword），主要用來刺殺對手。為了改善方向操控性並提高攻擊力，這把劍的握柄特別長，因此在必要時刻可以雙手握劍。

年代	15世紀初
來源	英格蘭
長度	119公分
重量	1.54公斤

H形劍柄，通常由木頭或獸骨製成

圓形劍格

獨特的單側柄尾球造型

單刃刀身

巴塞拉爾劍（Baselard）

這種簡單的單刃短劍很適合用來對付輕裝的對手。這是給一般士兵用的武器，在14和15世紀的西北歐很受歡迎。

年代	1480-1520
來源	英格蘭
長度	69公分
重量	0.57公斤

前劍鍔向上彎，指向劍身

延伸的單側柄尾球

後劍鍔向下延伸

單刃劍身

完整圖

鍍金青銅劍

這是一把裝飾華麗的劍，特色是青銅鍍金的劍柄與柄尾球。它的握把以黑角製成，並加以雕刻，配合魚尾形的柄尾球。它的劍身分成四面，兩側開鋒，逐漸變細形成劍尖，保存狀況相當良好。

年代	15世紀
來源	義大利
長度	88.3公分
重量	1.34公斤

雙刀刃劍身

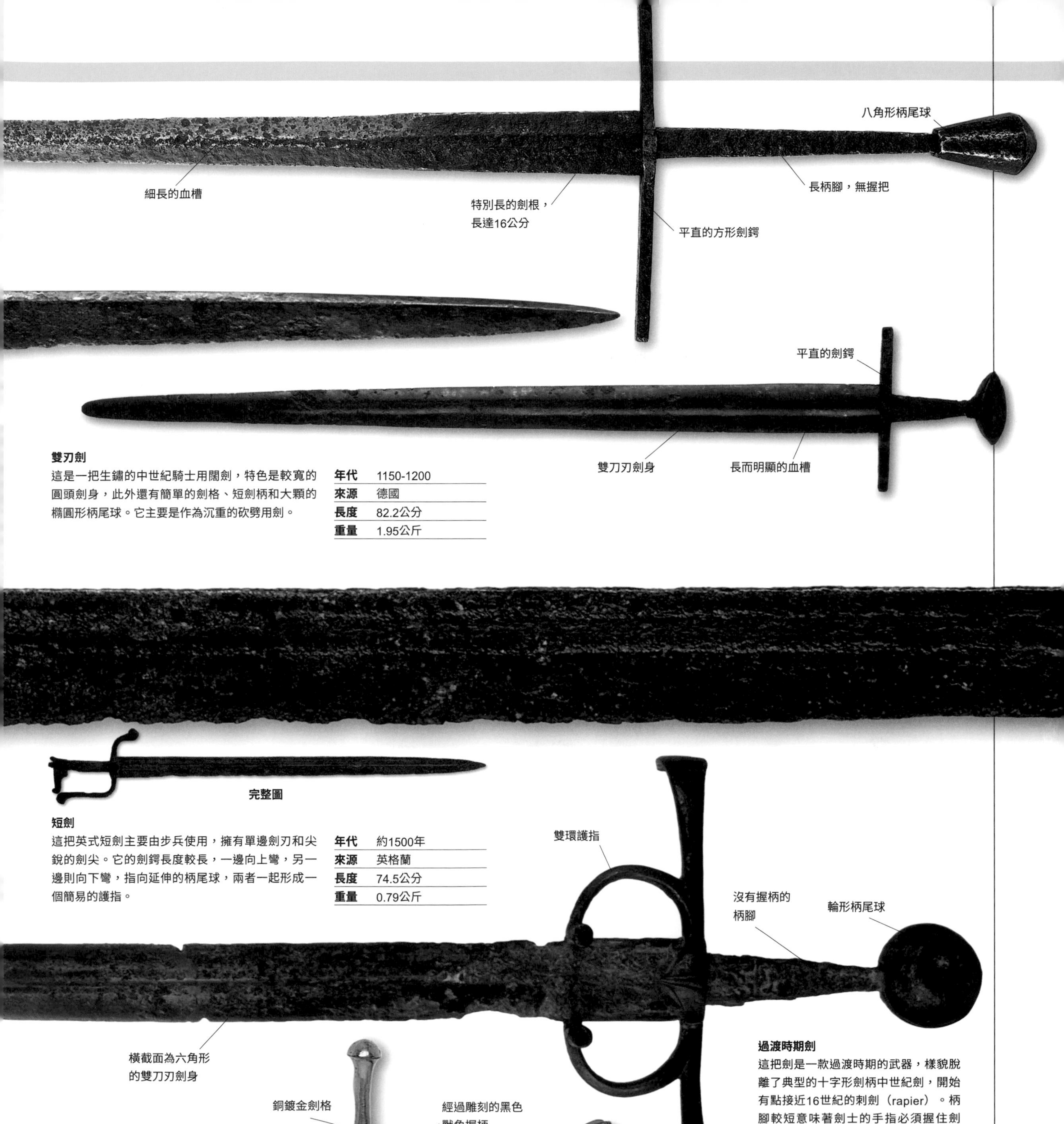

雙刃劍

這是一把生鏽的中世紀騎士用闊劍，特色是較寬的圓頭劍身，此外還有簡單的劍格、短劍柄和大顆的橢圓形柄尾球。它主要是作為沉重的砍劈用劍。

年代	1150-1200
來源	德國
長度	82.2公分
重量	1.95公斤

短劍

這把英式短劍主要由步兵使用，擁有單邊劍刃和尖銳的劍尖。它的劍鍔長度較長，一邊向上彎，另一邊則向下彎，指向延伸的柄尾球，兩者一起形成一個簡易的護指。

年代	約1500年
來源	英格蘭
長度	74.5公分
重量	0.79公斤

過渡時期劍

這把劍是一款過渡時期的武器，樣貌脫離了典型的十字形劍柄中世紀劍，開始有點接近16世紀的刺劍（rapier）。柄腳較短意味著劍士的手指必須握住劍根，有雙環護指加以保護。

年代	約1500年
來源	義大利
長度	103公分
重量	0.94公斤

歐洲匕首

中世紀匕首的形式多如繁星，主要用來刺擊對手，例如自衛、暗殺，或是在劍會顯得太笨拙的地方進行近距離戰鬥。傳統認為匕首是下層人士用的武器，但在 14 世紀，士兵和騎士都開始攜帶匕首，一般而言都是配戴在臀部右側。

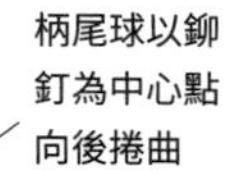

柄尾球以鉚釘為中心點向後捲曲

柄腳向尾部逐漸變細

卷軸造型劍鍔

長方形橫截面的雙刃刀身

劍鍔匕首

會如此稱呼是因為它看起來就像縮小版的劍，突出的劍鍔向刀身彎曲。這把匕首擁有不尋常的柄尾球，造型就像劍鍔的鏡影，以鉚釘為中心點捲曲。劍式匕首基本上是給層級較高的人攜帶，特別是沒穿甲冑的時候。

年代	14世紀
來源	英格蘭
長度	30.8公分
重量	0.11公斤

幾何圖案花紋裝飾

劍根中央鑲嵌的黃銅標誌

劍鍔匕首

這把劍式匕首擁有獨特的銅質柄尾球和劍鍔，表面飾有幾何圖案。它的刀身有一小段劍根，中央有鑲嵌的銅質標誌，原本柄腳上的握把已經遺失。

年代	約1400年
來源	英格蘭
長度	27.94公分
重量	0.14公斤

沉重的多面刀身

S形劍鍔

榔頭形柄尾球

單刃刀身

劍鍔匕首

這把匕首是中世紀晚期更基本、更廣泛使用的匕首的代表作，是為一般戰鬥人員打造的，只有最基本的加工。這把匕首較不尋常的特色在於榔頭形狀的柄尾球，以及護手上的水平S形劍鍔。

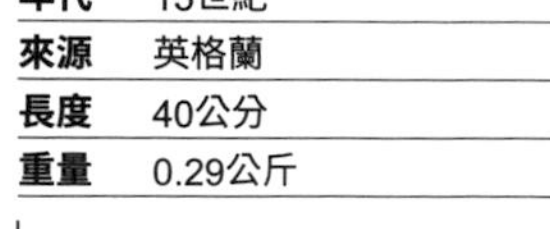

年代	15世紀
來源	英格蘭
長度	40公分
重量	0.29公斤

巴塞拉爾劍

巴塞拉爾劍於14和15世紀在西歐各地廣泛使用，名字很可能是來自瑞士城市巴塞爾（Basel）。圖中這把巴塞拉爾劍的H形劍柄是重製品，以獸骨製成，搭配原來的寬劍身，一路向上縮成劍尖。

年代	15世紀
來源	歐洲
長度	30.5公分
重量	0.14公斤

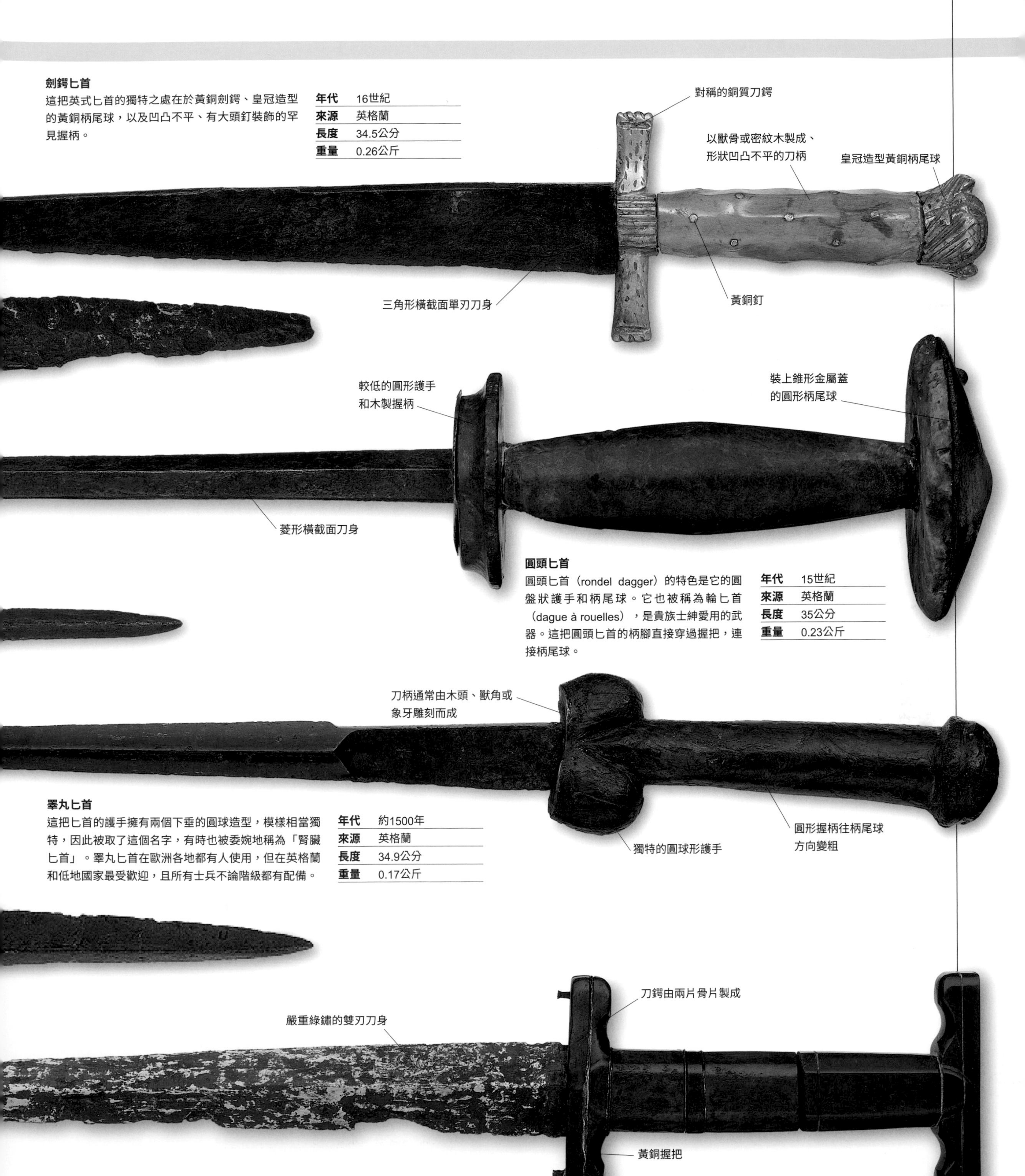

劍鍔匕首

這把英式匕首的獨特之處在於黃銅劍鍔、皇冠造型的黃銅柄尾球，以及凹凸不平、有大頭釘裝飾的罕見握柄。

年代	16世紀
來源	英格蘭
長度	34.5公分
重量	0.26公斤

圓頭匕首

圓頭匕首（rondel dagger）的特色是它的圓盤狀護手和柄尾球。它也被稱為輪匕首（dague à rouelles），是貴族士紳愛用的武器。這把圓頭匕首的柄腳直接穿過握把，連接柄尾球。

年代	15世紀
來源	英格蘭
長度	35公分
重量	0.23公斤

睪丸匕首

這把匕首的護手擁有兩個下垂的圓球造型，模樣相當獨特，因此被取了這個名字，有時也被委婉地稱為「腎臟匕首」。睪丸匕首在歐洲各地都有人使用，但在英格蘭和低地國家最受歡迎，且所有士兵不論階級都有配備。

年代	約1500年
來源	英格蘭
長度	34.9公分
重量	0.17公斤

哈丁戰役
薩拉丁和他的大軍運用弩、弓箭、劍和各式長柄武器，在沙漠高溫的助陣下，於 1187 年在巴勒斯坦北部太比里亞斯湖（Lake Tiberias）附近的哈丁角（Horns of Hattin）擊潰基督教十字軍。這場戰役的失敗帶來災難性結果，最後導致耶路撒冷王國（Kingdom of Jerusalem）滅亡。

歐洲長柄武器

在中世紀，雙手持握的長柄武器主要由步兵使用，用來抵禦一般來說理當所向無敵的全副武裝騎士攻擊。不過在1302年的柯爾特萊戰役中，一群由佛拉芒農民和當地市民組成的烏合之眾，使用戟的前身、類似戰斧的長柄武器，打敗了一支全副武裝的法國騎兵部隊。騎兵也適用長柄武器，但他們用的是單手持握武器，像戰錘、錘矛等等。這類武器適合在騎馬時使用，能對敵人造成嚴重傷害，即使有良好防護也不例外。

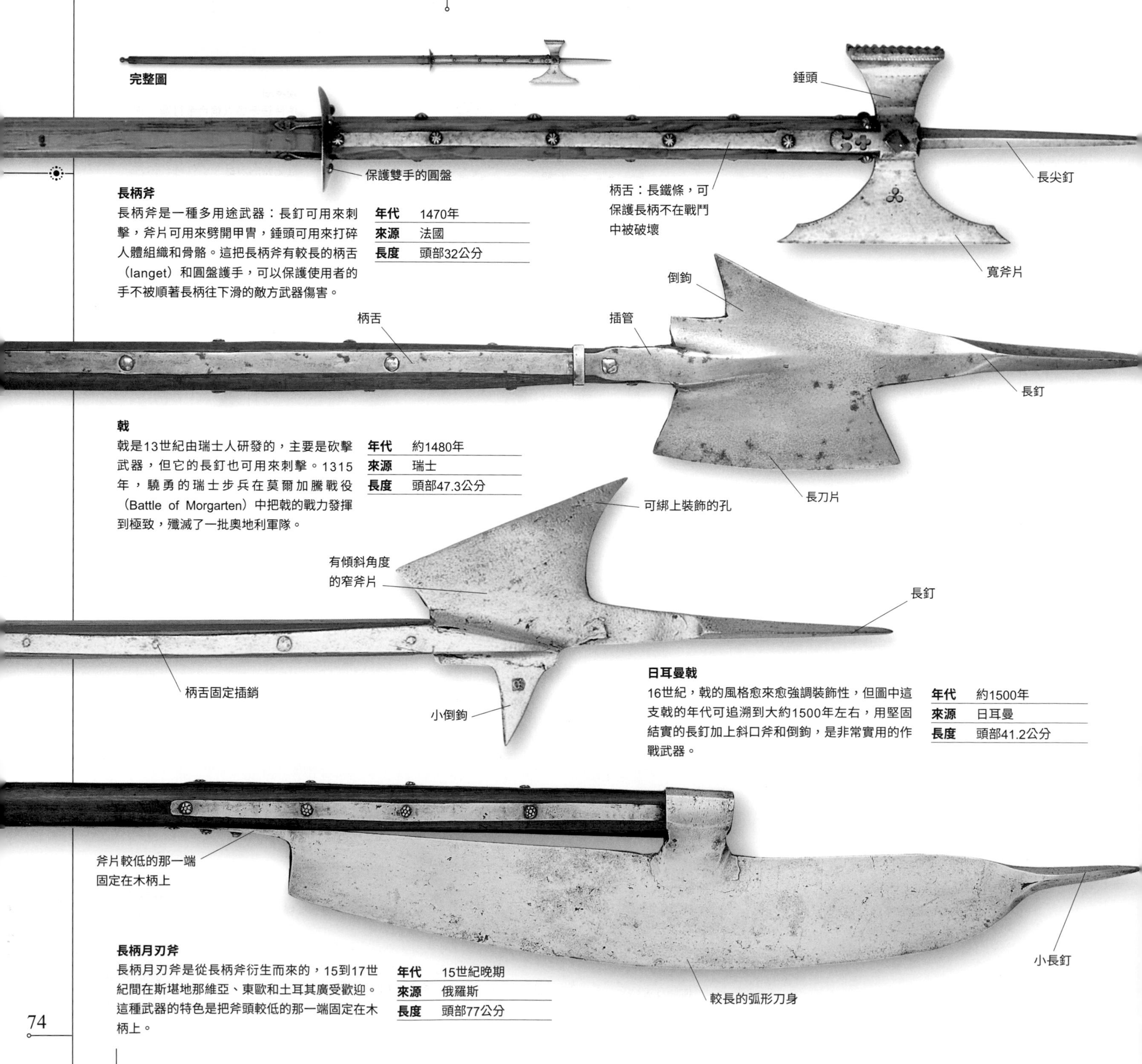

長柄斧

長柄斧是一種多用途武器：長釘可用來刺擊，斧片可用來劈開甲冑，錘頭可用來打碎人體組織和骨骼。這把長柄斧有較長的柄舌（langet）和圓盤護手，可以保護使用者的手不被順著長柄往下滑的敵方武器傷害。

年代	1470年
來源	法國
長度	頭部32公分

戟

戟是13世紀由瑞士人研發的，主要是砍擊武器，但它的長釘也可用來刺擊。1315年，驍勇的瑞士步兵在莫爾加騰戰役（Battle of Morgarten）中把戟的戰力發揮到極致，殲滅了一批奧地利軍隊。

年代	約1480年
來源	瑞士
長度	頭部47.3公分

日耳曼戟

16世紀，戟的風格愈來愈強調裝飾性，但圖中這支戟的年代可追溯到大約1500年左右，用堅固結實的長釘加上斜口斧和倒鉤，是非常實用的作戰武器。

年代	約1500年
來源	日耳曼
長度	頭部41.2公分

長柄月刃斧

長柄月刃斧是從長柄斧衍生而來的，15到17世紀間在斯堪地那維亞、東歐和土耳其廣受歡迎。這種武器的特色是把斧頭較低的那一端固定在木柄上。

年代	15世紀晚期
來源	俄羅斯
長度	頭部77公分

戰錘

這類單手戰錘基本上由位於前方的一個鈍錘頭或一組爪、以及位於後方的尖鎬組成。儘管戰錘自13世紀起就有人使用，但到了百年戰爭（1337-1453年）期間才變得愈來愈受歡迎。

年代	15世紀晚期
來源	義大利
長度	69.5公分

葉片形長釘

尖鎬可用來刺穿盔甲

華麗的蝕刻鍍金裝飾

錘頭可打暈對手

附有柄舌的木柄

卷軸造型的鍍金斧尾

青銅錘矛

錘矛是一種類似棍棒的武器，通常完全由金屬製成，或至少頭部是金屬製。圖中這支簡單的錘矛有一個圓球形的青銅頭，上有垂直的脊或凸緣，還有粗壯的木柄。錘矛就像戰錘一樣，在騎兵間很受歡迎。

年代	14世紀
來源	歐洲
長度	頭部8公分

有垂直凸緣的青銅頭

木柄

斧身上雕刻幾何花紋

木柄的插座

雕刻斧頭

斧頭是維京人愛用的武器，中世紀戰士也繼續使用，在戰鬥中常以拋擲方式攻擊，準確度高而且致命。貝葉掛毯上有幾個徒步士兵使用斧頭的場景，雙手或單手持斧都有。

年代	中世紀
來源	日耳曼

短而彎曲的刺釘

錘矛頭

這件錘矛頭以銅合金打造。它原本被認為可追溯至青銅器時代，但現在相信應該是12至13世紀時的產品。這件錘矛頭有中空的插座，並帶有短刺釘。

年代	12至13世紀
來源	歐洲
長度	頭部8公分

矛頭

長矛是中世紀騎士的代表性武器，運用騎士馬匹的衝力來發揮致命威力。典型的長矛有430公分長，柄以梣木之類的木材製作，並裝有一個小鐵頭或鋼頭。

年代	中世紀
來源	歐洲
長度	19.4公分

長柄斧

在11世紀，使用斧頭的是英格蘭薩克遜人和斯堪地那維亞戰士，但接下來的兩個世紀裡，斧頭在歐洲大陸逐漸普及。這把長柄斧須必須雙手持握。

年代	13世紀
來源	歐洲

斧片透過圓形插座和握柄頂端連接

圓弧形斧片

凸出的尖釘

延長的柄腳把斧頭固定在握柄上

短斧

這把單手斧雖然鏽蝕嚴重，但大幅度彎曲的造型依然清晰可辨。斧頭的固定方式並不是像常見的那樣，把木柄插進斧頭上的插座裡，而是把斧頭上一個類似柄腳的突出物塞進握柄裡。這把單手斧的另一個特色是斧頭背上的長釘。

年代	14世紀
來源	歐洲

蒙古小匕首

蒙古戰士

在 13 世紀，亞洲大草原上的蒙古騎士是當時世界上最有效率的戰鬥人員。在成吉思汗和他的諸多繼承人領導下，他們建立了一個遼闊的帝國，從中國和朝鮮開始，一路延伸到歐洲東緣。蒙古人毫無人性，因大屠殺而臭名昭著，他們會有系統地運用恐懼感來削弱敵人的決心。但他們的成功是奠基在傳統的軍事素養上，例如快速移動、有紀律的戰場布署，以及追求決定性勝利的決心等等。

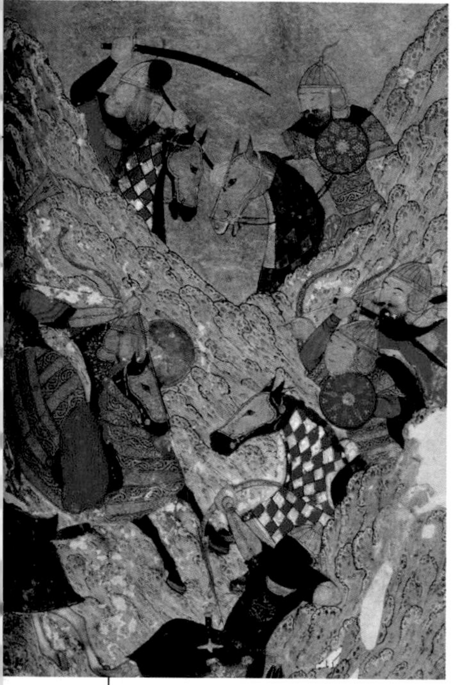

山地作戰
蒙古戰士在陡峭的山地和中國人作戰，雙方都拿著典型的蒙古後彎弓和圓盾。

吃苦耐勞的馬上戰士

在蒙古部落裡，每一位成員都是戰士。早在孩提時代，他們就要學習騎馬射箭，這是草原作戰的兩項基本要素。亞洲大草原上的艱苦生活教導他們要堅強和忍耐，而部落的狩獵活動則會讓他們學到：要打一場有效的機動作戰，有紀律的團體行動不可或缺。

蒙古騎士每 1 萬人組成一支軍隊，以每日高達 100 公里的速度橫跨歐亞大陸。每一位騎士都有好幾匹馬，因此必要時可替換坐騎。馬匹也是機動的食物來源，戰士可以喝馬的奶和血。蒙古人以偵察兵在前，縱隊在後，尋求殲滅敵方軍隊的機會。

大部分騎士都是弓箭手，且和其他所有草原遊牧民族一樣，會用複合弓執行打帶跑戰術。先悄悄接近，射出一陣箭雨，然後在敵人還來不及應戰前就撤離，萬一有對手真的傻到去追擊他們，就只有被伏擊的份。弓箭手完成任務後，配備長矛、戰錘和劍的蒙古精銳戰士就會貼上來，收拾已經遭受重創的敵人。隨著時間過去，蒙古軍隊也開始採用圍城戰法，甚至進行海戰，妥善利用被征服的中國人和穆斯林的技能。只是他們的政治技巧向來不足，無法長久維護他們用高超軍事本領贏來的霸權。

戰士甲冑
大部分蒙古戰士都是以輕騎兵的形態作戰，穿著皮革製甲冑，可能的話還會穿著絲質內衣——據稱可以抵擋弓箭的傷害。他們的重騎兵雖然人數較少，有時卻配備中國式的金屬甲冑，這類甲冑就是把重疊的金屬片縫在一件支撐性的襯底衣上。這是一件蒙古甲冑的複製品，富有彈性，可在肉搏戰中提供良好防護。

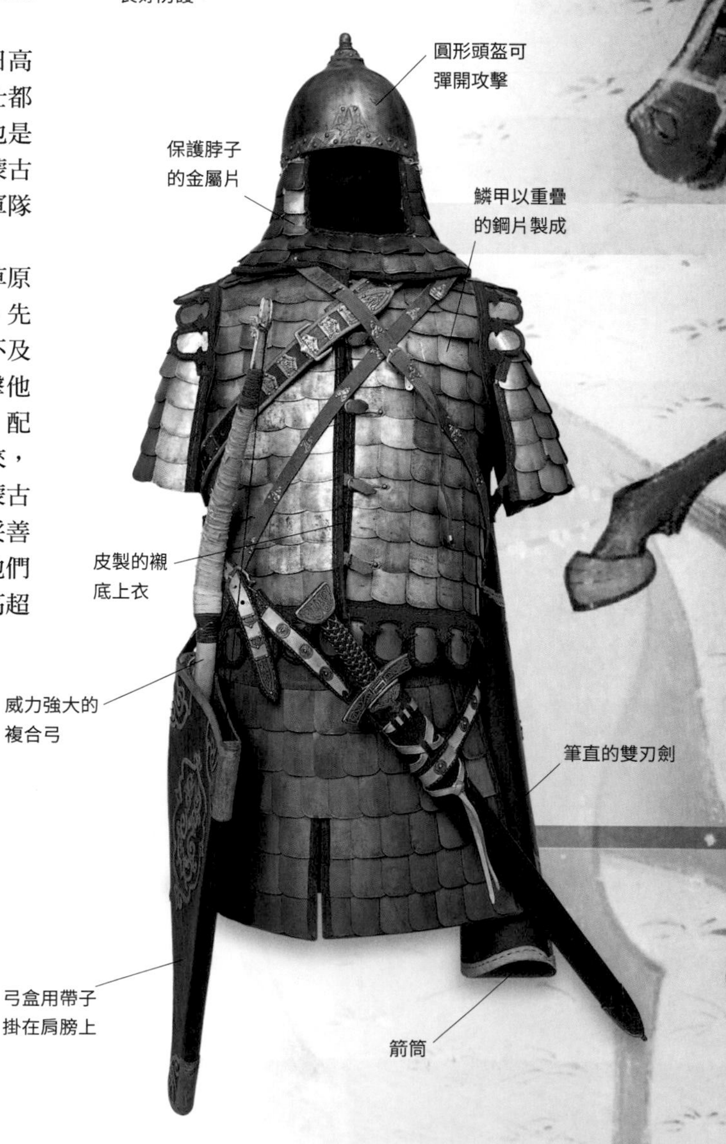

戰士領袖

成吉思汗出生於1162年前後，是酋長之子，生活在蒙古大草原上互相交戰的諸多游牧部落中。他是一位好鬥的戰士，也是一位手腕高明的外交家，到了1206年就已經統一了所有的部落。他四處征戰，率領他們向東征討當時的中國，並進攻中亞的花剌子模。成吉思汗在1227年去世，但兒孫接手了他建立帝國的霸業。

成吉思汗畫像

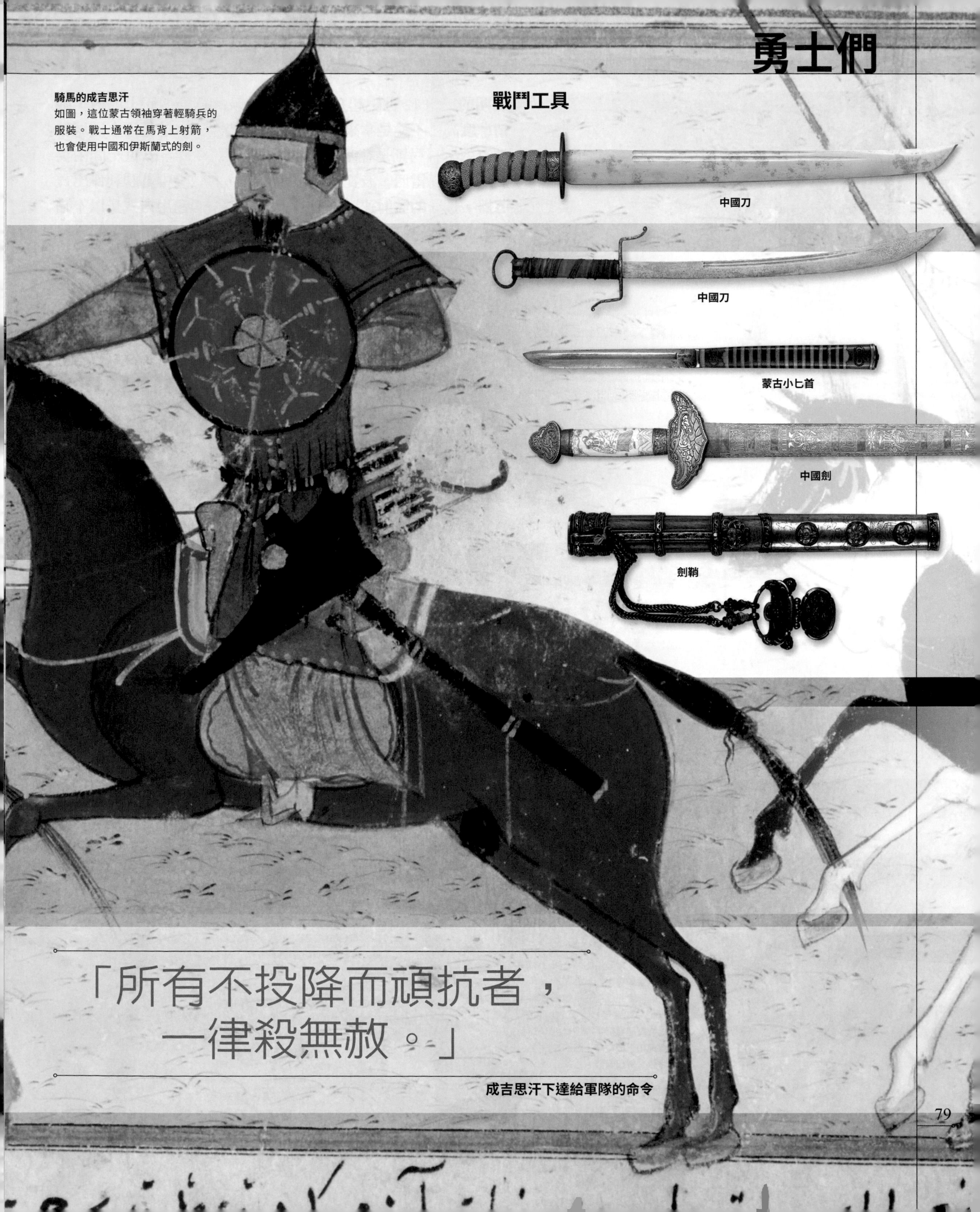

騎馬的成吉思汗
如圖，這位蒙古領袖穿著輕騎兵的服裝。戰士通常在馬背上射箭，也會使用中國和伊斯蘭式的劍。

「所有不投降而頑抗者，一律殺無赦。」

成吉思汗下達給軍隊的命令

西班牙征服者
在 16 世紀的墨西哥，阿茲特克人和穿著板甲的西班牙征服者作戰。一方用的是還沒有鋼鐵的社會才會使用的盾牌和戰斧，另一方的裝備則是西班牙的鋼矛和劍。

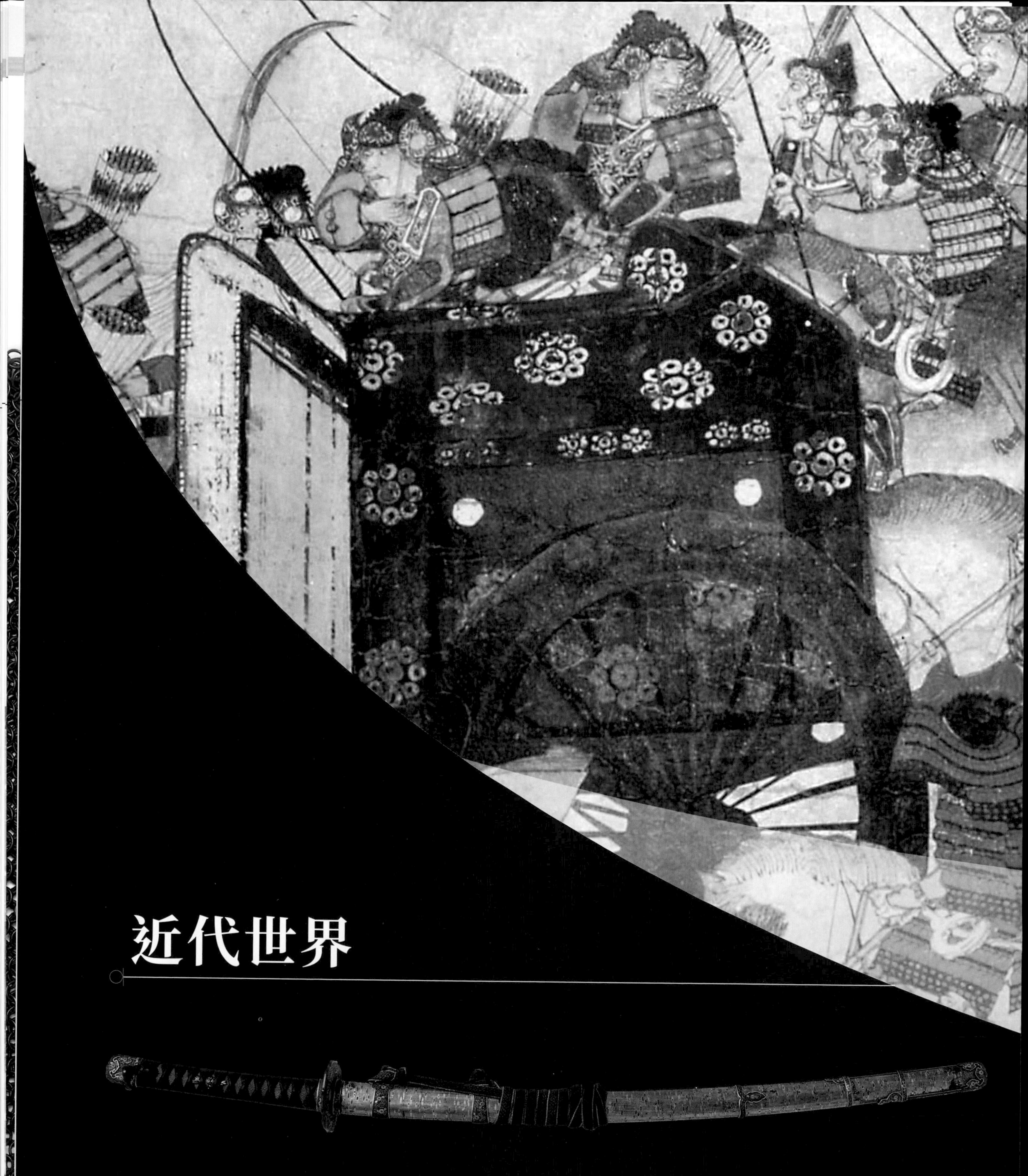

近代世界

▶ 90-91 歐洲比武頭盔、鬍鬚盔、輕便盔 ▶ 174-175 歐洲比武頭盔 ▶ 382-383 1900年之後的頭盔

歐洲頭盔和中頭盔

諾曼人戴的有護鼻箍盔，在 12 世紀末被較圓的鋼盔取代，最後發展到把整張臉都覆蓋住，演變成大頭盔。雖然大頭盔的防護相當完善，但十分笨重，戴著大頭盔的人很難奔跑，視野也差。到了 14 世紀，大頭盔多半被降級為競技比武用，由妥善結合保護、輕便與視野三種要素的中頭盔取而代之。

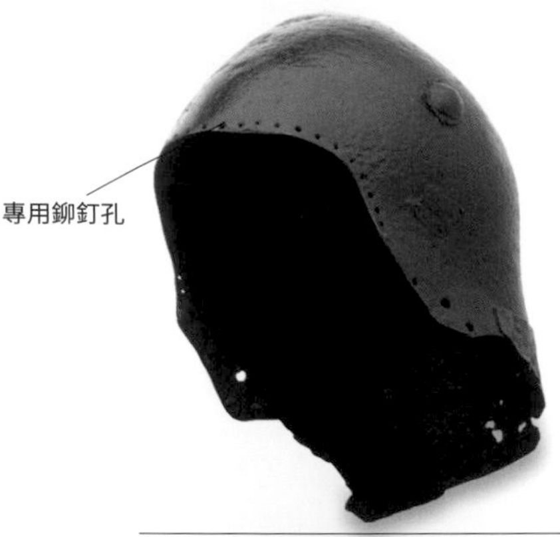

大型中頭盔

中頭盔的起源可追溯到戴在鏈甲頭套內和大頭盔底下的金屬頭形蓋。發展成中頭盔後，頭形蓋向下延伸，以保護頭的側面和背面。這頂中頭盔沒有面甲，但固定鏈甲面罩的專用鉚釘孔清晰可見。

年代	約1370年
來源	義大利北部
重量	3公斤

大頭盔

這頂大頭盔以三塊鋼片組成，有頂冠和盔殼，可以彈開攻擊。至於窺視用的窄縫則以盔殼和側板圍成，而頭盔的下半部鑽出多個小洞，以便通風，稱為呼吸孔。

年代	約1350年
來源	英格蘭
重量	2.5公斤

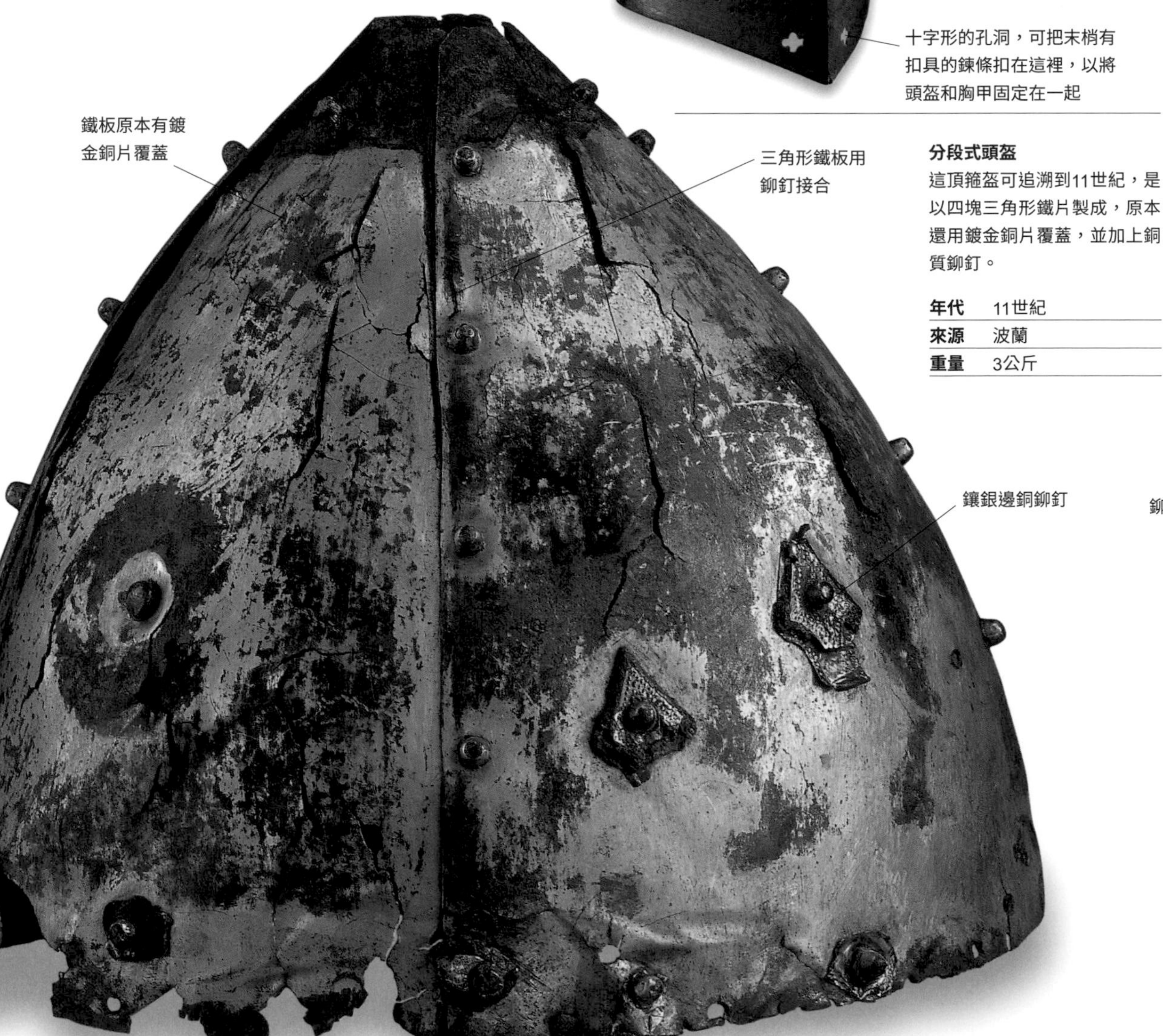

分段式頭盔

這頂箍盔可追溯到11世紀，是以四塊三角形鐵片製成，原本還用鍍金銅片覆蓋，並加上銅質鉚釘。

年代	11世紀
來源	波蘭
重量	3公斤

鉚釘

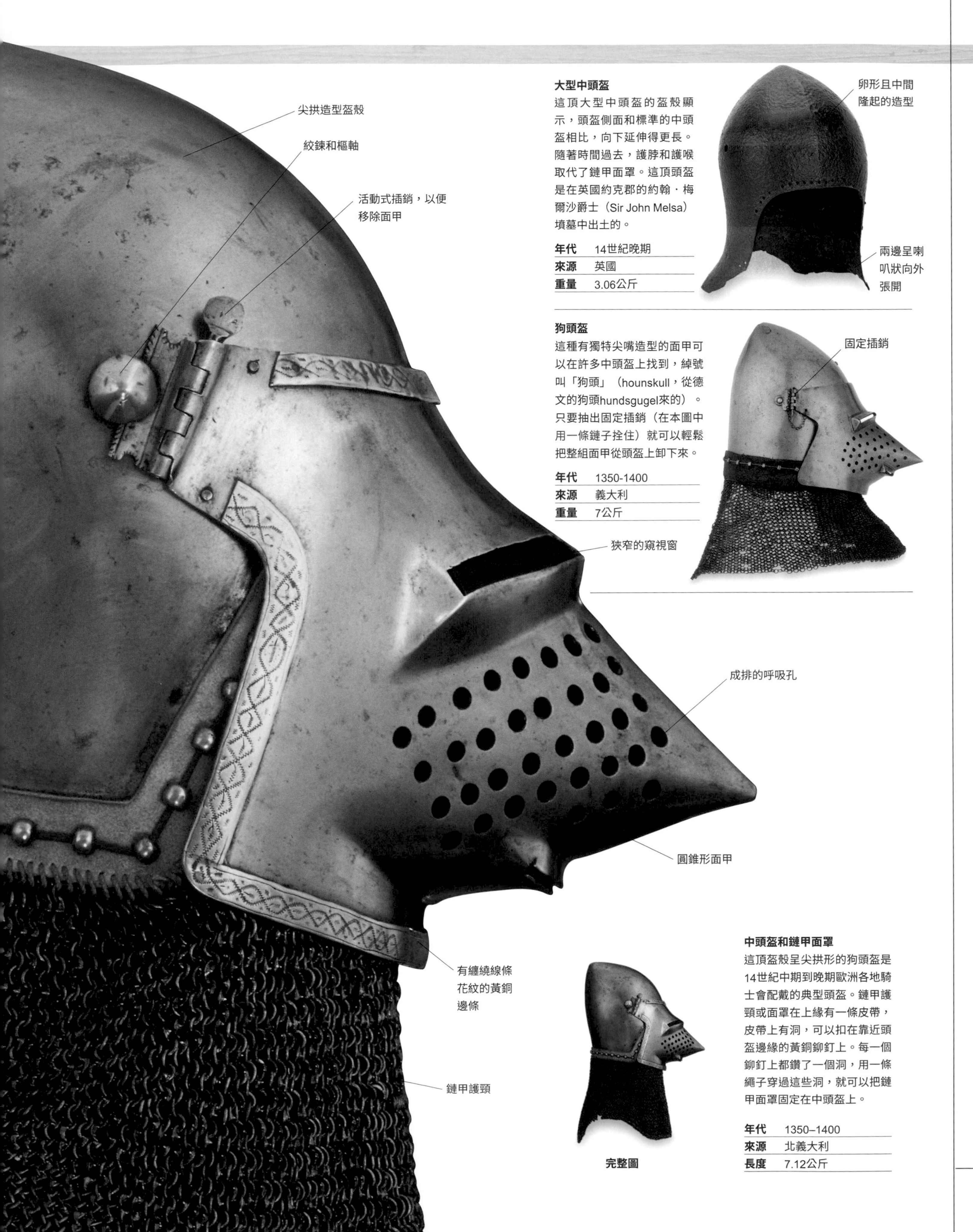

大型中頭盔

這頂大型中頭盔的盔殼顯示，頭盔側面和標準的中頭盔相比，向下延伸得更長。隨著時間過去，護脖和護喉取代了鏈甲面罩。這頂頭盔是在英國約克郡的約翰·梅爾沙爵士（Sir John Melsa）墳墓中出土的。

年代	14世紀晚期
來源	英國
重量	3.06公斤

狗頭盔

這種有獨特尖嘴造型的面甲可以在許多中頭盔上找到，綽號叫「狗頭」（hounskull，從德文的狗頭hundsgugel來的）。只要抽出固定插銷（在本圖中用一條鏈子拴住）就可以輕鬆把整組面甲從頭盔上卸下來。

年代	1350-1400
來源	義大利
重量	7公斤

中頭盔和鏈甲面罩

這頂盔殼呈尖拱形的狗頭盔是14世紀中期到晚期歐洲各地騎士會配戴的典型頭盔。鏈甲護頸或面罩在上緣有一條皮帶，皮帶上有洞，可以扣在靠近頭盔邊緣的黃銅鉚釘上。每一個鉚釘上都鑽了一個洞，用一條繩子穿過這些洞，就可以把鏈甲面罩固定在中頭盔上。

年代	1350–1400
來源	北義大利
長度	7.12公斤

完整圖

歐洲比武頭盔、鬍鬚盔、輕便盔

大頭盔在 14 世紀中葉被降級成比武用頭盔，接著就演變成蛙嘴盔（frog-mouthed helmet），相當適合在比武競技中使用。在 15 世紀，中頭盔被各式各樣的新設計取代，其中輕頭盔最受歡迎。到了 15 世紀末，義大利北部和日耳曼南部開始在盔甲研發的領域脫穎而出，成為其他國家的模仿對象。義大利盔甲外觀較圓滑，而日耳曼或哥德式的外觀特色則是整套盔甲都有輻射狀花紋排列的線條和凸起的脊線裝飾。

蛙嘴盔

蛙嘴盔可以讓參加比武競技的騎士擁有基本的正前方視野和面對衝擊的最佳保護。開始衝鋒時，騎士就把頭向前傾，以便從窺視口觀察外界狀況，但等到即將和長矛互相碰撞的那一刻，他就會迅速抬頭，以防對方有任何機會把長矛刺進窺視口。

年代	15世紀早期
來源	英格蘭
重量	10公斤

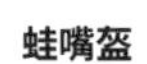

比武頭盔

比武用蛙嘴盔以直角安裝在騎士的胸甲上，而圖中這頂頭盔還有鋼質配件，可以用來緊緊鎖在胸甲前板和背板上。頭盔前半部經過特殊設計，為的是讓對手的長矛彈開。

年代	約1480
來源	日耳曼南部
重量	10.2公斤

比武頭盔

比武用蛙嘴盔的打造方式相當簡單，只由兩片鋼鐵組成：第一片在頭頂上，第二片包住整顆頭，在臉的前方形成一個圓，邊緣處用凸出的鉚釘接合。

年代	15世紀
來源	歐洲
重量	7.4公斤

短尾輕便盔

輕便盔起源於義大利，在15世紀的歐洲，各階層的戰鬥人員都採用這種頭盔，配戴時是否搭配面甲則不一定。這頂沒有面甲的頭盔和頭形相當貼合，且盔尾比其他大部分輕便盔都短。

年代	約1440年
來源	義大利北部
重量	1.48公斤

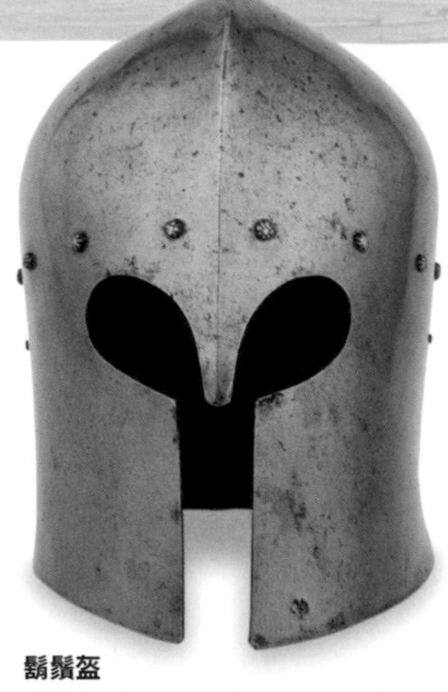

鬍鬚盔

鬍鬚盔（barbute）是一種緊密貼合、長度及肩的頭盔，且很多在臉部的位置都有T字形的開口。圖中這頂也有護鼻，且由於造型類似古典希臘時期的頭盔，因此又被稱為「科林斯」鬍鬚盔。這種頭盔通常由步兵配戴，整個15世紀都有人使用。

年代	約1445年
來源	義大利
重量	2.67公斤

長尾輕便盔

這頂頭盔是相當典型的15世紀末期日耳曼頭盔，特色是有一段長長的盔尾，可保護頸部，還有一組附有窺視孔的面甲。對騎士和武裝人員來說，配戴輕便盔時通常會搭配護頸，以保護喉嚨、下顎和臉的下半部。

年代	1480-1510
來源	日耳曼
重量	2.6公斤

具有單一窺視孔的面甲

盔殼上的火焰圖案

彩繪輕便盔

輕便盔以布塊或皮革覆蓋、或在上面彩繪紋章圖案的狀況並不罕見。這頂輕便盔上開了許多小洞，可用來固定布塊，此外盔體下半部和面甲上還彩繪了紅、白、綠的方格圖案。

年代	1490年
來源	日耳曼
重量	2.2公斤

面甲上有兩個窺視孔

以星星和吊閘為主題的幾何設計

鐵劍鍔匕首

中世紀騎士

穿著盔甲的騎士是中世紀歐洲的菁英戰鬥人員。騎士加上他的馬匹、鎧甲、長矛和劍，不但是身價非凡的戰士，也是擁有崇高文化和社會地位的人物。儘管戰事幾乎不曾達到騎馬貴族在騎士俠義戰鬥裡互相衝突的理想，但騎士依然是具備專業技巧的戰士，可以順應中世紀戰場不斷進化、瞬息萬變的挑戰。

憑著劍與矛

在中世紀社會裡，任何有社會地位的年輕男性都理應在戰爭中取得榮耀。騎士的訓練是很嚴肅的。男孩首先要在騎士家中擔任僕役，然後擔任護衛，騎士則要負責教導他們馬術以及劍和長矛的使用技巧。完成騎士教育以後，訓練會繼續下去，方式是參加能磨練戰鬥技巧的競技以及三天兩頭就會發生的戰事。如果家鄉附近沒有戰事，騎士就會向外發展，往基督教世界的邊境地帶遊走，和「異教徒」作戰。

騎士戰鬥的典型模式就是在馬背上端槍衝鋒，但他們對於徒步戰鬥也相當在行，這些時候會使用劍、棒槌或戰斧。騎士遵奉的騎士精神守則表明了基督教的戰爭倫理，但實際上在中世紀的戰爭裡，劫掠、小衝突和圍攻舉目可見，與理想相差甚遠。在相對罕見的會戰中，騎士有時會被紀律良好的步兵或弓箭手擊潰，但在 16 世紀，他們依然是軍隊的主要戰力。

聖殿騎士團

12世紀，巴勒斯坦的基督教王國騎士組成了一些軍事修道會，例如聖殿騎士團（Knights Templar）。這些戰鬥僧侶遵守嚴格的宗教戒律，成為精英武裝部隊，投身對抗伊斯蘭教。聖殿騎士團這個名稱來自他們的總部——耶路撒冷聖殿（Temple in Jerusalem），他們累積了大量財富，連國王都眼紅。最後，聖殿騎士團被判涉嫌異端邪說，並在1312年被鎮壓。

準備作戰的聖殿騎士

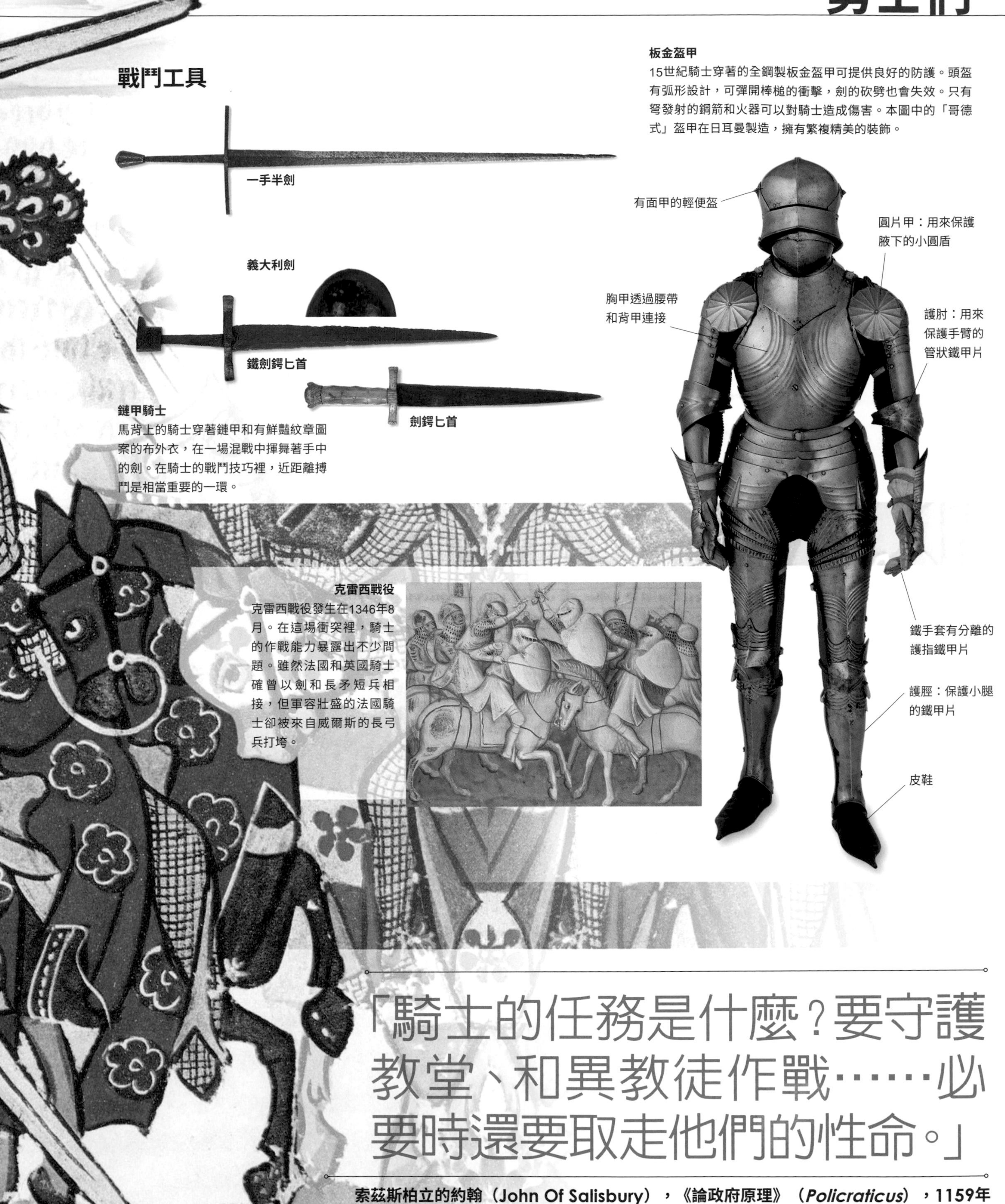

戰鬥工具

鏈甲騎士
馬背上的騎士穿著鏈甲和有鮮豔紋章圖案的布外衣，在一場混戰中揮舞著手中的劍。在騎士的戰鬥技巧裡，近距離搏鬥是相當重要的一環。

板金盔甲
15世紀騎士穿著的全鋼製板金盔甲可提供良好的防護。頭盔有弧形設計，可彈開棒槌的衝擊，劍的砍劈也會失效。只有弩發射的鋼箭和火器可以對騎士造成傷害。本圖中的「哥德式」盔甲在日耳曼製造，擁有繁複精美的裝飾。

克雷西戰役
克雷西戰役發生在1346年8月。在這場衝突裡，騎士的作戰能力暴露出不少問題。雖然法國和英國騎士確曾以劍和長矛短兵相接，但軍容壯盛的法國騎士卻被來自威爾斯的長弓兵打垮。

「騎士的任務是什麼？要守護教堂、和異教徒作戰……必要時還要取走他們的性命。」

索茲斯柏立的約翰（John Of Salisbury），《論政府原理》（*Policraticus*），1159年

歐洲鏈甲

鏈甲是把許多小鐵環或鋼環彼此串聯在一起，形成一張金屬網，其歷史至少可以追溯到公元前 5 世紀。到了 1066 年征服者威廉征服英格蘭的時候，騎士普遍穿著七分長的鏈甲，接著到了 13 世紀，就演變成從頭到腳趾全都包覆在鏈甲內。鏈甲的製作非常費時費力，光是一件鏈甲上衣，就需要多達 3 萬個金屬環。

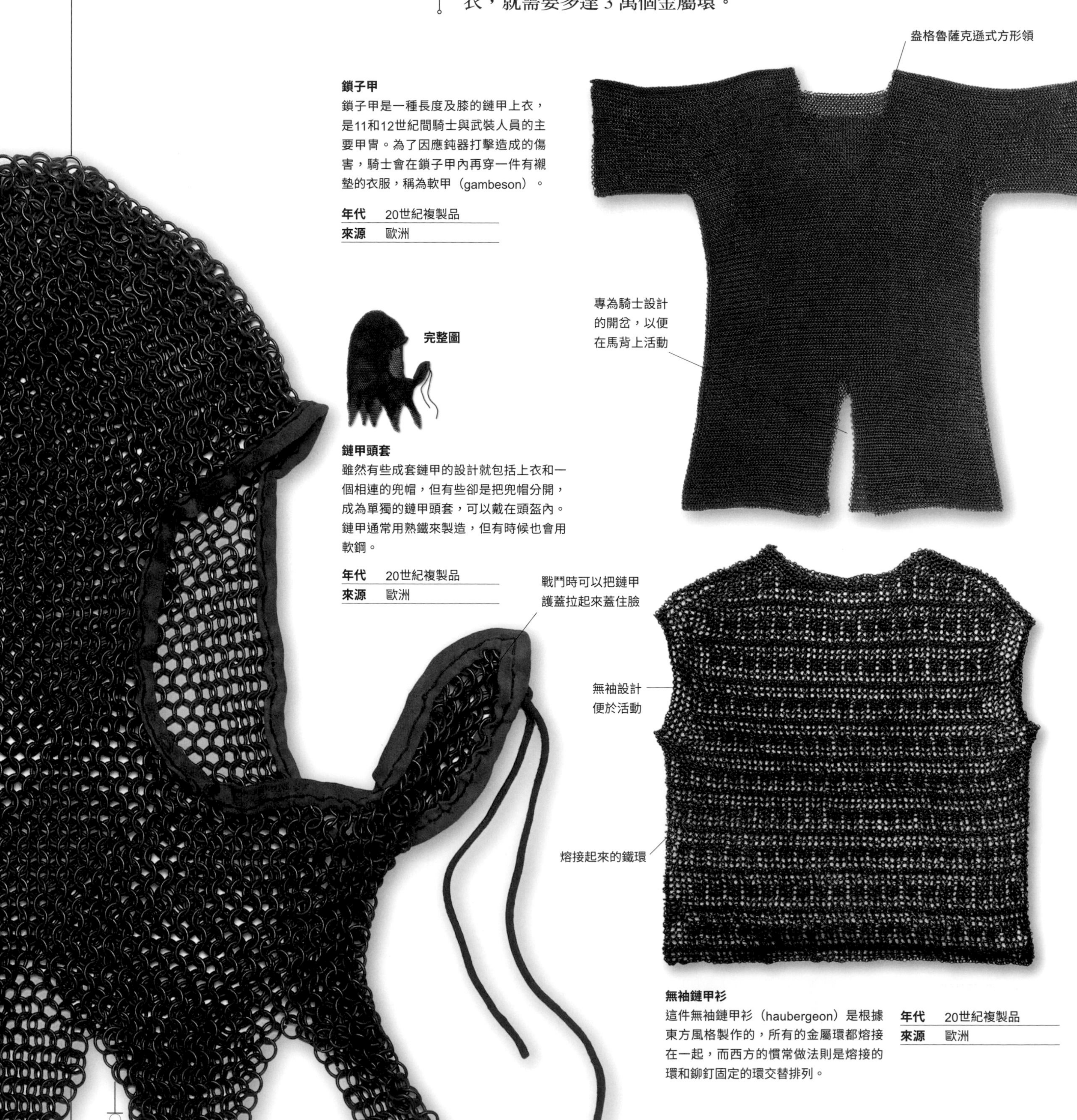

鎖子甲

鎖子甲是一種長度及膝的鏈甲上衣，是11和12世紀間騎士與武裝人員的主要甲冑。為了因應鈍器打擊造成的傷害，騎士會在鎖子甲內再穿一件有襯墊的衣服，稱為軟甲（gambeson）。

年代 20世紀複製品
來源 歐洲

鏈甲頭套

雖然有些成套鏈甲的設計就包括上衣和一個相連的兜帽，但有些卻是把兜帽分開，成為單獨的鏈甲頭套，可以戴在頭盔內。鏈甲通常用熟鐵來製造，但有時候也會用軟鋼。

年代 20世紀複製品
來源 歐洲

無袖鏈甲衫

這件無袖鏈甲衫（haubergeon）是根據東方風格製作的，所有的金屬環都熔接在一起，而西方的慣常做法則是熔接的環和鉚釘固定的環交替排列。

年代 20世紀複製品
來源 歐洲

布汶戰役

這是1214年布汶戰役（Battle Of Bouvines）的同時期畫作，當時法國人打敗了英國軍隊和他們的盟友。畫中不論騎兵或徒步士兵都穿著全套鏈甲。

鏈甲細節

鏈甲通常由四對一的方式連接，也就是每一個環都和另外四個環連結在一起。在歐洲，鏈甲最普片的製作方式就是把熔接的環和鉚釘固定的環交替排列，但自14世紀開始就全面改用鉚釘固定的環。

鏈甲衫和鏈甲面罩

這件長袖的鏈甲衫和鏈甲面罩（鏈甲領直接掛在頭盔上）據信屬於奧地利哈布斯堡王朝（Habsburg）的奧地利大公（Duke of Austria）魯道夫四世（Rudolf IV）。雖然板金鎧甲在這個時代已經愈來愈普及，但鏈甲在歐洲還是繼續存在了100年之久。

年代	14世紀中葉
來源	奧地利
重量	13.83公斤

歐洲板甲

在 14 世紀，除了鏈甲以外，使用板甲的人愈來愈多，因為它相當有彈性，可以讓穿著者擁有相當理想的活動能力。到了 15 世紀中，騎士就配備了全套板甲，而鏈甲的重要性則下降，主要功用是覆蓋鎧甲接合處下方的暴露位置。板甲的發展在 15 世紀末至 16 世紀初達到巔峰，我們可以在這套 16 世紀中的義大利製全套鎧甲分解圖中看到有哪些主要元件。

義大利鎧甲

密閉式頭盔可以緊密包住整顆頭顱，可掀式面甲分成兩個部分，一個是面甲本身，另一個則是上護顎。至於覆蓋軀幹的胸甲，則由胸板和背板（圖中未顯示）經由皮帶連接而成。從胸甲向下延伸的護裙和褶裙則可以保護下腹部和大腿上半部。至於脖子、手臂和腿部都有專用的防護鎧甲，已達成從頭頂到腳趾的完整保護。

年代	16世紀中期
來源	義大利

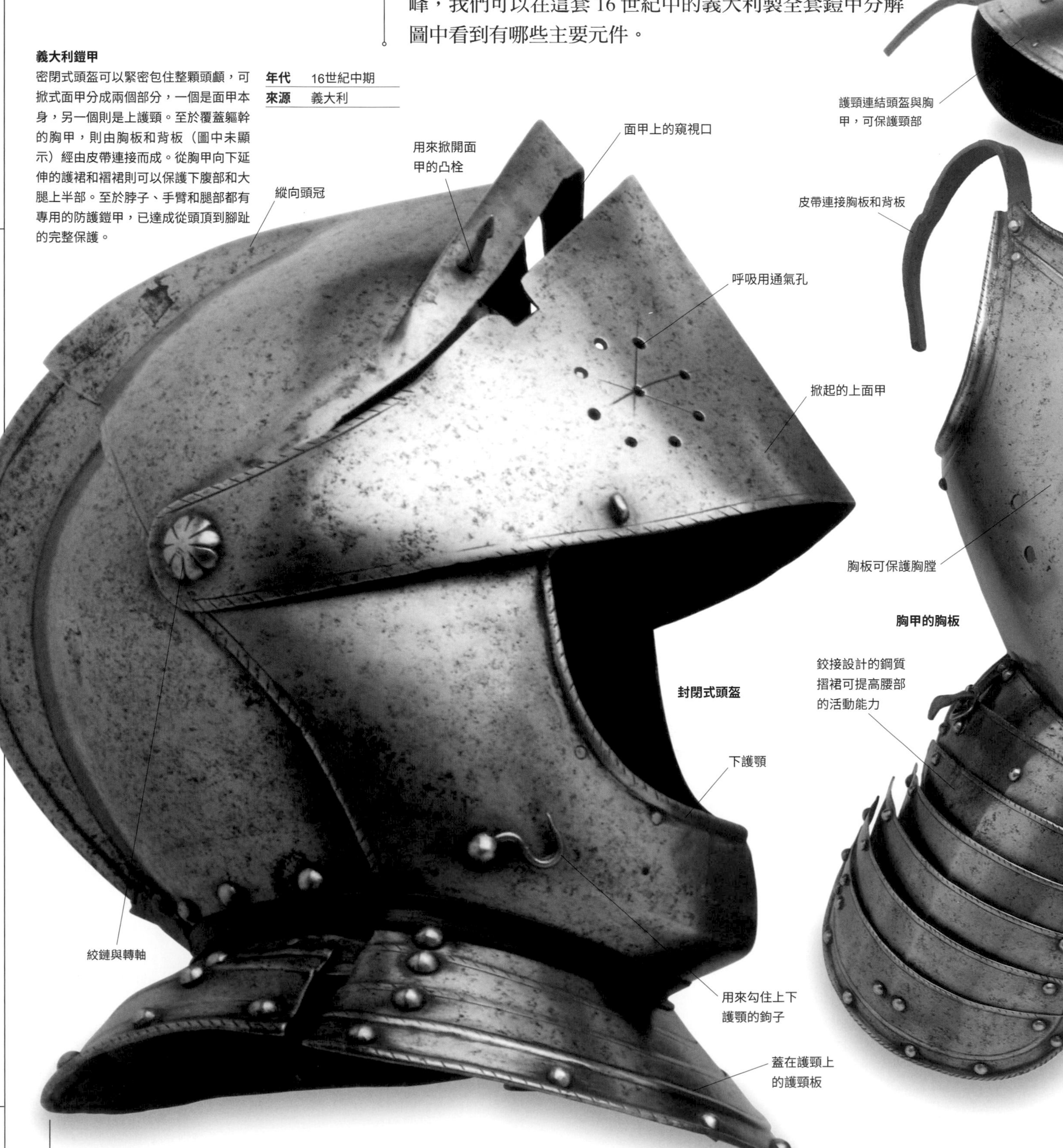

封閉式頭盔

胸甲的胸板

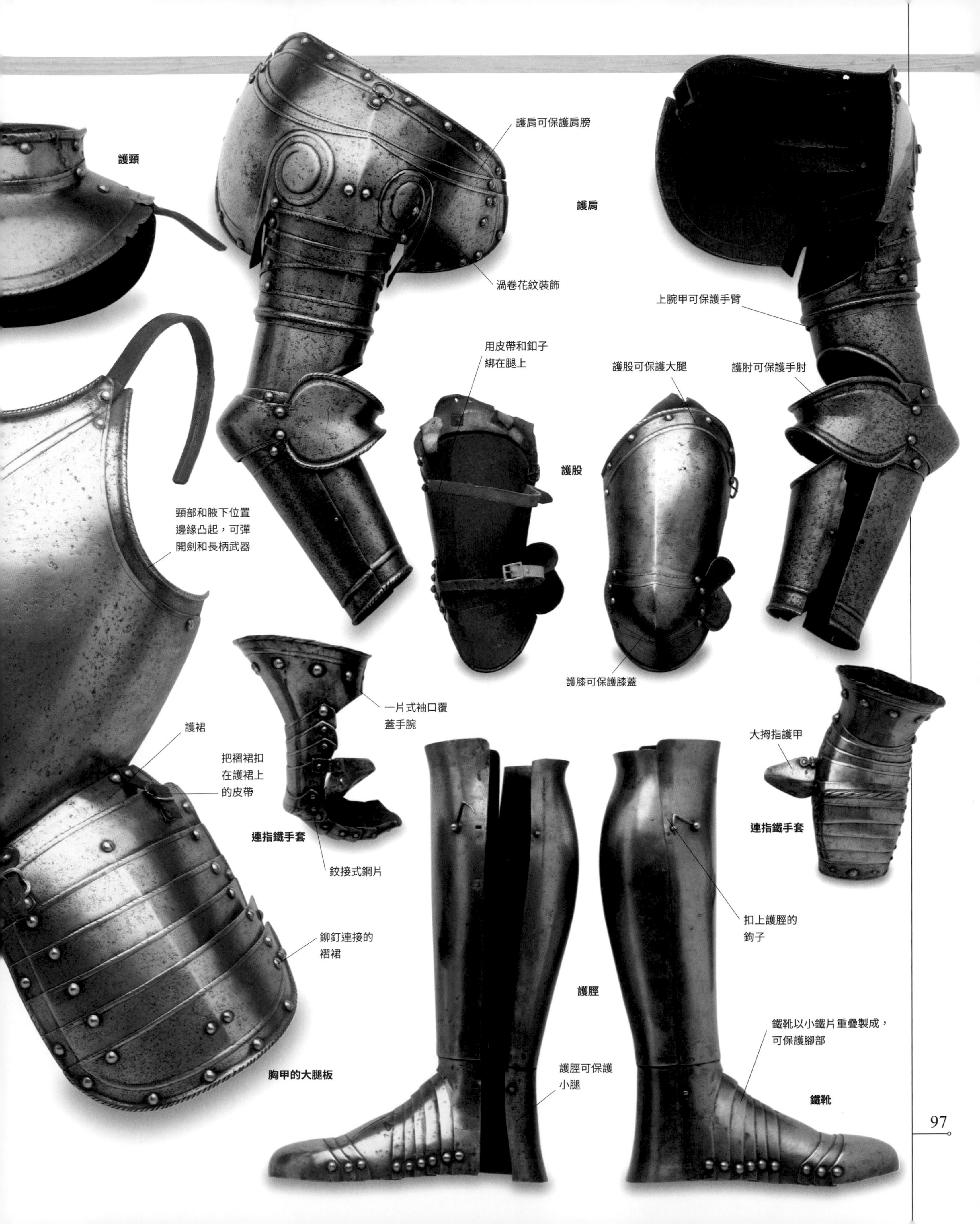
護頸
護肩可保護肩膀
護肩
渦卷花紋裝飾
上腕甲可保護手臂
用皮帶和釦子
綁在腿上
護股可保護大腿
護肘可保護手肘
護股
頸部和腋下位置
邊緣凸起，可彈
開劍和長柄武器
護膝可保護膝蓋
一片式袖口覆
蓋手腕
大拇指護甲
護裙
把褶裙扣
在護裙上
的皮帶
連指鐵手套
連指鐵手套
鉸接式鋼片
扣上護脛的
鉤子
鉚釘連接的
褶裙
護脛
鐵靴以小鐵片重疊製成，
可保護腳部
護脛可保護
小腿
胸甲的大腿板
鐵靴

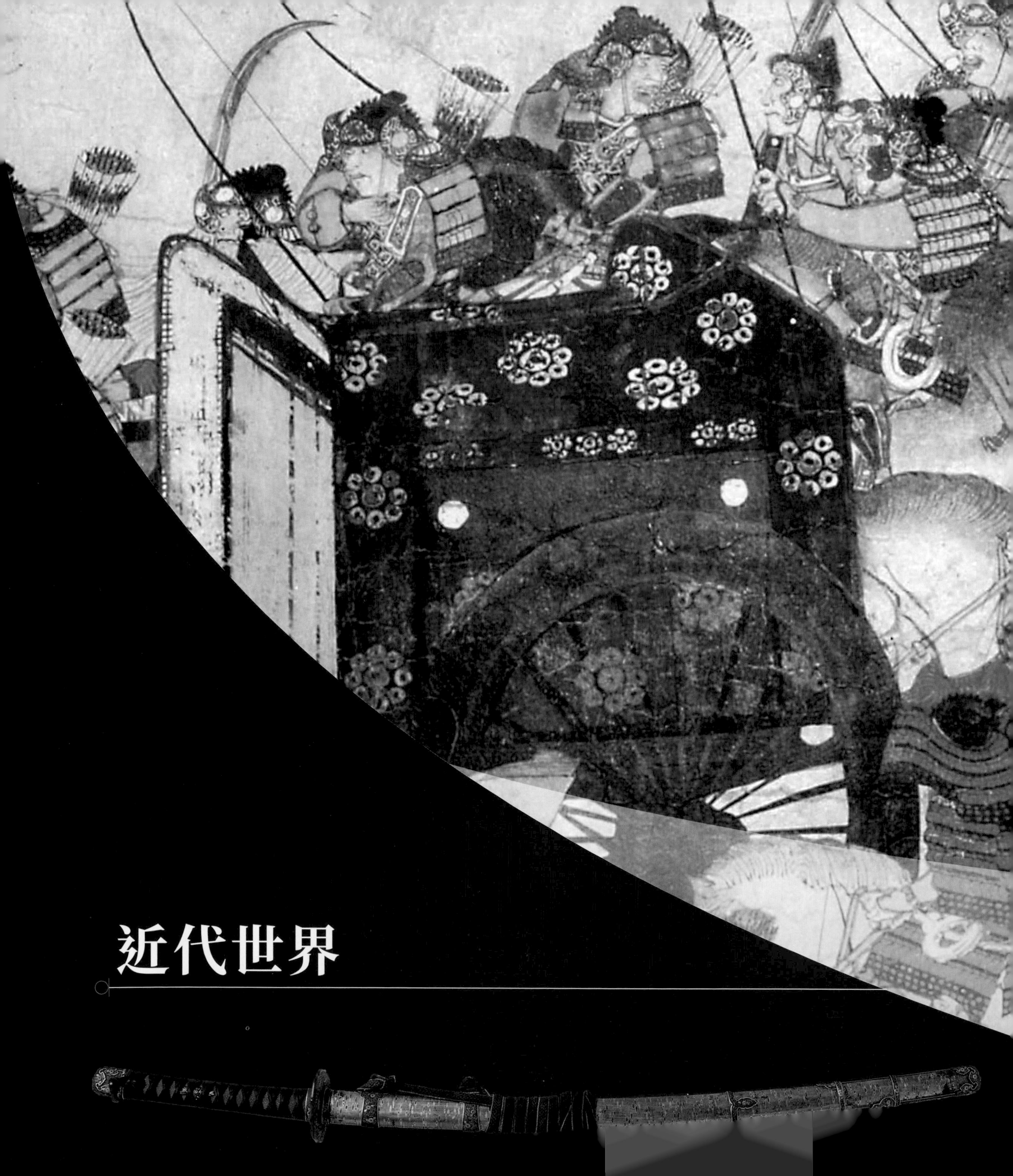

近代世界

在16和17世紀，不論是歐洲還是歐洲以外的地方，火器的發展突飛猛進，而軍事戰略和政治策略都做出相對應的調整，以應付新科技帶來的影響。在這個世界裡，菁英不再是生來就注定帶兵打仗，而是接受適當訓練並深入鑽研，加上這個時候國力普遍增長，一方面是增稅，另一方面輔以有效樽節開支，這意味著軍隊和他們採用的武器都變得更加致命。

開放式戰鬥
1525年在帕維亞（Pavia），配備鉤銃和長矛的神聖羅馬帝國士兵在空曠地帶戰鬥，沒有戰壕掩蔽。他們決定了戰鬥的結果，最後法國軍隊被消滅，神聖羅馬帝國皇帝查理五世也俘虜了法國國王法蘭索瓦一世。

到了16世紀初，火砲的效果已經非常清楚。主要因為有某些發展，例如導入砲耳，也就是水平伸出的短柄，可以讓火砲更有效率地抬高或壓低。因此原本中世紀晚期躲在堅固無比的要塞內按兵不動，以及作戰時把重點放在圍城和襲擊的偏好，在很短的時間裡進入到另一個階段。各國軍隊明白他們不能再死守固定據點，因此更願意冒風險來一場轟轟烈烈的激戰。Z

圍城戰

野戰砲兵和火器在戰場上的潛力，於義大利戰爭（1494 − 1509年）期間通過大規模的考驗。1503年在且里紐拉（Cerignola），西班牙軍隊在一處壕溝和泥土胸牆後方的掩蔽處作戰，以毀滅性的火力打敗法國騎兵。1512年的拉文納戰役（Battle of Ravenna）中，戰鬥由長達兩個小時的砲兵互轟開場，這是史上的第一次記錄。不過，這種開放式戰事的時代隨即被另一段更久的期間取代，在這段期間裡，圍城戰再度成為戰爭中的主要特色，且更加強烈。星形要塞（trace italienne）愈來愈普及，這意味著圍城戰會更耗時、成本更高，而防守方的軍隊為了安全起見，留在要塞城牆內的好處也愈發明顯。

鉤銃是一種相當簡單原始的火器，在15到17世紀間廣泛使用。到了大約1520年代，有一種新武器出現，也就是滑膛槍（musket）。滑膛槍重量可達9公斤——比鉤銃重很多，它需要使用分岔支架以便讓射手開火，但射出去的彈丸威力確實更強，這是很明顯的好處。滑膛槍如此笨重，代表在圍城戰中相當有效。火藥武器的出現，並沒有立即淘汰步兵的主要武器（如長矛）。瑞士的長矛陣是16世紀初戰爭的普遍特色，而他們積極進攻的戰術，像是1513年在諾瓦拉（Novara）對掘壕固守的鉤銃兵發起衝鋒，也讓他們成為值得害怕的對手。但儘管如此，長矛兵在軍隊中所占的比例還是逐漸降低，到了17世

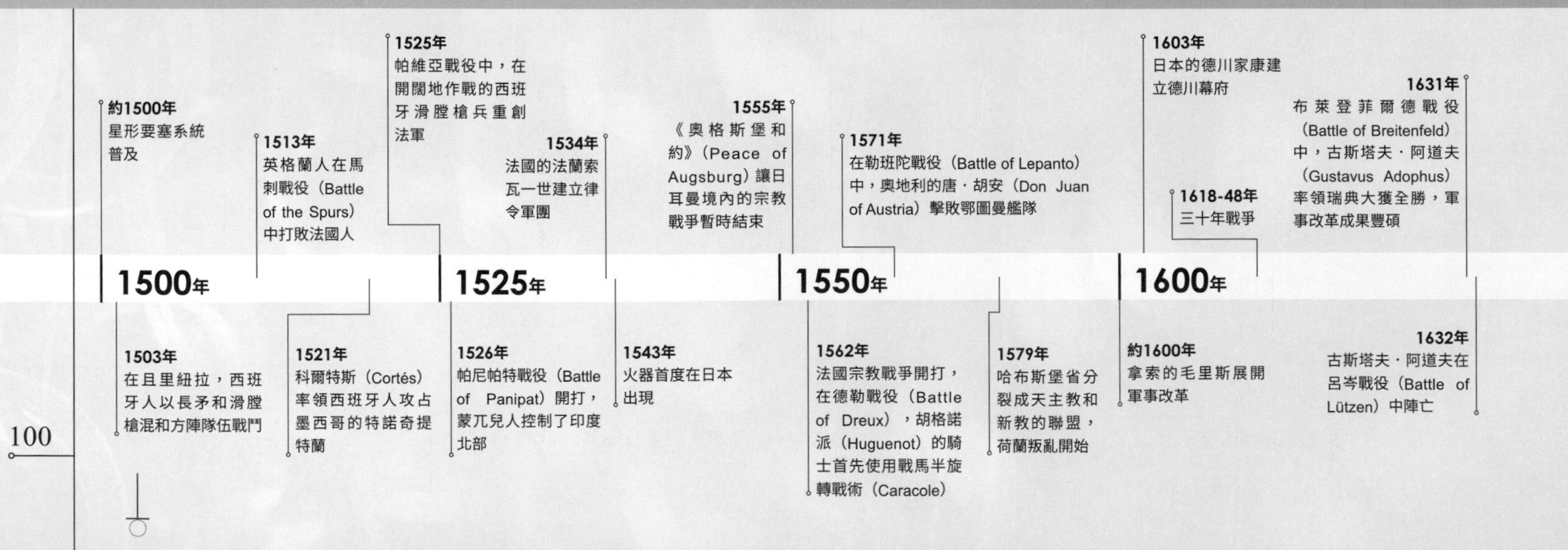

紀中，平均每五位士兵當中只剩下一名。

保留長矛是歐洲軍隊裡自我意識傾向的其中一個面向，讓軍事理論家（和文藝復興時期的建築師一樣多）可以為自己的戰役套用古典模型，像是揮舞長矛的古希臘重裝步兵或紀律嚴明的羅馬軍團。1534 年，法國的法蘭索瓦一世（Francois I）建立了七支效令部隊（compagnies d'ordonnance），每支兵力達 6000 人，以羅馬軍團為原型，而義大利的理論家則提倡由 256 人組成的標準步兵連隊，可排成邊長 16 人的方陣隊形。

成長中的歐洲軍隊

由於戰爭愈來愈血腥——例如 1544 年在且雷索列（Ceresole），2 萬 5000 名戰鬥人員中大約有 7000 人戰死——且軍隊不斷擴充，義大利詩人富爾維奧・泰斯蒂（Fulvio Testi）在 1640 年代寫道：「這是軍人的世紀」。在 1470 年代，勃艮第的大膽查理統帥 1 萬 5000 名士兵，在當時就被認為是一支大軍。但過了一個世紀，這個數字跟西班牙菲利浦二世（Philip II）在荷蘭的 8 萬 6000 人大軍相比，便瞠乎其後。對當時的歐洲強權來說，重新強化城鎮防禦和建立更龐大軍隊的巨額開支，帶來了巨大而沉重的壓力。

到 15 世紀晚期為止，歐洲的戰爭主要是為王位問題而打，但 16 世紀初宗教改革出現後，戰事裡變多了宗教和意識型態元素。到了 1560 年代，法國和荷蘭都已經陷入宗教內戰，法國的宗教戰爭（Wars of Religion）在 1598 年結束，但荷蘭的動亂則更加曠日持久——要到 1648 年才平息。先是查理五世、然後是菲利浦二世，哈布斯堡王朝的資源被壓榨到極限，也成為軍事戰略領域重大進展的嚴苛考驗。

西班牙大方陣
西班牙人是最早把長矛兵和鉤銃兵混編組成方陣隊形的人之一，稱為西班牙大方陣（tercio）。圖中是幾個西班牙大方陣在八十年戰爭（Eighty Years War）期間和荷蘭人作戰。

運用火力也帶來戰場編隊的改變，因為和傳統的塊狀隊形相比，火力以戰線的形式才能最有效地發揮。在整個 16 和 17 世紀，軍隊的行列變得愈來愈稀薄，但隊伍卻愈來愈長。但以線形隊形戰鬥需要更加嚴格的紀律，尤其是因為互相對峙的軍隊經常僅隔著 50 公尺的距離便開火射擊。荷蘭新教徒領袖拿索的毛里斯（Maurice of Nassau）因此在 1590 年代開始要求手下軍隊進行「演習」，訓練並教導他們基本的戰術動作。他的兄長威廉・路易斯（William Louis）更首創一種戰法，也就是滑膛槍手排成連續幾排的隊伍，輪流開火射擊，第一排的人射擊後就退到最後面去重新裝填，以達到連續射擊的目標。

當舊世界遇上新世界

歐洲第一次真正成功地把權力投射到海外是發生在 16 世紀。在美洲大陸，西班牙人對抗印加（Inca）和阿茲特克帝國，這兩個帝國都沒有鐵。木製棍棒和石斧之類的武器無法打穿西班牙人的盔甲，只有阿茲特克的銅簇箭有辦法對敵人造成更大傷害。在 1536 年圍攻庫斯科（Cuzco）的作戰裡，區區 190 名西班牙士兵就打敗了多達 20 萬名大部分只有石頭的印加戰士。西班牙人吃香的地方不只是他們的科技，還有他們敵人之間的內訌。在墨西哥，他們利用特拉克斯卡拉人（Tlaxcala）對阿茲特克人的厭惡來獲取情報，至於在祕魯，他們則利用爭奪印加王位的兩個部族之間的內戰。但原住民的學習速度很快。在北美，麻州的

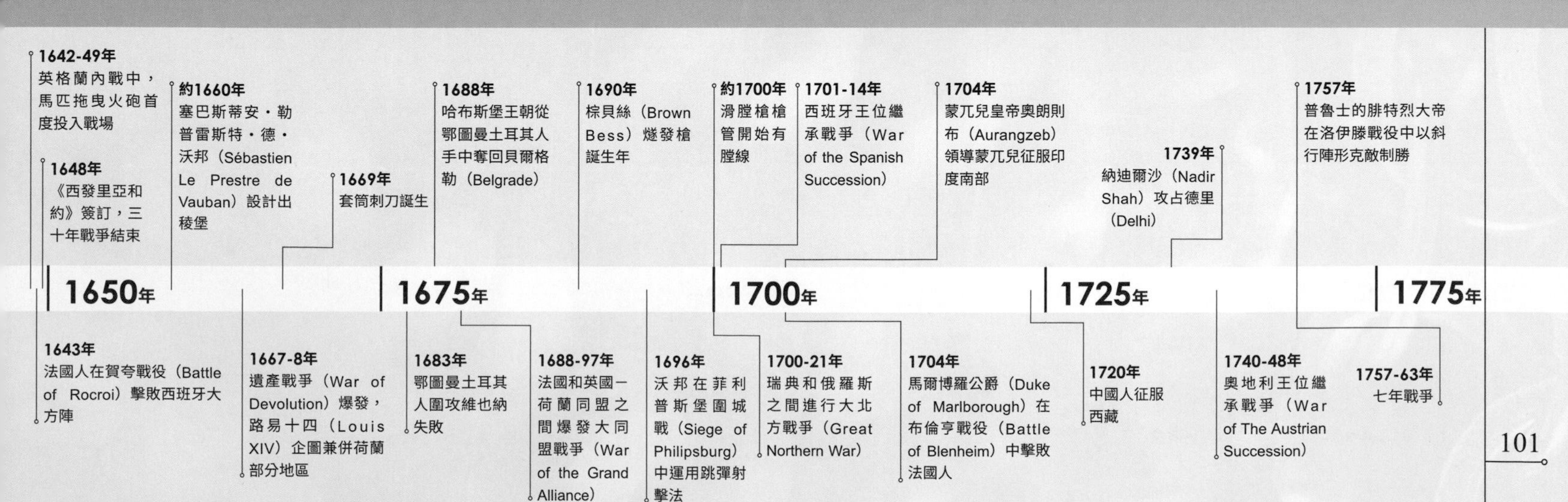

滑膛槍操演
滑膛槍是一種複雜的武器，若要確保正確無誤地開火，需要多達 20 個獨立動作。這份 17 世紀中期荷蘭版本的滑膛槍操典，繪出了正確的動作，可說是必不可少的軍事讀本。

印第安人 1670 年代就已經開始生產槍枝，因此早期歐洲人接觸到印第安人時，便有一些傷亡。在 1675 － 76 年的菲利普國王戰爭（King Philip's War）裡，就有 3000 名英格蘭人受傷。

火藥的發展

相對於鄂圖曼土耳其、蒙兀兒印度、德川的日本和中國的明朝和清朝等亞洲國家，歐洲的軍事發展顯得較為緩慢。鄂圖曼土耳其人使出全力，和奧地利的哈布斯堡王朝進行持續不斷的小規模戰鬥，直到 1683 年第二度圍攻維也納失敗為止。在 16 世紀時，曾為土耳其人帶來重大成功的新軍（janissary）步兵部隊戰力開始衰退，但依然擁有在歐洲無人可匹敵的輕騎兵部隊。

雖然中國人比較早發展火藥，但歐洲自 16 世紀起便開始領先。中國人在 1520 年代取得葡萄牙製火砲，但卻不僅止於模仿國外技術而已。16 世紀，他們發展出所謂的「連珠砲」，可說是一種原始的機槍。一份 1598 年的軍事手冊顯示，大砲砲管的測量需精確到以公分為單位的分數，而中國大砲在生產時還會打印流水編號，顯示出中央政府對相關生產工作的緊密控制。

在日本，1467 － 76 年的應仁之亂開啟了一連串政治分裂的時期，地方軍閥——也就是大名——紛紛建立屬於自己的勢力範圍。1542 年，一艘海盜船被颱風吹離航線，日本因而透過船上的葡萄牙人取得火器，然後火器便開始迅速普及。在織田信長統一日本的過程裡，由滑膛槍兵組成的單位「鐵砲隊」居功厥偉。他在 1568 年攻克天皇首都京都，並在 1582 年逝世之前幾乎征服全日本。

在這段時期，日本的戰爭更像歐洲國家軍隊之間的激烈對抗，而不是較早時菁英武士之間的互相挑戰。日本軍隊不論在技術還是在戰術方面都顯示出相當可觀的獨創精神，像是 1576 年織田信長在大阪建造了七艘船，每一艘都有裝甲板覆蓋，並配備大砲和滑膛槍，可說是一種非常原始的鐵甲艦。而 1575 年在長島，織田信長把滑膛槍兵排成行列，輪流射擊，也比這種作戰方式開始歐洲流行早了幾年。然而 1600 年德川家終於統一日本後，軍事衝突逐漸平息，也意味著科技發展的動力跟著消退。此外 1588 年的刀狩令（Sword-hunt Edict）規定，所有私人持有的武器（包括火器在內）都要沒收。這廢除軍備的後果，就是到了 19 世紀西方人入侵時，日本人就得面對裝備低劣的窘境。

三十年戰爭

1618 － 48 年間的三十年戰爭是一場錯綜複雜的戰爭，主要以信奉天主教的哈布斯堡王朝對抗一個以新教徒為主但時常改變成員國家的聯合陣營。在這場戰爭的過程裡，軍隊和戰術的複雜度又更加進化。例如，有更多軍隊穿著制服，或至少出現一些可供識別的顏色，像哈布斯堡王朝的軍隊偏好紅色，與他們為敵的法國人則穿藍色服裝。古斯塔夫．阿道夫麾下的瑞典軍隊可說改革最為徹底，他在 1620 年的《軍事人員條例》（Ordinance of Military Personnel）有效地引進徵兵的作法，並建立一個戰爭

要塞

新式攻城火砲的發展，導致人們開始研究如何改良現有的軍事建築，解決之道就是外牆呈多邊形且有角度的要塞。有鉤銃兵駐防時，他們的火力射界就會相互重疊，對攻方形成殺傷區。這種新型要塞起源於義大利，稱為星形要塞，而在17世紀晚期法國工程師沃邦的巧思下，這些要塞的複雜程度又達到了新的層次。他在要塞外圍打造同心圓設計的防禦工事，並搭配地形來把防禦火力最大化，讓里耳（Lille）這類要塞成為圍攻方軍隊揮之不去的心頭大患和夢魘。

沃邦式要塞的模型

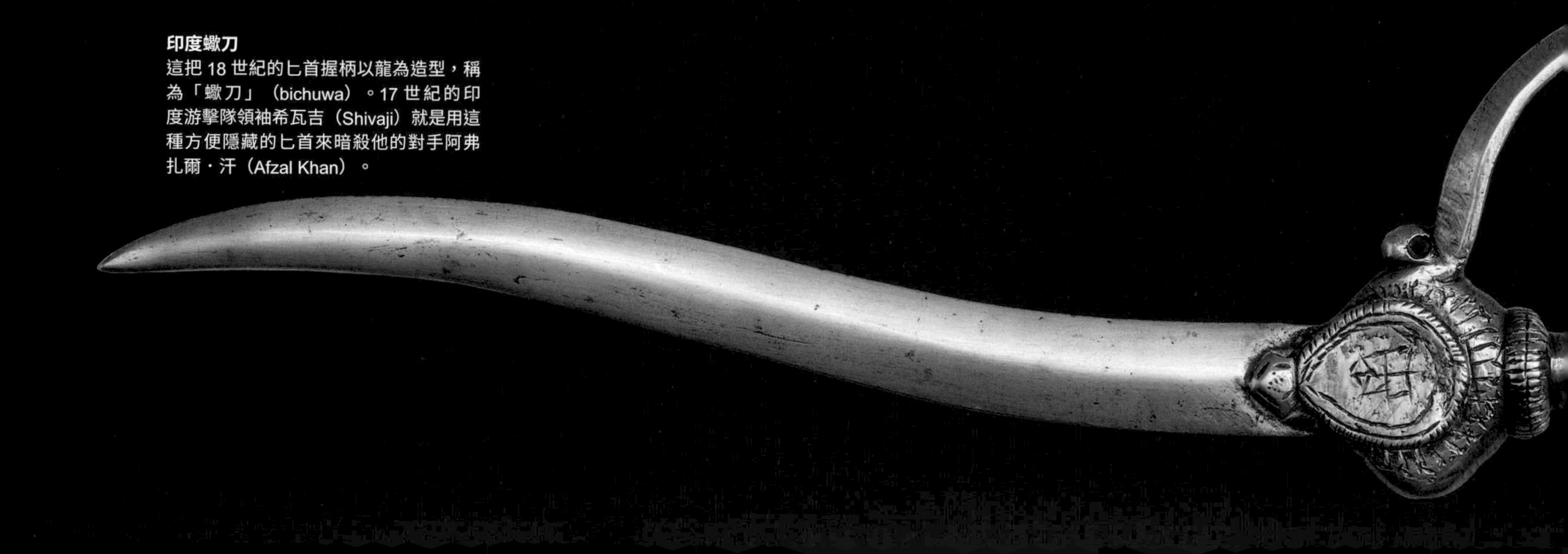

印度蠍刀
這把 18 世紀的匕首握柄以龍為造型，稱為「蠍刀」（bichuwa）。17 世紀的印度游擊隊領袖希瓦吉（Shivaji）就是用這種方便隱藏的匕首來暗殺他的對手阿弗扎爾．汗（Afzal Khan）。

委員會來監督軍事方面的行政事務，而這些改進的成果累累，讓瑞典在戰場上獲得一連串輝煌無比的勝利。1631 年在布萊登菲爾德，一支瑞典軍隊排成六排，面對組成寬 50 個人、深 30 個人方陣隊形的哈布斯堡軍隊，最後獲得壓倒性勝利，擊斃將近 8000 名敵軍。

在整場三十年戰爭裡，各國都被迫依靠傭兵作為軍隊人力來源。軍事企業家的業務蓬勃發展，像阿爾布雷希特・馮・瓦倫許坦（Albrecht von Wallenstein）就有能力提供多達 2 萬 5000 名人力。但在《西發里亞和約》（Peace of Westphalia）簽訂之後，各國陸續建立常備軍隊，也就是在戰役結束之後不會解散的軍隊。到了 1659 年，法國軍隊達到 12 萬 5000 人（1690 年達到 40 萬人），就連日耳曼的迷你國家於利希－貝爾格（Jülich-Berg）也維持 5000 人的常備作戰部隊。

到了這個時候，戰爭需要鉅額的資金才能進行。在 1679 到 1725 年間，俄羅斯的軍隊就需耗費和平時期國家總收入的 60%，以及戰時的幾乎全部收入。路易十四統治的法國在東北邊境地區興建了一系列要塞，形成屏障，當中許多都是由沃邦設計的，成本更是驚人。光是在阿特（Ath）的要塞就花了六年時間建造，成本高達 500 萬里弗爾（livre）。戰爭更進一步集中在圍城作戰上，例如在 1688 － 97 年的九年戰爭（Nine Years War）期間，法國想要把邊界更往東推進，但光是圍攻菲利普斯堡的一座堡壘就花了兩個月。

滑膛槍和刺刀的運用

長矛在 17 世紀晚期終於消失，被刺刀取代。塞入式刺刀（plug bayonet）會堵住滑膛槍的槍口，開火時得把刺刀拔下來，因此不實用。但到了 1669 年，套筒式刺刀誕生，就不會造成類似的阻礙。1689 年，這種刺刀就成為法國步兵的公發標準裝備。到了之後的 17 世紀，燧石滑膛槍也被開發出來，它的重量比火繩槍輕，射擊速度也達到兩倍，此外採用預先包裝好的彈藥，火藥分量事先經過測量，也可以提高射擊效率（這到 1738 年也成為法國陸軍的標準配備）。

全球大戰開打

在 17 世紀的某一段時間裡，軍隊採用一種騎兵戰術，稱為「戰馬半旋轉戰術」，也就是配備簧輪槍（wheellock）的騎兵以小跑步進入射程距離，用槍齊射之後接著撤退。不過燧石槍搭配套筒刺刀的組合讓騎馬兵種特別容易受傷，到了 18 世紀晚期，騎兵只占法國陸軍兵力的 16%，且主要用在對付敵人的騎兵，或是追趕已經崩潰的步兵部隊。

不過這個時期結束時，騎兵又走上復興之路，因為他們大體上放棄了火器，轉而依靠迅速果決的衝鋒帶來的衝擊震撼。西班牙王位繼承戰爭期間，英國馬爾博羅公爵麾下的騎兵就在布倫亨戰役的勝利中扮演了關鍵角色。

腓特烈大帝（1740-86）統治下的普魯士建立起全歐洲效率最高的作戰部隊，基礎是嚴格的軍紀和持續不斷的演練。斜面陣形進攻之類的創新戰術也為其他國家立下了標準，1755 年的俄羅斯步兵操典就是嚴格遵照普魯士模式。在七年戰爭期間（1756 － 63 年），普魯士軍隊和他們的英國盟友面對法國、奧地利和俄羅斯組成的聯合陣線，因為法奧俄想阻止普魯士在中歐的擴張。但這場戰爭最值得注意的是：它堪稱第一場真正的全球衝突，因為法國和英國之間的衝突還蔓延到北美洲和印度次大陸。自 1720 年開始，普魯士軍隊的滑膛槍都配備鐵製通條，每分鐘最多可發射三次，甚至可在行進間發射。這在當時是相對新穎的戰術，讓腓特烈大帝在 1757 年的洛伊滕這樣的戰役裡勝券在握，當中有些普魯士滑膛槍兵發射的次數高達 180 次。

在 18 世紀，隨著時間過去，野戰砲兵對軍隊來說愈來愈不可或缺。1748 年，法蘭德斯（Flanders）的法國砲兵縱隊有至少 150 門大砲，由將近 3000 匹馬拖曳。自 1739 年起，砲管以一體成型的方式鑄造，然後再鑽孔，這樣公差更小，在尺寸一樣的條件下威力變得更強。隨著砲術學校建立，像是 1679 年法國的皇家砲兵團（Royal Corps of Artillery），砲兵軍官因此時常成為歐洲軍隊中最菁英的人選。所以，身為法國砲兵軍官的拿破崙最後可以終結古老的絕對君權政體，並對戰爭型態做出決定性的革新，也是理所當然。

日本的火器
1575 年在長篠，織田信長的鉤銃兵排出陣形，輪流開火射擊，重創他的敵手武田勝賴的部隊。武田勝賴的騎兵即使成功抵達織田信長部隊的戰線，也會被長矛所阻，這樣的戰術可說是與同時期的歐洲戰術相呼應。

雙手劍

在中世紀，大部分的步兵劍都比較輕，易於揮舞。但到了 15 世紀晚期，一些頗具特色的大型武器卻愈來愈受歡迎，尤其是在日耳曼地區。這些雙手劍屬於專業武器，使用這些武器的日耳曼傭兵（Landsknecht）稱為雙酬傭兵（doppelsöldner），可以領取雙倍酬勞，但絕對值回票價。他們的首要工作就是在敵人的長槍兵隊伍中殺出一條血路，此外這些笨重但令人敬畏的武器也會用在典禮儀式和處決等場合。

球形柄尾球

雙刃刀身比日耳曼的同類武器短

高地劍

蘇格蘭人發展出屬於自己的「一手半」（hand-and-a-half）武器傳統，起源於較早期中世紀的蘇格蘭和愛爾蘭長劍。這把高地劍光是劍身就超過1公尺長，但和德國的雙手武器相比，比較短也比較輕。向前傾斜的劍鍔前端有四葉草造型裝飾是常見的特色。

年代	約1550年
來源	蘇格蘭
長度	1.5公尺
重量	2.61公斤

火焰或波浪造型刀身可增加視覺效果

握把有皮革包覆，並有金屬飾釘裝飾

向前彎的弧形劍鍔末端捲曲

遊行劍

在16和17世紀初的日耳曼，像這樣有特殊華麗裝飾的雙手劍會在儀式場合使用。這些遊行劍（paratschwerter，又叫儀態劍）和戰場用武器相比，較重也較長，且因為裝飾華麗，因此很少當作攻擊武器使用。它的火焰造型刀身很搶眼，但切削能力不受影響。

年代	約1580年
來源	日耳曼
長度	1.6公尺
重量	3.3公斤

蘇格蘭風格劍柄

日耳曼劍身

低地劍

就外觀上來看，這把劍是16世紀初期到中期日耳曼傭兵在歐洲戰場上使用的典型武器。但圖中這把劍相當特別，因為它的劍身安裝在蘇格蘭製造的劍柄上，而且是典型的蘇格蘭風格設計。

年代	約1570年
來源	蘇格蘭
長度	1.48公尺
重量	2.95公斤

格擋凸耳反映出當時的戰場用劍設計

劍身只有單邊開鋒

好的握把有助平衡重量

雙手劍

這把雙手劍是設計成戰場武器使用，屬於日耳曼傭兵會使用的武器類型。這把劍的劍尖為鈍尖，因為它的目的是在敵軍隊伍中砍出一條路，而不是用來刺殺敵人。

年代	約1550年
來源	日耳曼
長度	1.4公尺
重量	3.18公斤

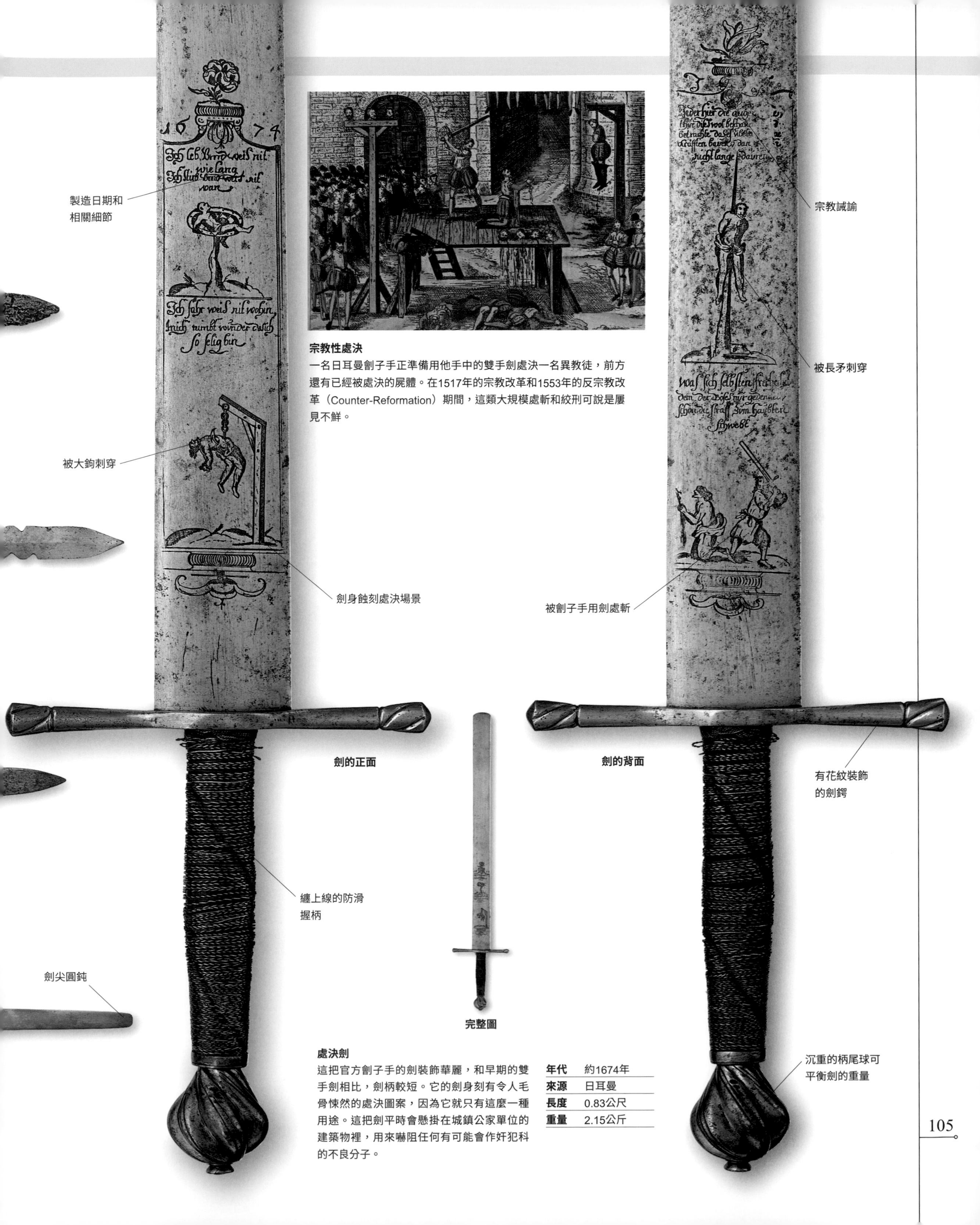

宗教性處決

一名日耳曼劊子手正準備用他手中的雙手劍處決一名異教徒，前方還有已經被處決的屍體。在1517年的宗教改革和1553年的反宗教改革（Counter-Reformation）期間，這類大規模處斬和絞刑可說是屢見不鮮。

處決劍

這把官方劊子手的劍裝飾華麗，和早期的雙手劍相比，劍柄較短。它的劍身刻有令人毛骨悚然的處決圖案，因為它就只有這麼一種用途。這把劍平時會懸掛在城鎮公家單位的建築物裡，用來嚇阻任何有可能會作奸犯科的不良分子。

年代	約1674年
來源	日耳曼
長度	0.83公尺
重量	2.15公斤

◀ 62-65 1000-1500年的歐洲劍 ▶ 180-183 1775-1900年的歐洲劍

歐洲步兵與騎兵劍

緊接著文藝復興而來的軍事革命，讓火力的重要性愈發提升，但冷兵器依然是戰場利器，對騎兵而言尤其如此。自 16 世紀起，大部分步兵用劍都被當成刺擊武器，但騎兵依然有向下砍劈步兵的需求，因此他們偏愛較大的雙刃劍，可以同時用來對付騎馬或徒步的對手。不過，標準化的軍用劍規格在這個時候除了實用以外也強調式樣，因此看起來更加講究，但致命程度不減。

文藝復興時期的武器上經常有宗教符號或圖像

簡單的木質握柄單雙手皆可持握

弧形的劍鍔設計可以勾住對手的劍身

步兵劍

這把劍和本頁的其他劍不一樣，它的裝飾非常華麗，但設計相當簡單，對持劍者的保護較少，不過單雙手皆可使用。

年代	約1500年
來源	瑞士
長度	90公分
重量	0.91公斤

劍身打造的年代比劍柄晚了一個世紀

完整圖

用銀裝飾的劍柄

籠柄劍（Basket-Hilted Sword）

這把闊劍是將17世紀初在索林根（Solingen）打造的日耳曼劍身裝在一組英格蘭製造的籠式劍柄上。劍柄的年代比劍身早了超過一個世紀。

年代	約1540年
來源	英格蘭
長度	1.04公尺
重量	1.36公斤

護手有華麗的捲曲線條裝飾，反映出當時的美學

單血槽設計可賦予劍身更大的攻擊力道

製劍匠的標誌

騎兵劍

到了18世紀中，騎兵劍的發展分成兩條路線。一種是輕騎兵用，重量較輕、劍身有弧度，另一種是重騎兵用，刀身長、重量重、外觀筆直。圖中這把是歐洲重騎兵使用超過一個世紀的典型騎兵劍，單血槽（劍身背面的凹槽）代表這把劍只有單邊開鋒。

年代	1750年
來源	英格蘭
長度	1公尺
重量	1.36公斤

完整圖

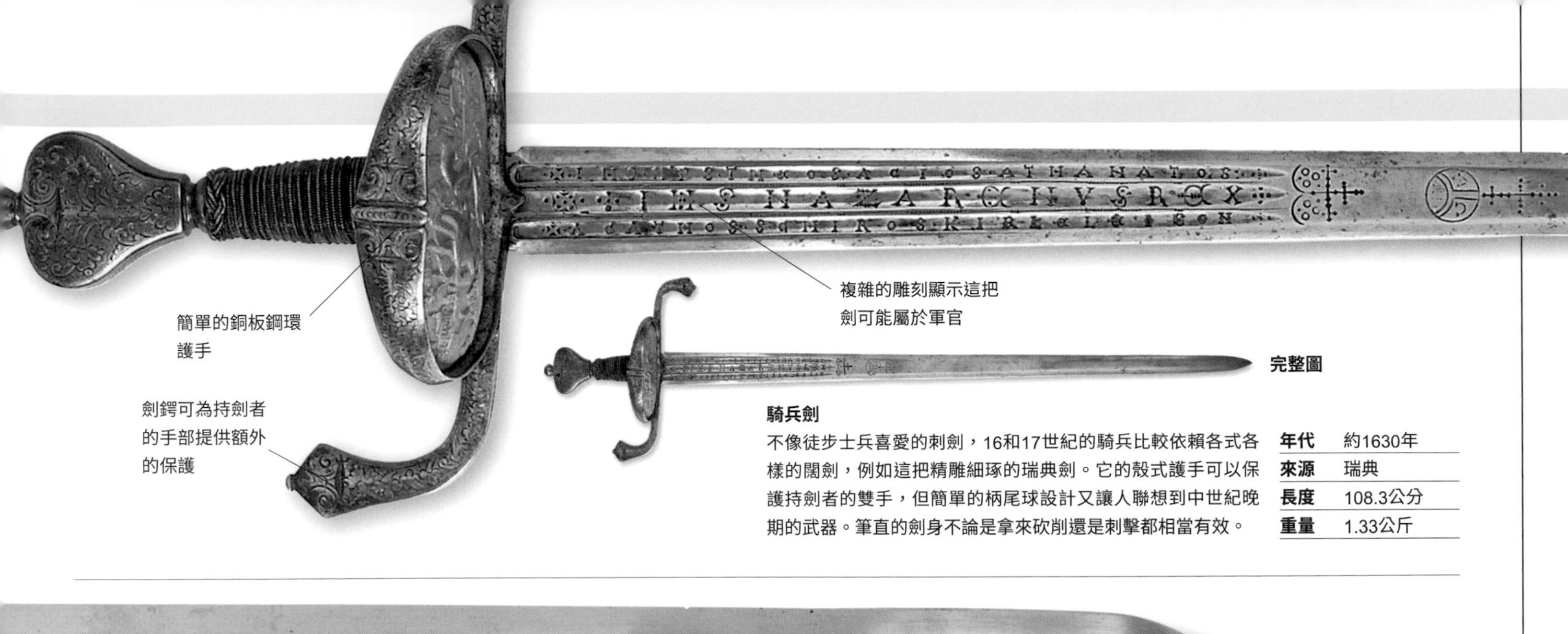

騎兵劍

不像徒步士兵喜愛的刺劍，16和17世紀的騎兵比較依賴各式各樣的闊劍，例如這把精雕細琢的瑞典劍。它的殼式護手可以保護持劍者的雙手，但簡單的柄尾球設計又讓人聯想到中世紀晚期的武器。筆直的劍身不論是拿來砍削還是刺擊都相當有效。

年代	約1630年
來源	瑞典
長度	108.3公分
重量	1.33公斤

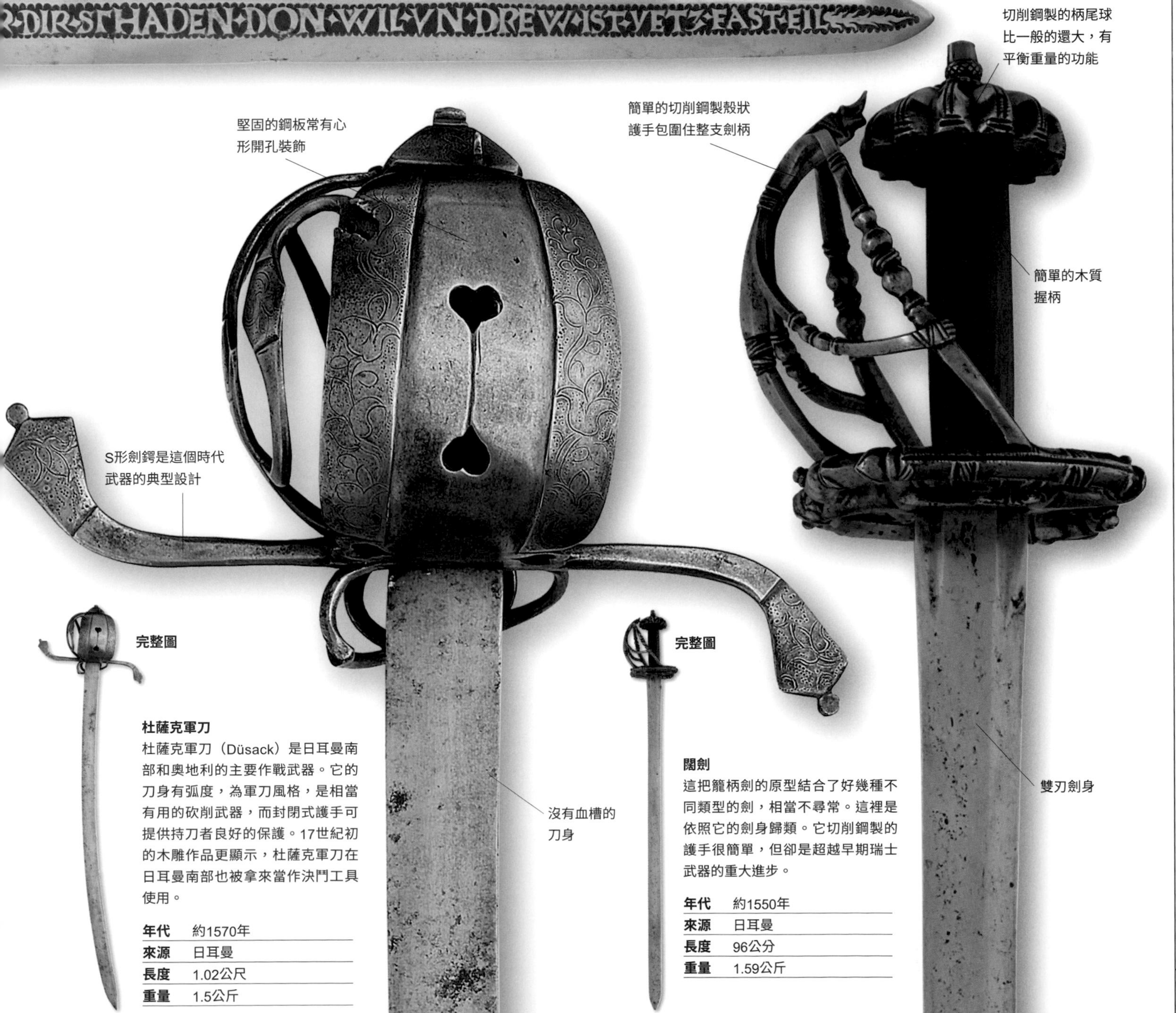

杜薩克軍刀

杜薩克軍刀（Düsack）是日耳曼南部和奧地利的主要作戰武器。它的刀身有弧度，為軍刀風格，是相當有用的砍削武器，而封閉式護手可提供持刀者良好的保護。17世紀初的木雕作品更顯示，杜薩克軍刀在日耳曼南部也被拿來當作決鬥工具使用。

年代	約1570年
來源	日耳曼
長度	1.02公尺
重量	1.5公斤

闊劍

這把籠柄劍的原型結合了好幾種不同類型的劍，相當不尋常。這裡是依照它的劍身歸類。它切削鋼製的護手很簡單，但卻是超越早期瑞士武器的重大進步。

年代	約1550年
來源	日耳曼
長度	96公分
重量	1.59公斤

歐洲步兵與騎兵劍

決定命運的衝鋒
在呂岑戰役裡，瑞典國王古斯塔夫．阿道夫一劍在手，率領騎兵衝鋒，攻擊日耳曼新教徒對手。但他速度太快，把護衛隊拋在後頭，結果回過頭來發現身陷敵陣，敵人騎兵團團包圍住他，最後無情地把他砍死。

較寬的雙刃劍身，砍削刺擊都適用

完整圖

闊劍
雖然自16世紀中葉起，歐洲各地都有人使用籠柄劍，但和這種劍關係最密切的卻是18世紀的蘇格蘭高地兵（Scottish Highlander）。這些劍大部分都在低地生產打造，主要在格拉斯哥（Glasgow）和斯特陵（Stirling），不過許多刀身都是從日耳曼進口。典型的蘇格蘭籠柄護手是為保護持劍者的手而設計的。

年代	約1750年
來源	蘇格蘭
長度	91公分
重量	1.36公斤

柄尾球做成類似貓頭的形狀

木質握柄用細銀線捆紮

高品質銀工顯示這把劍可能屬於軍官所有

劍鍔有可能本來是彎的，但後來被拉直

雙刃劍身上刻了一句標語「永存我心」

完整圖

斯拉夫闊劍
這把製作更精美、更具典型威尼斯風格的闊劍稱為斯拉夫闊劍（Schiavona sword）。這種劍擁有造型獨特的籠式劍柄，且柄尾球幾乎都是設計成類似貓頭的形狀，代表動作敏捷、行蹤隱密。在威尼斯共和國服役的達爾馬提亞（Dalmatian）軍隊就是使用這種劍。

年代	約1780年
來源	義大利
長度	1.05公尺
重量	1.02公斤

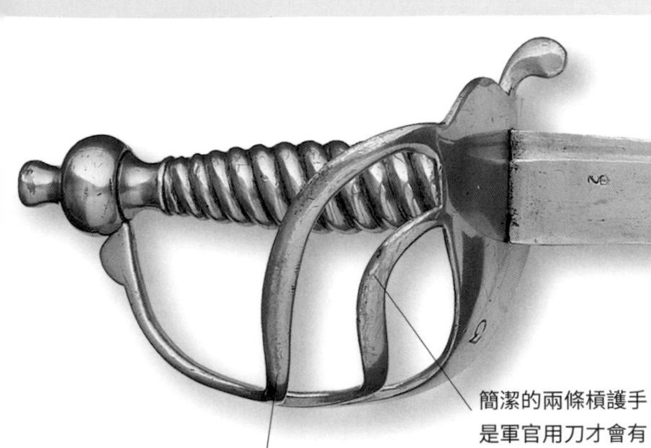

完整圖

步兵短腰刀

雖然大部分步兵都依靠刺刀戰鬥，但許多徒步部隊都有配發所謂的「短腰刀」（hanger），是較短的狩獵用劍的簡易軍用版。這種劍幾乎都擁有筆直或帶點弧度的刀身。和傳統的長劍相比，短腰刀更有利於在複雜的地形上活動。

年代	約1760-1820年
來源	英格蘭
長度	79.7公分
重量	0.84公斤

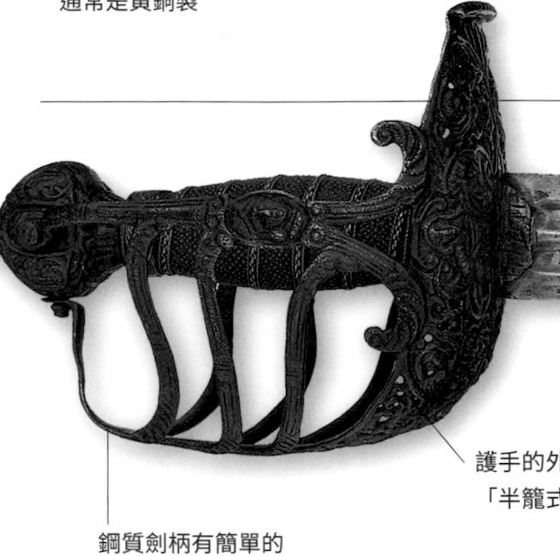

完整圖

靈堂劍（Mortuary Sword）

之所以叫靈堂劍，是因為某些的握柄上有相當明顯的查理一世雕刻肖像。在1649年查理一世國王被處決前的英國內戰期間，騎兵廣泛使用這種劍。雖然這些劍的劍身在德國打造，但劍柄卻是獨一無二的英格蘭設計。

年代	1640-60年
來源	英格蘭
長度	91公分
重量	0.91公斤

完整圖

騎兵劍

在大半個18世紀，重騎兵就是使用這種類型的單刃劍。雖然騎兵依然用他們的劍砍削，但對重騎兵來說，用劍尖來攻擊比用劍刃更實際。這種劍具備兩用的特性，用起來不會特別適合任何一種劍術。1780年以後，大部分的英國陸軍用劍都是根據固定模式設計的。

年代	約1775年
來源	英格蘭
長度	83.8公分
重量	0.85公斤

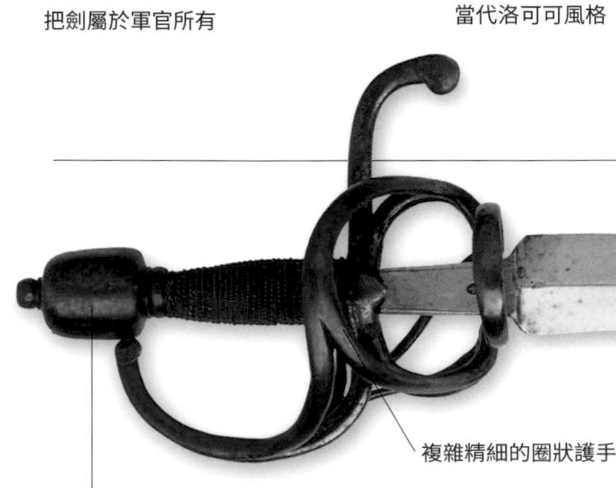

完整圖

圈狀護手刺劍（Swept-Hilt Rapier）

這種17世紀的經典步兵武器是專門的刺擊武器，因為在當時「劍尖刺擊」被認為是紳士的技藝。除了軍用武器外，刺劍也是決鬥者會選用的武器，直到它在17世紀晚期被手槍取代為止。

年代	1600-60年
來源	歐洲
長度	1.27公尺
重量	1.27公斤

日耳曼傭兵

雄赳赳、氣昂昂的「日耳曼傭兵」（Landsknecht）是一個傭兵團體，由神聖羅馬帝國皇帝馬克西米利安一世（Maximilian I）於 1486 年成立。他看到瑞士長槍兵於 1476 － 77 年在莫田（Murten）和南錫的會戰中獲勝，因此希望手下能有一支可以和他們匹敵的步兵部隊。儘管從名義上來看，日耳曼傭兵是皇帝的直屬部隊，但沒多久，更高的薪餉和掠奪的誘惑就讓當中許多人轉而效命於其他更好的雇主。在 16 世紀前半的歐洲戰場上，他們征戰各地，無所不在。

16世紀日耳曼闊劍

傭兵戰士

傭兵首領在簽約後會負責招募、訓練並組織兵力約 4000 人的步兵團。大部分招募到的人選都來自日耳曼語系地區，不過也有人從蘇格蘭遠道而來。吸引他們接受招募的，是每個月四荷蘭盾的薪資。這在當時算是相當不錯的收入，但要自行準備裝備，只有手頭較闊綽的人才能負擔整套盔甲或一把火繩槍。他們的武器大部分是長矛，長達 5 或 6 公尺，價值大約一荷蘭盾。日耳曼傭兵作戰隊形的核心是長矛兵方陣，由配備弩和火繩槍的前衛部隊支援，然後前頭還有持雙手劍的士兵，他們是全團最精銳的軍人。在戰場上，日耳曼傭兵紀律嚴明，勇敢善戰，但萬一沒領到薪水，他們馬上就會叛變，開始掠奪，因此聲名狼藉。

騎馬的團長
日耳曼傭兵團的團長可以從他華麗的服飾辨認出來。他是私人創業家，先招募所需人員，再向國王提供服務，以換取可觀的利潤。

戟

貝雷帽風格的闊邊平頂帽，有搶眼的大羽毛裝飾

長槍

團長的貼身保鑣

有裂口裝飾的服裝

帕維亞戰役
1525年在帕維亞，當其餘的法國軍隊都已逃離戰場的時候，法國國王法蘭西斯一世雇用的日耳曼傭兵黑團（Black Band）卻堅持奮戰到底。

羅馬大洗劫

1527年，神聖羅馬帝國皇帝查理五世手下的軍隊和日耳曼傭兵占領了羅馬。日耳曼傭兵信奉馬丁路德教派，相當厭惡天主教教廷。一名雇傭兵留下這樣的記錄：「我們殺了超過6000人，把所有可以在教堂裡找到的東西都據為己有，市區有一大部分地方都被我們放火燒了……」占領持續了九個月，傭兵拒絕離開，直到收到積欠的薪資為止。

帝國軍隊進入羅馬

> 「我們1800個日耳曼人被1萬5000名瑞典農夫攻擊……他們大部分人都被我們打死了。」
>
> **1502年7月為丹麥國王戰鬥的傭兵保羅．多爾許坦（Paul Dolstein）**

戰鬥工具

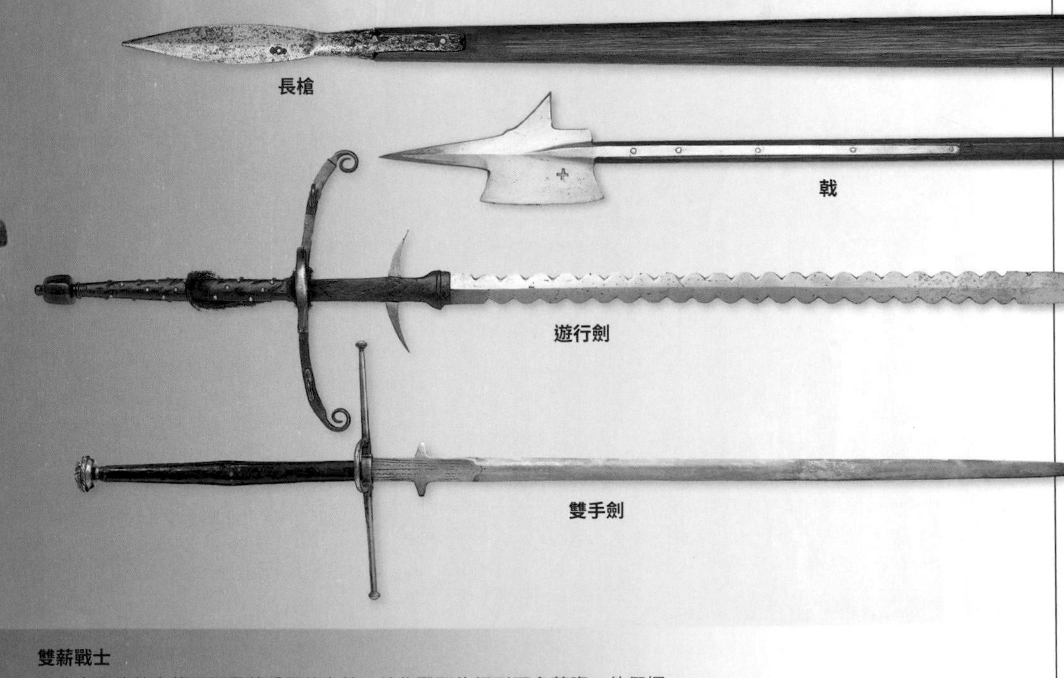

雙薪戰士

這些拿兩倍薪水的日耳曼傭兵因為在第一線作戰而能領到更多薪資。他們揮舞雙手劍，攻擊敵方的長槍兵隊伍，在他們陣列中打開缺口。日耳曼傭兵的奇裝異服──有非常浮誇的裂口和鼓脹裝飾，搭配五花八門的帽子或頭飾──展現了他們傲慢自大的精神，因此對雇主的忠誠程度令人質疑，對平民則是相當可怕的威脅。

▶ 114-115 歐洲小劍　▶ 118-119 歐洲狩獵劍

歐洲刺劍

在 16 世紀，刺劍成為紳士使用的武器，代表他是有實力、有地位的菁英分子，而且知道怎麼使用這把劍。英文的 rapier 這字起源於 15 世紀的西班牙文 espada ropera，意思是「紳士的武器」。到了 1500 年，刺劍已在全歐洲普及，直到 17 世紀晚期一直都是紳士用劍的首選。雖然這種劍無疑會在戰場上使用，但它卻和宮廷、決鬥與時尚更有關聯，因此設計趨向精緻複雜的路線。

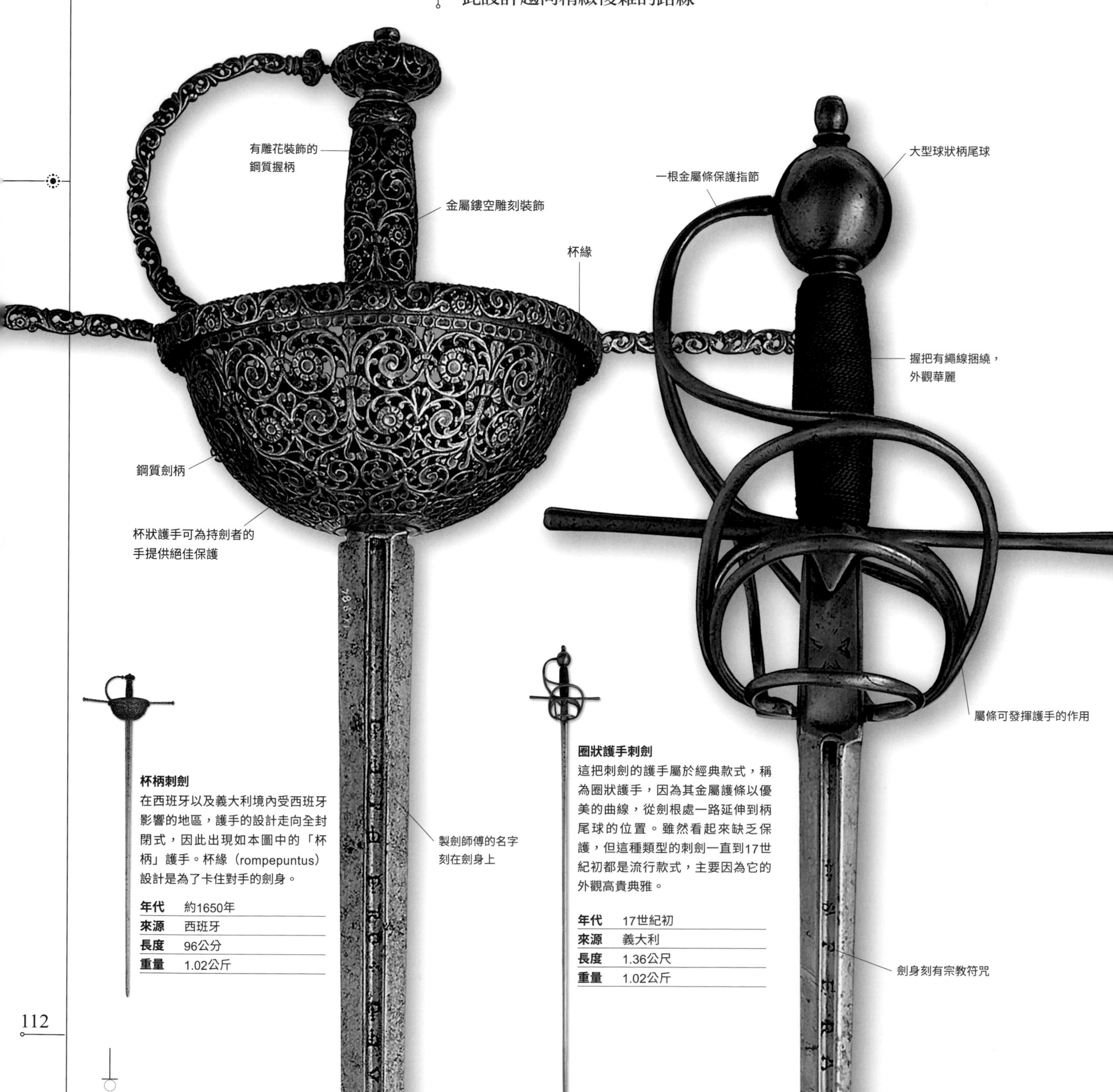

杯柄刺劍

在西班牙以及義大利境內受西班牙影響的地區，護手的設計走向全封閉式，因此出現如本圖中的「杯柄」護手。杯緣（rompepuntus）設計是為了卡住對手的劍身。

年代	約1650年
來源	西班牙
長度	96公分
重量	1.02公斤

圈狀護手刺劍

這把刺劍的護手屬於經典款式，稱為圈狀護手，因為其金屬護條以優美的曲線，從劍根處一路延伸到柄尾球的位置。雖然看起來缺乏保護，但這種類型的刺劍一直到17世紀初都是流行款式，主要因為它的外觀高貴典雅。

年代	17世紀初
來源	義大利
長度	1.36公尺
重量	1.02公斤

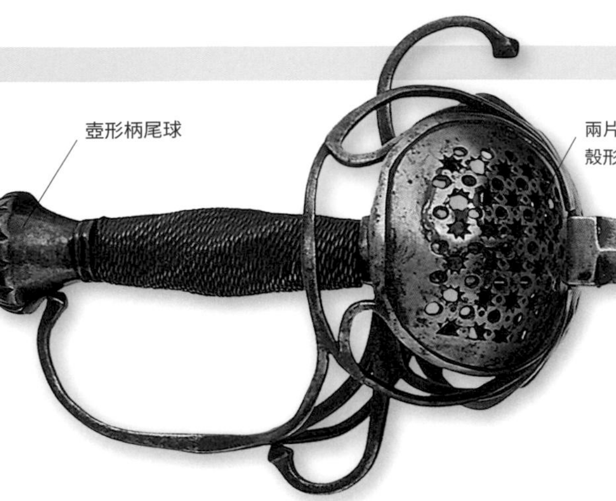

帕本海姆式劍柄刺劍

這種樣式的刺劍之所以會普及，是拜三十年戰爭（1618－48年）神聖羅馬帝國的將軍帕本海姆伯爵（Pappenheim）之賜。這種設計之所以迅速地被歐洲各地模仿，是因為兩片式開孔殼形護手的設計可以有效保護持劍者的手。帕本海姆式劍柄另有推出修改過的軍用版本。

年代	1630年
來源	日耳曼
長度	139公分
重量	1.25公斤

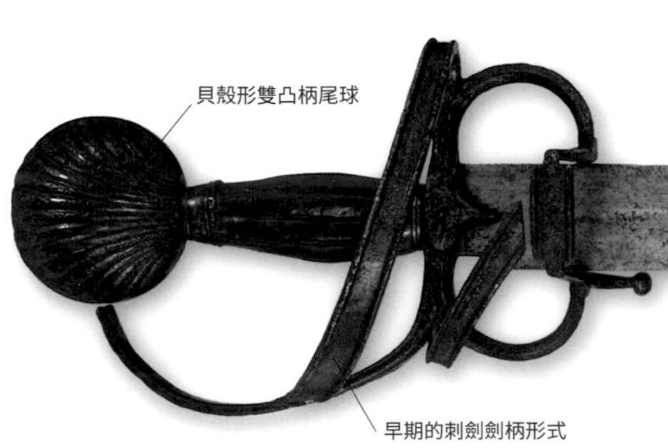

早期刺劍

和後期精緻高雅的設計相比，最早的刺劍是相當笨重的武器，比較近似同期的軍用劍，而不是主要設計給平民佩掛的武器。圖中這把劍經過重製，因此很可能更換過劍身，不過護手本身看起來帶點後期圈狀護手設計的優雅風味。

年代	1520-30年
來源	義大利
長度	111.5公分
重量	1.21公斤

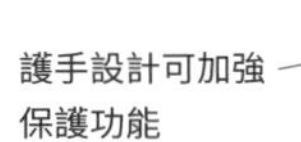

圈狀護手刺劍

這把劍屬於圈狀護手刺劍的另一種設計款式。它看起來也許不像左邊的那把那麼雋永典雅，但它小巧、有開口的殼狀護手能提供較佳的防護。如圖，它的握把有編織線綑紮，因此很可能是作為裝飾佩劍，而不是軍用劍。

年代	1590年
來源	英格蘭
長度	128公分
重量	1.39公斤

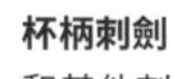

杯柄刺劍

和其他刺劍不同的是，這把後期的劍是設計用來從事擊劍運動使用，而不是展現紳士地位用的武器。它擁有極為狹窄的菱形截面劍身，還有簡單樸素的杯狀劍柄。

年代	約1680年
來源	義大利
長度	119.8公分
重量	0.9公斤

歐洲小劍

小劍是從刺劍發展而來的，於 17 世紀末在西歐地區流行起來。它屬於民用武器，是當時紳士服裝的基本配件，也可作為決鬥用劍。小劍基本上只有刺擊功能，因此通常只有一個堅硬的三角形劍身，邊緣沒有開鋒，在技巧純熟的劍士手裡會是相當致命的擊劍武器。雖然小劍的設計整體來看相當簡單（護手由一個小劍杯和手指及指節護弓組成），但許多小劍的裝飾都相當華麗，反映出主人的地位。

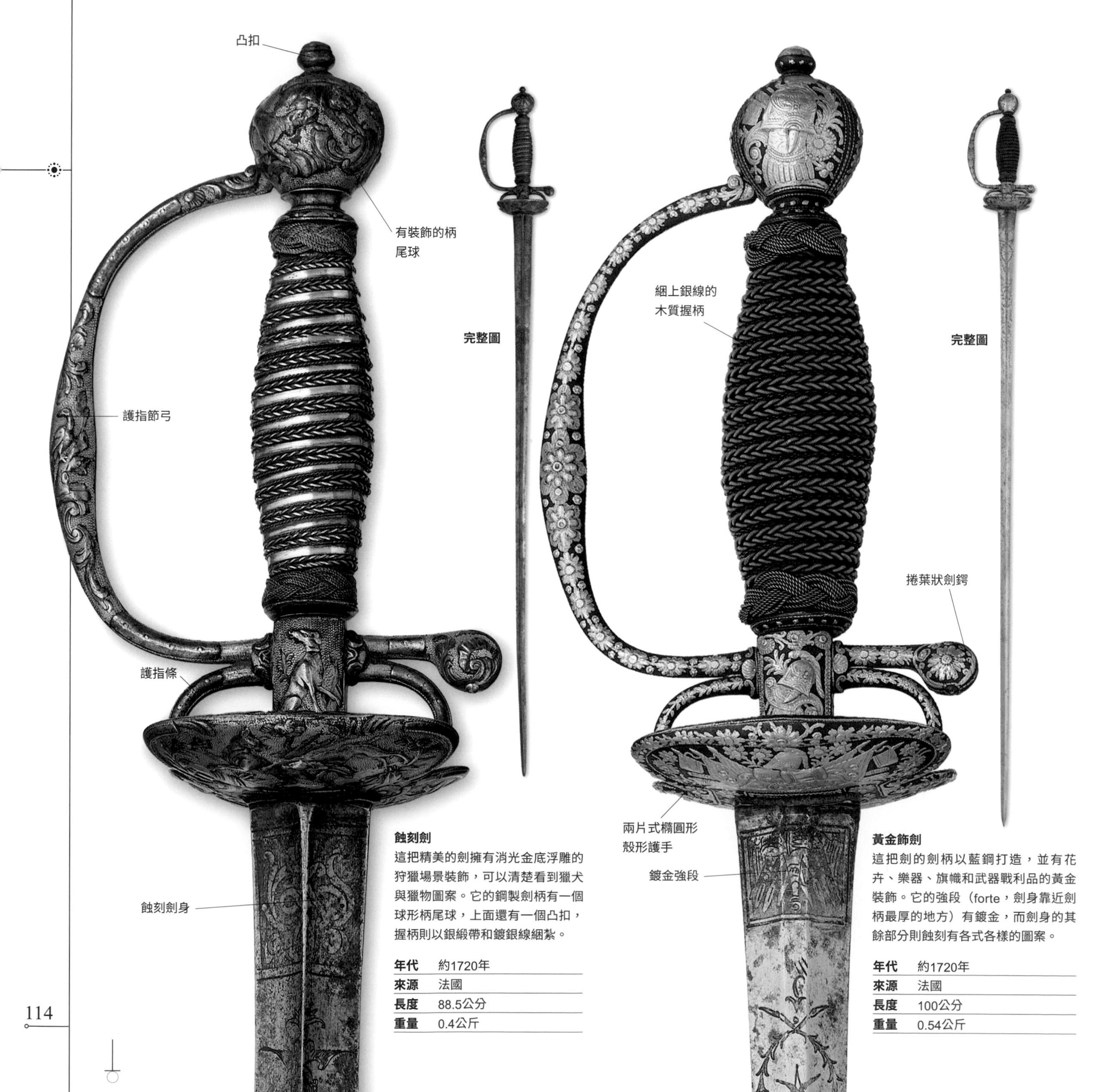

蝕刻劍

這把精美的劍擁有消光金底浮雕的狩獵場景裝飾，可以清楚看到獵犬與獵物圖案。它的鋼製劍柄有一個球形柄尾球，上面還有一個凸扣，握柄則以銀緞帶和鍍銀線細紮。

年代	約1720年
來源	法國
長度	88.5公分
重量	0.4公斤

黃金飾劍

這把劍的劍柄以藍鋼打造，並有花卉、樂器、旗幟和武器戰利品的黃金裝飾。它的強段（forte，劍身靠近劍柄最厚的地方）有鍍金，而劍身的其餘部分則蝕刻有各式各樣的圖案。

年代	約1720年
來源	法國
長度	100公分
重量	0.54公斤

科利奇馬德（Colichemarde）式劍

這把劍的銀色劍柄有和音樂相關的雕刻，握把則用銀箔和銀線捆紮。科利奇馬德式劍的劍身設計為中空三角形截面，因此強段部分特別寬。經過強化的強段是用來格擋對手的劍，並讓劍身的尖端更加輕盈，以提高速度和操控性。

年代	約1756年
來源	英格蘭
長度	99.5公分
重量	0.45公斤

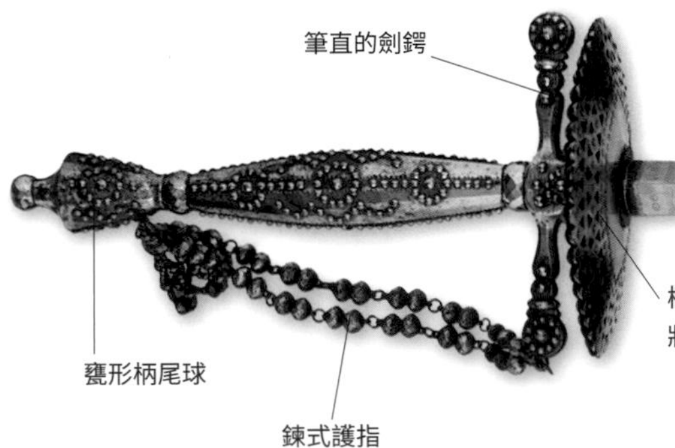

有鍊式護指節弓的劍

這把劍最大的特色就是甕形柄尾球、切削鋼珠串在一起製成的護指節弓，還有橢圓形盤狀護手，上有三排三角形打孔裝飾。它的劍身大部分都被染成藍色，並有金色裝飾。

年代	約1825年
來源	英格蘭
長度	99公分
重量	0.45公斤

鍍金握把劍

這把小劍擁有球形柄尾球和鍍金握把，搭配捲葉狀劍鍔和兩片對稱的殼狀護手。它的劍身強段染成藍色，並有金色裝飾。

年代	約1770年
來源	法國
長度	39.5公分
重量	0.43公斤

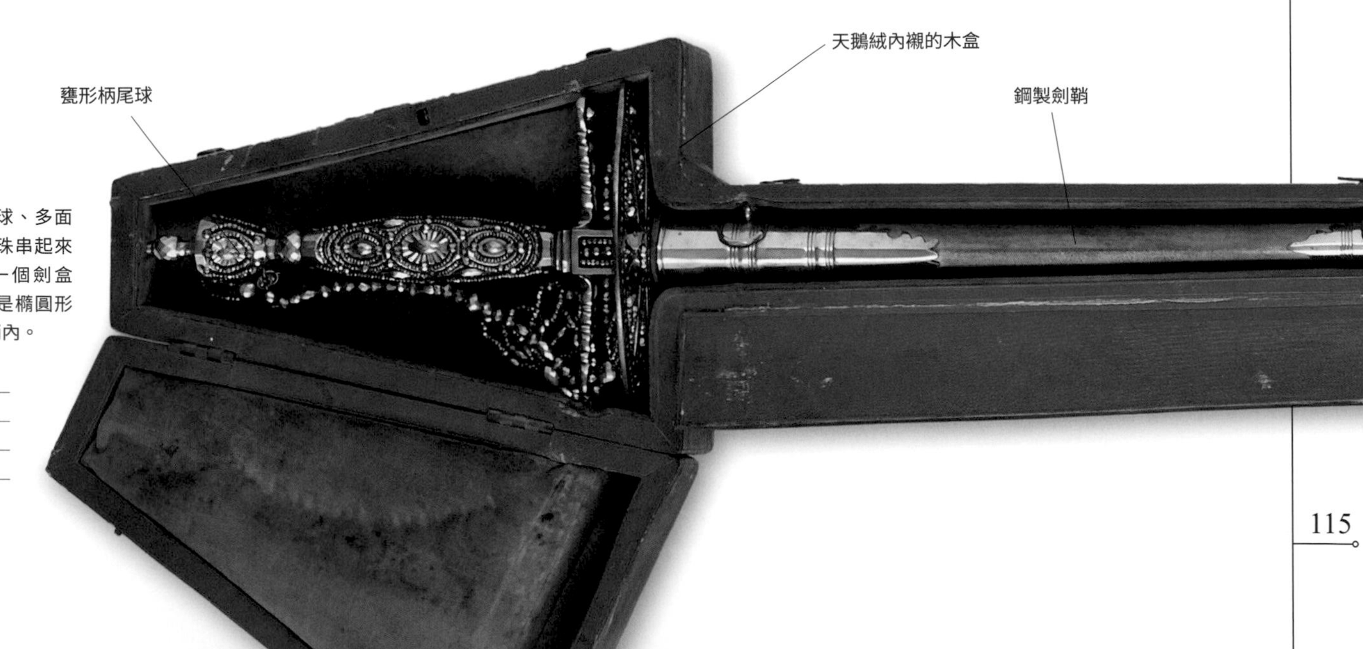

盒中劍

這把英國小劍有甕形柄尾球、多面的鋼製握柄、還有切削鋼珠串起來製成的護指節弓，裝在一個劍盒裡。在筆直劍鍔的下方，是橢圓形盤狀護手，劍身則插在劍鞘內。

年代	約1825年
來源	英格蘭
長度	99公分
重量	0.45公斤

馬里尼亞諾之役

1515 年 9 月，法國國王法蘭西斯一世率兵在馬里尼亞諾（Marignano），也就是今日米蘭附近的麥立格納諾（Melegnano），和瑞士長槍兵短兵相接。這位國王的墳墓裡有一塊浮雕，描繪他率領麾下的日耳曼傭兵英勇作戰的畫面。

歐洲狩獵劍

在 16 世紀，歐洲的貴族階級開始廣泛使用特製的狩獵劍。這種劍的長度較短，有時會有些微弧度，且只有單邊開鋒。狩獵劍的主要用途是殺死被長矛或槍枝打傷的獵物，但遇到野豬時也可以拿來做為主要武器。在多把流傳下來的狩獵劍上可以看到，它們通常有精雕細琢的華麗裝飾，並刻有追逐獵物的場景。在 18 世紀，短腰刀式的狩獵劍成為一般軍人用戰鬥劍的設計參考對象。

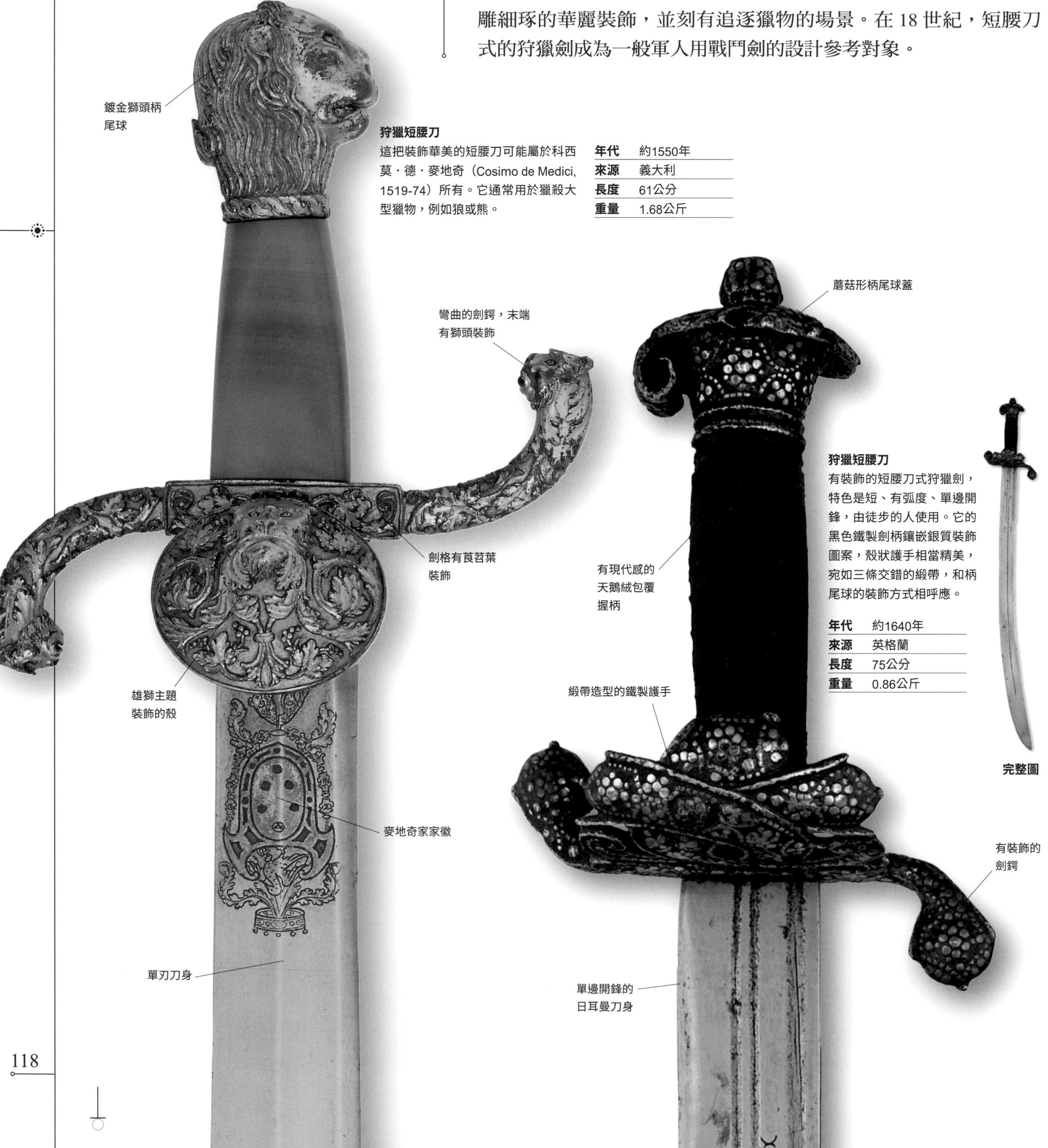

狩獵短腰刀

這把裝飾華美的短腰刀可能屬於科西莫・德・麥地奇（Cosimo de Medici, 1519-74）所有。它通常用於獵殺大型獵物，例如狼或熊。

年代	約1550年
來源	義大利
長度	61公分
重量	1.68公斤

狩獵短腰刀

有裝飾的短腰刀式狩獵劍，特色是短、有弧度、單邊開鋒，由徒步的人使用。它的黑色鐵製劍柄鑲嵌銀質裝飾圖案，殼狀護手相當精美，宛如三條交錯的緞帶，和柄尾球的裝飾方式相呼應。

年代	約1640年
來源	英格蘭
長度	75公分
重量	0.86公斤

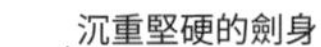
完整圖

野豬劍

野豬是比較受專業獵人歡迎的動物之一，特別是因為牠們可以反擊，而且有危險的獠牙。傳統而言，獵人會用長矛獵殺野豬，但從15世紀晚期開始，他們就會使用一款專門的劍，這種劍在劍身上加裝了一根橫桿。

年代	約1550年
來源	歐洲
長度	131公分
重量	1.98公斤

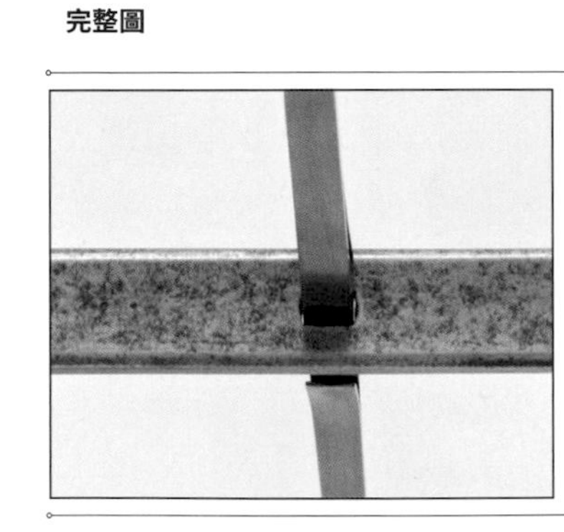

橫桿

在靠近劍身末端的地方插進一根金屬橫桿，可防止劍身完全插進暴衝的野豬身體內，讓野豬的獠牙刺傷獵人。野豬是一種相當可怕的動物，衝刺起來非常快，即使在臨死前的劇痛之下還是有辦法繼續用力，把一般的長矛或劍頂開。

完整圖

狩獵短腰刀

這把短腰刀擁有單邊開鋒的彎曲刀身，並且在上側本來應該是鈍邊的地方最後10公分處製作了「假刃」（事實上是開鋒的刀刃）。它的鋼質劍柄有一個有蓋柄尾球、木製握把和兩片殼狀護手，並有銀點鑲嵌在格子中的花紋裝飾。

年代	約1650年
來源	英格蘭（劍柄）日耳曼（刀身）
長度	72.5公分
重量	0.73公斤

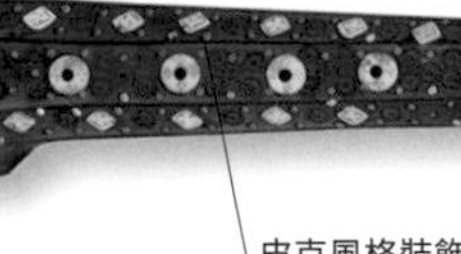

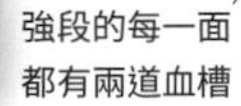

完整圖

狩獵短腰刀

這把狩獵短腰刀在英格蘭製造，但卻使用日耳曼製造的刀身。它的劍柄以牛角製成，特點是十字形的劍柄和喙形的柄尾球。這把劍的皮克（piqué）風格裝飾透過白色金屬飾釘（銀製或白蠟製）、公鹿角和黑檀木圓飾以鑲嵌的形式表現。

年代	1647年
來源	英格蘭（劍柄）日耳曼（刀身）
長度	78.75公分
重量	0.86公斤

完整圖

筆直短腰刀

這是一把18世紀晚期的短狩獵劍，裝飾用途大於實際用途。它有黃銅護手和柄尾球，搭配外形筆直且雕刻精細的單刃刀身。

年代	約1780年
來源	法國
長度	75公分
重量	0.86公斤

武器大觀：獵刀鞘

在中世紀和文藝復興時期，狩獵不但讓人有肉吃，也是作戰的訓練。獵人在準備追逐獵物前，會先準備一個獵刀鞘，也就是一套切割與食用肉塊的工具，裝在一個護套裡。裡頭通常會有用來殺死、剝皮、支解、切割以及最後食用獵物所需要的各種刀具，像是迷你鋸子、小型砍肉刀、切肉刀等。日耳曼人的狩獵傳統造就了許多精美的狩獵武器，本頁展示的劍和砍肉刀是一套的，是 17 世紀晚期薩克遜獵人會使用的典型工具。

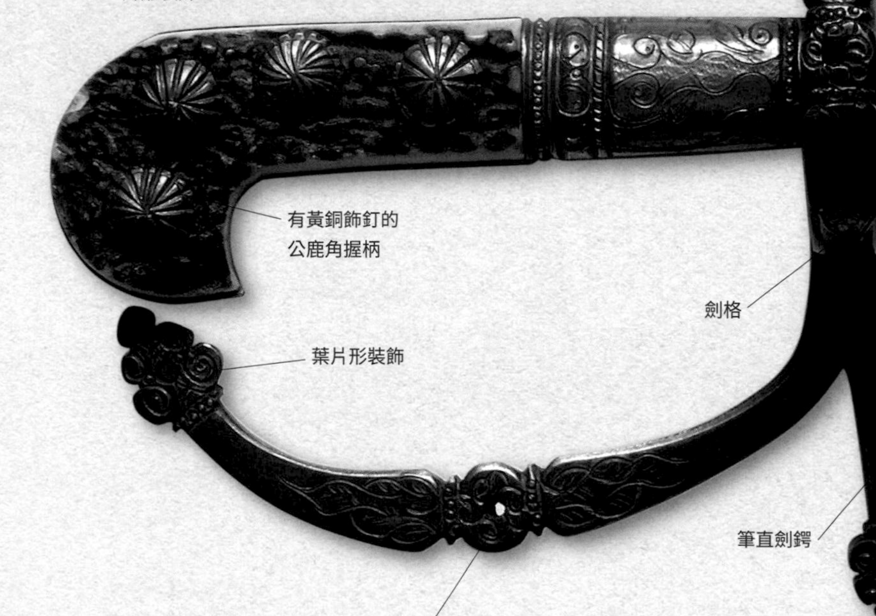

狩獵劍

以狩獵劍的標準來看，這把劍偏長，特色是護手相當有趣，由筆直的劍鍔和S形劍鍔組合而成，而S形劍鍔的下半段同時也是簡單的護指節弓。全部四段劍鍔在末端都有葉片形裝飾。

年代	1662年
來源	日耳曼
長度	90公分
重量	2.2公斤

獵刀鞘

這個獵刀鞘以皮格製成，除了刀身較厚的砍肉刀以外，還裝了五把不同的切肉刀具，包括下方的切肉刀。

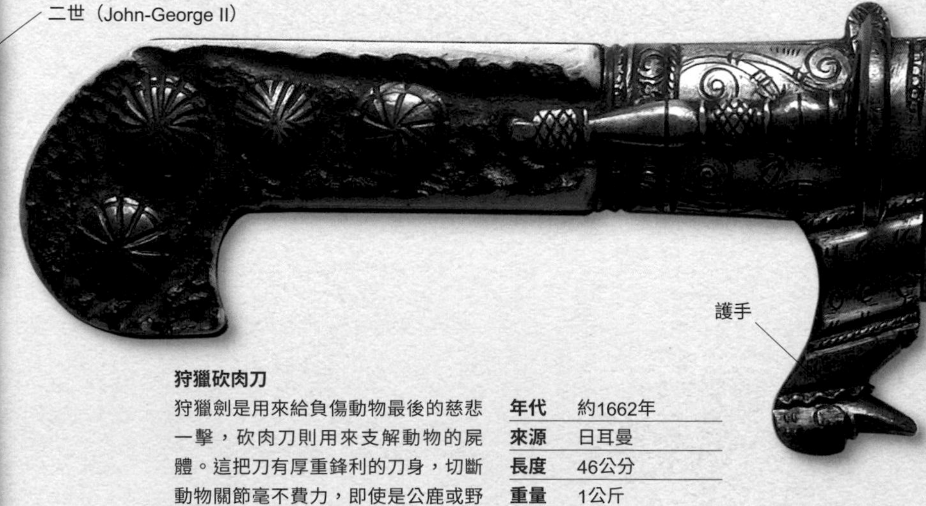

狩獵砍肉刀

狩獵劍是用來給負傷動物最後的慈悲一擊，砍肉刀則用來支解動物的屍體。這把刀有厚重鋒利的刀身，切斷動物關節毫不費力，即使是公鹿或野豬之類的大型野獸也不例外。

年代	約1662年
來源	日耳曼
長度	46公分
重量	1公斤

切肉刀

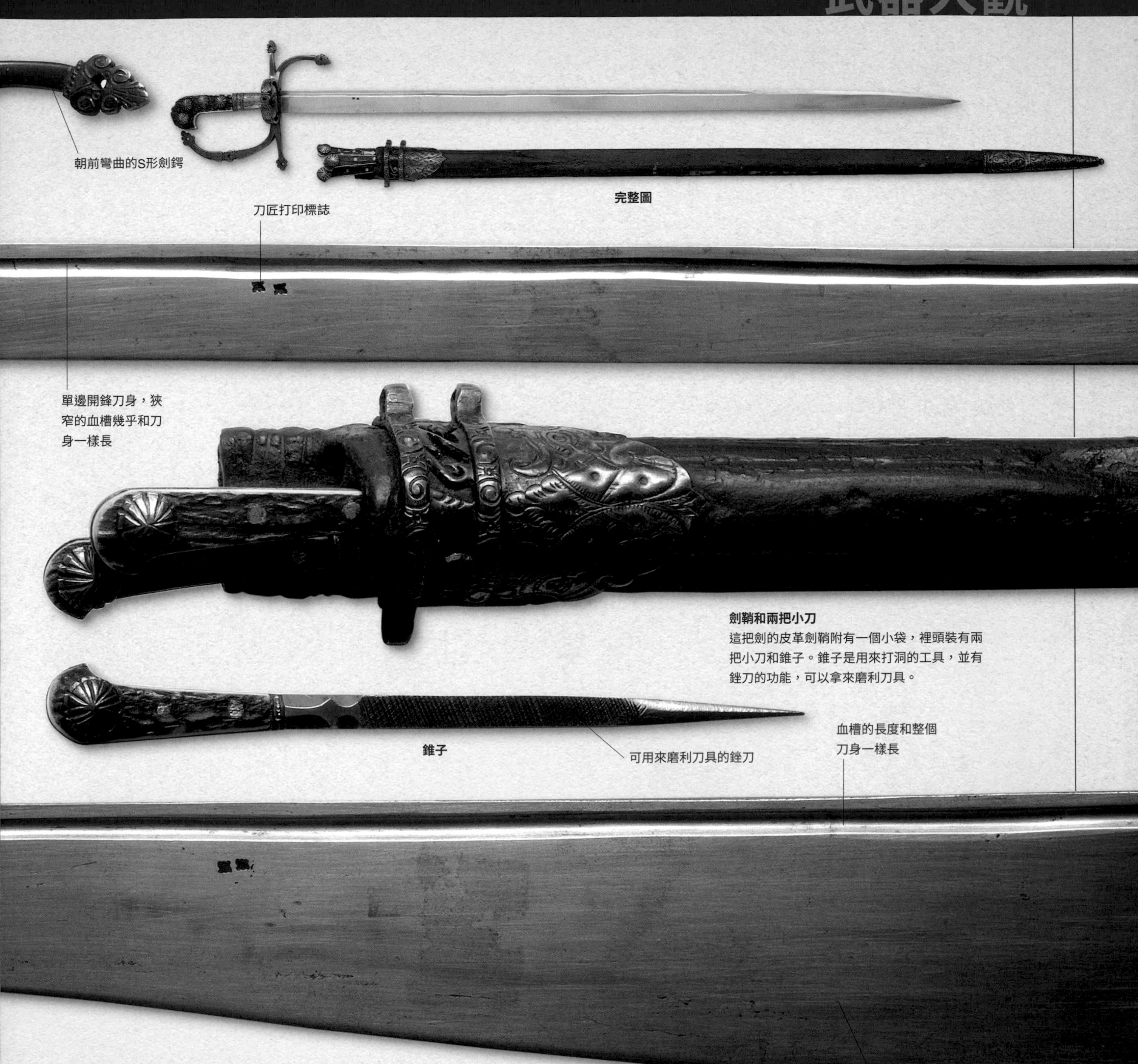

劍鞘和兩把小刀
這把劍的皮革劍鞘附有一個小袋，裡頭裝有兩把小刀和錐子。錐子是用來打洞的工具，並有銼刀的功能，可以拿來磨利刀具。

鋒利的刀身可切開肉塊

完整圖

沉重的單邊開鋒刀身

日本刀

日本刀的刀身是公認製作最精良的。之所以如此成功，是因為結合了堅硬的刀刃和較軟且有彈性的核心和刀背。刀匠透過複雜的程序，打造出一個柔軟的核心，包裹在堅硬的鋼質外層裡，再把刀身用黏土包住，只露出薄薄一層，這層最後會成為刀刃。在焠火的過程中，刀刃會迅速冷卻，變得非常堅硬，而刀背的冷卻速度較慢，因此會比較軟。刀身的安裝也發展出專門的美學。例如在15世紀，製作刀鍔（護手）變成獨立的職業，現在刀鍔本身也成了一種收藏品。

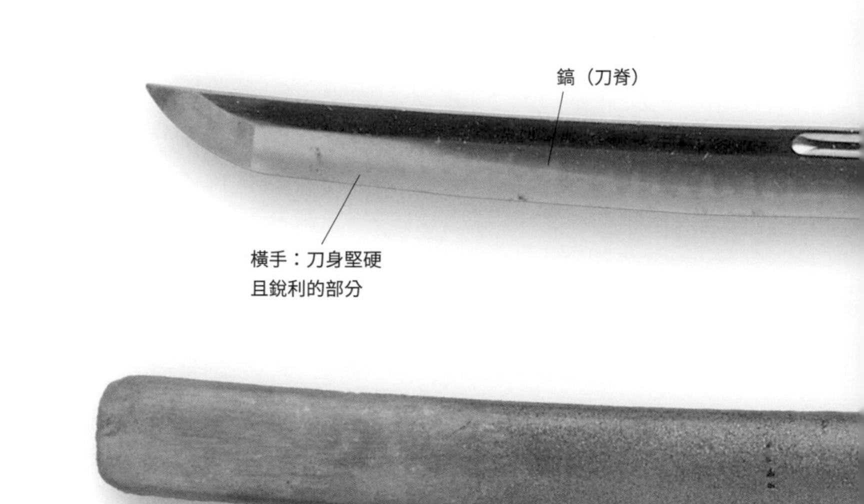

武士統治者
這幅畫叫《志津ヶ嶽月》，畫中人物是偉大的日本戰國時期大名豐臣秀吉，他在1583年於賤岳擊敗柴田勝家之前的那個黎明吹響號角。基於這場勝利，他成了全日本不容質疑的統治者。在這幅畫中，豐臣秀吉的腰帶上掛了一把太刀和一把短刀。

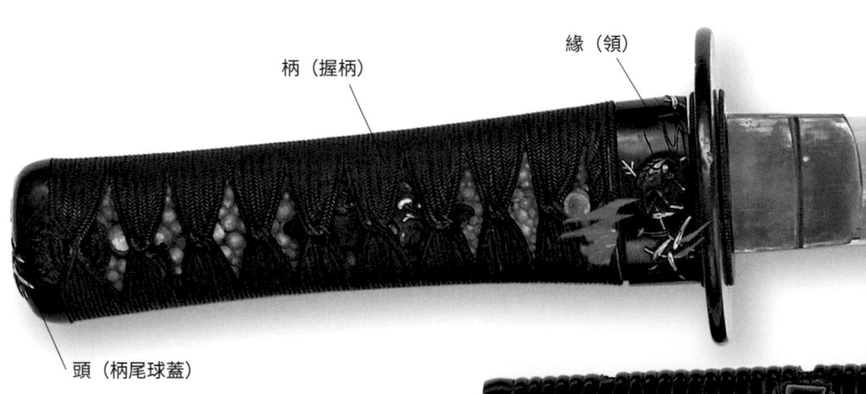

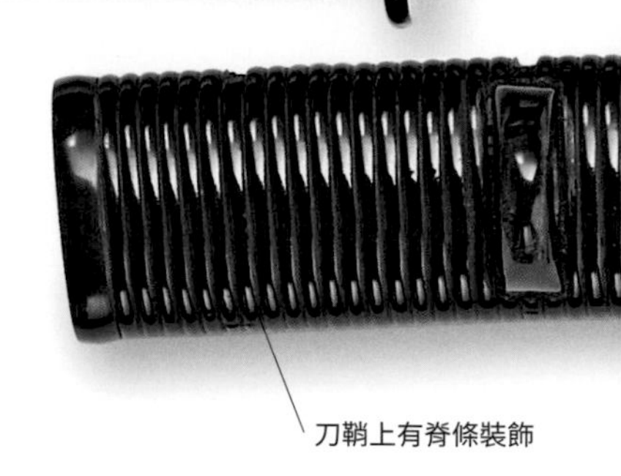

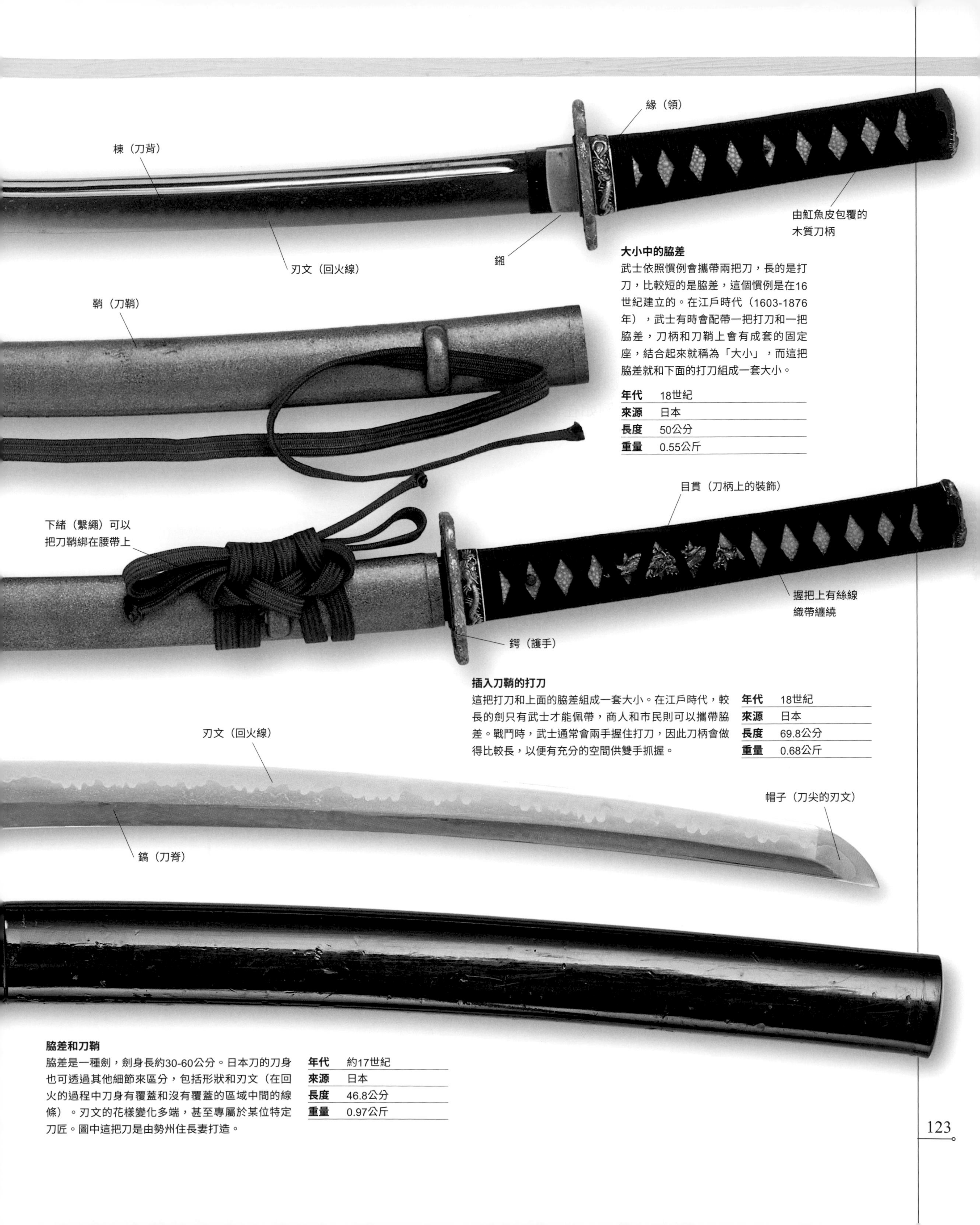

大小中的脇差

武士依照慣例會攜帶兩把刀，長的是打刀，比較短的是脇差，這個慣例是在16世紀建立的。在江戶時代（1603-1876年），武士有時會配帶一把打刀和一把脇差，刀柄和刀鞘上會有成套的固定座，結合起來就稱為「大小」，而這把脇差就和下面的打刀組成一套大小。

年代	18世紀
來源	日本
長度	50公分
重量	0.55公斤

插入刀鞘的打刀

這把打刀和上面的脇差組成一套大小。在江戶時代，較長的劍只有武士才能佩帶，商人和市民則可以攜帶脇差。戰鬥時，武士通常會兩手握住打刀，因此刀柄會做得比較長，以便有充分的空間供雙手抓握。

年代	18世紀
來源	日本
長度	69.8公分
重量	0.68公斤

脇差和刀鞘

脇差是一種劍，劍身長約30-60公分。日本刀的刀身也可透過其他細節來區分，包括形狀和刃文（在回火的過程中刀身有覆蓋和沒有覆蓋的區域中間的線條）。刃文的花樣變化多端，甚至專屬於某位特定刀匠。圖中這把刀是由勢州住長妻打造。

年代	約17世紀
來源	日本
長度	46.8公分
重量	0.97公斤

日本刀

目釘把刀柄和刀身的柄腳固定在一起

脇差和刀鞘

從起床到上床睡覺，武士的脇差是片刻不離身的，甚至連夜裡都放在伸手可及的地方。事實上，脇差除了作為太刀以外的額外的戰鬥用劍，也是個副武器，常被武士用來切腹自殺。

年代	17世紀
來源	日本
長度	48.5公分
重量	0.42公斤

裝小刀的地方

頭（柄尾球）

絲線織帶

金色刀鞘內的太刀

太刀的刀身基本上長度會超過60公分，但還是比武士上戰場時掛在肩膀上的野太刀短。太刀的刀柄會裝上一個傳統造型的頭，包裹住整個末端。

年代	18世紀晚期
來源	日本
長度	71.75公分
重量	0.68公斤

目貫（刀柄裝飾）

魟魚皮

奢華的漆面刀鞘

下緒（繫繩）

裝飾華麗的脇差

這是一把外觀奢華的脇差複製品，真品幾乎可以肯定只會在儀式場合配帶，用來彰顯身分地位。這個刀鞘的側面還有特殊設計，可以多插一把和脇差配對的小刀和笄（髮簪）。

年代	20世紀
來源	日本
長度	50公分
重量	0.42公斤

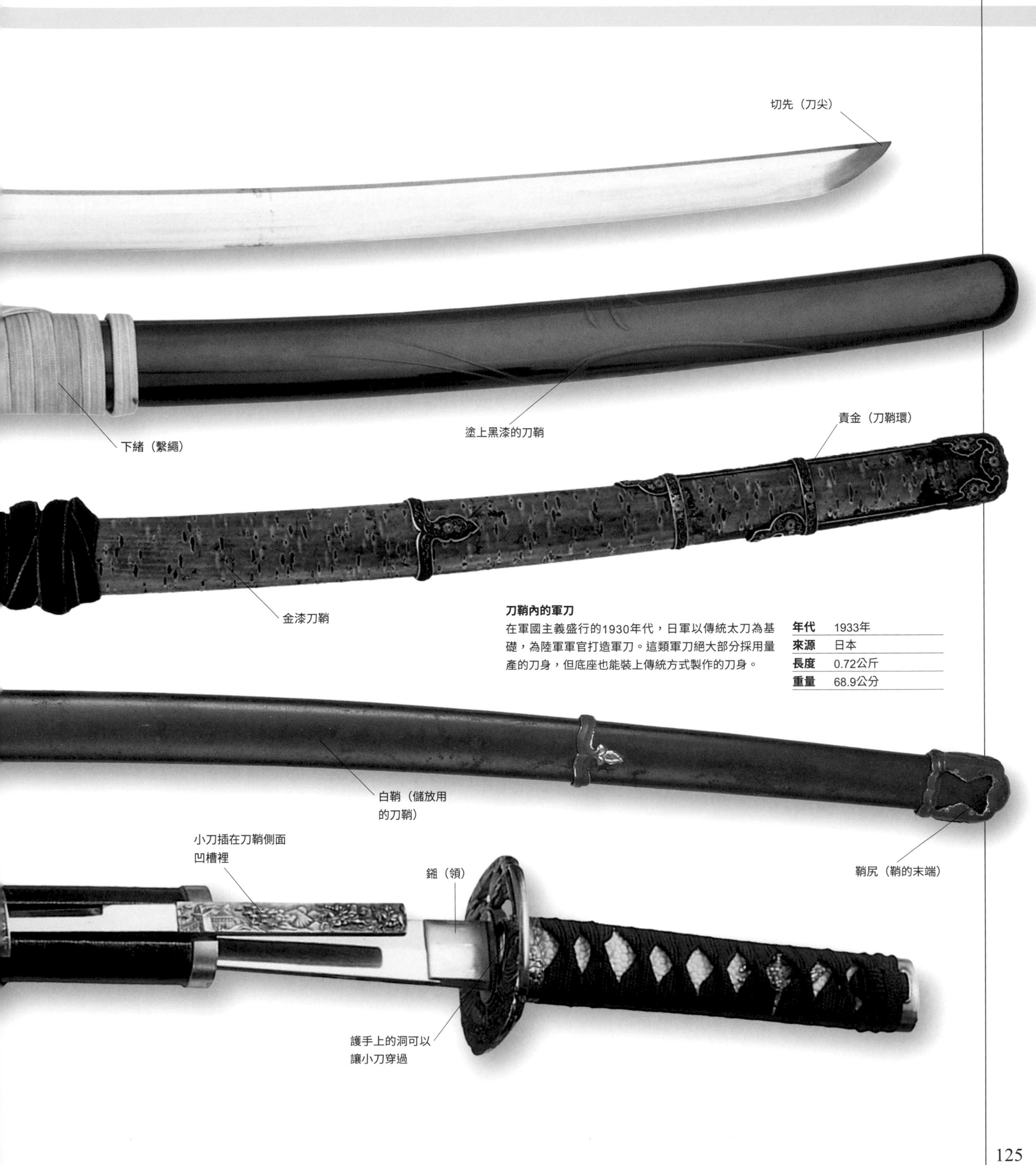

刀鞘內的軍刀

在軍國主義盛行的1930年代，日軍以傳統太刀為基礎，為陸軍軍官打造軍刀。這類軍刀絕大部分採用量產的刀身，但底座也能裝上傳統方式製作的刀身。

年代	1933年
來源	日本
長度	0.72公斤
重量	68.9公分

日本脇差

這把日本「脇差」（短劍）的劍柄和護手是江戶時代（1603 － 1876 年）流行的風格。武士穿著便服時可能會配帶這種刀，作為太刀（長劍）的副武器，不過富商或一般城鎮居民也可單獨配帶。在室內時，武士會把太刀放在靠近門口的架子上，但脇差還是會帶在身上。底座（刀柄和護手）和刀身是互相獨立、可以拆開的部件。有錢人通常會為一把刀身準備好幾組不同的底座，根據不同的場合選擇最適當的搭配，所以從底座的奢華程度就可以看出刀主人的財力。

繼木
當脇差的底座沒有裝上刀身時，就會裝在一片木製的假刀身和柄腳上，稱為繼木（tsunagi）。至於刀身存放時則會和底座分開，另外放在一個專用的刀鞘裡，再加上樸素的木製握柄，稱為白鞘。

年代	17世紀
來源	日本
長度	53.4公分
重量	0.49公斤

目釘
目釘是一個小栓，安裝時會穿過刀柄上的洞以及刀身柄腳上相對應的洞，因此可以把刀柄固定在柄腳上。目釘通常以竹子製成，但有時也會用角或象牙等材料。

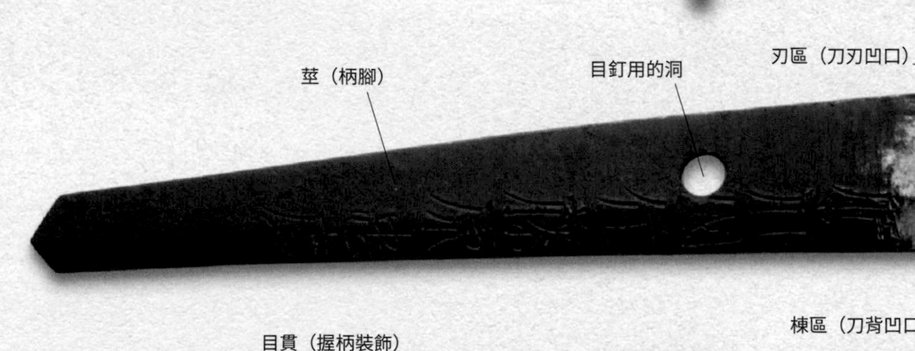

刀身
刀身可說是武士刀的心臟，需要經過非常複雜而講求技巧的作業，才能同時打造出堅硬銳利的刀刃和較軟卻富有彈性的核心和刀背。柄腳處通常會有刀匠的簽名，圖中這條刀身上的簽名是九州島肥前的忠廣。

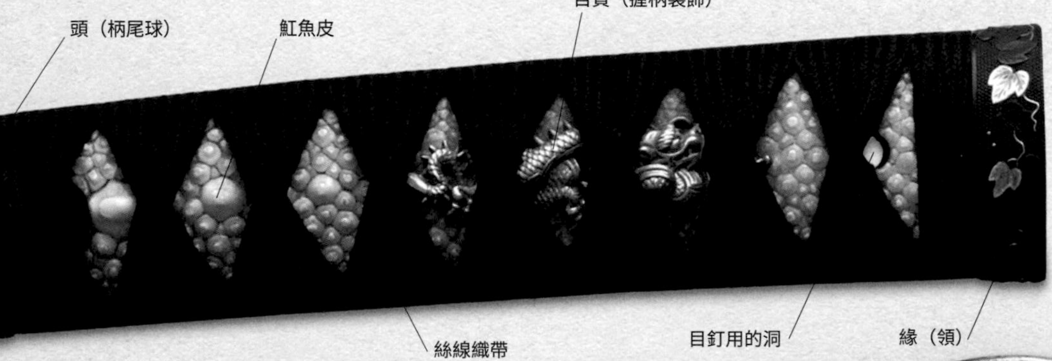

鎺
鎺是刀身的一部分，不屬於底座，可以滑過柄腳、刀身凹口接合。

柄
刀柄是用木蘭木製作的，它的內部會刻出凹槽，可以精準配合刀身柄腳的形狀。包覆刀柄的魟魚皮相當值錢，也許正因如此，絲線織帶上留了菱形的開口，讓人可以看見它。至於目貫裝飾則有實用功能，可以填滿手抓握時產生的空隙。

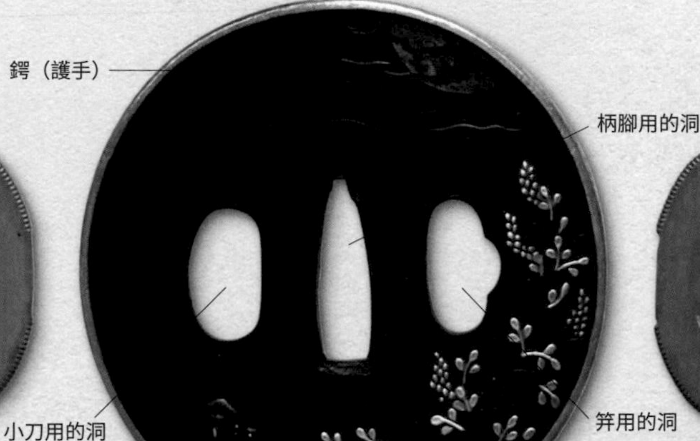

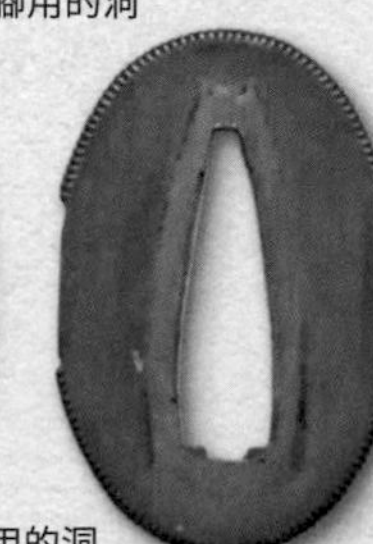

鍔和切羽
金屬的護手「鍔」中間的洞是讓柄腳用的，兩邊的洞則是讓小刀和笄用的。銅質墊圈「切羽」會安裝在護手的兩面。護手通常會有鑲金或銀的裝飾。

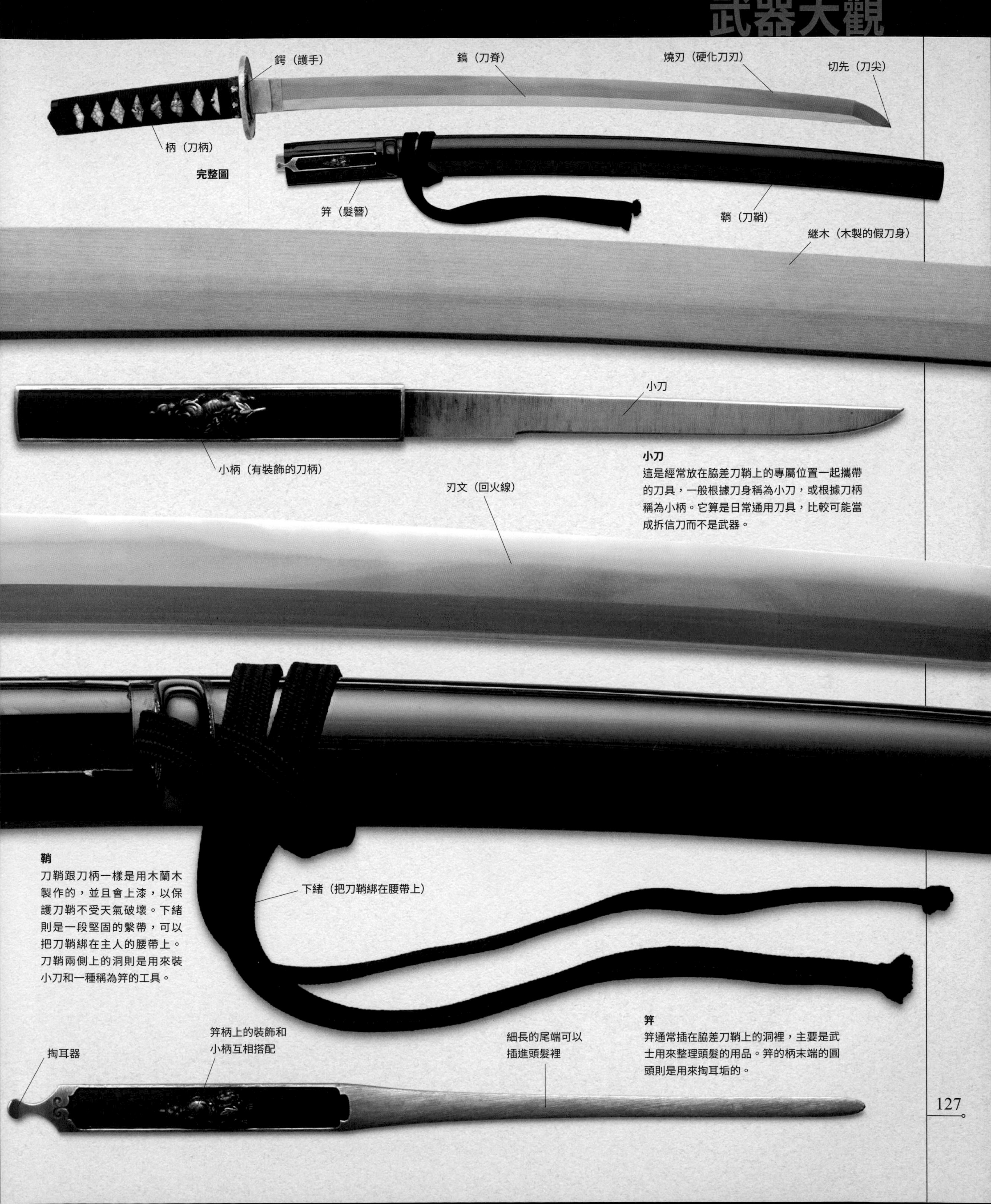

小刀
這是經常放在脇差刀鞘上的專屬位置一起攜帶的刀具，一般根據刀身稱為小刀，或根據刀柄稱為小柄。它算是日常通用刀具，比較可能當成拆信刀而不是武器。

鞘
刀鞘跟刀柄一樣是用木蘭木製作的，並且會上漆，以保護刀鞘不受天氣破壞。下緒則是一段堅固的繫帶，可以把刀鞘綁在主人的腰帶上。刀鞘兩側上的洞則是用來裝小刀和一種稱為笄的工具。

笄
笄通常插在脇差刀鞘上的洞裡，主要是武士用來整理頭髮的用品。笄的柄末端的圓頭則是用來掏耳垢的。

脇差

武士

武士原本是為天皇和貴族賣命戰鬥，在 12 世紀成為菁英戰士，主宰了日本社會。幕府於 1185 年建立，武士於是成為日本的統治者，天皇則成了有名無實的魁儡。武士家族和大名（軍閥）之間進行了長達幾個世紀的內戰，最後在 1600 年代被德川幕府平定，各武士家族因此成了累贅——因為他們已經是沒仗可打的軍事菁英。

進化的戰士

早期的武士主要是弓箭手，一直要到 13 世紀，劍才取代弓，成為武士的主要武器。早期的武士戰鬥經常充斥著個人主義和儀式性元素。當雙方戰線拉近時，領頭的武士會用詞藻堆砌冗長華麗的演說來挑動身分地位較高的敵方對手戰鬥，然後一邊策馬向前衝，同時射箭。因此，這種戰爭很大程度上只取決於中世紀武士一對一單挑的結果，只有 1274 和 1281 年蒙古兩度短暫登陸為例外。既然有儀式性戰鬥，就會有儀式性的死亡，隨之發展出來的就是戰敗武士切腹自殺的傳統。光榮死亡的概念，比在戰場上獲勝還要崇高。

在 1460 到 1615 年的戰國時代，武士的戰鬥變得更實際、更有組織也更多樣化。由於各個大名之間的戰事持續不斷，武士便組成大規模部隊，徒步或騎馬作戰，並有紀律嚴明的步兵「足輕」支援，足輕是從一般人中徵募進來的。武士徹底放棄弓箭，開始用劍和長矛作戰，弓箭則成了足輕的武器。

在劫難逃的弓箭手
源義平揮舞著手上的弓，這是早期武士的主要武器。在1160年的平治之亂中，源義平所屬陣營失敗，遭敵對的平氏家族俘虜並處決。

源賴政

一般認為武士切腹自殺的儀式是源賴政建立的。1180年，70多歲的他以老將的身分在源平合戰中領導源氏對抗平氏。源賴政在宇治的戰鬥中落敗，因此退到一間寺廟內。他在一把扇子背面寫下一首優雅的詩，隨即用匕首切腹自殺。

著正式服裝的源賴政

武士盔甲
這是武士盔甲中的大鎧，在12到14世紀間相當流行。日本盔甲的設計一直都是外觀與防護性兼具。

軍事菁英

武士完全放棄弓箭，改以劍和長矛作戰，弓箭則成為足輕的武器。武士在戰場上的優勢，後來受到火器的挑戰—— 1575 年在長篠之戰裡，偉大的織田信長將軍麾下的足輕部隊配備火繩槍，發揮毀滅性的威力。但在戰國時代，武士依然是軍事菁英，而他們的專業地位和私人決鬥行為以及個人劍術的登峰造極並不互相排斥。其中許多都是浪人，也就是浪跡天涯沒有主人的武士，他們的指導手冊《五輪書》協助把武士劍術的奧祕傳給了後代。

德川家獲得決定性的勝利之後，接下來就是比較長久的和平時期。在這個時期，武士依然是特權階級，享有攜帶武器的專屬權利。就在這個時代，武士的行為準則也形式化成俠義的「武士道」，強調忠誠是至高無上的美德，犧牲則是生命的最高實踐。明治維新之後，武士階級在 1876 年正式廢止。

氏族戰鬥
源氏和平氏的軍隊在源平合戰（1180－85年）的其中一場戰鬥裡用劍互相攻擊，鎌倉幕府就因這場衝突而建立。

「身為武士絕不寡廉鮮恥，貪生怕死……我將在此抵擋壓境大軍，然後轟轟烈烈，死而後矣。」

武士鳥居元忠於1600年的伏見城之戰

戰鬥工具

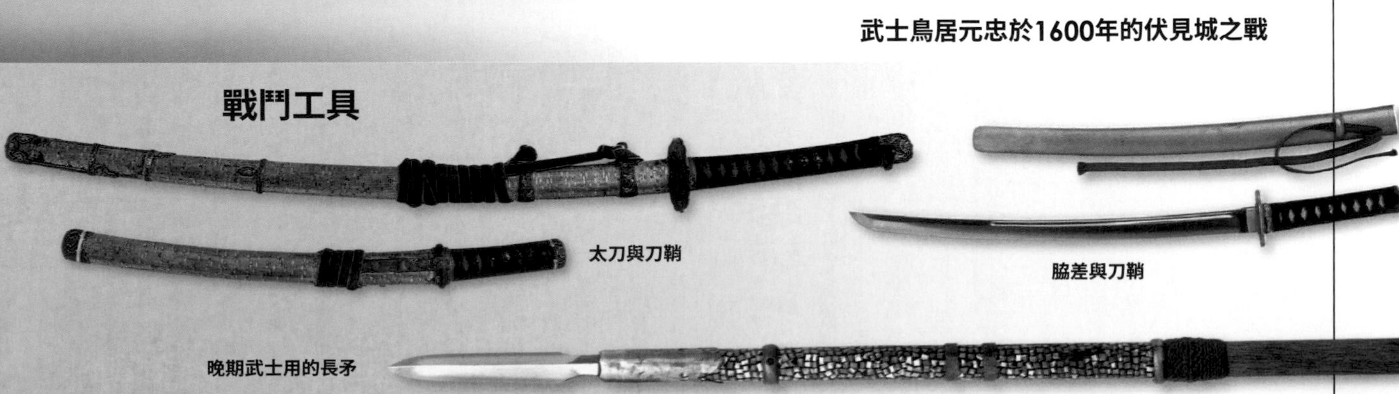
太刀與刀鞘
脇差與刀鞘
晚期武士用的長矛

▸ 136-137 亞洲匕首 ▸ 196-197 印度劍 ▸ 198-199 印度與尼泊爾匕首

印度與斯里蘭卡劍

16 世紀時，蒙兀兒帝國在印度北部建立，帶來了在伊斯蘭世界大部分地區隨處可見的精美彎刀。這些塔爾瓦彎刀和沙姆希爾彎刀是上乘的砍削利器，在形式與功能上都接近完美。雖然許多印度教王公貴族選用塔爾瓦彎刀，但依然有人繼續打造印度傳統的筆直劍身坎達劍（khanda）。到了 18 世紀，歐洲製造商也生產印度風格的設計，所以許多劍身都是從歐洲進口的。

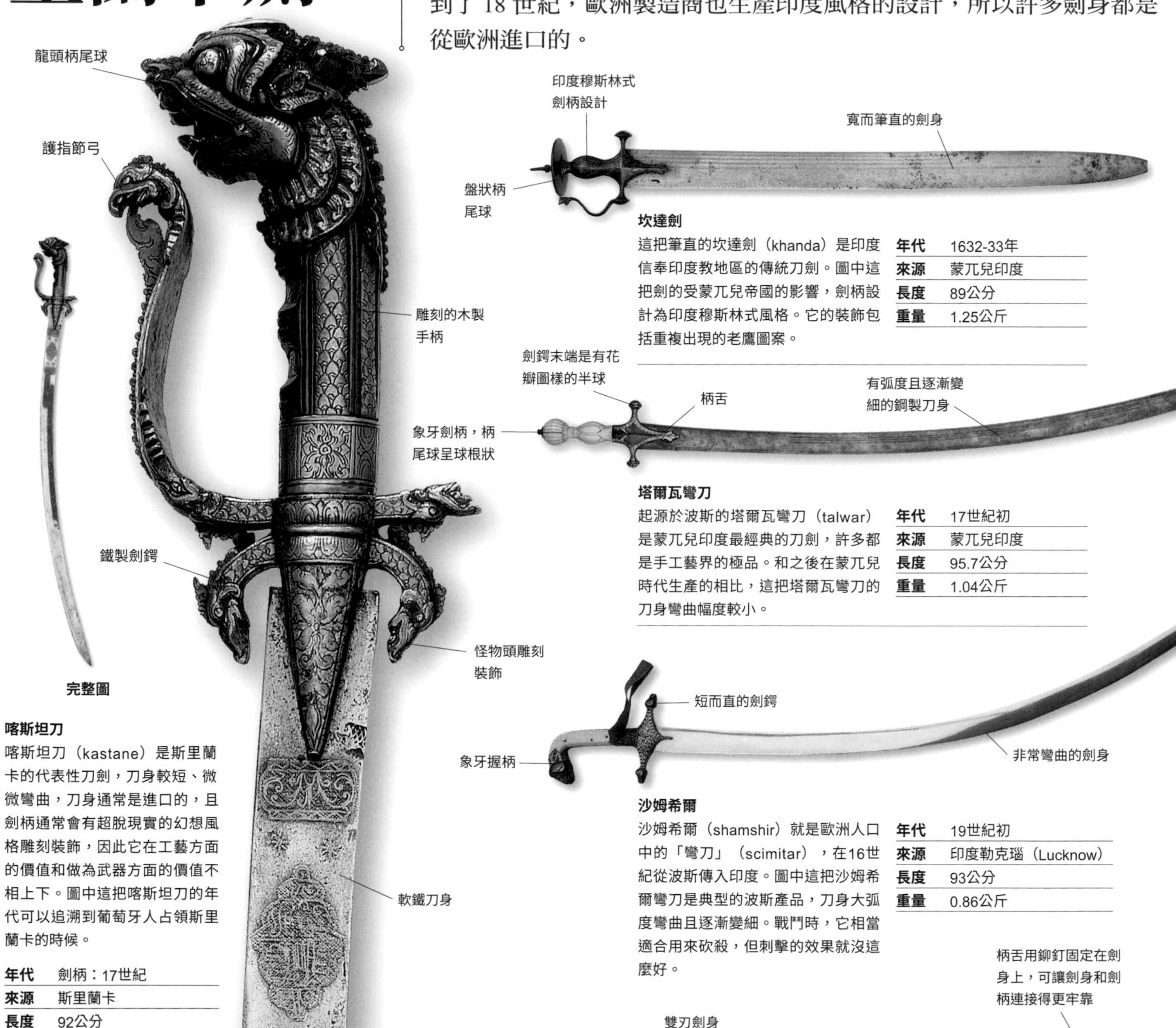

喀斯坦刀

喀斯坦刀（kastane）是斯里蘭卡的代表性刀劍，刀身較短、微微彎曲，刀身通常是進口的，且劍柄通常會有超脫現實的幻想風格雕刻裝飾，因此它在工藝方面的價值和做為武器方面的價值不相上下。圖中這把喀斯坦刀的年代可以追溯到葡萄牙人占領斯里蘭卡的時候。

年代	劍柄：17世紀
來源	斯里蘭卡
長度	92公分
重量	0.55公斤

坎達劍

這把筆直的坎達劍（khanda）是印度信奉印度教地區的傳統刀劍。圖中這把劍的受蒙兀兒帝國的影響，劍柄設計為印度穆斯林式風格。它的裝飾包括重複出現的老鷹圖案。

年代	1632-33年
來源	蒙兀兒印度
長度	89公分
重量	1.25公斤

塔爾瓦彎刀

起源於波斯的塔爾瓦彎刀（talwar）是蒙兀兒印度最經典的刀劍，許多都是手工藝界的極品。和之後在蒙兀兒時代生產的相比，這把塔爾瓦彎刀的刀身彎曲幅度較小。

年代	17世紀初
來源	蒙兀兒印度
長度	95.7公分
重量	1.04公斤

沙姆希爾

沙姆希爾（shamshir）就是歐洲人口中的「彎刀」（scimitar），在16世紀從波斯傳入印度。圖中這把沙姆希爾彎刀是典型的波斯產品，刀身大弧度彎曲且逐漸變細。戰鬥時，它相當適合用來砍殺，但刺擊的效果就沒這麼好。

年代	19世紀初
來源	印度勒克瑙（Lucknow）
長度	93公分
重量	0.86公斤

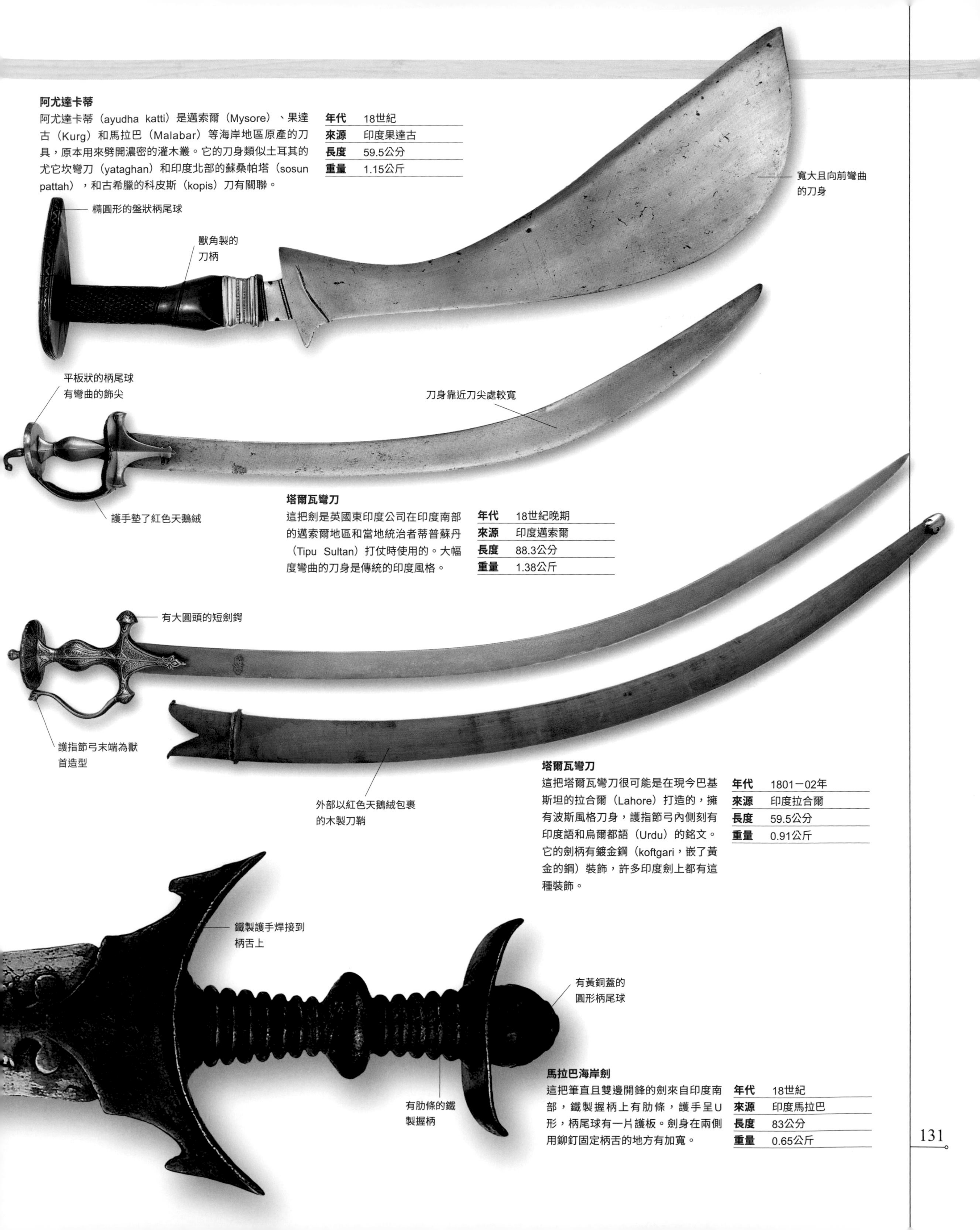

阿尤達卡蒂

阿尤達卡蒂（ayudha katti）是邁索爾（Mysore）、果達古（Kurg）和馬拉巴（Malabar）等海岸地區原產的刀具，原本用來劈開濃密的灌木叢。它的刀身類似土耳其的尤它坎彎刀（yataghan）和印度北部的蘇桑帕塔（sosun pattah），和古希臘的科皮斯（kopis）刀有關聯。

年代	18世紀
來源	印度果達古
長度	59.5公分
重量	1.15公斤

塔爾瓦彎刀

這把劍是英國東印度公司在印度南部的邁索爾地區和當地統治者蒂普蘇丹（Tipu Sultan）打仗時使用的。大幅度彎曲的刀身是傳統的印度風格。

年代	18世紀晚期
來源	印度邁索爾
長度	88.3公分
重量	1.38公斤

塔爾瓦彎刀

這把塔爾瓦彎刀很可能是在現今巴基斯坦的拉合爾（Lahore）打造的，擁有波斯風格刀身，護指節弓內側刻有印度語和烏爾都語（Urdu）的銘文。它的劍柄有鍍金鋼（koftgari，嵌了黃金的鋼）裝飾，許多印度劍上都有這種裝飾。

年代	1801－02年
來源	印度拉合爾
長度	59.5公分
重量	0.91公斤

馬拉巴海岸劍

這把筆直且雙邊開鋒的劍來自印度南部，鐵製握柄上有肋條，護手呈U形，柄尾球有一片護板。劍身在兩側用鉚釘固定柄舌的地方有加寬。

年代	18世紀
來源	印度馬拉巴
長度	83公分
重量	0.65公斤

◂ 70-71 歐洲匕首 ▸ 200-201 歐洲和美國刺刀 ▸ 302-303 1914-1945年的刺刀和刀具

歐洲匕首

匕首主要是自衛武器，這個功能一直延續到16和17世紀，不過也衍生出一些新的變化，像是左手匕首或格擋匕首（maingauche）。如名稱所示，這種匕首是用左手持握，以彌補右手持握的劍或刺劍的不足。左手匕首可用來擋住對手刀劍的刺擊或砍削，必要時也可作為攻擊武器。刺刀就是從匕首修改而來的，一直沿用到今天。

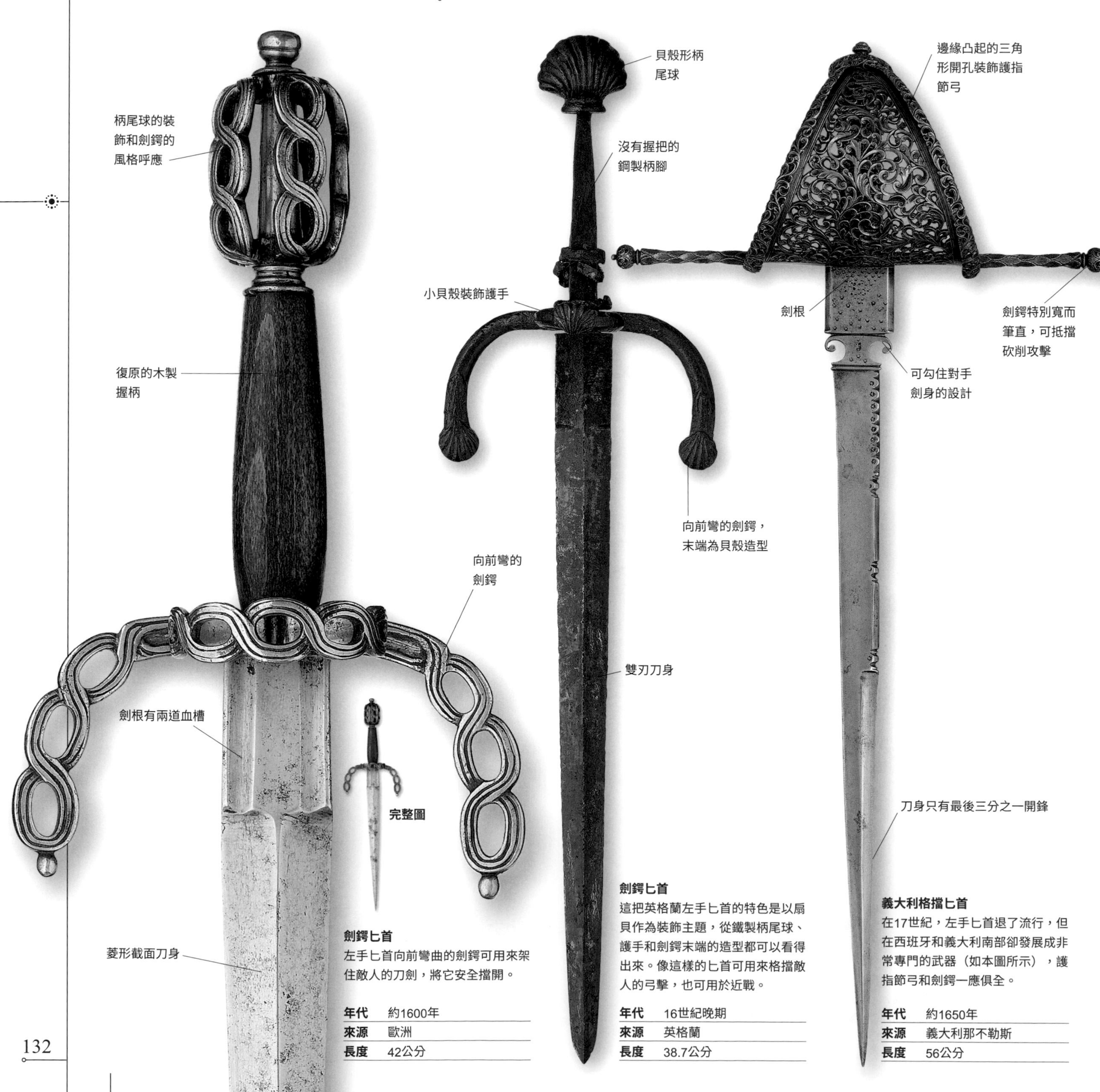

劍鍔匕首
左手匕首向前彎曲的劍鍔可用來架住敵人的刀劍，將它安全擋開。

年代	約1600年
來源	歐洲
長度	42公分

劍鍔匕首
這把英格蘭左手匕首的特色是以扇貝作為裝飾主題，從鐵製柄尾球、護手和劍鍔末端的造型都可以看得出來。像這樣的匕首可用來格擋敵人的弓擊，也可用於近戰。

年代	16世紀晚期
來源	英格蘭
長度	38.7公分

義大利格擋匕首
在17世紀，左手匕首退了流行，但在西班牙和義大利南部卻發展成非常專門的武器（如本圖所示），護指節弓和劍鍔一應俱全。

年代	約1650年
來源	義大利那不勒斯
長度	56公分

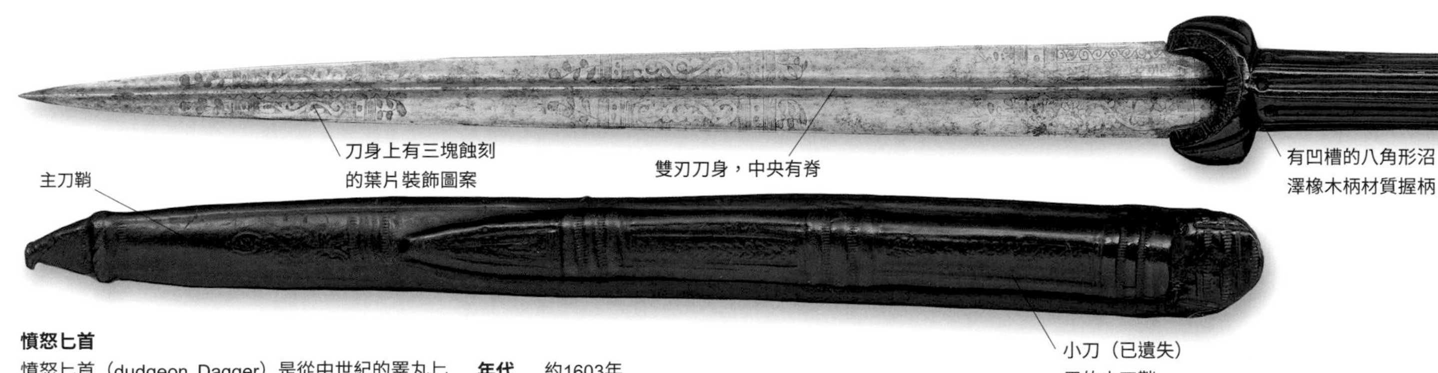

憤怒匕首

憤怒匕首（dudgeon Dagger）是從中世紀的睪丸匕首（ballock dagger）衍生出來的，到了16世紀末愈來愈有蘇格蘭特色，從它的木質握柄和刀身葉片裝飾圖案可以看出。主刀鞘上通常還有一個小刀鞘可容納小刀。

年代	約1603年
來源	蘇格蘭
長度	35.4公分

高地匕首

在16和17世紀，蘇格蘭高地兵的武裝裡可以找到一種外觀樸素的長匕首。它和憤怒匕首一樣，也是從睪丸匕首演化而來的。到了18世紀末，高地匕首愈來愈偏向儀式性質，經常有銀色柄尾球蓋和金屬箍裝飾。

年代	18世紀早期
來源	蘇格蘭
長度	30-45公分

劍鍔向前彎曲
伸出的環可以
保護手部
纏上鐵絲的握柄
菱形截面雙刃刀身
劍根
鋼質柄尾球

劍鍔匕首

這把匕首的劍鍔向前彎曲，是左手匕首的典型特徵，其他特徵包括帶有垂直凹槽的桶狀柄尾球、纏上鐵絲的木製握柄，還有從劍格上伸出來可以保護手部的環。

年代	16世紀晚期
來源	歐洲
長度	48.1公分

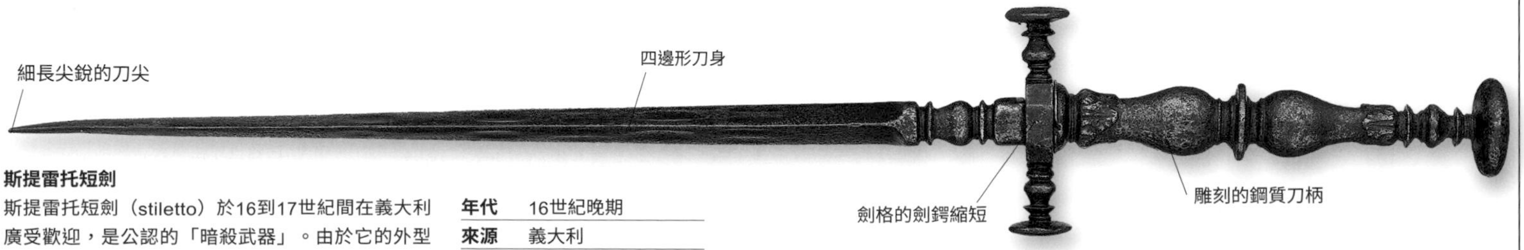

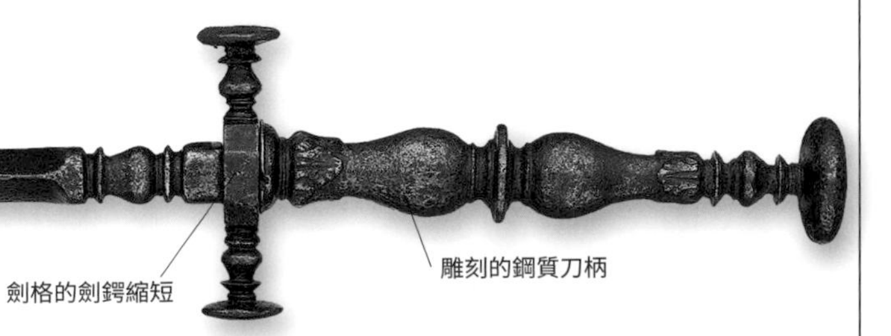

斯提雷托短劍

斯提雷托短劍（stiletto）於16到17世紀間在義大利廣受歡迎，是公認的「暗殺武器」。由於它的外型長而細，因此便於隱藏，三角形或四邊形刀身可以輕易刺穿並深入人體，尖銳的刀尖甚至可以刺穿鏈甲或穿過板甲間的縫隙。

年代	16世紀晚期
來源	義大利
長度	30公分

歐洲匕首

祝賀匕首

這把裝飾華美的特製匕首，是巴黎市為慶賀法國國王亨利四世和瑪麗·德·麥地奇（Marie de Medici）大婚時呈獻的賀禮。整把匕首鑲滿了黃金以及橢圓形的珍珠母貝圓盤，極其奢華。

年代	1598－1600年
來源	義大利
長度	50.8公分
重量	0.81公斤

劍鍔匕首

這把日耳曼匕首擁有筆直的劍鍔，刀身有鋸齒邊和打孔的血槽，可用來抵擋對手的刀劍攻擊。

年代	約1600年
來源	日耳曼
長度	50公分
重量	0.75公斤

折劍匕首

有一種設計比較極端的左手匕首稱為折劍匕首（sword-breaker）。它看起來類似梳子的形狀，鋼質刀身是設計用來勾住對手的劍，接著手腕扭轉或揮動一下，就可以把對方的劍扯下來，或是直接折斷劍身。

年代	約1600年
來源	義大利
長度	50.8公分
重量	0.81公斤

柄尾球

完整圖

金屬線纏繞
的握柄

環形護手

精雕細琢的
劍根

有倒刺的尖端可以
勾住對手劍身

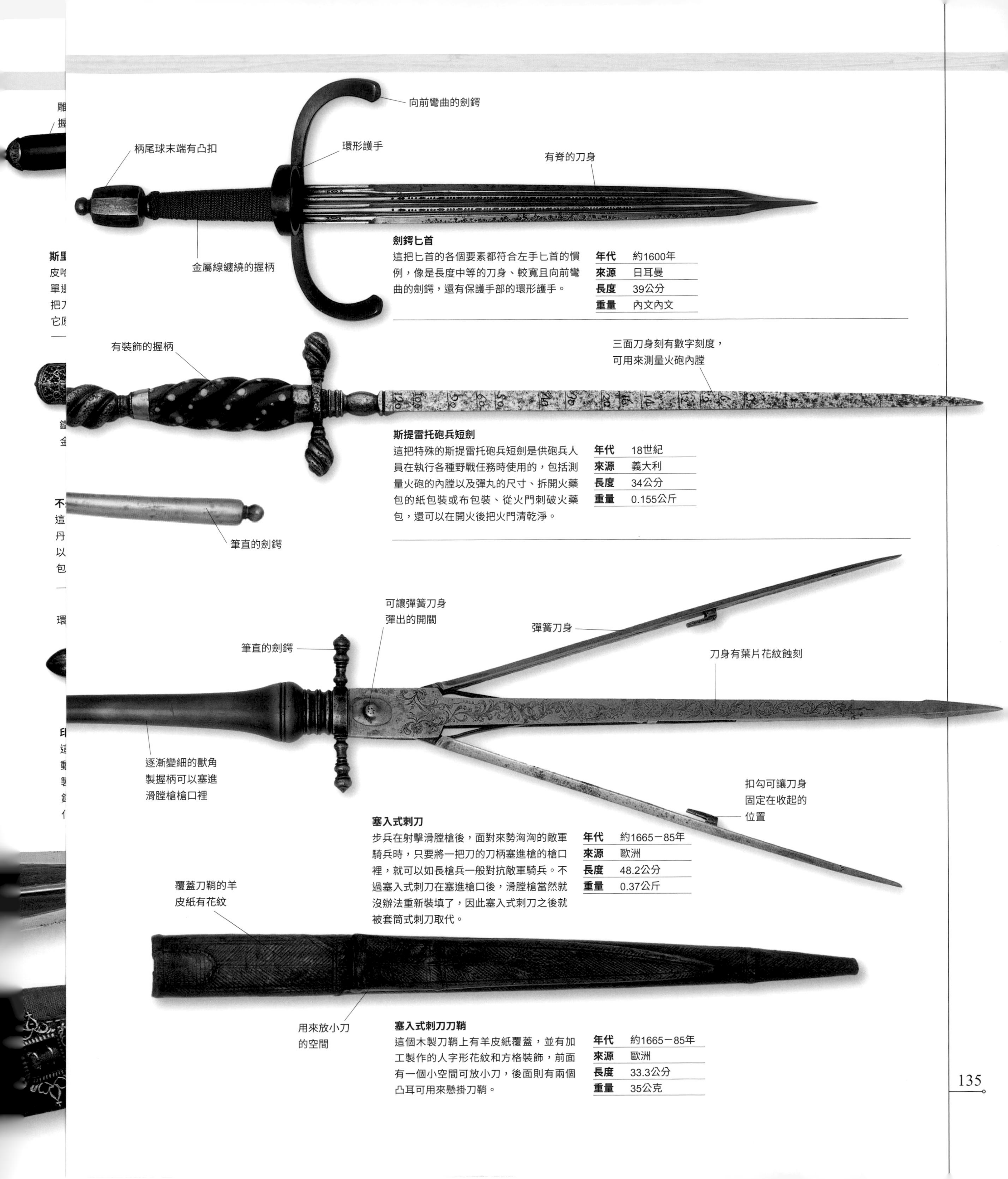

劍鍔匕首

這把匕首的各個要素都符合左手匕首的慣例，像是長度中等的刀身、較寬且向前彎曲的劍鍔，還有保護手部的環形護手。

年代	約1600年
來源	日耳曼
長度	39公分
重量	內文內文

斯提雷托砲兵短劍

這把特殊的斯提雷托砲兵短劍是供砲兵人員在執行各種野戰任務時使用的，包括測量火砲的內膛以及彈丸的尺寸、拆開火藥包的紙包裝或布包裝、從火門刺破火藥包，還可以在開火後把火門清乾淨。

年代	18世紀
來源	義大利
長度	34公分
重量	0.155公斤

塞入式刺刀

步兵在射擊滑膛槍後，面對來勢洶洶的敵軍騎兵時，只要將一把刀的刀柄塞進槍的槍口裡，就可以如長槍兵一般對抗敵軍騎兵。不過塞入式刺刀在塞進槍口後，滑膛槍當然就沒辦法重新裝填了，因此塞入式刺刀之後就被套筒式刺刀取代。

年代	約1665－85年
來源	歐洲
長度	48.2公分
重量	0.37公斤

塞入式刺刀刀鞘

這個木製刀鞘上有羊皮紙覆蓋，並有加工製作的人字形花紋和方格裝飾，前面有一個小空間可放小刀，後面則有兩個凸耳可用來懸掛刀鞘。

年代	約1665－85年
來源	歐洲
長度	33.3公分
重量	35公克

帕維亞戰役
哈布斯堡在 1525 年的帕維亞戰役中擊敗法國，這塊當時的掛毯就是用來紀念那場勝利。在這場戰役裡，神聖羅馬帝國長槍兵和義大利火槍兵證明了他們的戰力比穿著盔甲的法國騎兵更強。

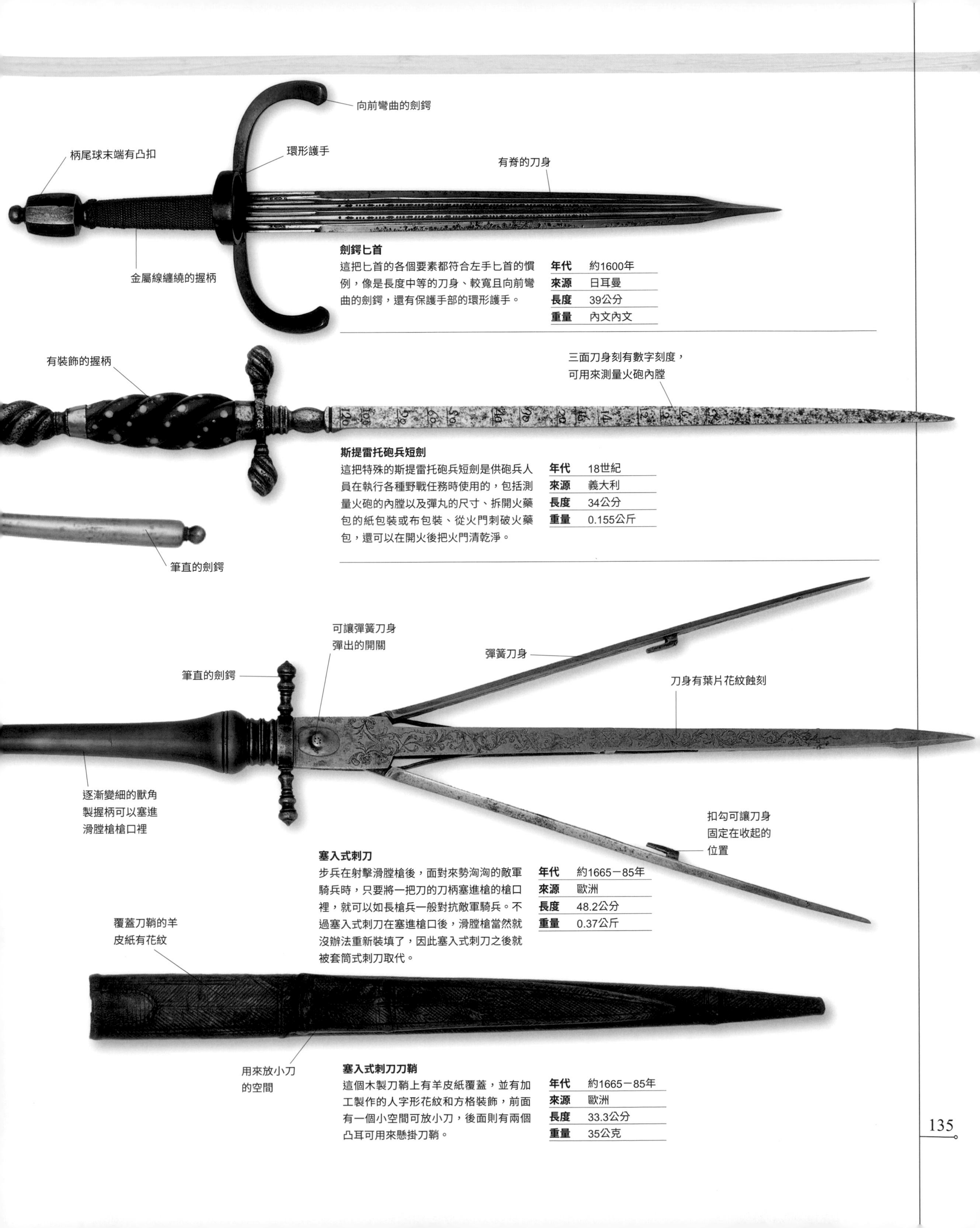

劍鍔匕首

這把匕首的各個要素都符合左手匕首的慣例，像是長度中等的刀身、較寬且向前彎曲的劍鍔，還有保護手部的環形護手。

年代	約1600年
來源	日耳曼
長度	39公分
重量	內文內文

斯提雷托砲兵短劍

這把特殊的斯提雷托砲兵短劍是供砲兵人員在執行各種野戰任務時使用的，包括測量火砲的內膛以及彈丸的尺寸、拆開火藥包的紙包裝或布包裝、從火門刺破火藥包，還可以在開火後把火門清乾淨。

年代	18世紀
來源	義大利
長度	34公分
重量	0.155公斤

塞入式刺刀

步兵在射擊滑膛槍後，面對來勢洶洶的敵軍騎兵時，只要將一把刀的刀柄塞進槍的槍口裡，就可以如長槍兵一般對抗敵軍騎兵。不過塞入式刺刀在塞進槍口後，滑膛槍當然就沒辦法重新裝填了，因此塞入式刺刀之後就被套筒式刺刀取代。

年代	約1665－85年
來源	歐洲
長度	48.2公分
重量	0.37公斤

塞入式刺刀刀鞘

這個木製刀鞘上有羊皮紙覆蓋，並有加工製作的人字形花紋和方格裝飾，前面有一個小空間可放小刀，後面則有兩個凸耳可用來懸掛刀鞘。

年代	約1665－85年
來源	歐洲
長度	33.3公分
重量	35公克

亞洲匕首

16 世紀到 18 世紀初，蒙兀兒帝國統治印度大部分地區。在這個時期，來自印度次大陸的匕首以高品質的金屬工藝、裝飾和獨特的款式設計而著稱。有些匕首——例如卡德刀（kard）——是從伊斯蘭世界傳入的，有些匕首（包括拳刃）則都是源自印度本土。印度王公貴族會攜帶匕首以供自衛、狩獵和賞玩，戰鬥時它們也是不可或缺的近距離戰鬥武器，可刺穿印度戰士穿著的鏈甲。

印度卡德刀

卡德刀源自波斯，刀身筆直，單邊開刃，18世紀從鄂圖曼帝國到蒙兀兒印度的伊斯蘭世界絕大部分地區都有使用，大部分時候是做為刺擊武器。本圖中的卡德刀製作者為穆罕默德．巴基爾（Muhammad Baqir）。

年代	1710－11年
來源	印度
長度	38.5公分
重量	0.34公斤

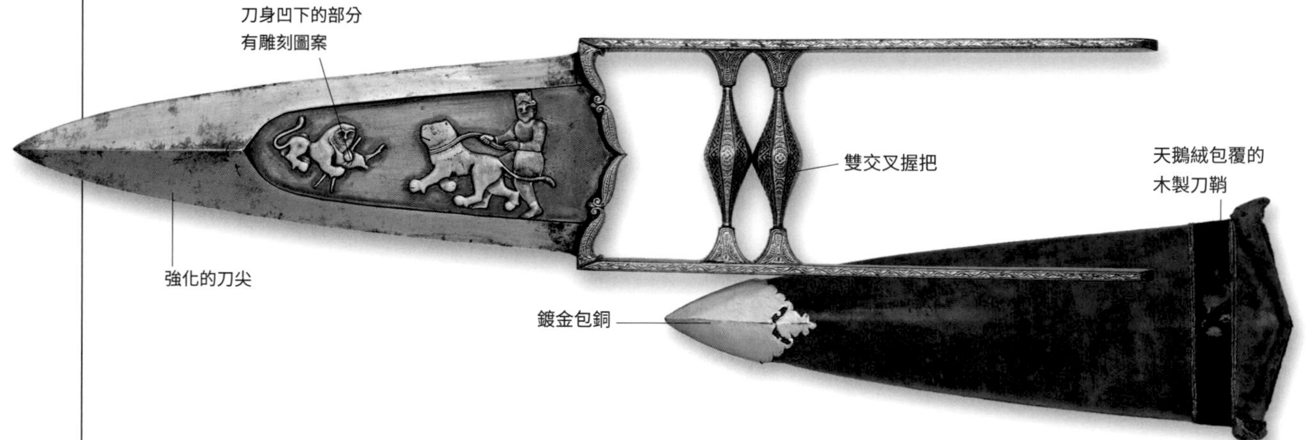

印度拳刃

若要使用這款來自印度北方的匕首，戰士要握住中央的交叉握把，就像握拳一樣，如此一來刀柄兩側的金屬條就會靠在手和前臂的兩側。由於刀身和手呈水平的一直線，他可以像出拳攻擊般刺擊對方。拳刃的形式幾百年來都沒有太大變化，本圖中的拳刃是19世紀打造的。

年代	19世紀初
來源	印度
長度	42.1公分
重量	0.57公斤

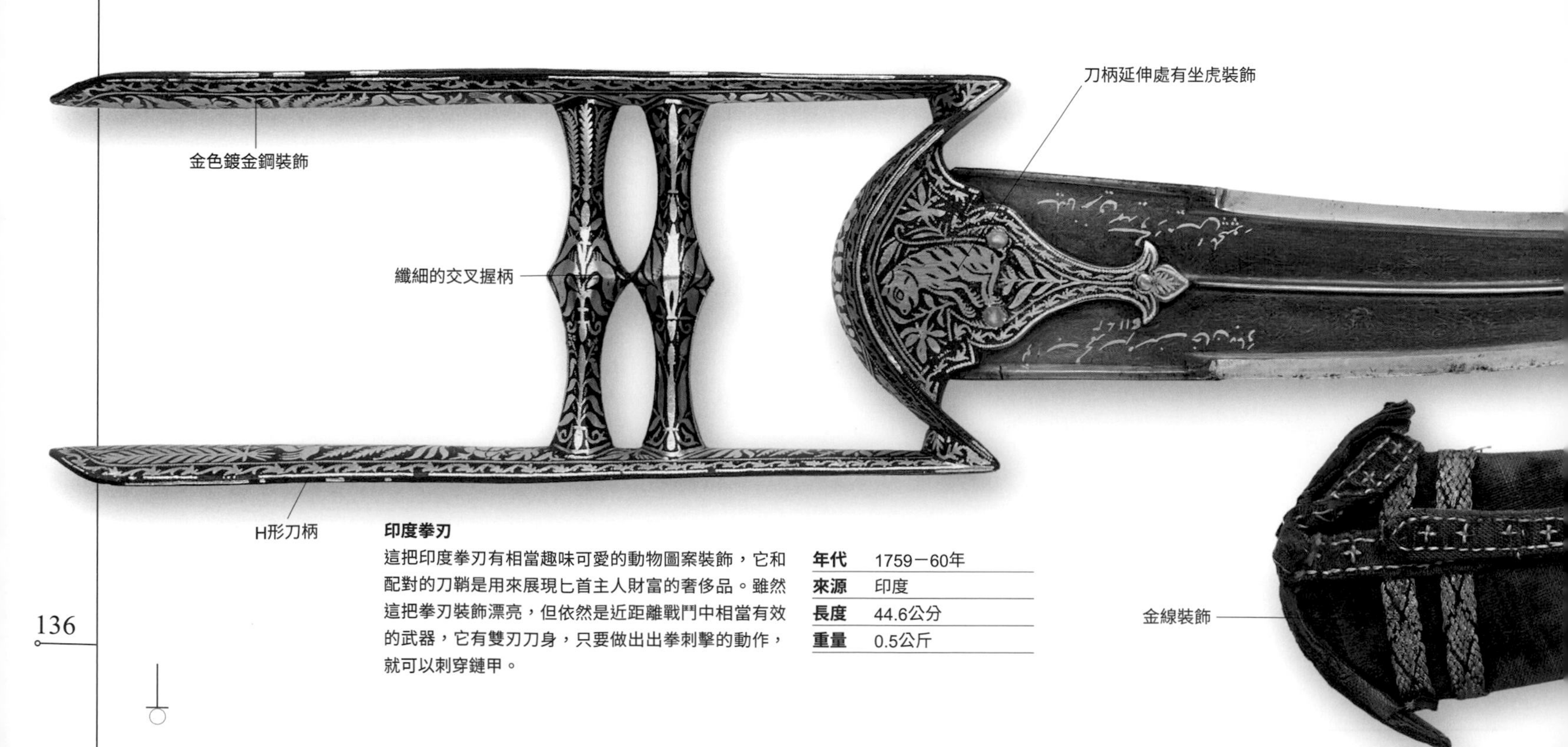

印度拳刃

這把印度拳刃有相當趣味可愛的動物圖案裝飾，它和配對的刀鞘是用來展現匕首主人財富的奢侈品。雖然這把拳刃裝飾漂亮，但依然是近距離戰鬥中相當有效的武器，它有雙刃刀身，只要做出出拳刺擊的動作，就可以刺穿鏈甲。

年代	1759－60年
來源	印度
長度	44.6公分
重量	0.5公斤

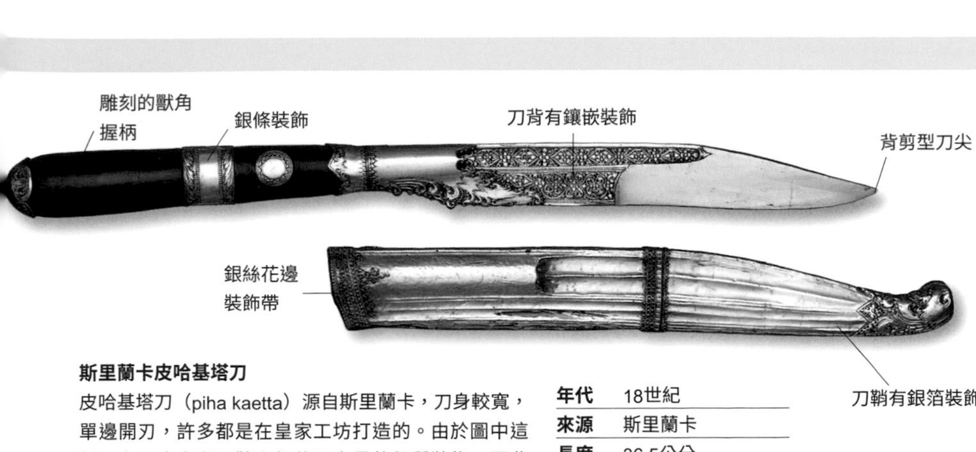

斯里蘭卡皮哈基塔刀

皮哈基塔刀（piha kaetta）源自斯里蘭卡，刀身較寬，單邊開刃，許多都是在皇家工坊打造的。由於圖中這把刀在刀本身和刀鞘上都使用大量的銀質裝飾，因此它原本的主人很可能是官員、貴族或高級軍官。

年代	18世紀
來源	斯里蘭卡
長度	36.5公分
重量	0.25公斤

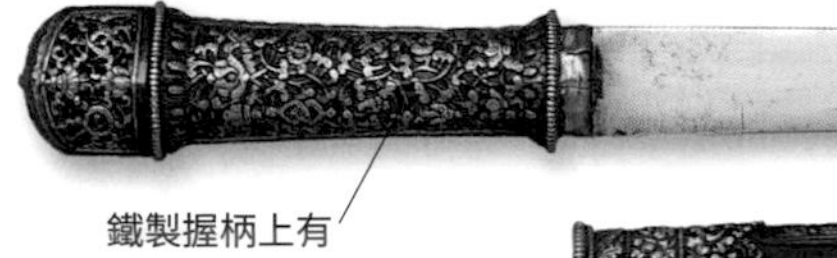

不丹匕首

這把刀身筆直的匕首來自遙遠的喜馬拉雅王國不丹，不丹和印度、尼泊爾接壤。它的刀柄刻有許多以卷鬚為背景的中國式吉祥圖騰，木製刀鞘有鍍金包鐵和包邊。

年代	18世紀
來源	不丹
長度	43.4公分
重量	0.35公斤

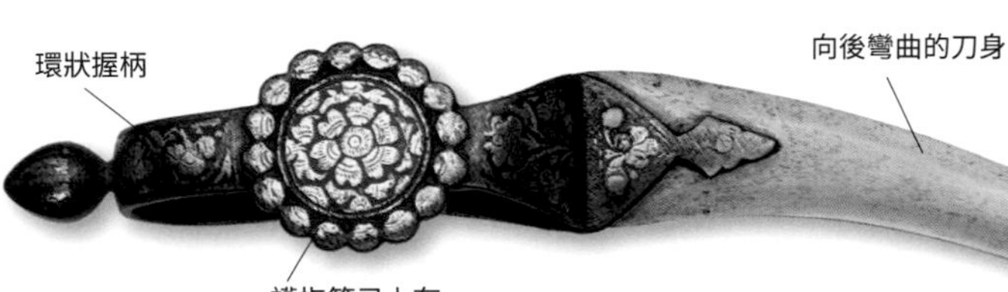

印度蠍刀

這種刀以印度文中的「蠍子」來命名，外型則是參考了動物的角，是一款體積小但致命的匕首。本圖蠍刀的鐵製刀柄採扁平環狀設計，嵌有鍍銀鋼的裝飾，用兩根鉚釘固定在刀身上。它的刀身向後彎曲，刀尖處經過強化，可提高穿透力。

年代	18世紀
來源	印度
長度	27.2公分
重量	0.21公斤

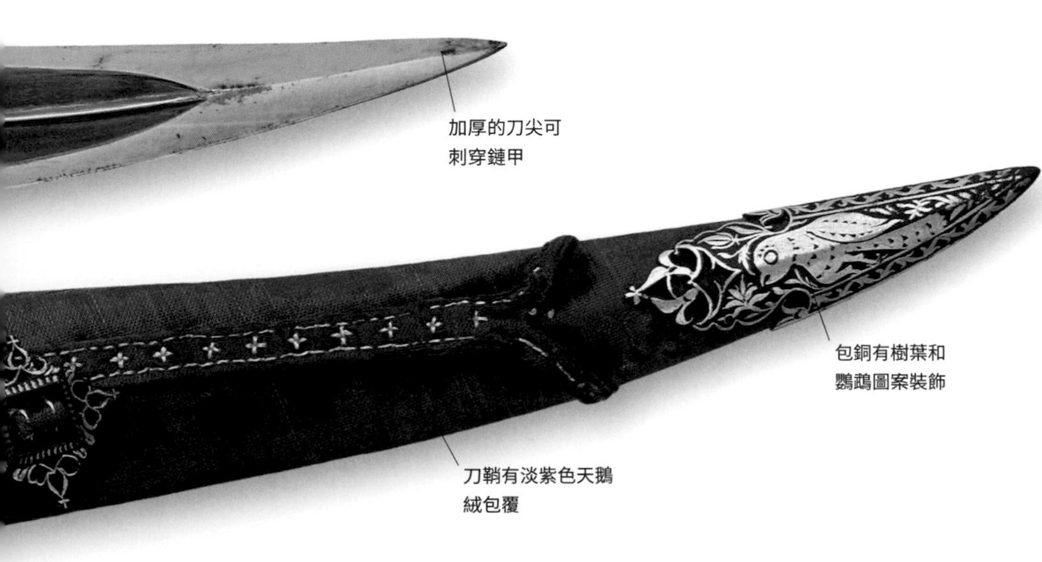

印度蠍刀

這把蠍刀擁有鑄造的銅質刀柄，刀柄上有奇幻怪獸頭的裝飾，護指節弓則設計成怪獸要把自己的尾巴吞進去的樣子。較窄的後彎刀身在兩側的中線上有脊，刀鍔上雕刻粗糙的記號可能是某種字母。

年代	18世紀
來源	印度
長度	29.6公分
重量	0.24公斤

完整圖

歐洲單手長柄武器

單手長柄武器主要由騎兵使用，主要功用是打破對手的板甲，或是讓對手受到內傷。這種武器可說是簡單但殘忍的武器，戰鎚的尖端相當適合用來擊穿鎧甲的縫隙。儘管它們看起來像棍棒，但許多都是由出身名門的人攜帶，因此通常裝飾華麗，精雕細琢。

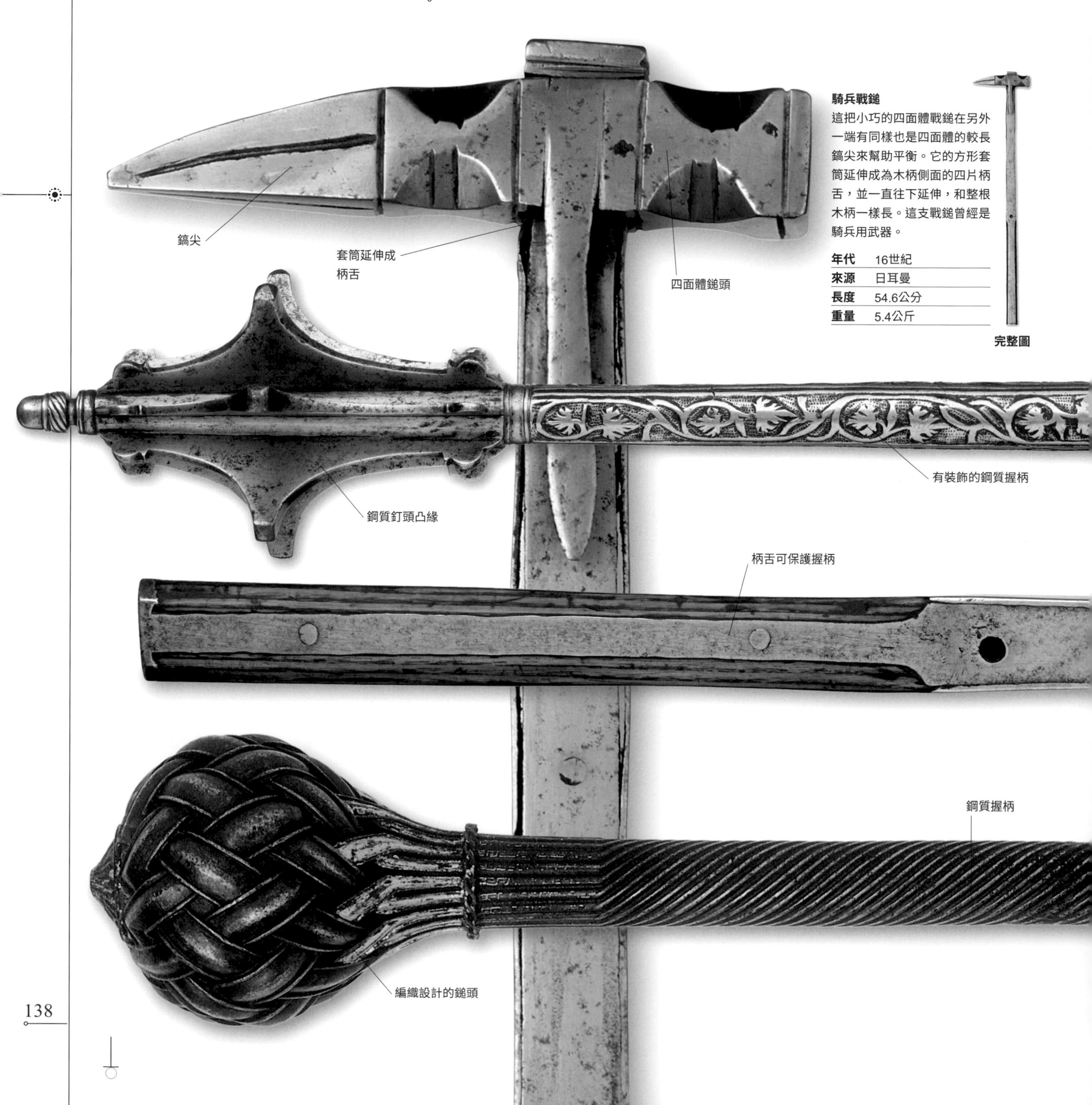

騎兵戰鎚

這把小巧的四面體戰鎚在另外一端有同樣也是四面體的較長鎬尖來幫助平衡。它的方形套筒延伸成為木柄側面的四片柄舌，並一直往下延伸，和整根木柄一樣長。這支戰鎚曾經是騎兵用武器。

年代	16世紀
來源	日耳曼
長度	54.6公分
重量	5.4公斤

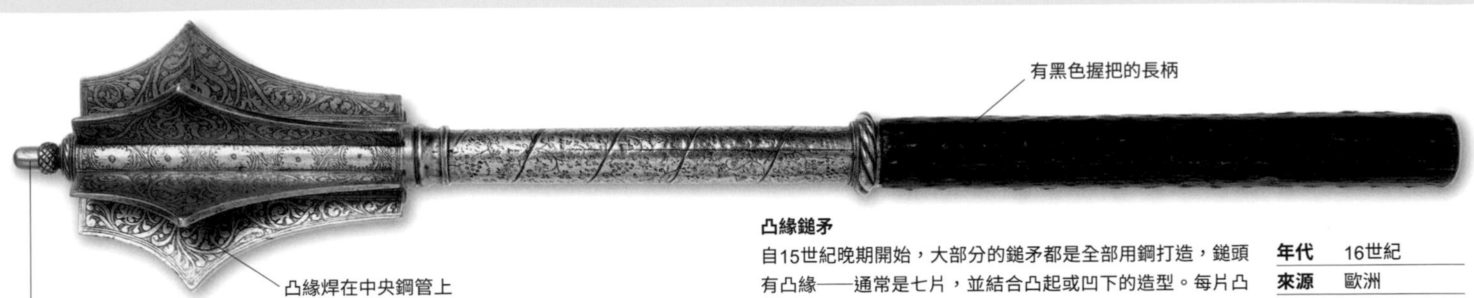

凸緣鎚矛

自15世紀晚期開始，大部分的鎚矛都是全部用鋼打造，鎚頭有凸緣——通常是七片，並結合凸起或凹下的造型。每片凸緣都會焊接在中央鋼管的四周。

年代	16世紀
來源	歐洲
長度	62.9公分
重量	1.56公斤

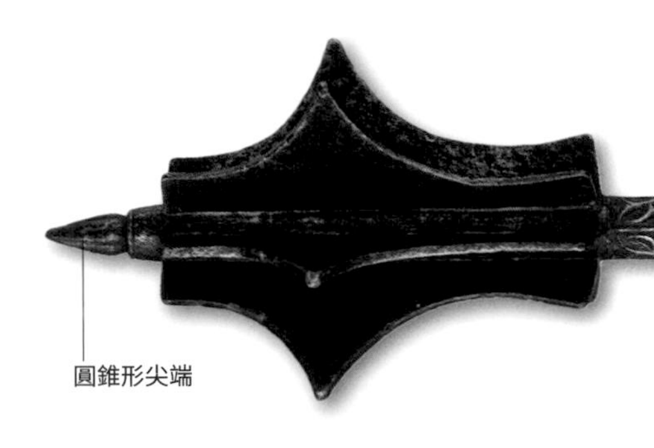

圓錐形尖端鎚矛

這支鎚矛的材質是鋼，在七片凸緣上還加了一個圓錐形尖端，而每一片凸緣的兩側都下凹，中間形成凸尖，握柄有淺淺的捲曲藤蔓葉片浮雕裝飾。這種有凸緣的鎚矛是16世紀最普遍的鎚矛類型。

年代	16世紀
來源	歐洲
長度	60公分
重量	1.56公斤

有裝飾的鎚矛

這支凸緣鎚矛整支握柄都有葉片圖案裝飾，頂端還裝了一個橡子形頂飾。它的鋼柄中間開了一個洞，可用來綁腕帶，這對騎馬的士兵來說格外重要。只要有腕帶，鎚矛就算從手中掉落都可以輕鬆拉回來。

年代	16世紀
來源	歐洲
長度	63公分
重量	1.56公斤

鋼質鎬尖

騎兵戰鎚

戰鎚可以用來敲破盔甲，所以受到騎兵歡迎，但比武競技中的徒步參賽者也會使用。在16世紀，鎬尖的體積變大，鎚頭就相對變小，這代表在戰鬥中大家偏好使用鎬尖。

年代	16世紀
來源	歐洲
長度	21.5公分
重量	0.82公斤

截短的四面體鎚頭

交錯編織造型鎚矛

這支看起來與眾不同的鎚矛來自埃及，它的球莖形鎚頭有交錯編織的設計，且有製鎚者的金色簽名。在16和17世紀，鎚矛愈來愈偏向儀式用途，英國下議院依然以鎚矛作為機關的權力象徵。

年代	15世紀
來源	埃及
長度	60公分
重量	1.56公斤

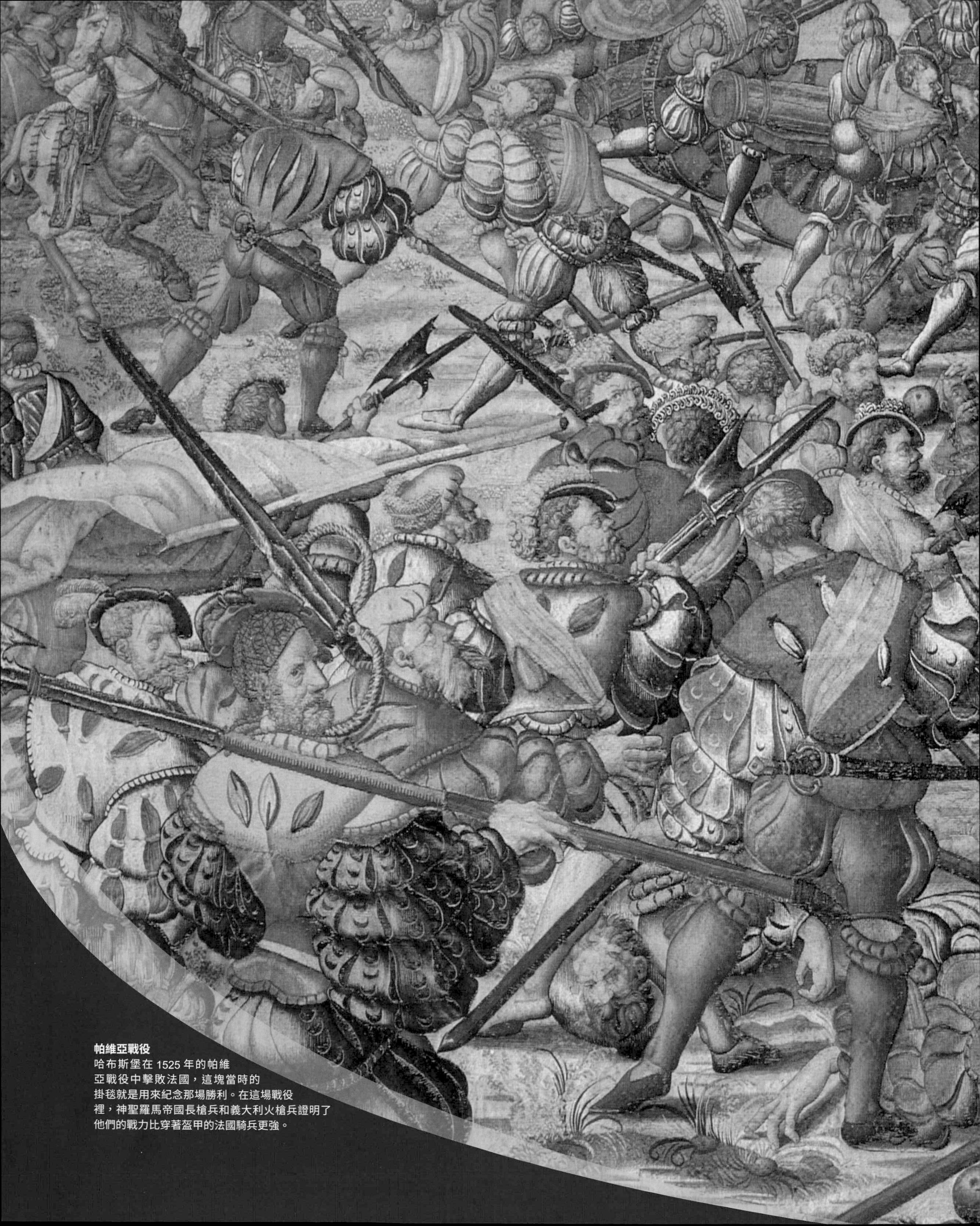

帕維亞戰役
哈布斯堡在 1525 年的帕維亞戰役中擊敗法國，這塊當時的掛毯就是用來紀念那場勝利。在這場戰役裡，神聖羅馬帝國長槍兵和義大利火槍兵證明了他們的戰力比穿著盔甲的法國騎兵更強。

ORGE·DE·FRA

歐洲雙手長柄武器

在中世紀，長柄武器對付騎兵格外有效，尤其是搭配弓箭。到了 16 世紀，它們依然是徒步士兵最有效的武器，但在這個時候，滑膛槍已經取代了弓箭。瑞士傭兵偏愛用戟，在強壯的人手中，它可以擊穿板甲——長柄斧也一樣，穿著鎧甲的騎士下馬作戰時喜歡用這種武器。到了 17 世紀初，這些武器都被長槍取代，並成為儀式用具。

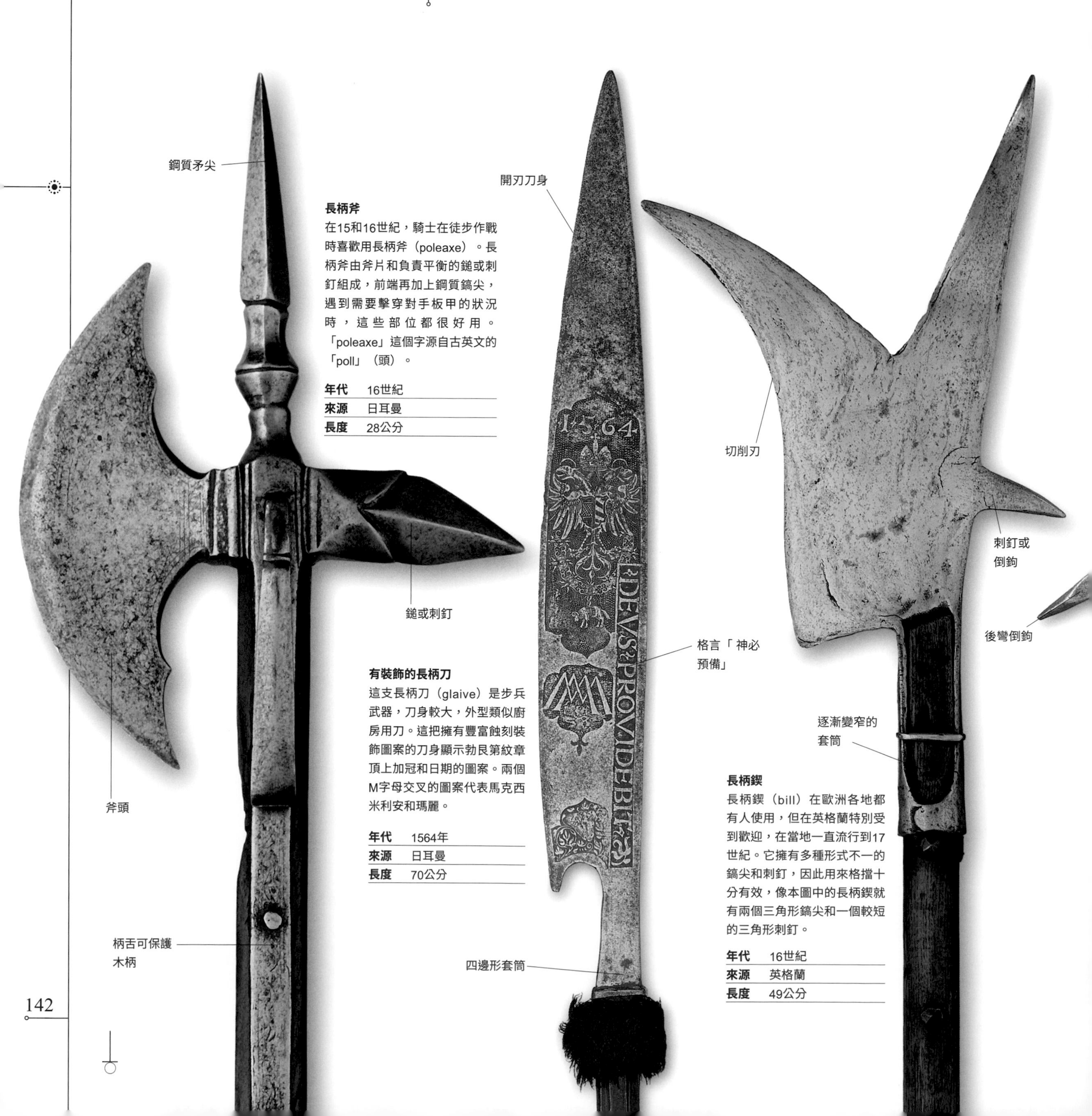

長柄斧

在15和16世紀，騎士在徒步作戰時喜歡用長柄斧（poleaxe）。長柄斧由斧片和負責平衡的鎚或刺釘組成，前端再加上鋼質鎬尖，遇到需要擊穿對手板甲的狀況時，這些部位都很好用。「poleaxe」這個字源自古英文的「poll」（頭）。

年代	16世紀
來源	日耳曼
長度	28公分

有裝飾的長柄刀

這支長柄刀（glaive）是步兵武器，刀身較大，外型類似廚房用刀。這把擁有豐富蝕刻裝飾圖案的刀身顯示勃艮第紋章頂上加冠和日期的圖案。兩個M字母交叉的圖案代表馬克西米利安和瑪麗。

年代	1564年
來源	日耳曼
長度	70公分

長柄鍥

長柄鍥（bill）在歐洲各地都有人使用，但在英格蘭特別受到歡迎，在當地一直流行到17世紀。它擁有多種形式不一的鎬尖和刺釘，因此用來格擋十分有效，像本圖中的長柄鍥就有兩個三角形鎬尖和一個較短的三角形刺釘。

年代	16世紀
來源	英格蘭
長度	49公分

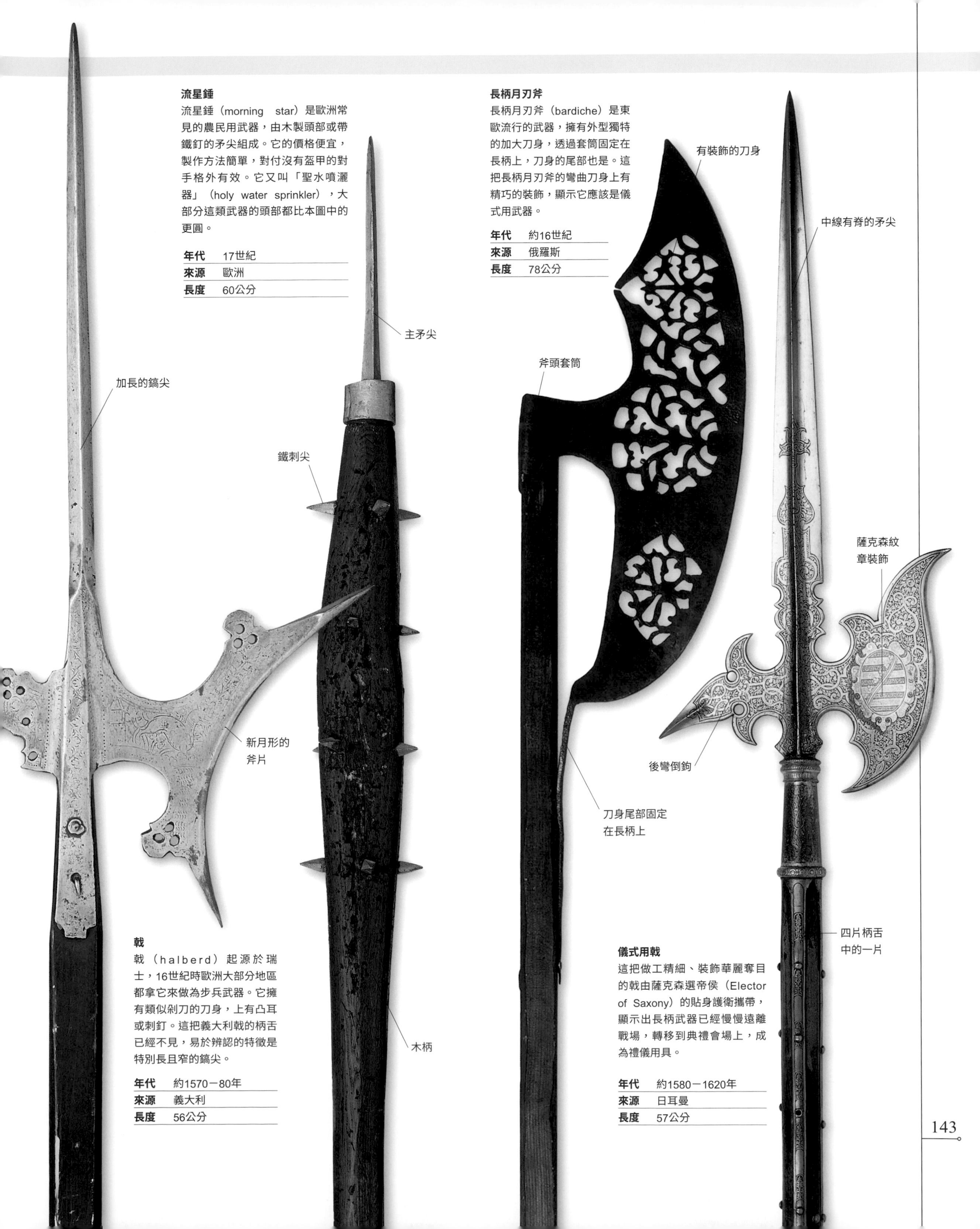

流星錘

流星錘（morning star）是歐洲常見的農民用武器，由木製頭部或帶鐵釘的矛尖組成。它的價格便宜，製作方法簡單，對付沒有盔甲的對手格外有效。它又叫「聖水噴灑器」（holy water sprinkler），大部分這類武器的頭部都比本圖中的更圓。

年代	17世紀
來源	歐洲
長度	60公分

長柄月刃斧

長柄月刃斧（bardiche）是東歐流行的武器，擁有外型獨特的加大刀身，透過套筒固定在長柄上，刀身的尾部也是。這把長柄月刃斧的彎曲刀身上有精巧的裝飾，顯示它應該是儀式用武器。

年代	約16世紀
來源	俄羅斯
長度	78公分

戟

戟（halberd）起源於瑞士，16世紀時歐洲大部分地區都拿它來做為步兵武器。它擁有類似剁刀的刀身，上有凸耳或刺釘。這把義大利戟的柄舌已經不見，易於辨認的特徵是特別長且窄的鎬尖。

年代	約1570－80年
來源	義大利
長度	56公分

儀式用戟

這把做工精細、裝飾華麗奪目的戟由薩克森選帝侯（Elector of Saxony）的貼身護衛攜帶，顯示出長柄武器已經慢慢遠離戰場，轉移到典禮會場上，成為禮儀用具。

年代	約1580－1620年
來源	日耳曼
長度	57公分

印度和斯里蘭卡長柄武器

直到17世紀為止，印度次大陸上長柄武器的發展過程都和它們在歐洲演進的過程大致相似，但印度當地傳統和穆斯林入侵者帶來的影響卻造成設計和裝飾上的重大差異。儘管印度統治者採用西式火器，但鎚矛和戰斧在歐洲被淘汰以後，印度軍隊還是持續沿用了很長一段時間，主要是因為印度戰士持續穿著盔甲。

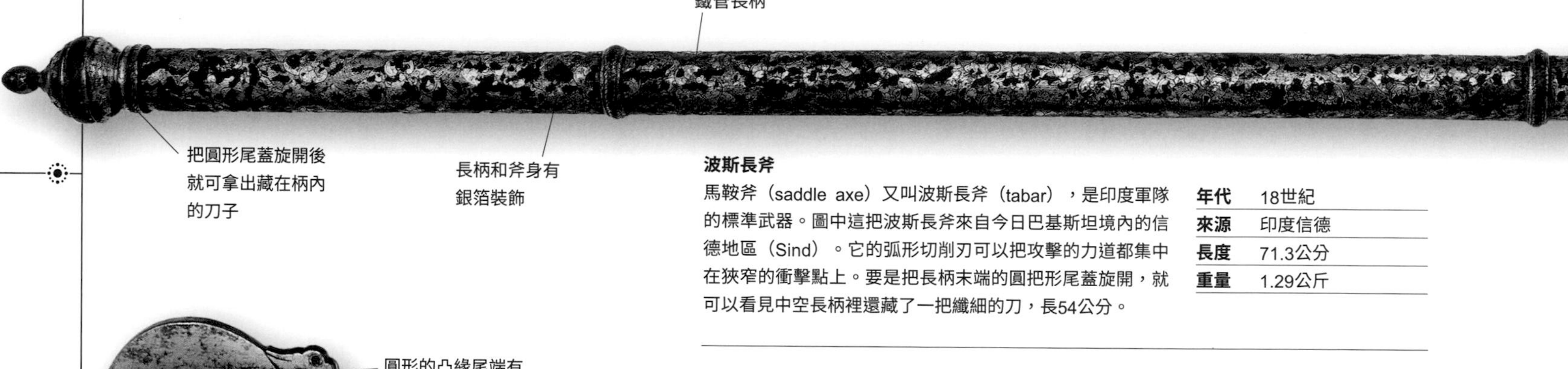

波斯長斧

馬鞍斧（saddle axe）又叫波斯長斧（tabar），是印度軍隊的標準武器。圖中這把波斯長斧來自今日巴基斯坦境內的信德地區（Sind）。它的弧形切削刃可以把攻擊的力道都集中在狹窄的衝擊點上。要是把長柄末端的圓把形尾蓋旋開，就可以看見中空長柄裡還藏了一把纖細的刀，長54公分。

年代	18世紀
來源	印度信德
長度	71.3公分
重量	1.29公斤

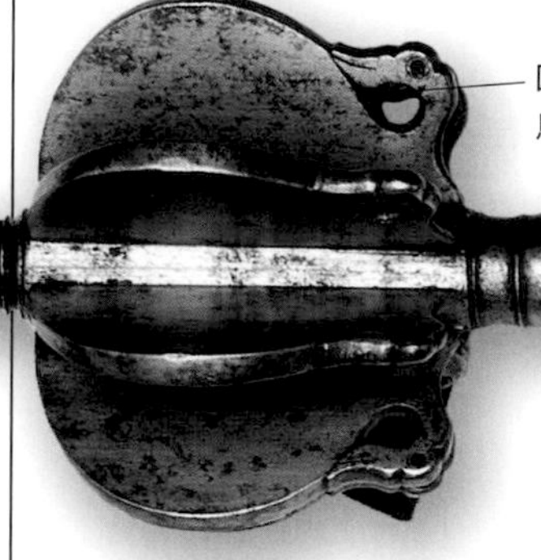

兒童用鎚矛

這支迷你版鎚矛是設計給兒童使用的，因此和成人使用的相比，重量只有十分之一，長度也只有三分之一，很可能是用在早期的軍事訓練上。它的頭有八片圓形凸緣，前端有一個有脊的小圓蓋。

年代	18世紀
來源	印度北部
長度	32.8公分
重量	0.22公斤

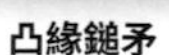

凸緣鎚矛

這支鎚矛的護指節弓是「印度籃」造型，常見於坎達劍上。它的頭部有八片螺旋排列的凸緣，經過處理後都跟刀刃一樣鋒利。凸緣可以集中武器重量產生的打擊力道，因此對盔甲也相當有效。

年代	18世紀
來源	印度拉加斯坦（Rajasthan）
長度	84.2公分
重量	2.55公斤

帶刺鎚矛

這支鎚矛看起來類似改良過的16世紀歐洲「流星錘」，尖刺的排列方式可防止它的攻擊力道被盔甲的曲面彈開。它有相當精美的裝飾，因此除了必備的戰鬥功能外，也可以展示主人的財富。

年代	18世紀初期
來源	印度德里（Delhi）
長度	85公分
重量	2.5公斤

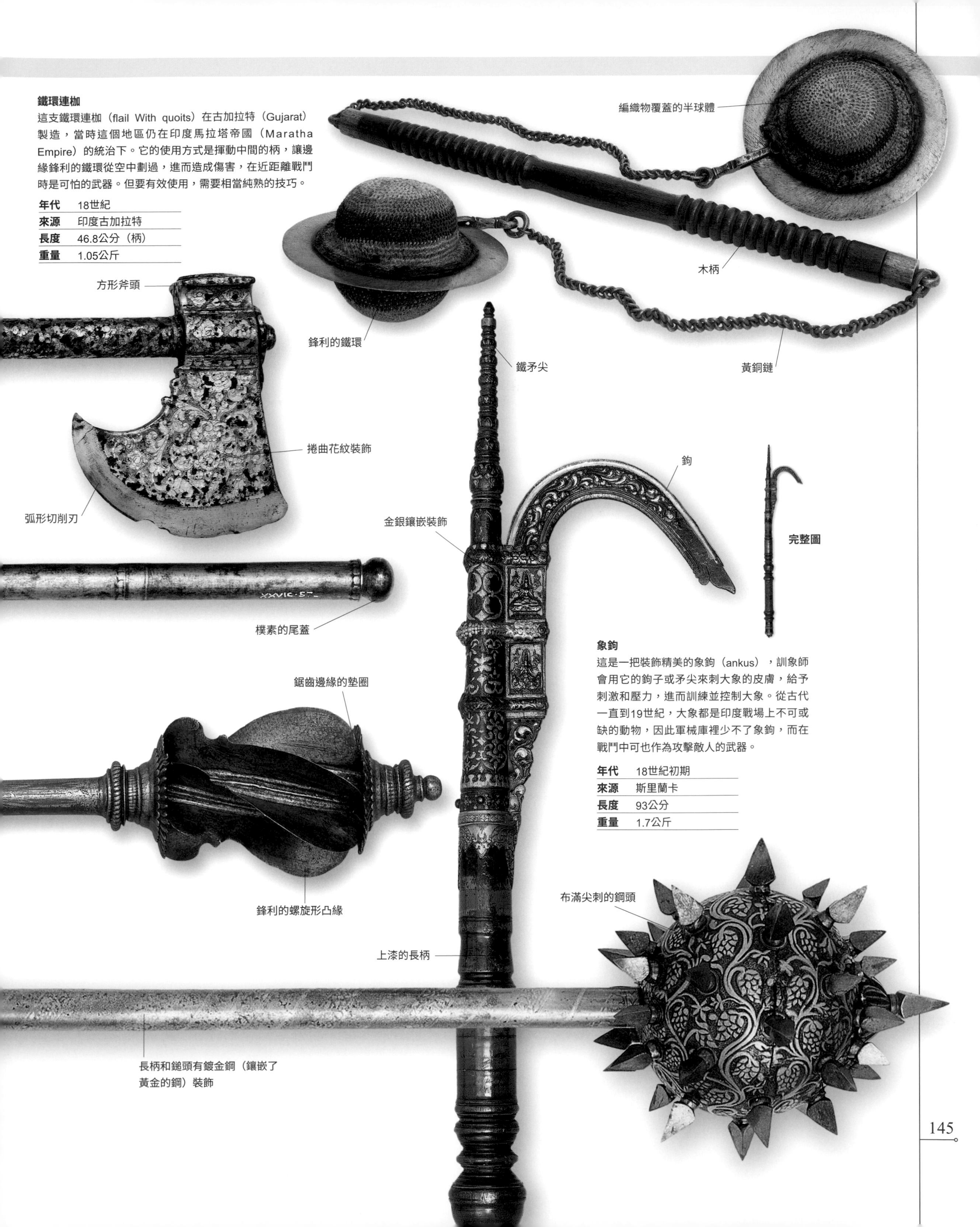

鐵環連枷

這支鐵環連枷（flail With quoits）在古加拉特（Gujarat）製造，當時這個地區仍在印度馬拉塔帝國（Maratha Empire）的統治下。它的使用方式是揮動中間的柄，讓邊緣鋒利的鐵環從空中劃過，進而造成傷害，在近距離戰鬥時是可怕的武器。但要有效使用，需要相當純熟的技巧。

年代	18世紀
來源	印度古加拉特
長度	46.8公分（柄）
重量	1.05公斤

象鉤

這是一把裝飾精美的象鉤（ankus），訓象師會用它的鉤子或矛尖來刺大象的皮膚，給予刺激和壓力，進而訓練並控制大象。從古代一直到19世紀，大象都是印度戰場上不可或缺的動物，因此軍械庫裡少不了象鉤，而在戰鬥中可也作為攻擊敵人的武器。

年代	18世紀初期
來源	斯里蘭卡
長度	93公分
重量	1.7公斤

◂ 80-81 長弓與弩 ▸ 148-149 亞洲弓

歐洲弩

弩在 16 世紀從歐洲的戰場上消失，取而代之的是火藥武器，但在打獵和射擊競技等場合，弩依然被廣泛使用。使用彈簧鋼製作弩的弓身板條幾乎成為標準規格，和複合弓相比，鋼製弓的製造程序更簡單，也具備相當好的一致性。內建的張弩桿也讓射手省去攜帶齒輪式絞弦器或羊腳桿的麻煩，另外還加上了準星和照門，扳機的設計也大幅改良。狩獵或玩遊戲時，用弩射出石頭或彈丸而不是弩箭的做法也愈來愈流行。

染色的象牙飾板

張開弩時會用到的插銷

見細部圖

原始的繩弦

準星

狩獵弩

有錢人從事遊獵娛樂活動時，用的武器通常裝飾得格外華麗。這把弩有兩個紋章，它的主人當初在張開它時可能會用到齒輪式絞弦器或羊腳桿。

年代	1526年
來源	德國
長度	64.6公分
重量	2.98公斤

完整圖

弩身上的雕刻

義大利運動弩

這把16世紀晚期的鋼弩很可能屬於義大利文藝復興時期的名門望族阿爾多布蘭迪尼（Aldobrandini）。它是為發射石彈或彈丸而設計的。木製弩身上的雕刻有家族紋章和一隻海馬。

年代	約1600年
來源	義大利
長度	99.1公分
重量	2公斤

木托

張弩器控制桿用絞鍊固定在弩身上

日耳曼石弩

這把發射石彈的弩，弓和弩身都是用鋼打造的，它的尾托顯示出火器對弩設計的影響。它有內建的張弩器，升起之後可以勾住弓弦，然後用手往後拉，就能把弩張開。

年代	18世紀
來源	日耳曼
長度	105.4公分
重量	4公斤

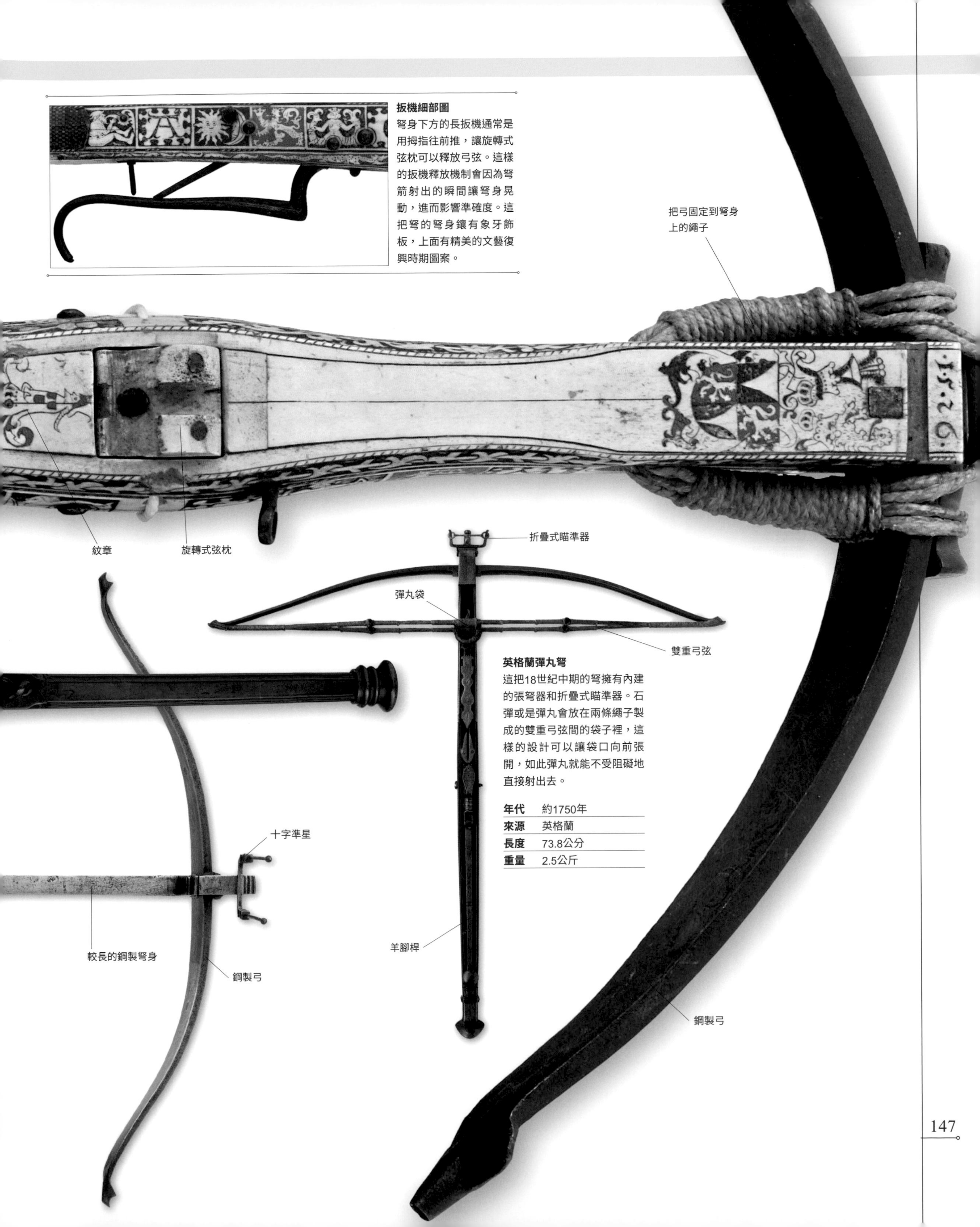

扳機細部圖
弩身下方的長扳機通常是用拇指往前推，讓旋轉式弦枕可以釋放弓弦。這樣的扳機釋放機制會因為弩箭射出的瞬間讓弩身晃動，進而影響準確度。這把弩的弩身鑲有象牙飾板，上面有精美的文藝復興時期圖案。

英格蘭彈丸弩
這把18世紀中期的弩擁有內建的張弩器和折疊式瞄準器。石彈或是彈丸會放在兩條繩子製成的雙重弓弦間的袋子裡，這樣的設計可以讓袋口向前張開，如此彈丸就能不受阻礙地直接射出去。

年代	約1750年
來源	英格蘭
長度	73.8公分
重量	2.5公斤

亞洲弓

弓箭是亞洲人作戰技術的核心，他們時常採用騎馬射箭戰術。雖然弩是中國人發明的，但層壓弓和複合弓卻比較占優勢。層壓弓是以幾種不同的木材層疊黏合而成，至於複合弓則會用到多種不同的材料，像是獸角、木材和腱等。角條構成弓腹，最接近射手，腱則用來製作弓背，兩條腱之間還會多夾一層木條。藉由運用這些材料的不同特性，弓的體積相對較小，卻能發揮可觀的勁道和威力。

日本轎弓

日本弓原本是日本武士的首選武器，基本上用木材層疊製成，但圖中這張弓卻是以鯨魚骨製造。儘管它的長度和英國的長弓差不多，卻通常是騎馬時才會使用。它的握把不是在弓的中間，而是在接近弓底部的位置。圖中這把轎弓比較小，應是在儀式中使用。

年代	18世紀
來源	日本
長度	63公分（上弦）
重量	0.15公斤

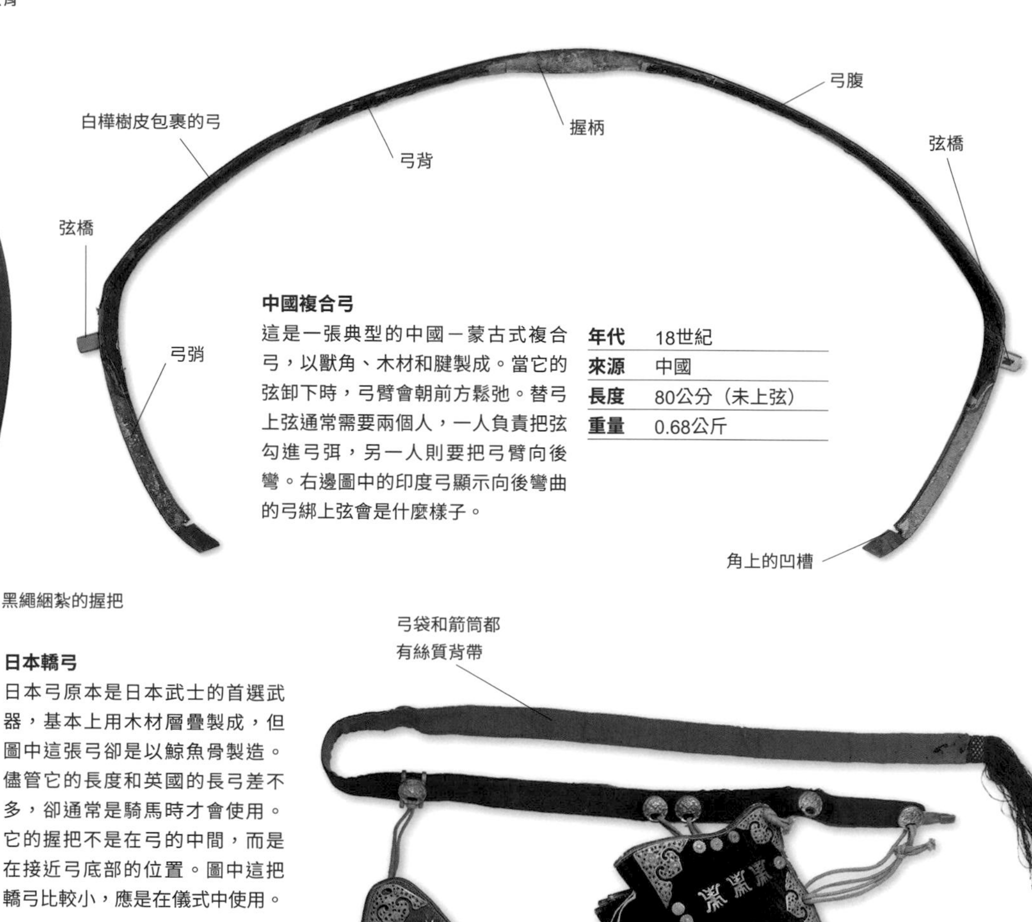

中國複合弓

這是一張典型的中國－蒙古式複合弓，以獸角、木材和腱製成。當它的弦卸下時，弓臂會朝前方鬆弛。替弓上弦通常需要兩個人，一人負責把弦勾進弓弭，另一人則要把弓臂向後彎。右邊圖中的印度弓顯示向後彎曲的弓綁上弦會是什麼樣子。

年代	18世紀
來源	中國
長度	80公分（未上弦）
重量	0.68公斤

弓袋和箭筒都有絲質背帶

皮製箭筒以紫色天鵝絨包覆

可容納複合弓的弓袋

中國弓袋和箭筒

這組弓袋和箭筒以皮革製成，外面覆蓋紫色天鵝絨，再加上皮革剪裁的圖形裝飾。弓袋的形狀可以容納複合弓，至於箭筒裡折疊的厚重紅色毛氈層則有助固定箭的位置。

年代	19世紀
來源	中國
長度	53公分
重量	弓袋0.64公斤

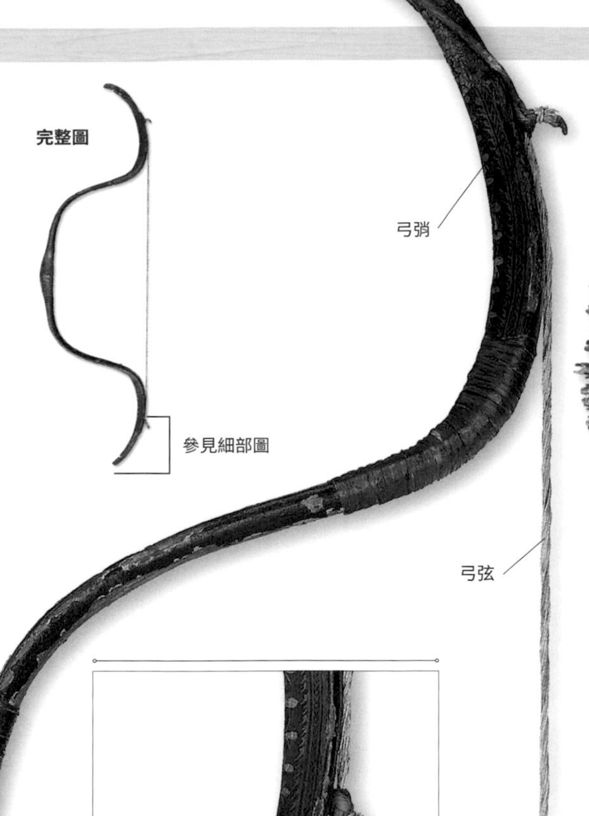

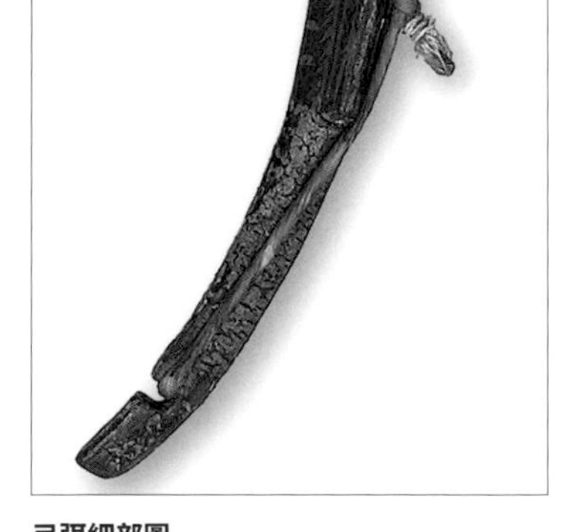

弓弭細部圖

固定弓弦的弓弭一般來說是用獸角製作，弓弦本身則是用絲線和腱圈製成。當弓被拉開時，堅固的「弓弭」會發揮槓桿的作用，讓拉弓的動作更輕鬆。放箭的時候，弓弰的慣性會讓弓弦在箭離開的那一刻彈一下。

印度複合弓

這把來自印度北部的弓，是把獸角條和木條黏在一起，然後加上用腱製作的弓背而成。獸角用來做為弓腹，可以抵抗壓縮力道，而弓背的腱在受到張力時則依然強固。弓臂大幅度彎曲，弓耳很長且朝反方向彎曲。

年代	18世紀
來源	印度
長度	0.55公斤
重量	95公分（上弦）

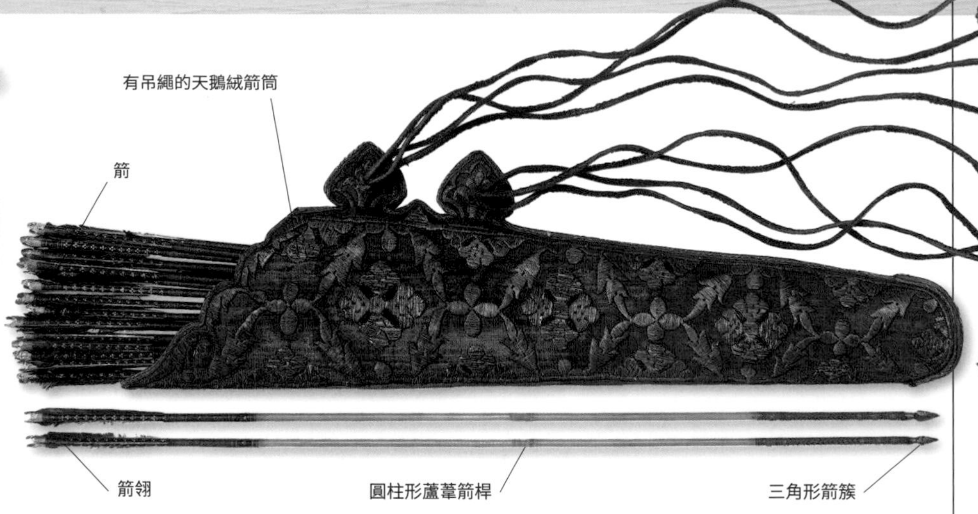

印度箭筒與箭

這個18世紀的印度馬拉塔箭筒外表用紅色天鵝絨包裹，並有葉片與花朵主題的金銀雙色刺繡裝飾。它有兩組各四條繩子的吊飾，共可裝28支箭，箭桿以蘆葦製成，有三角形截面的箭簇、用來搭在弓弦上的筈，以及穩定飛行用的灰色或灰白色箭翎。

年代	18世紀
來源	印度
長度	箭筒65.5公分
重量	箭筒0.44公斤

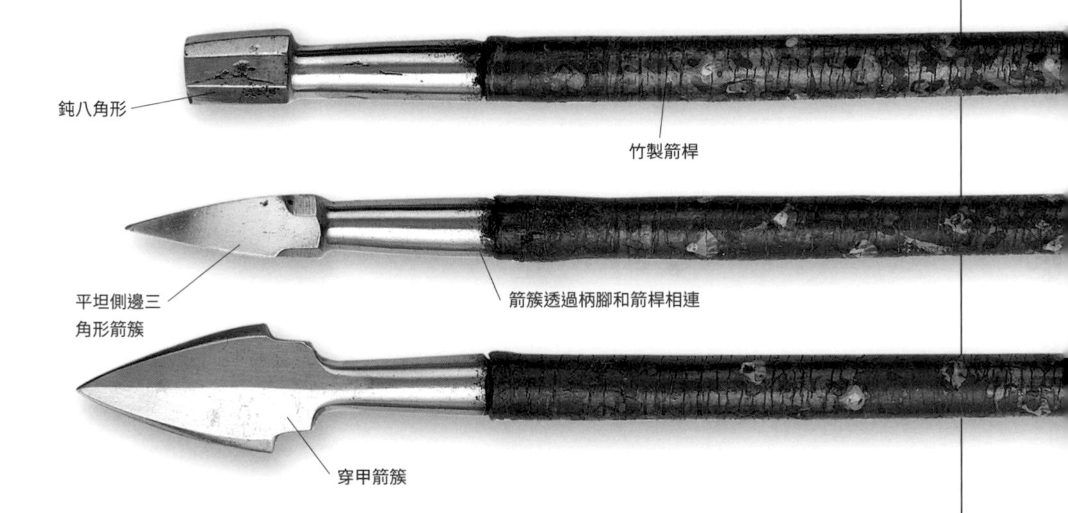

印度箭

這些箭以竹子製成，箭桿鍍金並塗上粉玫瑰色，箭簇則有多種外型，由上到下分別是鈍八角形、平坦側邊三角形、放大的平坦側邊三角形。

年代	18世紀
來源	印度北部
長度	73.5公分
重量	箭簇35公克

印度扳指

在亞洲箭藝裡，傳統上是用拇指來拉弓弦。為了緩和施加在拇指上的壓力，大部分射手都會戴上扳指（thumb ring）。它通常以獸角製造，有時也會用玉，像圖中這個蒙兀兒印度的扳指就是玉打造的。戴上扳指時，延伸的那一面位於拇指向內扣的那一側，並用那一面扣住弓弦，至於搭上弓弦的箭則靠在拇指上。

年代	18世紀
來源	印度
長度	3.5公分
重量	16公克

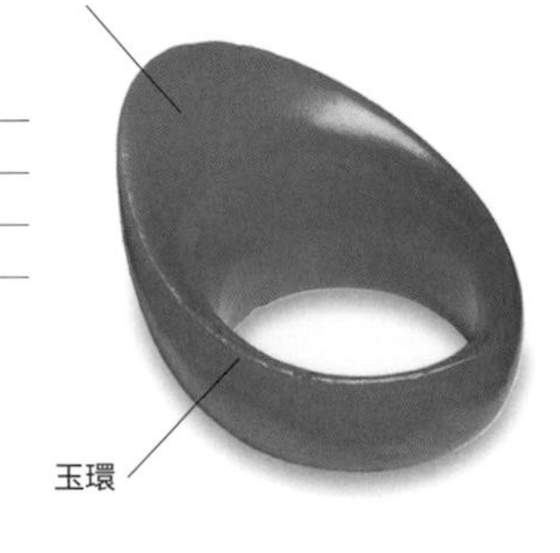

火繩和燧發長槍

火繩是早期的發射機制，或是指手持槍械上的「槍機」。扣下扳機之後，就可以讓悶燒中的火繩向前插進裝有些許火藥（又叫底火）的藥池裡。底火被點燃後，火花就會沿著槍管壁上一個稱為火門的小洞往裡面燒，點燃主火藥。同時期的簧輪槍比火繩槍複雜得多，它是用一個旋轉的小輪去敲擊黃鐵石，產生火花來點燃底火。一直要到燧發槍發展出來，也就是用一塊燧石去敲擊鋼板而產生火花，火繩槍才開始退流行。

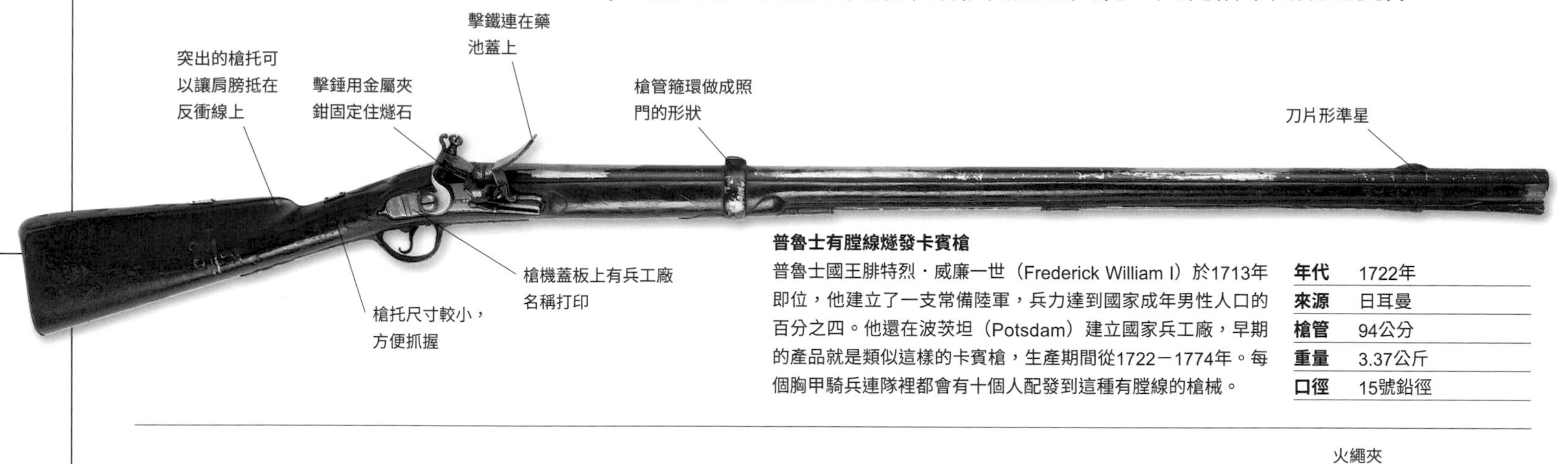

普魯士有膛線燧發卡賓槍

普魯士國王腓特烈·威廉一世（Frederick William I）於1713年即位，他建立了一支常備陸軍，兵力達到國家成年男性人口的百分之四。他還在波茨坦（Potsdam）建立國家兵工廠，早期的產品就是類似這樣的卡賓槍，生產期間從1722－1774年。每個胸甲騎兵連隊裡都會有十個人配發到這種有膛線的槍械。

年代	1722年
來源	日耳曼
槍管	94公分
重量	3.37公斤
口徑	15號鉛徑

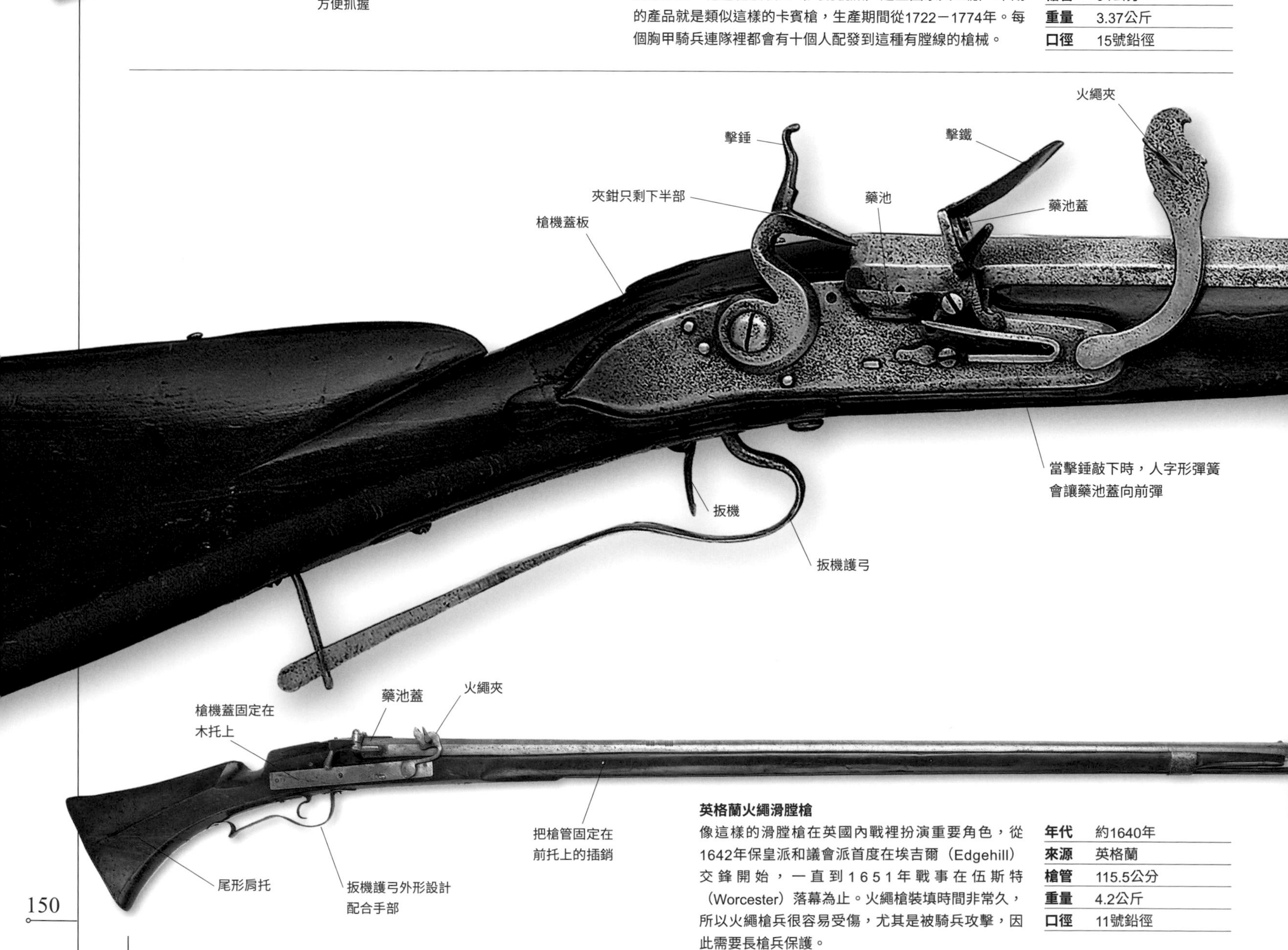

英格蘭火繩滑膛槍

像這樣的滑膛槍在英國內戰裡扮演重要角色，從1642年保皇派和議會派首度在埃吉爾（Edgehill）交鋒開始，一直到1651年戰事在伍斯特（Worcester）落幕為止。火繩槍裝填時間非常久，所以火繩槍兵很容易受傷，尤其是被騎兵攻擊，因此需要長槍兵保護。

年代	約1640年
來源	英格蘭
槍管	115.5公分
重量	4.2公斤
口徑	11號鉛徑

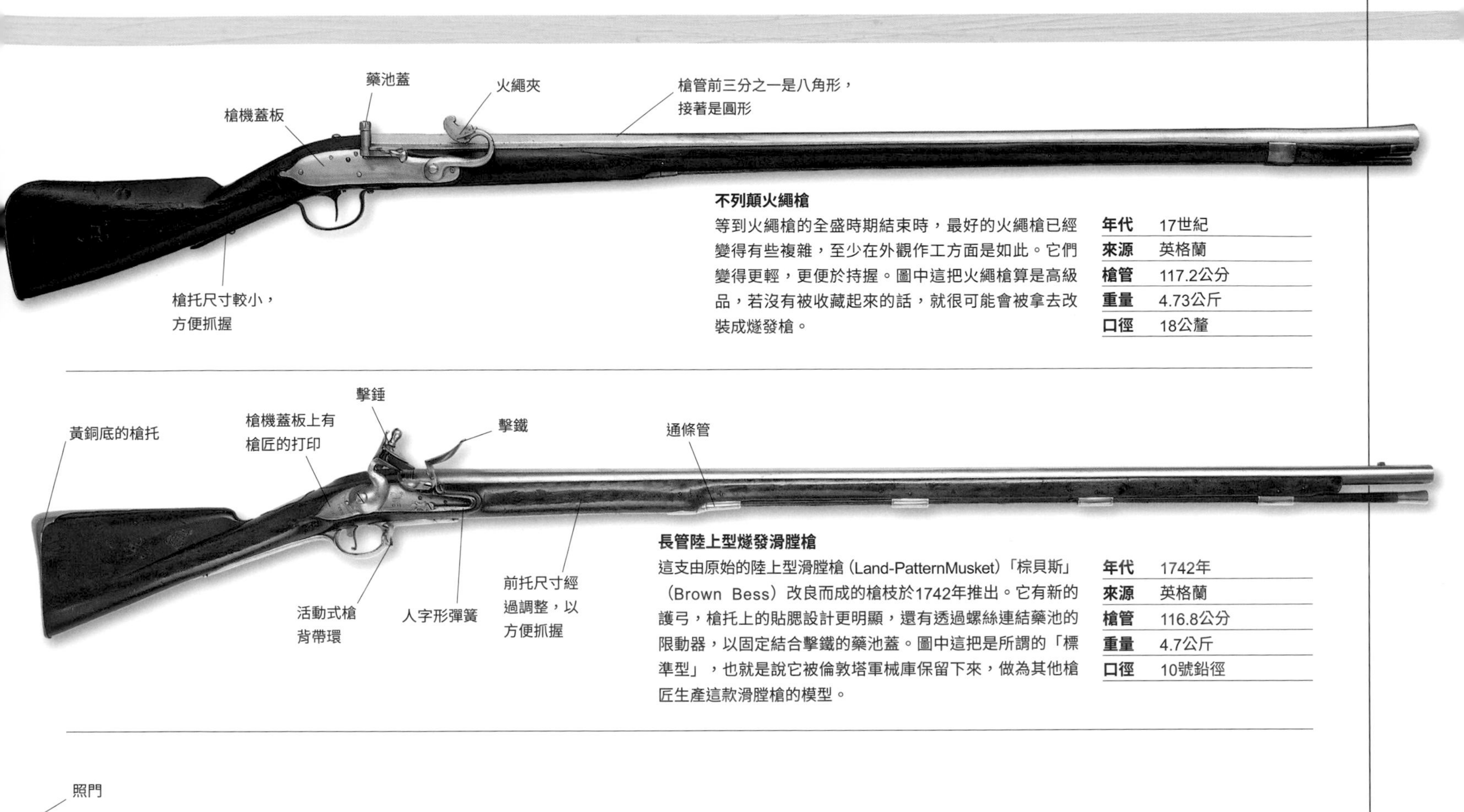

不列顛火繩槍

等到火繩槍的全盛時期結束時，最好的火繩槍已經變得有些複雜，至少在外觀作工方面是如此。它們變得更輕，更便於持握。圖中這把火繩槍算是高級品，若沒有被收藏起來的話，就很可能會被拿去改裝成燧發槍。

年代	17世紀
來源	英格蘭
槍管	117.2公分
重量	4.73公斤
口徑	18公釐

長管陸上型燧發滑膛槍

這支由原始的陸上型滑膛槍（Land-PatternMusket）「棕貝斯」（Brown Bess）改良而成的槍枝於1742年推出。它有新的護弓，槍托上的貼腮設計更明顯，還有透過螺絲連結藥池的限動器，以固定結合擊鐵的藥池蓋。圖中這把是所謂的「標準型」，也就是說它被倫敦塔軍械庫保留下來，做為其他槍匠生產這款滑膛槍的模型。

年代	1742年
來源	英格蘭
槍管	116.8公分
重量	4.7公斤
口徑	10號鉛徑

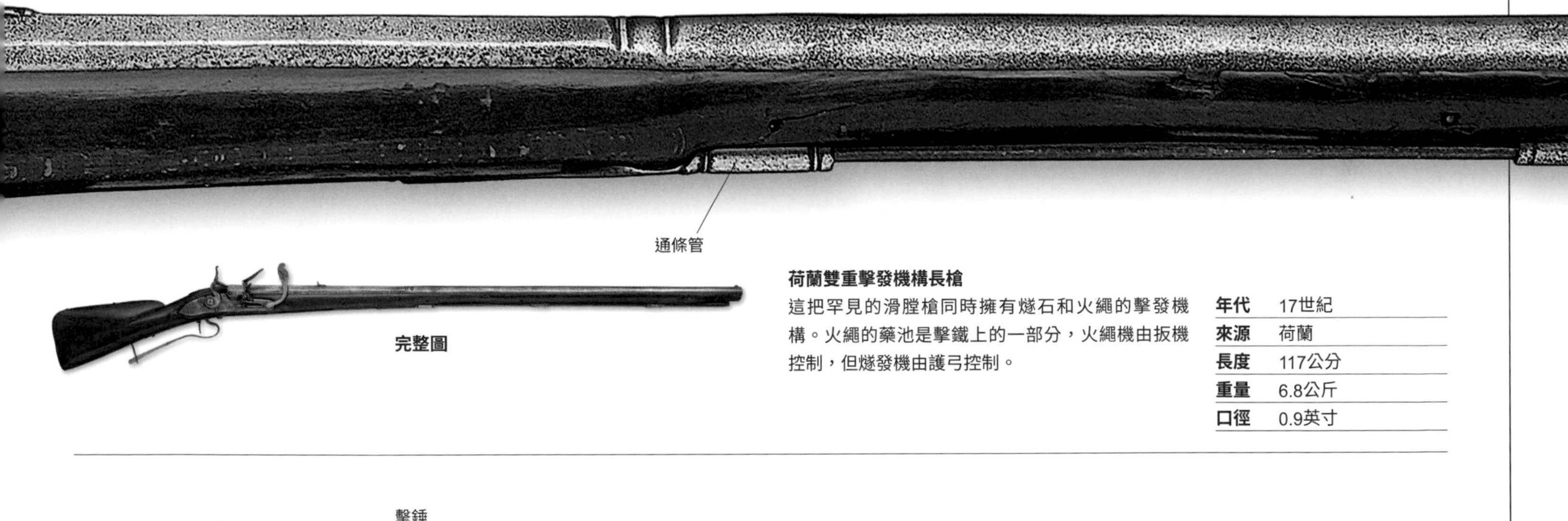

完整圖

荷蘭雙重擊發機構長槍

這把罕見的滑膛槍同時擁有燧石和火繩的擊發機構。火繩的藥池是擊鐵上的一部分，火繩機由扳機控制，但燧發機由護弓控制。

年代	17世紀
來源	荷蘭
長度	117公分
重量	6.8公斤
口徑	0.9英寸

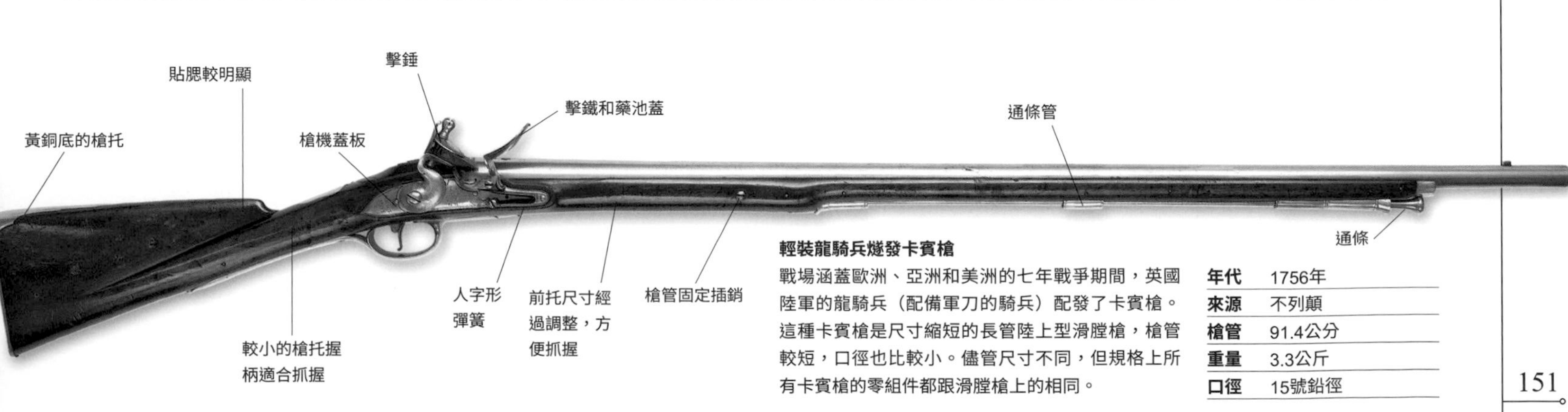

輕裝龍騎兵燧發卡賓槍

戰場涵蓋歐洲、亞洲和美洲的七年戰爭期間，英國陸軍的龍騎兵（配備軍刀的騎兵）配發了卡賓槍。這種卡賓槍是尺寸縮短的長管陸上型滑膛槍，槍管較短，口徑也比較小。儘管尺寸不同，但規格上所有卡賓槍的零組件都跟滑膛槍上的相同。

年代	1756年
來源	不列顛
槍管	91.4公分
重量	3.3公斤
口徑	15號鉛徑

◂ 150-151 火繩與燧發長槍

火繩滑膛槍

火繩鉤銃發明的準確時間已不可考，但證據顯示很可能是在 1475 年左右的德國出現。從技術上來看，火繩機隨著簧輪機的發明，在 16 世紀被取代，但卻一直使用到 17 世紀末，主要是因為結構簡單的緣故。

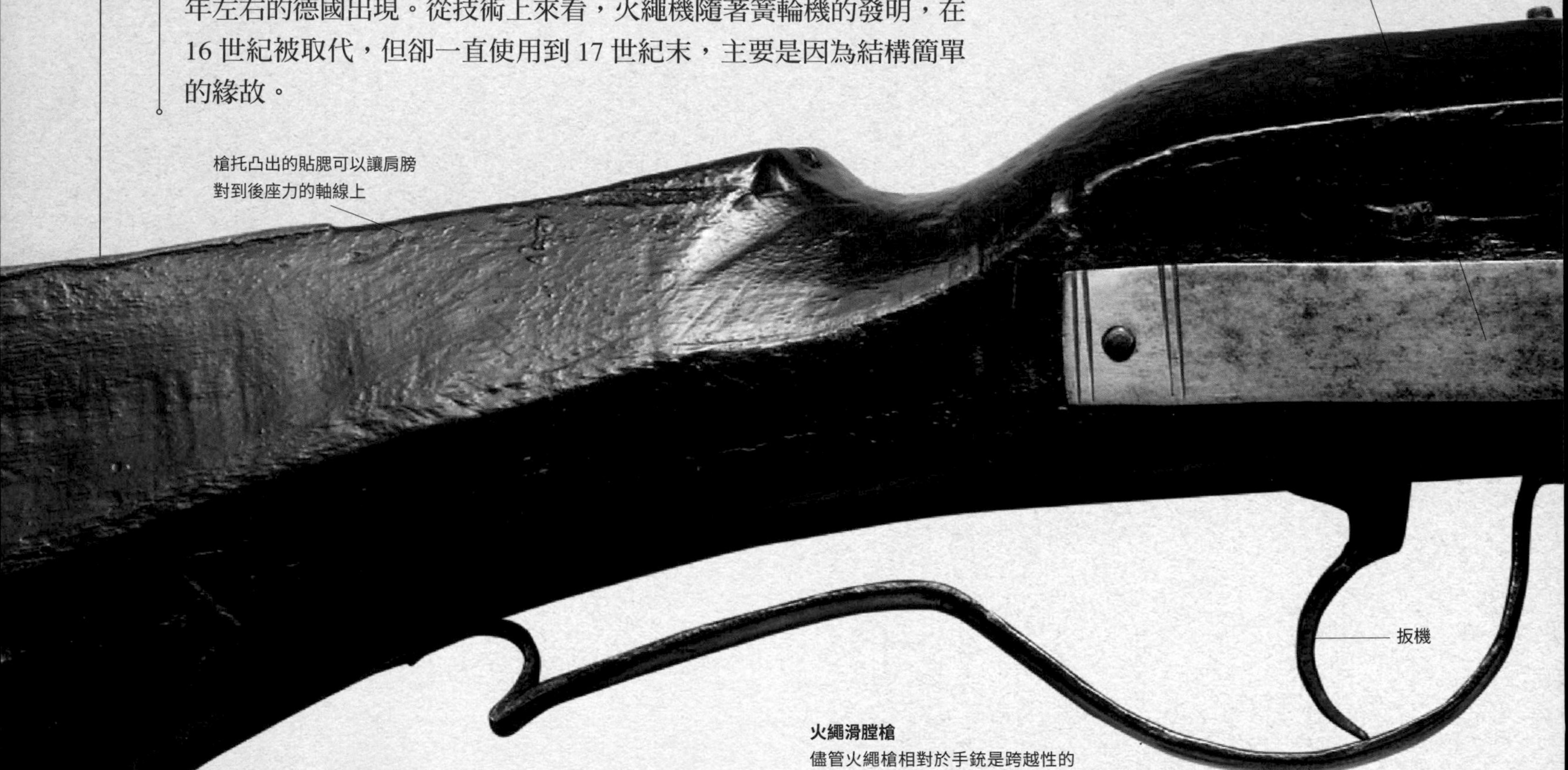

鐵製槍機蓋板

槍托凸出的貼腮可以讓肩膀對到後座力的軸線上

扳機

扳機護弓

火繩滑膛槍

儘管火繩槍相對於手銃是跨越性的進步，但依然是相當笨重的武器，即使在乾燥的天候下，火繩都還是很有可能會熄滅，而點燃的火繩在夜間又會暴露位置。不過最上等的火繩槍精準度極高，可以從90公尺以外或更遠的地方殺掉敵人。

年代	17世紀中期
來源	英國
槍管	125.75公分
重量	6.05公斤
口徑	0.75英寸

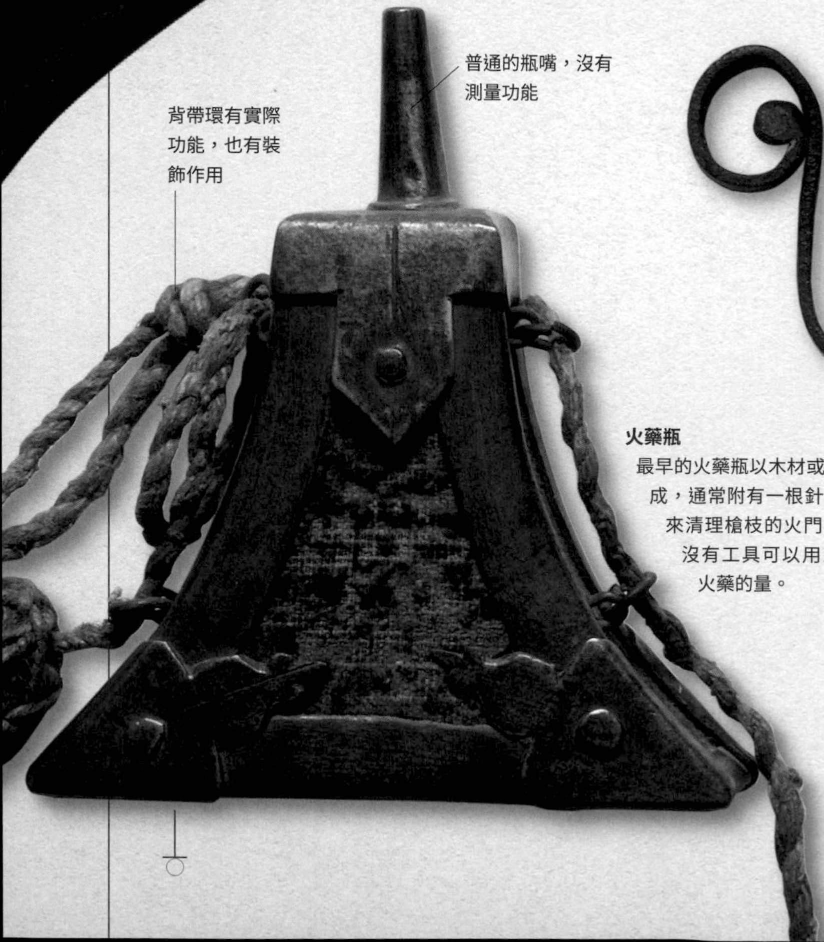

普通的瓶嘴，沒有測量功能

背帶環有實際功能，也有裝飾作用

火藥瓶

最早的火藥瓶以木材或皮革製成，通常附有一根針，可用來清理槍枝的火門，但卻沒有工具可以用來測量火藥的量。

鉛彈

一直要到1600年，鉛才因為熔點低、比重高而成為通用的彈丸材料。在更早前甲冑依然普及的時候，使用的通常是鐵質彈丸。

滑膛槍架

最早的軍用火繩槍因為體積龐大，因此需要用到槍架。槍架的設計當然要堅固耐用，因此又增加了射手的負擔。到了大約1650年，槍枝重量減輕，就不再需要使用槍架了。

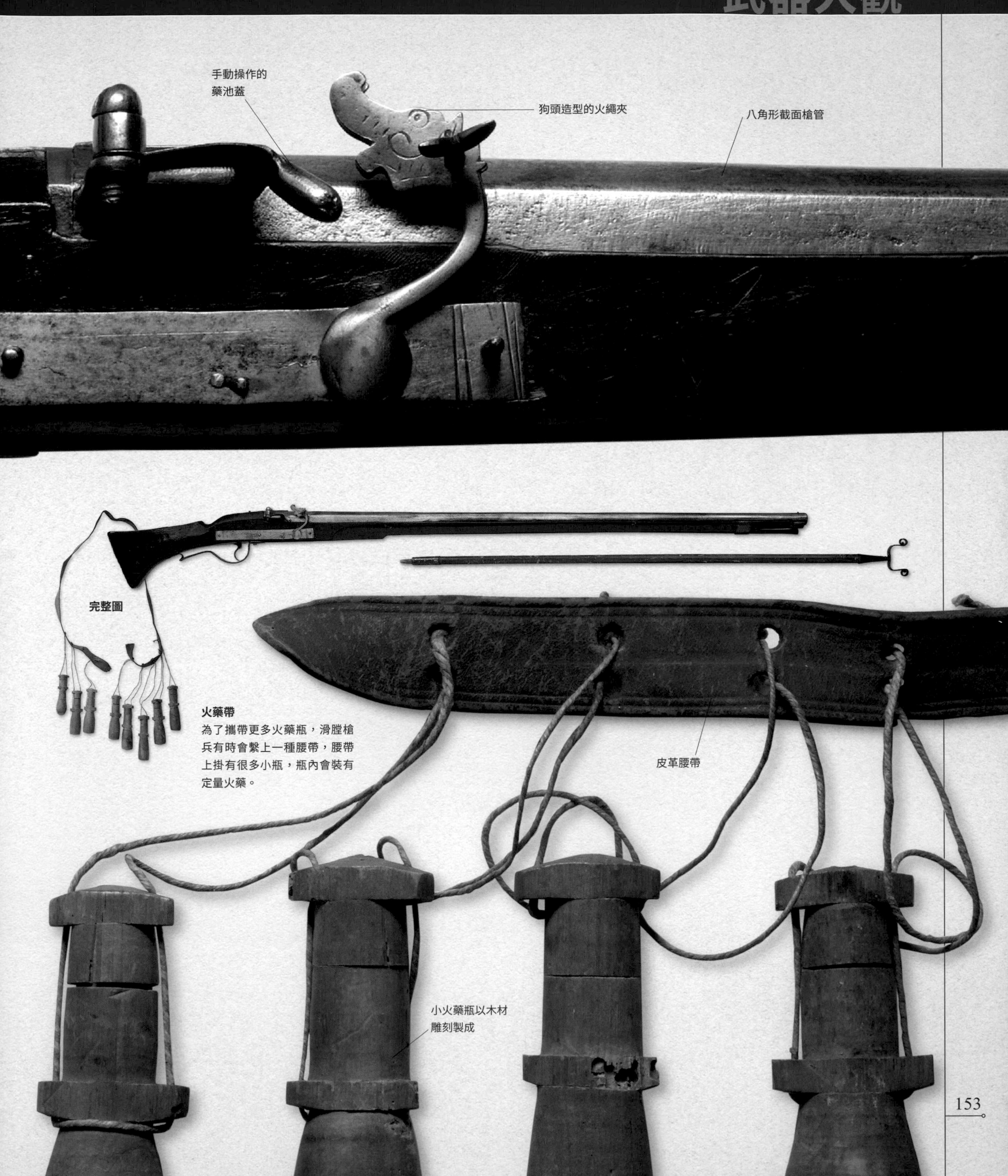

火藥帶
為了攜帶更多火藥瓶，滑膛槍兵有時會繫上一種腰帶，腰帶上掛有很多小瓶，瓶內會裝有定量火藥。

1600-1700 年的歐洲獵槍

不論是為了運動還是果腹，在開始使用火器後，人類對狩獵這件事就愈來愈有把握，因此到了 17 世紀初，簧輪槍就在地主仕紳階級間普及開來。在這個時期，有膛線的簧輪槍即使對野兔之類的小型獵物都十分有效，但裝填速度緩慢，且在發射約 30 次之後就需要拆開清理。

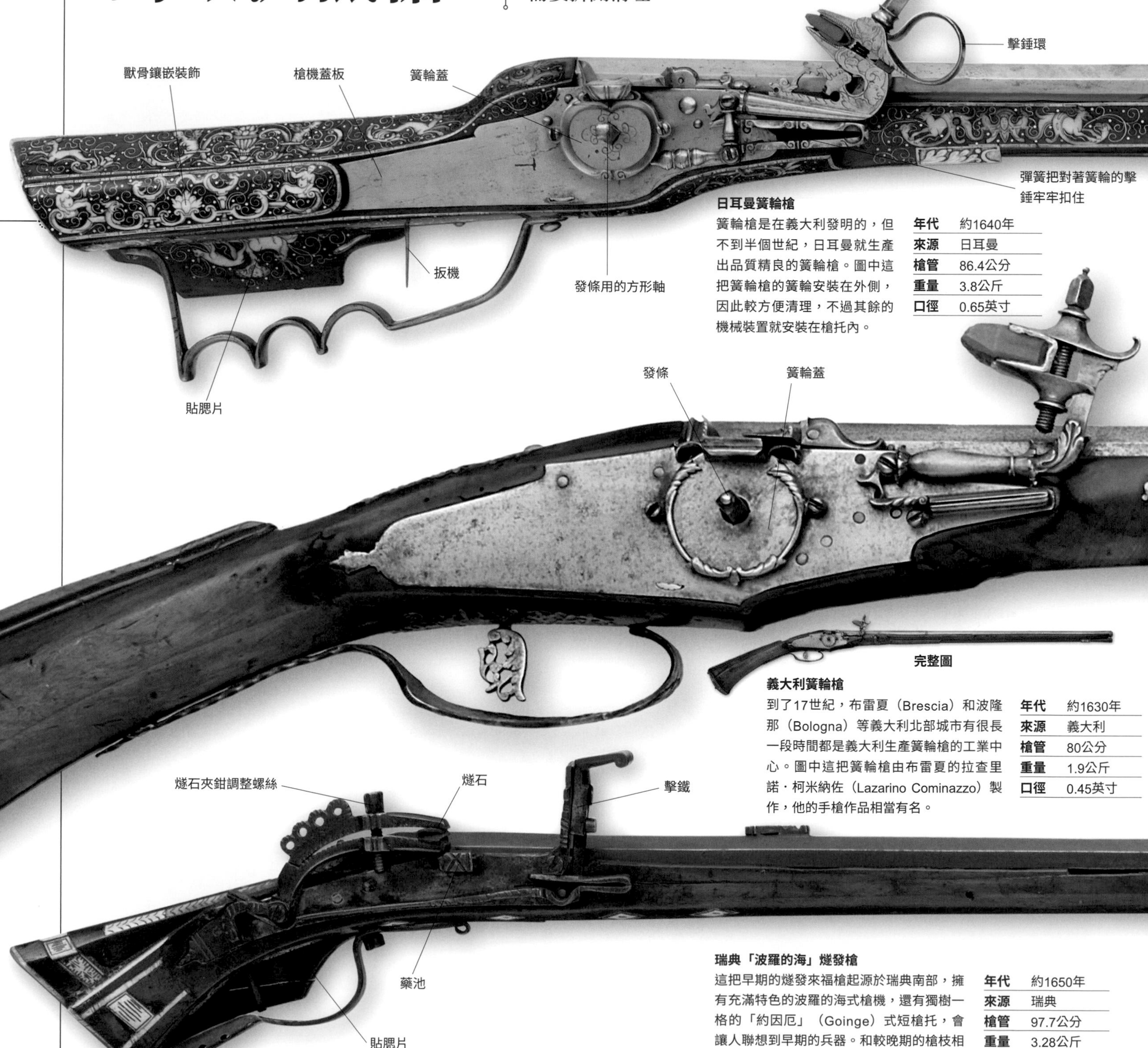

日耳曼簧輪槍

簧輪槍是在義大利發明的，但不到半個世紀，日耳曼就生產出品質精良的簧輪槍。圖中這把簧輪槍的簧輪安裝在外側，因此較方便清理，不過其餘的機械裝置就安裝在槍托內。

年代	約1640年
來源	日耳曼
槍管	86.4公分
重量	3.8公斤
口徑	0.65英寸

義大利簧輪槍

到了17世紀，布雷夏（Brescia）和波隆那（Bologna）等義大利北部城市有很長一段時間都是義大利生產簧輪槍的工業中心。圖中這把簧輪槍由布雷夏的拉查里諾・柯米納佐（Lazarino Cominazzo）製作，他的手槍作品相當有名。

年代	約1630年
來源	義大利
槍管	80公分
重量	1.9公斤
口徑	0.45英寸

瑞典「波羅的海」燧發槍

這把早期的燧發來福槍起源於瑞典南部，擁有充滿特色的波羅的海式槍機，還有獨樹一格的「約因厄」（Goinge）式短槍托，會讓人聯想到早期的兵器。和較晚期的槍枝相比，它的槍機是一種在德國北部發明的簡單結構，做工粗糙。

年代	約1650年
來源	瑞典
槍管	97.7公分
重量	3.28公斤
口徑	0.4英寸

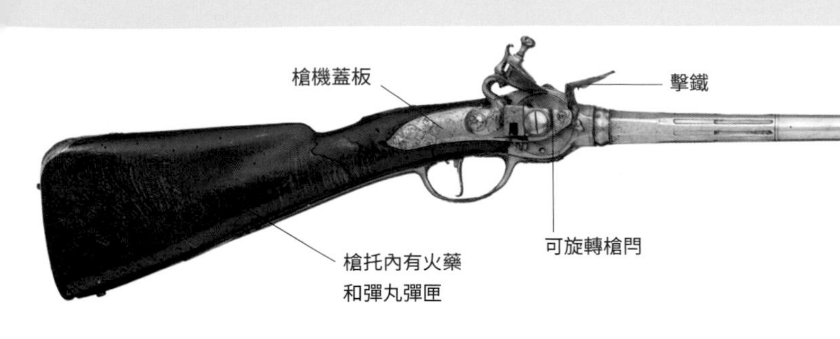

義大利連發燧發槍

義大利槍匠米凱爾．羅倫佐尼（Michele Lorenzoni）於1683到1733年間居住在佛羅倫斯，發明了早期的後膛裝填連發燧發槍。它擁有一對彈匣，一個裝火藥，另一個裝彈丸，位於槍托內。這把槍的左邊有一個控制桿，可用來控制槍門旋轉以裝填彈藥。

年代	約1690年
來源	義大利
槍管	89公分
重量	3.95公斤
口徑	0.53英寸

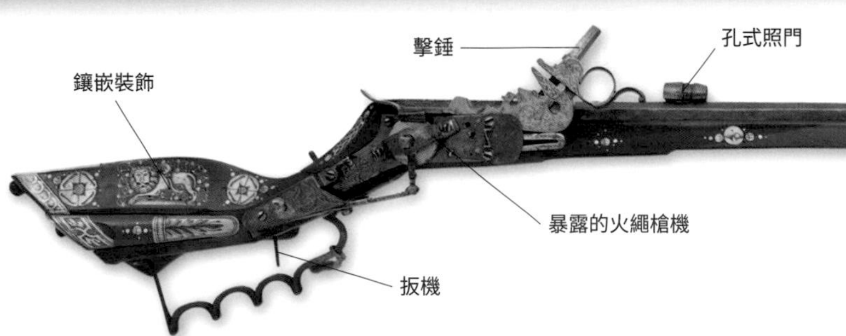

日耳曼簧輪槍

簧輪槍基本上可分為三種：全封閉式、簧輪槍暴露在外但其餘機件封閉、所有機件暴露在外。最後一種稱為「青克」（Tschinke），因為它是在日耳曼的這個城鎮發明的，雖然容易損壞，但清潔保養比較簡單。圖中這把槍是在西利西亞（Silesia）製造的，它的槍托有獸角和珍珠母鑲嵌裝飾。

年代	約1630年
來源	日耳曼
槍管	94公分
重量	3.4公斤
口徑	0.33英寸

槍管固定插銷

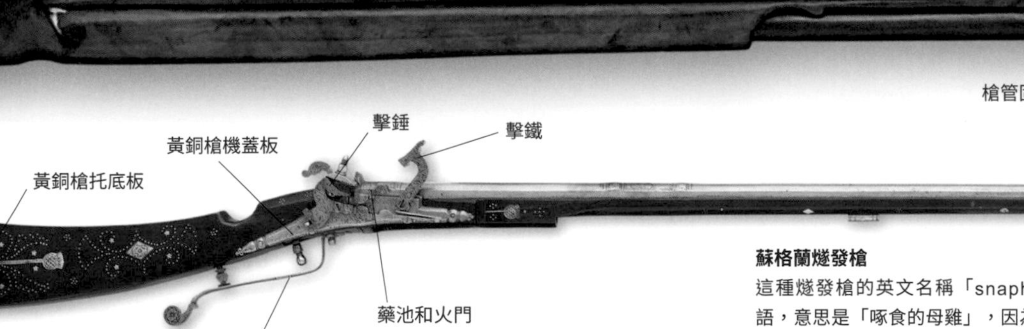

蘇格蘭燧發槍

這種燧發槍的英文名稱「snaphaunce」源自於荷蘭語，意思是「啄食的母雞」，因為它運作起來的樣子就像那樣。這是第一種著手簡化簧輪從黃鐵石上打出火花的方式的槍枝。這把裝飾華麗的燧發槍由丹地的艾利森（Alison of Dundee）製作，且是詹姆士（James）獻給法國國王路易十三的禮物。

年代	1614年
來源	蘇格蘭
槍管	96.5公分
重量	2公斤
口徑	0.45英寸

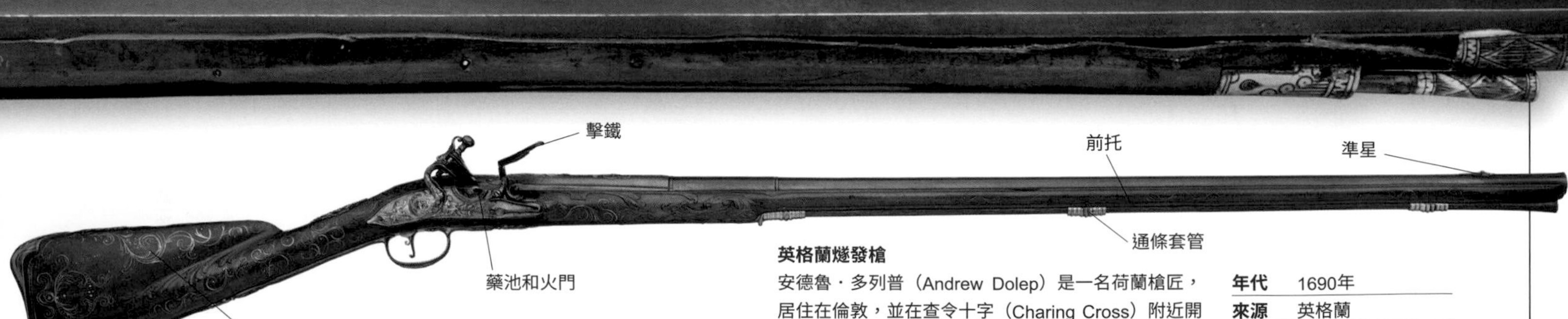

英格蘭燧發槍

安德魯．多列普（Andrew Dolep）是一名荷蘭槍匠，居住在倫敦，並在查令十字（Charing Cross）附近開設槍店。他在職業生涯的最後階段製造了這把精美典雅的燧發槍——它的胡桃木槍托用了大量銀線鑲嵌裝飾。「棕貝斯」滑膛槍就是多列普設計的，這把槍的外型也跟棕貝絲很像。

年代	1690年
來源	英格蘭
槍管	96.5公分
重量	3.2公斤
口徑	0.75英寸

1700年以後的歐洲獵槍

曾經存在於英國槍匠和歐洲槍匠之間的鴻溝，到了18世紀初就大多消失了。此時燧發槍已成為主流，但歐洲南部是個例外，當地依然廣泛使用更原始的麥奎雷火槍。儘管風格趨於樸素，但留下來的裝飾卻變得更加複雜，鑲嵌減到最少，重點變成強調木材的天然品質。

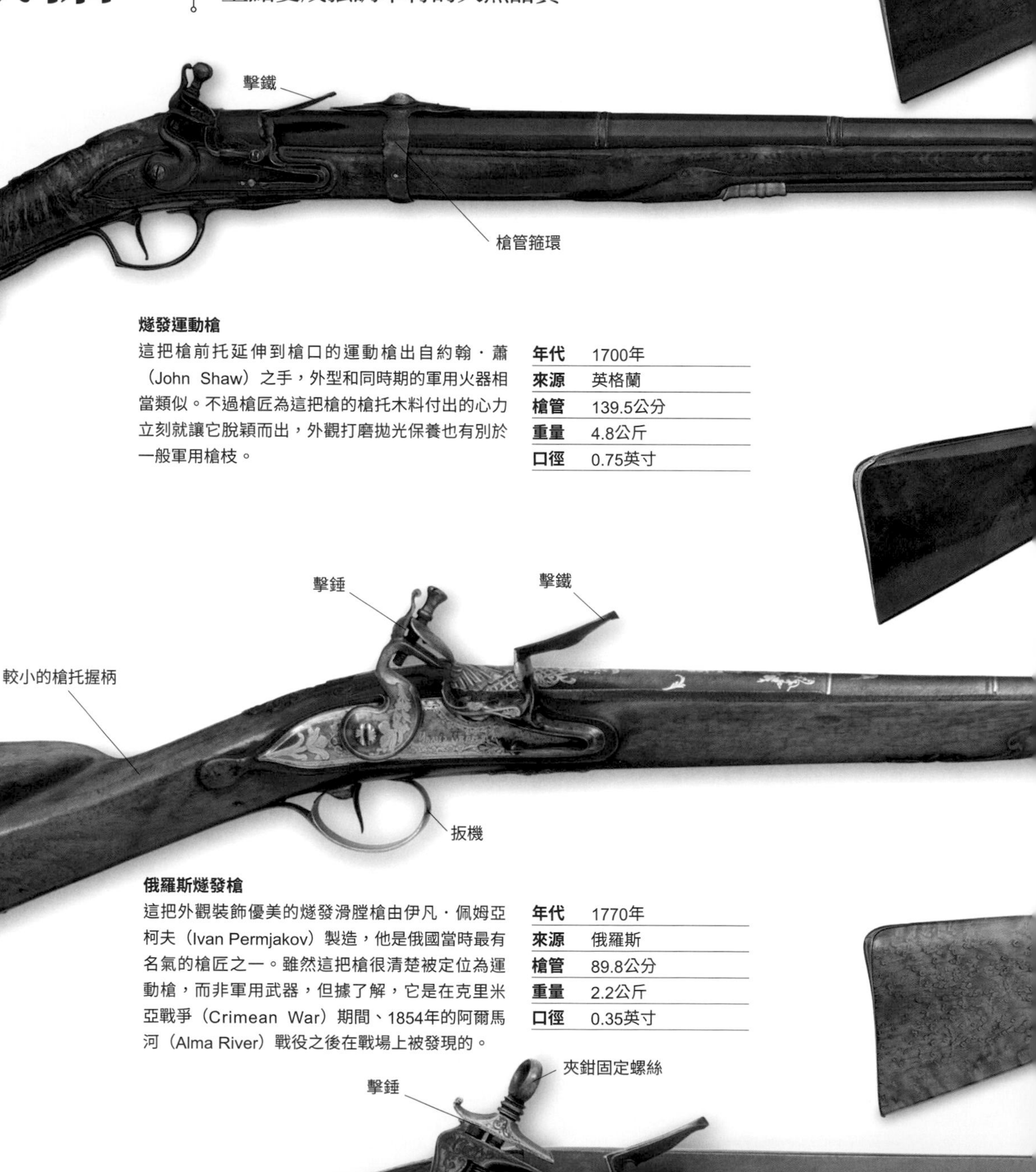

燧發運動槍

這把槍前托延伸到槍口的運動槍出自約翰・蕭（John Shaw）之手，外型和同時期的軍用火器相當類似。不過槍匠為這把槍的槍托木料付出的心力立刻就讓它脫穎而出，外觀打磨拋光保養也有別於一般軍用槍枝。

年代	1700年
來源	英格蘭
槍管	139.5公分
重量	4.8公斤
口徑	0.75英寸

俄羅斯燧發槍

這把外觀裝飾優美的燧發滑膛槍由伊凡・佩姆亞柯夫（Ivan Permjakov）製造，他是俄國當時最有名氣的槍匠之一。雖然這把槍很清楚被定位為運動槍，而非軍用武器，但據了解，它是在克里米亞戰爭（Crimean War）期間、1854年的阿爾馬河（Alma River）戰役之後在戰場上被發現的。

年代	1770年
來源	俄羅斯
槍管	89.8公分
重量	2.2公斤
口徑	0.35英寸

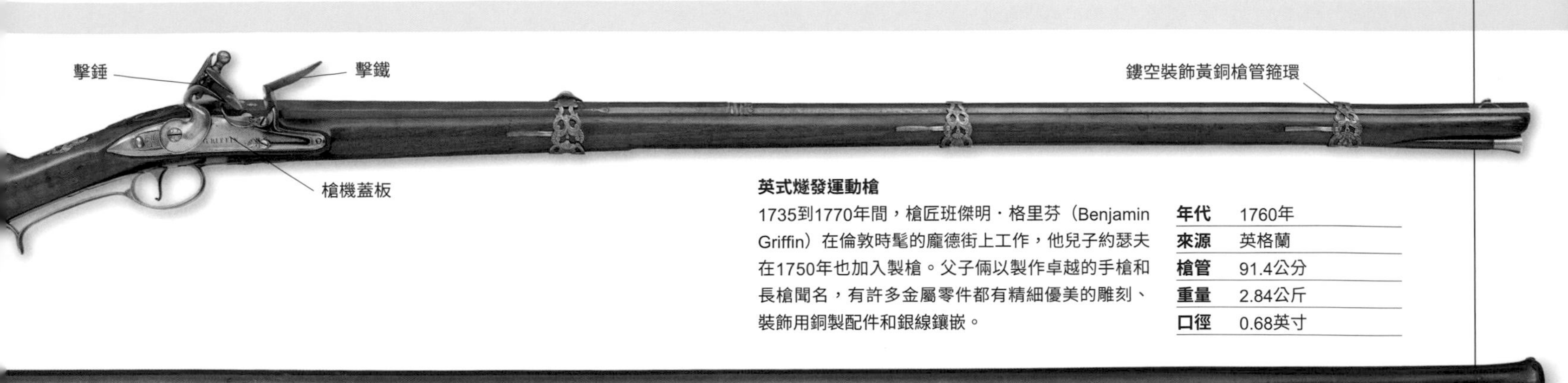

英式燧發運動槍

1735到1770年間，槍匠班傑明．格里芬（Benjamin Griffin）在倫敦時髦的龐德街上工作，他兒子約瑟夫在1750年也加入製槍。父子倆以製作卓越的手槍和長槍聞名，有許多金屬零件都有精細優美的雕刻、裝飾用銅製配件和銀線鑲嵌。

年代	1760年
來源	英格蘭
槍管	91.4公分
重量	2.84公斤
口徑	0.68英寸

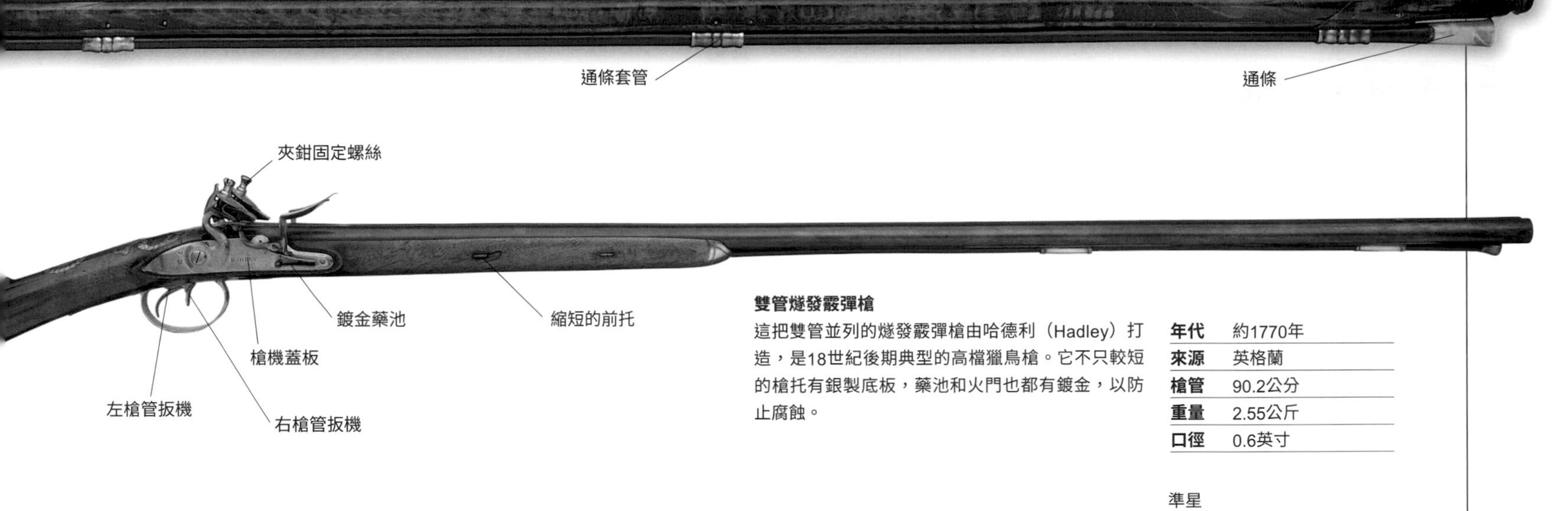

雙管燧發霰彈槍

這把雙管並列的燧發霰彈槍由哈德利（Hadley）打造，是18世紀後期典型的高檔獵鳥槍。它不只較短的槍托有銀製底板，藥池和火門也都有鍍金，以防止腐蝕。

年代	約1770年
來源	英格蘭
槍管	90.2公分
重量	2.55公斤
口徑	0.6英寸

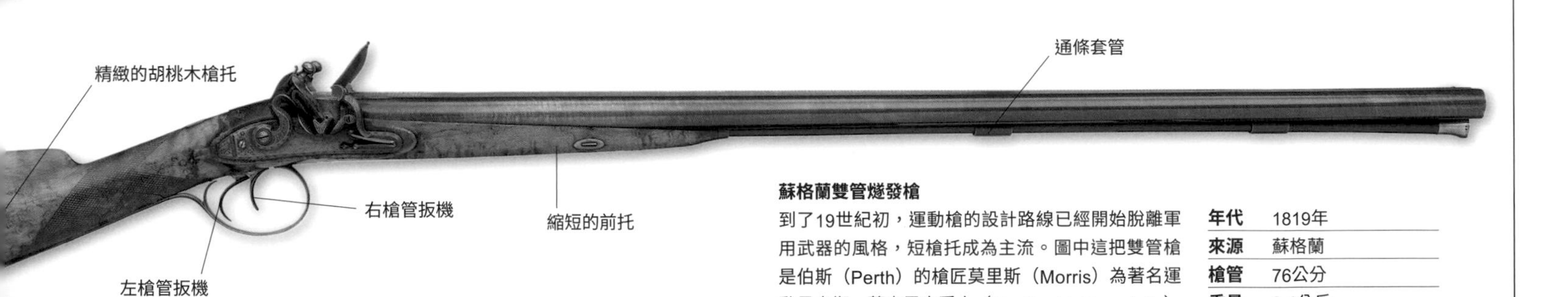

蘇格蘭雙管燧發槍

到了19世紀初，運動槍的設計路線已經開始脫離軍用武器的風格，短槍托成為主流。圖中這把雙管槍是伯斯（Perth）的槍匠莫里斯（Morris）為著名運動員大衛．蒙克里夫爵士（Sir David Moncrieffe）製作的。

年代	1819年
來源	蘇格蘭
槍管	76公分
重量	3.4公斤
口徑	0.68英寸

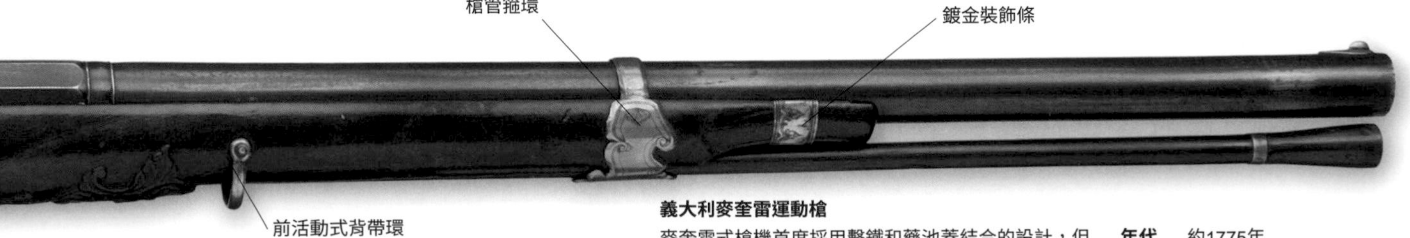

義大利麥奎雷運動槍

麥奎雷式槍機首度採用擊鐵和藥池蓋結合的設計，但主彈簧外露（不像日後真正的燧發槍，主彈簧為內置）。這把麥奎雷滑膛槍很奇特，它是1775年左右由那不勒斯的帕奇菲柯（Pacifico）製造的，但槍管卻很明顯是1815年滑鐵盧戰役前後在英國生產的。

年代	約1775年
來源	義大利
槍管	80公分
重量	3.75公斤
口徑	0.75英寸

亞洲火繩槍

率先抵達印度次大陸的歐洲人是葡萄牙人，時間是 1498 年。45 年後，他們又抵達日本。他們隨身攜帶的火器是火繩滑膛槍。在亞洲，優秀的軍械工匠比比皆是，於是本土工匠開始仿造他們看到的武器，並加以修改以符合自身需求。此外，他們也在火器上加了跟過去其他武器相同風格的裝飾，這當中需要用到貴金屬和其他珍貴材料，在日本甚至運用到漆器工藝。不久，獨特的在地風格就衍生出來。

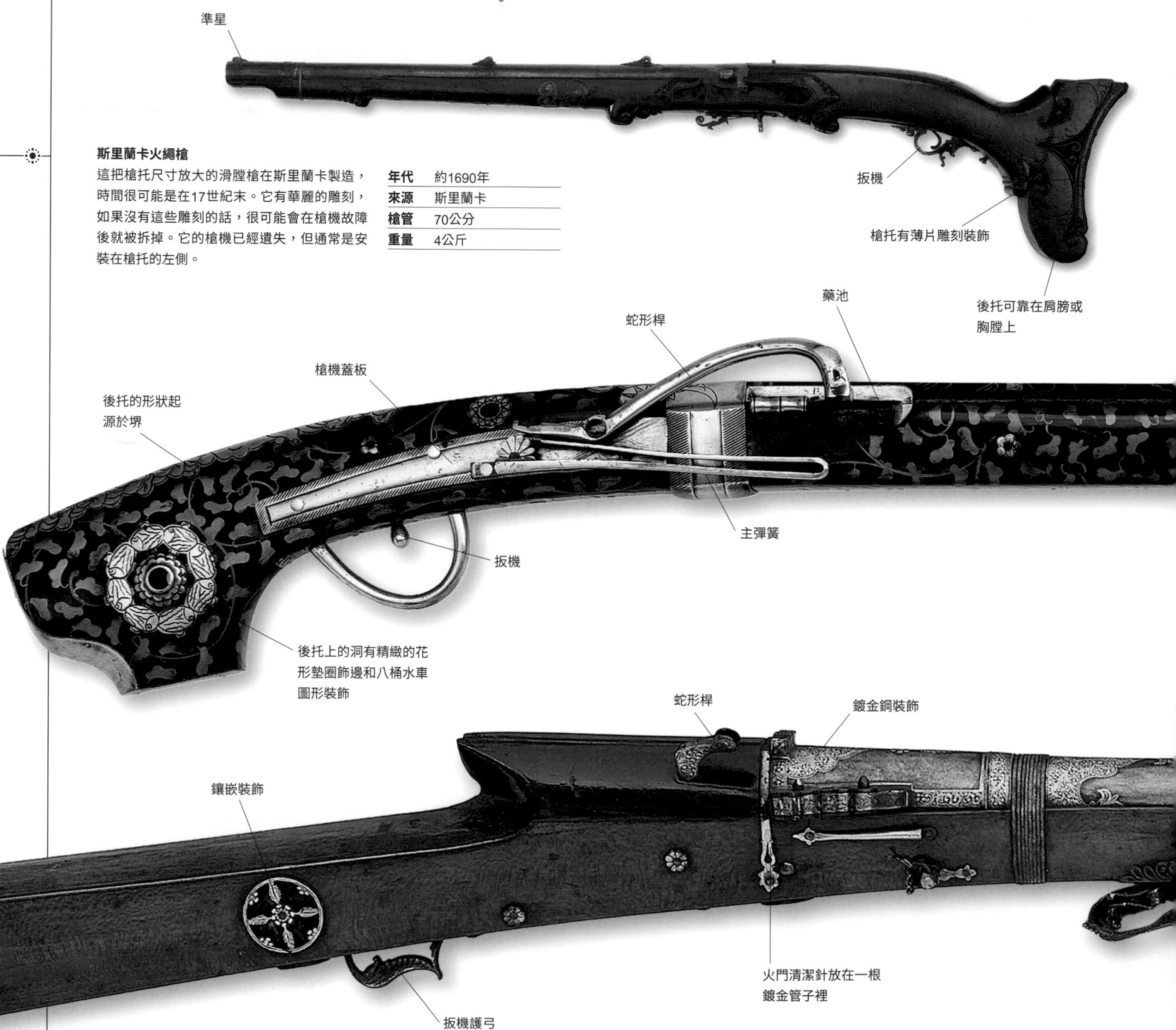

斯里蘭卡火繩槍

這把槍托尺寸放大的滑膛槍在斯里蘭卡製造，時間很可能是在17世紀末。它有華麗的雕刻，如果沒有這些雕刻的話，很可能會在槍機故障後就被拆掉。它的槍機已經遺失，但通常是安裝在槍托的左側。

年代	約1690年
來源	斯里蘭卡
槍管	70公分
重量	4公斤

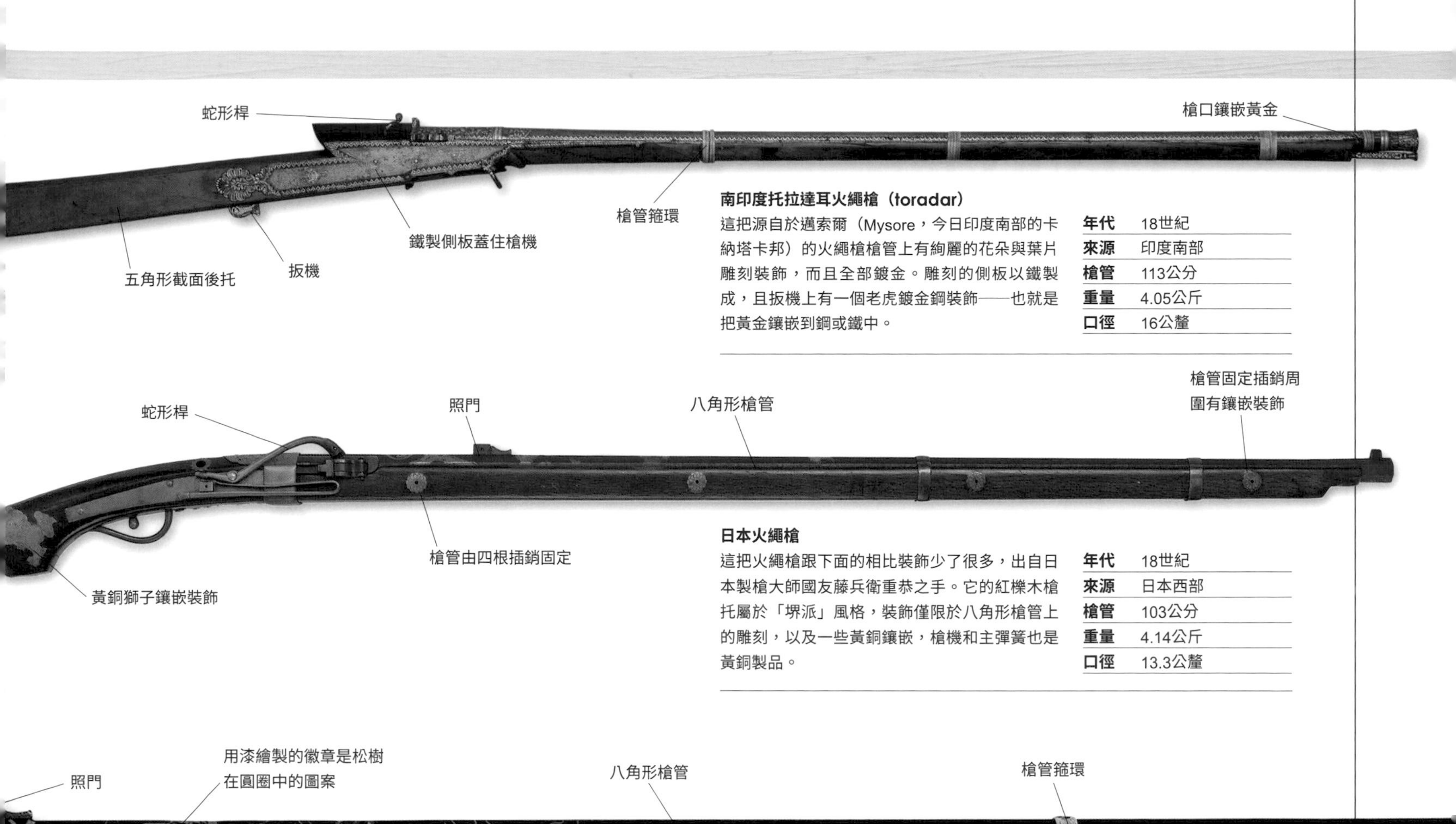

南印度托拉達耳火繩槍（toradar）

這把源自於邁索爾（Mysore，今日印度南部的卡納塔卡邦）的火繩槍槍管上有絢麗的花朵與葉片雕刻裝飾，而且全部鍍金。雕刻的側板以鐵製成，且扳機上有一個老虎鍍金鋼裝飾──也就是把黃金鑲嵌到鋼或鐵中。

年代	18世紀
來源	印度南部
槍管	113公分
重量	4.05公斤
口徑	16公釐

日本火繩槍

這把火繩槍跟下面的相比裝飾少了很多，出自日本製槍大師國友藤兵衛重恭之手。它的紅櫟木槍托屬於「堺派」風格，裝飾僅限於八角形槍管上的雕刻，以及一些黃銅鑲嵌，槍機和主彈簧也是黃銅製品。

年代	18世紀
來源	日本西部
槍管	103公分
重量	4.14公斤
口徑	13.3公釐

照門
用漆繪製的徽章是松樹在圓圈中的圖案
八角形槍管
槍管箍環
紅櫟木上的金漆裝飾

完整圖

日本鐵炮

這把18世紀早期的火繩槍「鐵炮」是堺的榎並屋家族的作品，他們公認是工業時代前日本最頂尖的鐵炮師之一。它的槍托以紅櫟木製成，用金漆塗滿了捲曲藤蔓圖案，此外還有黃銅和銀質鑲嵌裝飾。這些裝飾很可能是日後才加上去的。

年代	約1700年
來源	日本
槍管	100公分
重量	2.77公斤
口徑	11.4公釐

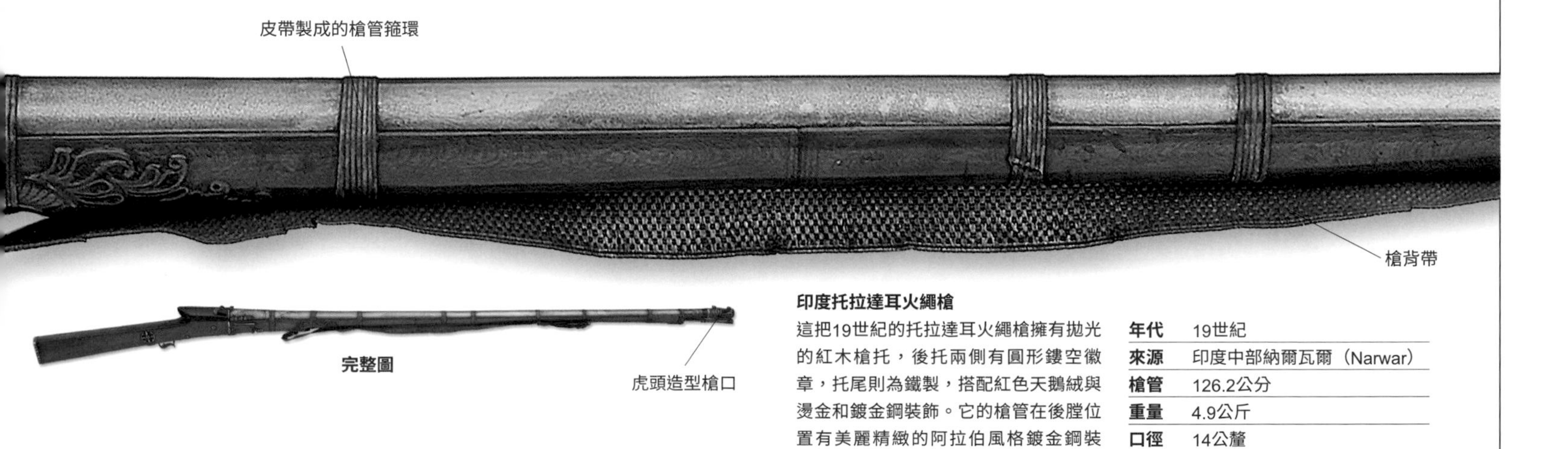

印度托拉達耳火繩槍

這把19世紀的托拉達耳火繩槍擁有拋光的紅木槍托，後托兩側有圓形鏤空徽章，托尾則為鐵製，搭配紅色天鵝絨與燙金和鍍金鋼裝飾。它的槍管在後膛位置有美麗精緻的阿拉伯風格鍍金鋼裝飾，槍口則做成虎頭造型。

年代	19世紀
來源	印度中部納爾瓦爾（Narwar）
槍管	126.2公分
重量	4.9公斤
口徑	14公釐

▶ 164-165 早期的大砲 ▶ 238-239 海軍大砲 ▶ 240-241 前裝砲

早期的大砲

最早的火藥武器於 14 世紀初在歐洲現身，經實戰證明在圍城戰中格外有效，不只因為重砲轟擊比 石器、投石機等傳統攻城器械威力強大，也因為它可以帶來強烈的心理效應，瓦解防守方的士氣。到了 1500 年，大砲的存在使得傳統高牆城堡的時代走入尾聲，並促使軍事工程師開始建造可抵禦砲彈彈丸轟擊的要塞堡壘。

大砲彈丸

對早期的砲兵來說，最常見的射彈就是石彈。大規模砲轟射出的彈丸可以對城牆造成十分嚴重的破壞，不過自16世紀起，石彈就被鐵製彈丸取代。

年代	14-16世紀
來源	義大利
材質	石頭

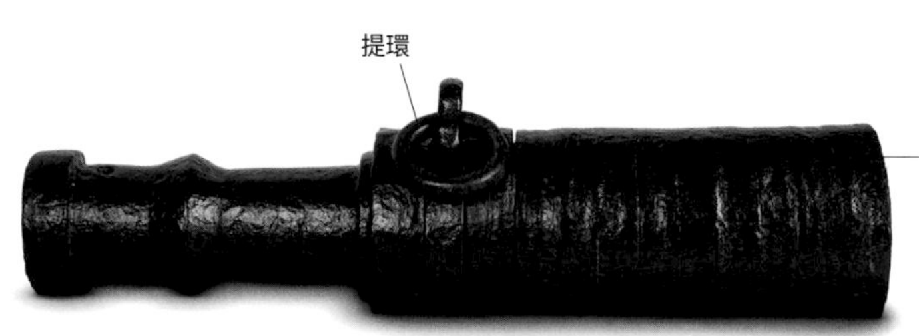

佛萊芒射石砲

射石砲是中世紀的一種攻城大砲，由砲口裝填。這門射石砲是在法蘭德斯製造的，當地有鑄造槍砲的優秀傳統，尤其是在大膽查理時代（1433-77）。

年代	15世紀早期
來源	法蘭德斯
材質	鍛造箍鐵
射彈	石彈

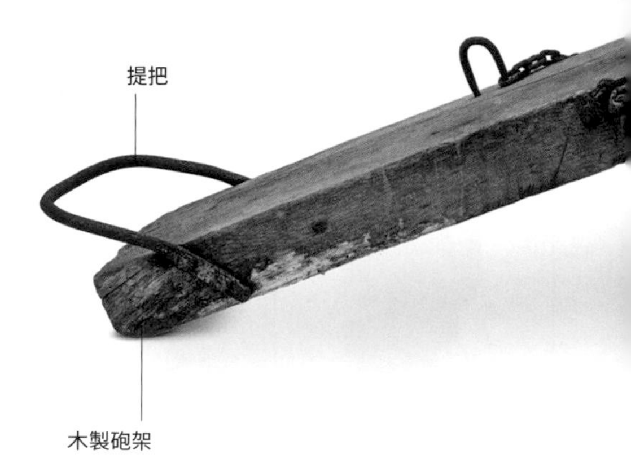

蒙斯梅格砲

蒙斯梅格砲（Mons Meg）是1457年獻給蘇格蘭國王詹姆士二世（James II）的。這尊巨大無比的射石砲發射的石彈重達將近200公斤，射程可達2.6公里遠，不過若要移動它，一天只能前進五公里左右。

年代	1449年
來源	法蘭德斯
長度	4公尺
重量	5公噸
口徑	49.6公分

15世紀射石砲

雖然這尊射石砲看起來有點簡陋，但因為它重量輕，因此在15世紀晚期出現後，就預告了未來砲兵的發展方向。由於它機動力較佳，因此可以跟著部隊一起前進，在戰場上使用，而不是只能用在圍城戰裡。

年代	15世紀
來源	歐洲
長度	198公分
口徑	3.5吋

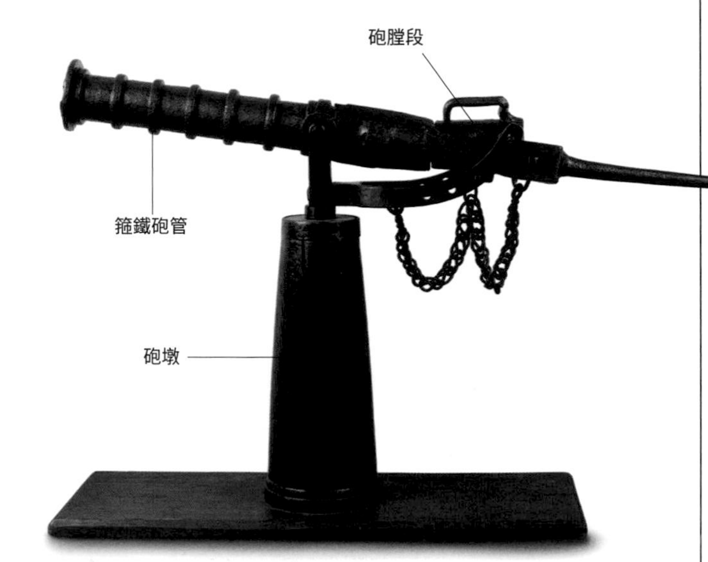

英格蘭迴旋砲

迴旋砲通常由海軍使用。這種大砲會裝在船艦的最頂層甲板上，由於射界相當大，因此可以即時射擊敵方船艦。它是後膛裝填，跟同時期大部分迴旋砲相同。

年代	15世紀晚期
來源	英格蘭
長度	1.4公尺
口徑	5.7公分

臼砲

這門臼砲由位於砲管尾端的接觸引信擊發，能以非常大的角度發射石彈之類的射彈，也可能有燃燒彈。它是在英格蘭肯特（Kent）波定堡（Bodiam Castle）的護城河裡發現的。

年代	15-16世紀
來源	英格蘭
長度	1.2公尺
口徑	36公分

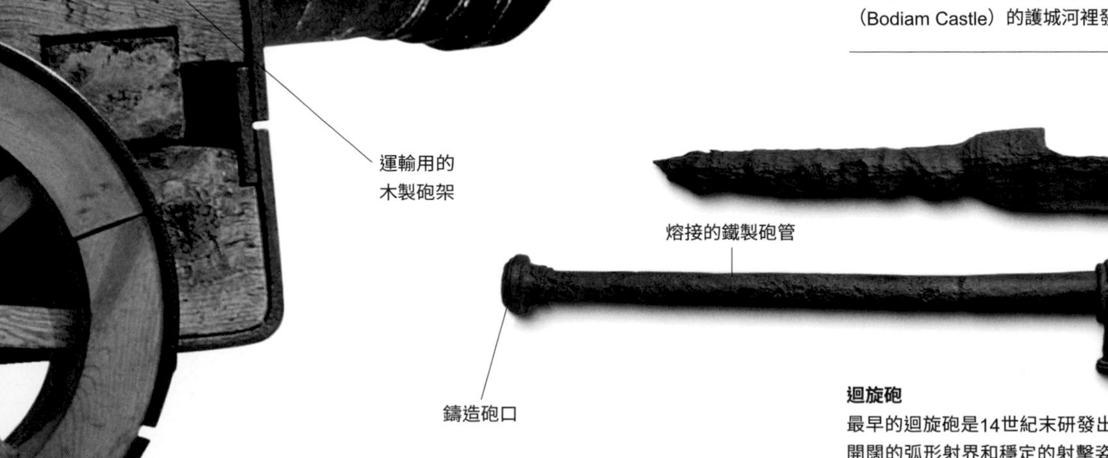

迴旋砲

最早的迴旋砲是14世紀末研發出來的，具備開闊的弧形射界和穩定的射擊姿勢。它通常裝在船上或建築物上，且為了提高反應速度，會使用後膛裡預先裝填好的火藥。

年代	約15世紀
來源	瑞典
材質	鐵
射彈	圓球彈丸或葡萄彈

早期的大砲

青銅隼砲

隼砲（falcon）是典型的輕型大砲，於16世紀初期生產。這款隼砲由英格蘭國王亨利八世訂購，很可能是從法蘭德斯進口，因為這段期間英格蘭還沒建立自己的鑄砲工業。

年代	約1520年
來源	法蘭德斯或法國
長度	2.54公尺
口徑	6.3公分
射彈	約1.3公斤

青銅砲耳

青銅鷹隼銃

鷹隼銃（saker）跟許多早期大砲一樣，是以猛禽來命名。它是從一位義大利工匠那裡獲得的，目的是要擴充英格蘭軍隊中的大砲數量。

年代	約1529年
來源	英格蘭
長度	2.23公尺
口徑	9.5公分
射程	約2公里

完整圖

青銅知更鳥砲

這是一款外觀極為華麗的知更鳥砲（robinet），重量只有193公斤，是16世紀的軍火款式中所能找到最小的火砲，做為殺傷人員武器相當有效。

年代	1535年
來源	法國
長度	2.39公尺
口徑	4.3公分
射彈	0.45公斤

青銅寵臣砲

寵臣砲（minion）是一種輕量型大砲，在英格蘭的都鐸王朝時期相當受歡迎。它們經過仔細調校可後在船上使用，1588年西班牙無敵艦隊（Armada）來犯時，許多參戰的英格蘭小型船隻都配備這款大砲，包括法蘭西斯・德瑞克（Francis Drake）爵士的座艦金雌鹿號（Golden Hind）。

年代	1550年
來源	義大利
長度	2.5公尺
口徑	7.6公分
射彈	1.5公斤

砲口加厚

鐵製佛郎機砲

在16世紀，青銅成為打造大砲砲管較常選用的金屬材料，但本圖中這門佛郎機砲依然採用鐵來製造。它的砲管以好幾條鍛鐵帶加固。

年代	16世紀
來源	歐洲
長度	1.63公尺
口徑	7.6公分
射彈	1.5公斤或葡萄彈

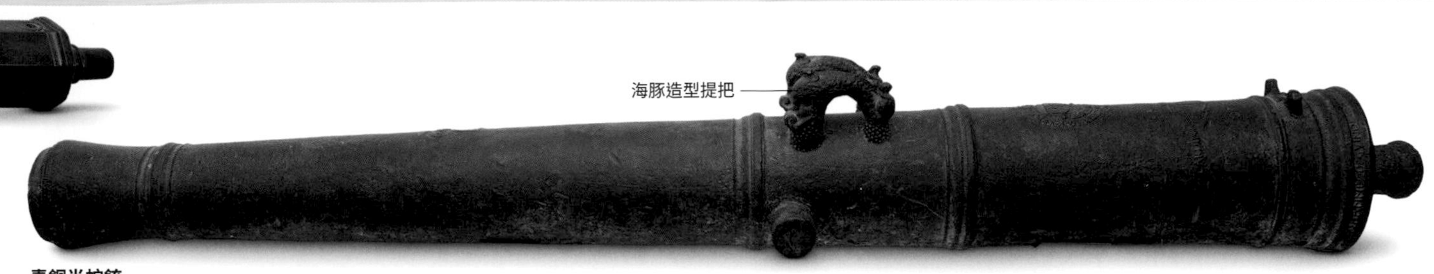

青銅半蛇銃

半蛇銃（demi-culverin）是一款尺寸中等的大砲，在陸上和海上都有使用，因適應性強而倍受讚譽。這門海軍用的半蛇銃是為樞機主教黎希留（Richelieu）鑄造的，當時他負責重建法國海軍艦隊，並在阿弗赫（Le Havre）蓋了一座火砲鑄造廠。

年代	1636年
來源	法國
長度	2.92公尺
口徑	11公分
射彈	4公斤

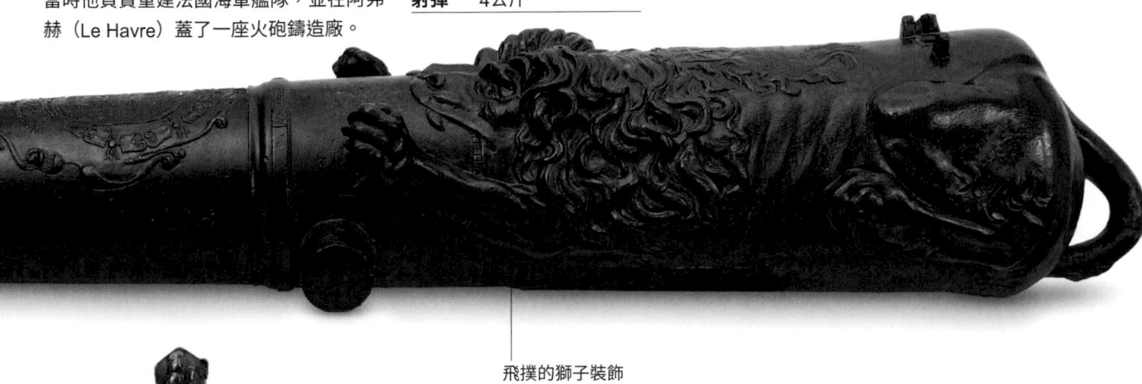

青銅半鳩銃

半鳩銃（demi-cannon）是一款尺寸中等的大砲，比一般的加農砲小，17世紀通常配置在戰艦的低層甲板。這門獨特的半鳩銃是在馬連（Malines）聞名遐邇的佛萊芒火砲鑄造廠鑄造的。

年代	1643年
來源	法蘭德斯
長度	3.12公尺
口徑	15.2公分
射彈	12公斤

馬來西亞青銅鷹隼銃

鷹隼銃是一種尺寸相對較小的大砲，用來打擊遠距離目標。本圖中這門鷹隼銃是在舊時荷蘭的殖民地馬六甲（Malacca，位於今日馬來西亞）鑄造的，雖然是以荷蘭的模具為基礎，但裝飾設計很明顯受到當地風格的影響。

年代	約1650年
來源	馬來西亞
長度	2.29公尺
口徑	8.9公分
射彈	2公斤

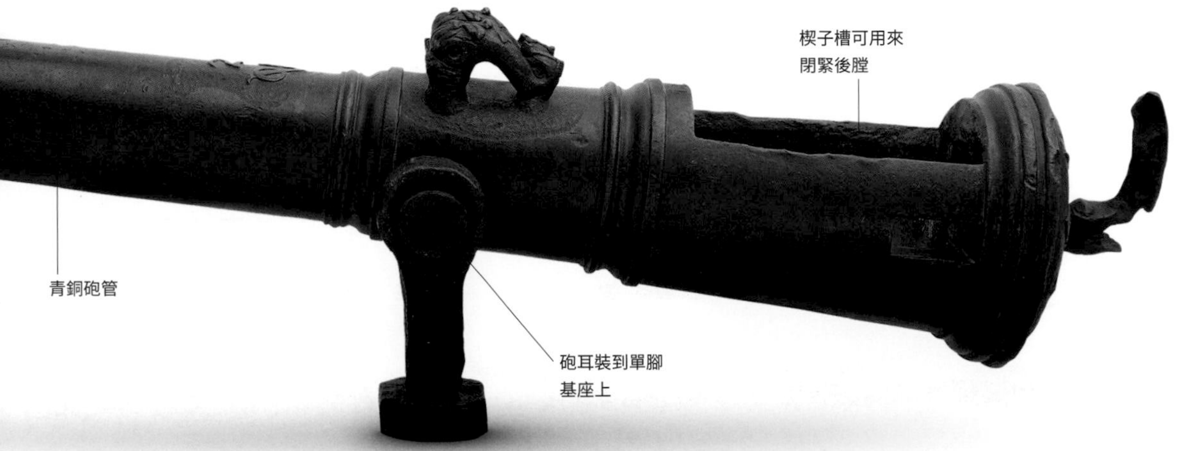

青銅佛郎機砲

這門佛郎機砲屬於荷屬東印度公司所有，用來保護船隻在從東印度群島出發到荷蘭的漫長海上旅程中不受海盜襲擾。它對付近距離目標格外有效。

年代	約1670年
來源	荷蘭
長度	1.22公尺
口徑	7.4公分
射彈	1.16公斤或葡萄彈

1500-1700 年的歐洲手槍

在簧輪槍（第一種運用機械原理點燃槍枝火藥的方法）問世前，手槍相當罕見，因為任何人都沒辦法把火繩槍放在口袋或皮套裡。但15 世紀晚期簧輪槍出現後（可能是達文西發明的），任何人都有可能以單手持槍。簧輪槍價格昂貴、構造複雜、容易故障，且通常只能交給原本的製造者修理。到了 1650 年，它們被構造較簡單的燧發槍取代（也就是用裝有彈簧的燧石夾鉗製造火花），而燧發槍後來又進化成更簡單的「真正的」燧發槍。

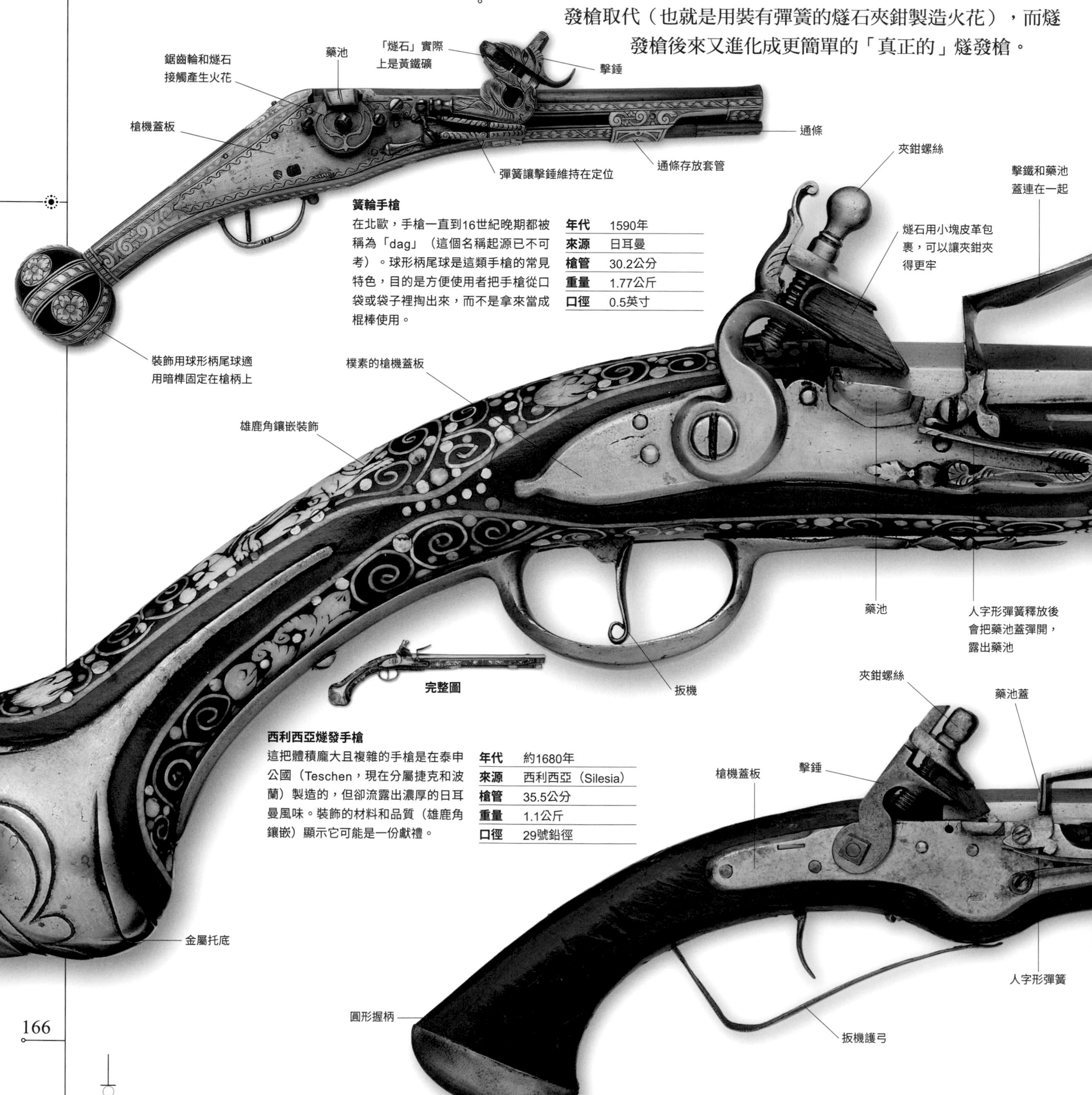

簧輪手槍

在北歐，手槍一直到16世紀晚期都被稱為「dag」（這個名稱起源已不可考）。球形柄尾球是這類手槍的常見特色，目的是方便使用者把手槍從口袋或袋子裡掏出來，而不是拿來當成棍棒使用。

年代	1590年
來源	日耳曼
槍管	30.2公分
重量	1.77公斤
口徑	0.5英寸

西利西亞燧發手槍

這把體積龐大且複雜的手槍是在泰申公國（Teschen，現在分屬捷克和波蘭）製造的，但卻流露出濃厚的日耳曼風味。裝飾的材料和品質（雄鹿角鑲嵌）顯示它可能是一份獻禮。

年代	約1680年
來源	西利西亞（Silesia）
槍管	35.5公分
重量	1.1公斤
口徑	29號鉛徑

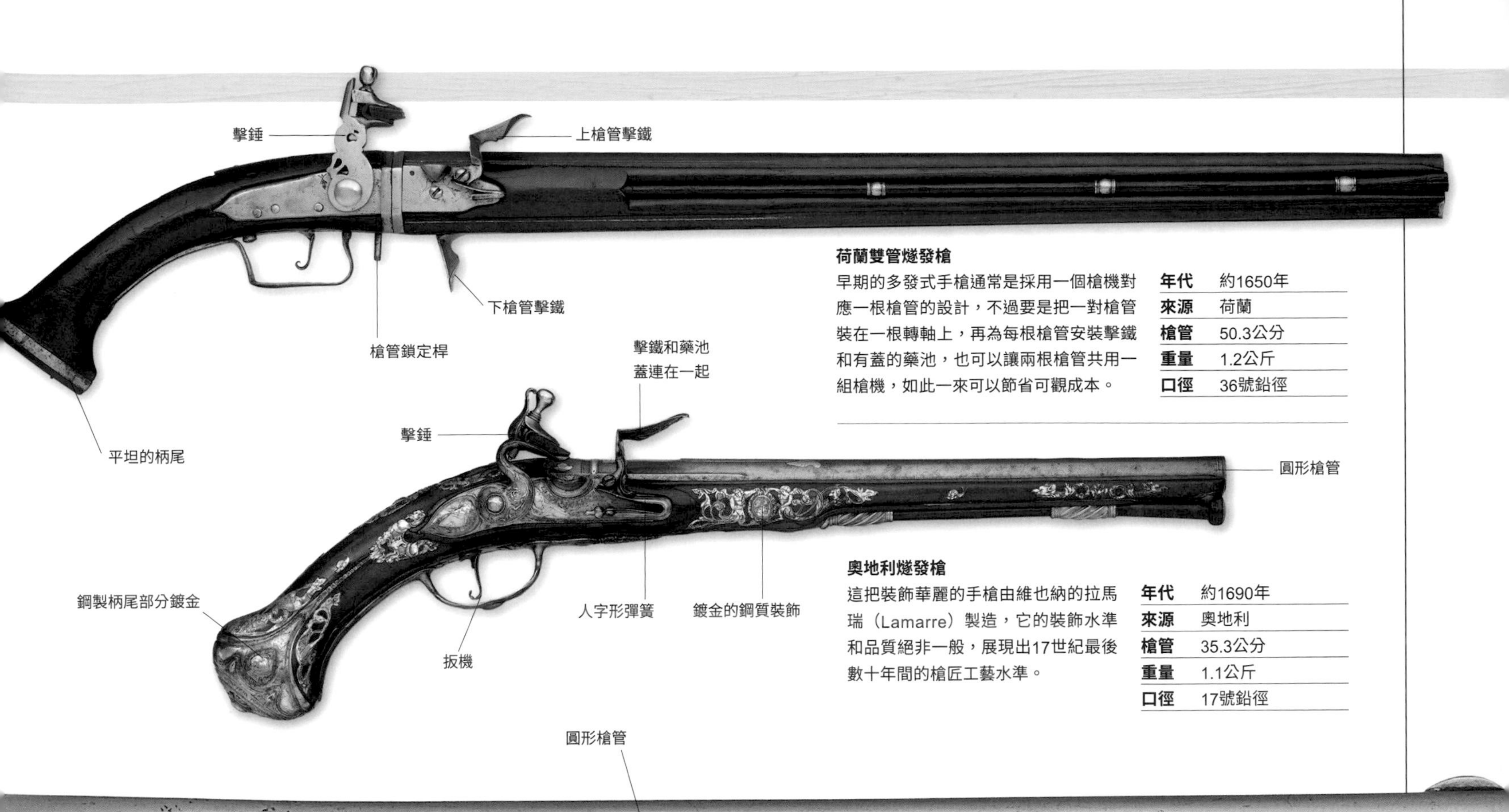

荷蘭雙管燧發槍

早期的多發式手槍通常是採用一個槍機對應一根槍管的設計，不過要是把一對槍管裝在一根轉軸上，再為每根槍管安裝擊鐵和有蓋的藥池，也可以讓兩根槍管共用一組槍機，如此一來可以節省可觀成本。

年代	約1650年
來源	荷蘭
槍管	50.3公分
重量	1.2公斤
口徑	36號鉛徑

奧地利燧發槍

這把裝飾華麗的手槍由維也納的拉馬瑞（Lamarre）製造，它的裝飾水準和品質絕非一般，展現出17世紀最後數十年間的槍匠工藝水準。

年代	約1690年
來源	奧地利
槍管	35.3公分
重量	1.1公斤
口徑	17號鉛徑

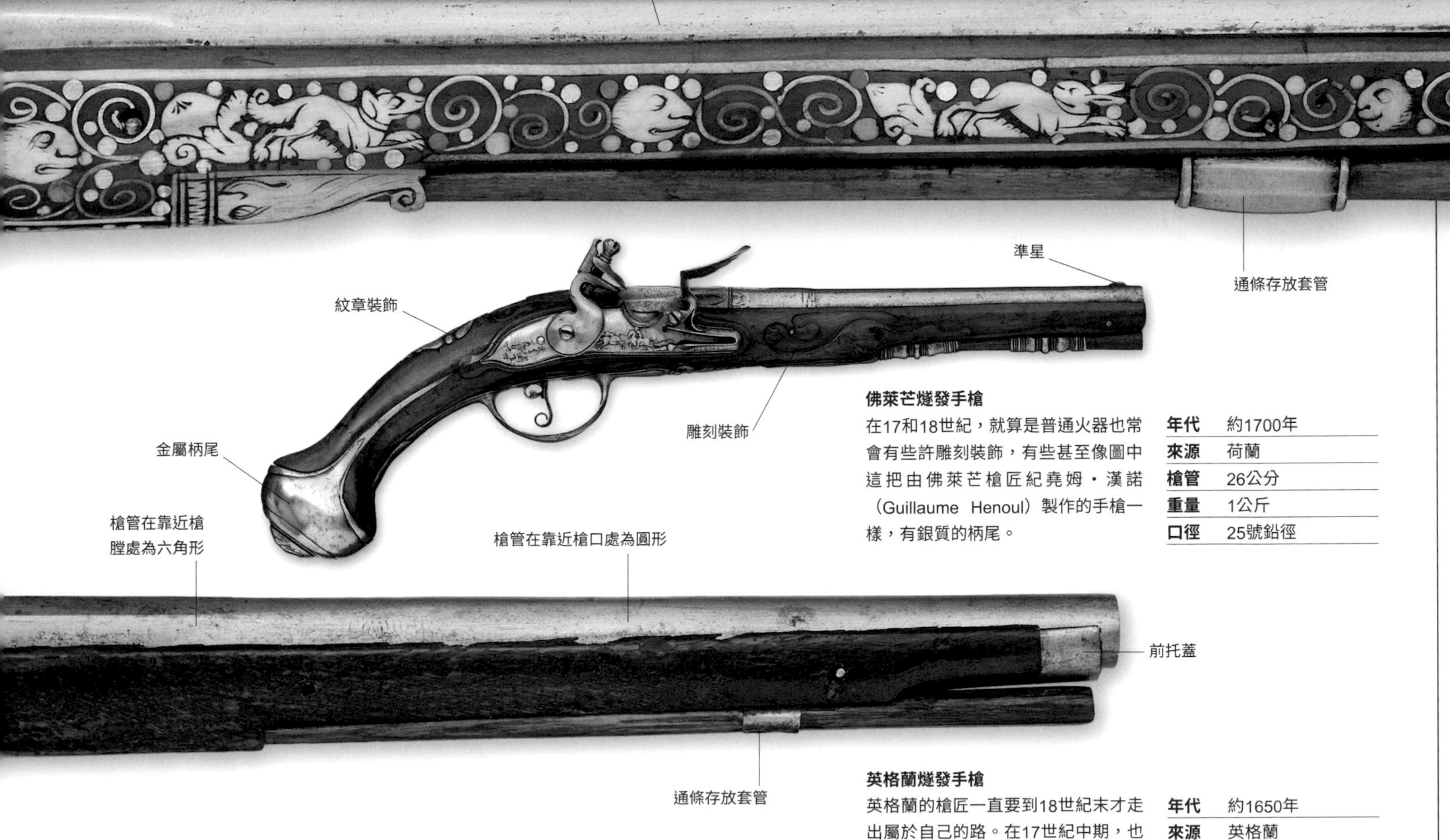

佛萊芒燧發手槍

在17和18世紀，就算是普通火器也常會有些許雕刻裝飾，有些甚至像圖中這把由佛萊芒槍匠紀堯姆・漢諾（Guillaume Henoul）製作的手槍一樣，有銀質的柄尾。

年代	約1700年
來源	荷蘭
槍管	26公分
重量	1公斤
口徑	25號鉛徑

英格蘭燧發手槍

英格蘭的槍匠一直要到18世紀末才走出屬於自己的路。在17世紀中期，也就是這把槍製造出來的時候，他們依然遵循歐洲大陸同行的路線。打造這把槍的槍匠自然也不例外，因為它的擊錘是法式的。

年代	約1650年
來源	英格蘭
槍管	34.2公分
重量	1公斤
口徑	25號鉛徑

三十年戰爭
1620 年，白山戰役（Battle of White Mountain）爆發，三十年戰爭就此展開。在這場戰爭中，只有中歐和西歐少數地區未被戰火波及。如圖，裝備長槍和火槍的天主教帝國軍隊擊敗了波希米亞的新教徒軍隊。

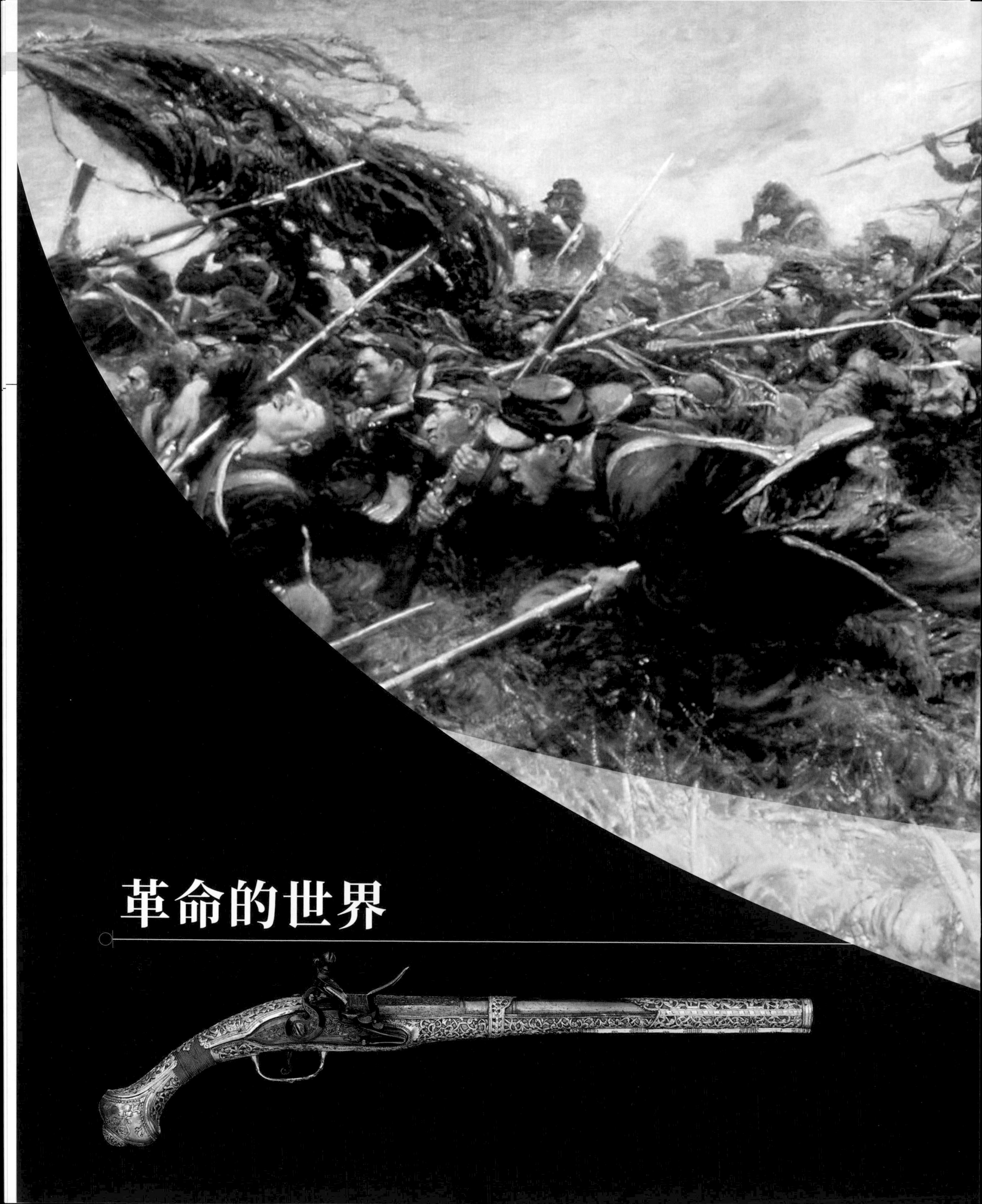

革命的世界

1770 年，歐洲大部分地區仍由世襲王朝統治，他們之間持續進行爾虞我詐的政治權謀和武力征伐，跟兩百年前沒有太大差別。但在下一個世紀裡，政治和工業革命改變了戰爭的面貌，擁有新科技、民族主義、民主思想和有效官僚體系的人被賦予了更多力量，而沒有這些東西的人，力量就被削弱了。

非正規作戰
美國獨立戰爭（1775–83 年）期間，英國人低估了殖民地民兵敵軍的作戰能力。如圖，班奈狄克．阿諾德（Benedict Arnold，負傷坐下者）在 1777 年 10 月指揮貝米斯高地（Bemis Heights）的突擊。他們憑著手中的劍、步槍和刺刀，迫使英國正規軍撤退。

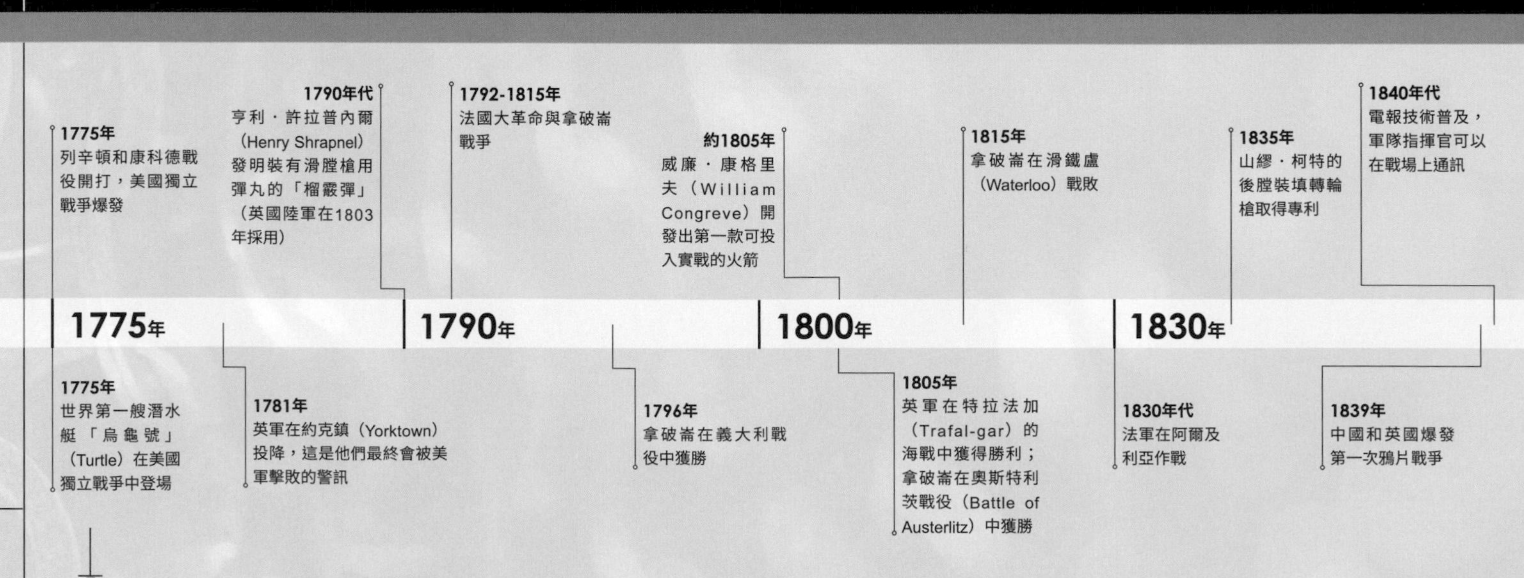

美國獨立戰爭開打後，傳統秩序也開始受到挑戰、被推翻，接著有一部分得以重新建構。從 1775 到 1883 年，英國為了維持對北美殖民地的統治，打了一場艱苦的戰爭，因為他們要求自治的呼聲愈來愈高。叛軍指揮官喬治・華盛頓（George Washington）明白他無法在正面對決中與英軍部隊匹敵。但英軍得依賴經由海路運送過來的補給品，因此當法國人在 1778 年干預這場戰爭、危及這條補給線時，他們對北美的控制就變得薄弱了。一名普魯士陸軍軍官奧古斯都・馮・施托伊本（Augustus von Steuben）伸出援手，他為華盛頓的軍隊策畫了簡單易懂的演習，美國人於是有了正規部隊的模樣。結果英國人失去了絕大部分的北美殖民地，十分恥辱。

法國革命戰爭

1789 年，法國大革命爆發，部分原因是人民在失業率節節高升的同時，還要負擔高額稅賦來支持陸軍部隊，而當時的法國國王路易十六顯然無能解決這些問題。大部分陸軍軍官不是逃離法國，就是選擇辭職。那時法國和奧地利已經開戰，所以有經驗的軍官就少了。替補他們的人員都來自中低階層，因此到了 1794 年，每 25 名軍官裡只有一人是貴族。法國在 1793 年進行軍事動員，實施大規模徵兵制，所有達到法定從軍年齡的人都要服兵役。這支新陸軍採用修改過的戰術——自 1792 年起各步兵營也增編斥候和狙擊手，他們會負責騷擾敵軍部隊，掩護所屬部隊的運動。之後法國共和獲得一連串勝利，當中最值得注意的是拿破崙自 1796 年起在義大利取得的勝利，它們顯示出這支新部隊有能力採用改良的行、列和小部隊互相結合的戰術，發揮極大的效益。

1790 年代，法國陸軍率先使用「師」這個編組。這種編制單位可以自給自足，由幾個團組成，並結合步兵、騎兵和砲兵。拿破崙把這個構想更往前推進一步，建立「軍」級指揮系統，由幾個師組成。這個「軍」級指揮系統代表的意義是：法國陸軍轄下單位能夠「依靠土地而活」，而非依賴固定補給，所以可以沿著不同的路線靠近目標，從而降低法軍行經地區的給養能力都被消耗殆盡的風險。這樣的戰略彈性加上法軍的行軍速度，讓拿破崙的敵人顯得遲鈍許多——在 1805 年的烏爾姆戰役（Ulm campaign）裡，法軍從萊茵河行軍到烏爾姆，只花了 17 天，距離超過 500 公里。

拿破崙也擴編法國砲兵。到了 1805 年，法國陸軍已有 4500 門重砲和 7300 門中型和輕型火砲。他贏得的一連串勝利，最值得注意的是 1800 年的馬倫哥（Marengo）和 1805 年的奧斯特利茨，繞後來為對抗他而組成的聯盟搖搖欲墜。他也非常聰明地了解到，他的當務之急應是殲滅敵軍的野戰部隊，而不是讓曠日廢時的圍城戰拖延自己的作戰步調。

但法國的國家力量也來到極限了。在 1790 到 1795 年之間出生的法國男性，估計有 20% 死於戰爭，此外拿破崙的軍隊中也有愈來愈多的外國人。和法國人相比，他們訓練不足，戰鬥也不夠積極。到了 1808 年以後，師的編制開始標準化，由兩個旅組成，每個營轄下連的數目也縮減，以便讓指揮更容易。但結果就是部隊的彈性變差，拿破崙後期的戰鬥往往顯得笨拙，大批人馬朝著敵人瘋狂猛撲，卻少了許多智謀韜略相互碰撞的火花。在 1812 年俄國戰役裡的波羅第諾（Borodino）戰場，有大約 25 萬人在僅僅 8 公里寬的狹窄戰線上互相廝殺，雙方軍隊都損失慘重。

英軍對付拿破崙的戰術

在這段期間，拿破崙的敵人也學會改革軍隊。英軍自 1790 年代開始實驗輕步兵，1800 年建立一個實驗性的軍級單位，配備新款加上膛線的滑膛槍，比當時主流的滑膛槍更精準。英軍偏好橫列而非縱隊戰術，也花更多心思在後勤補給上，而不是一味堅持搜索糧秣的辦法。法軍部隊因為這點，在游擊隊神出鬼沒的西班牙山區吃足苦頭。1813 年，普魯士建立了團級的獵兵（Jäger）單位，由志願步槍兵組成，以便及時反制法軍的狙

國族之戰
法軍胸甲騎兵在 1813 年的萊比錫會戰（Battle of Leipzig）裡衝鋒。面對這支足足有 36 萬 5000 人的龐大軍隊，就算是拿破崙也吃不消。讓戰況更雪上加霜的是，拿破崙的軍隊前一年在俄國損失了不少能征慣戰的老兵。

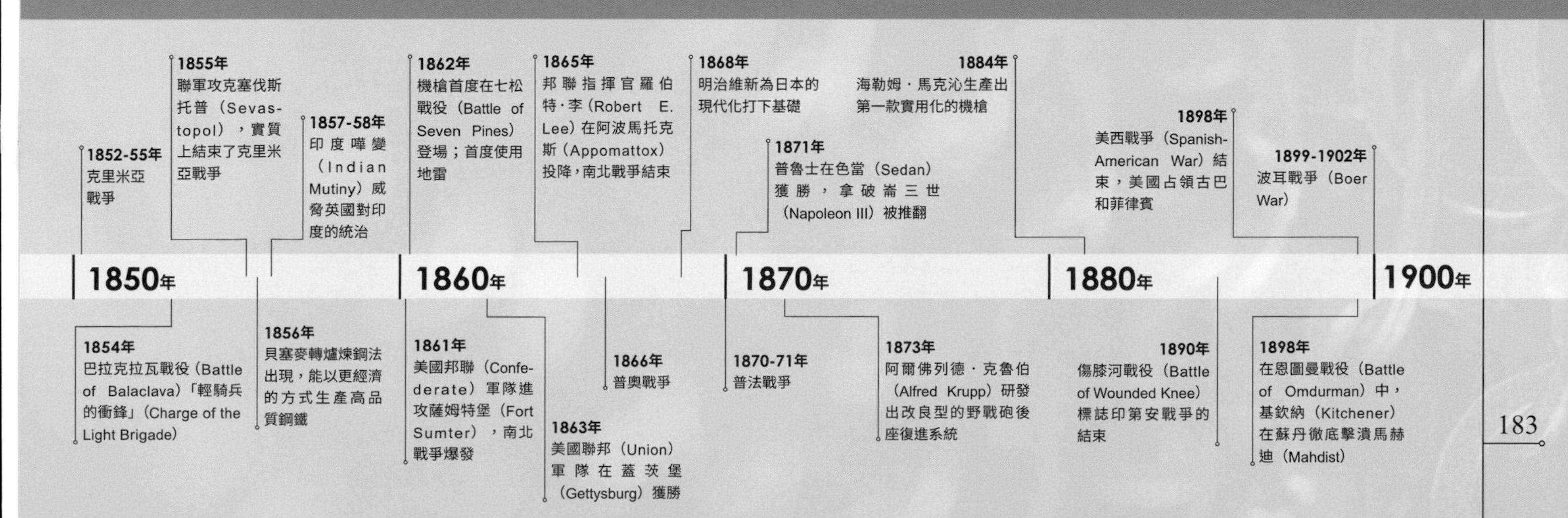

◂ 186-189 1775-1900年的歐洲劍 ▸ 226-227 勇士們：美國南北戰爭步兵

美國南北戰爭時期劍

在新建立的美利堅合眾國，軍械製造商遵循混和德國、法國和英國風格的鍛劍規範，但自 1840 年代開始，美國刀劍就幾乎只以法國設計為基礎，且南北戰爭中的官兵就是使用這些刀劍。北軍的武器裝備十分充分，但南軍卻是什麼武器都缺，包括刀劍。他們只能依賴搶來的北軍物資、國外資源，以及自行生產的武器。

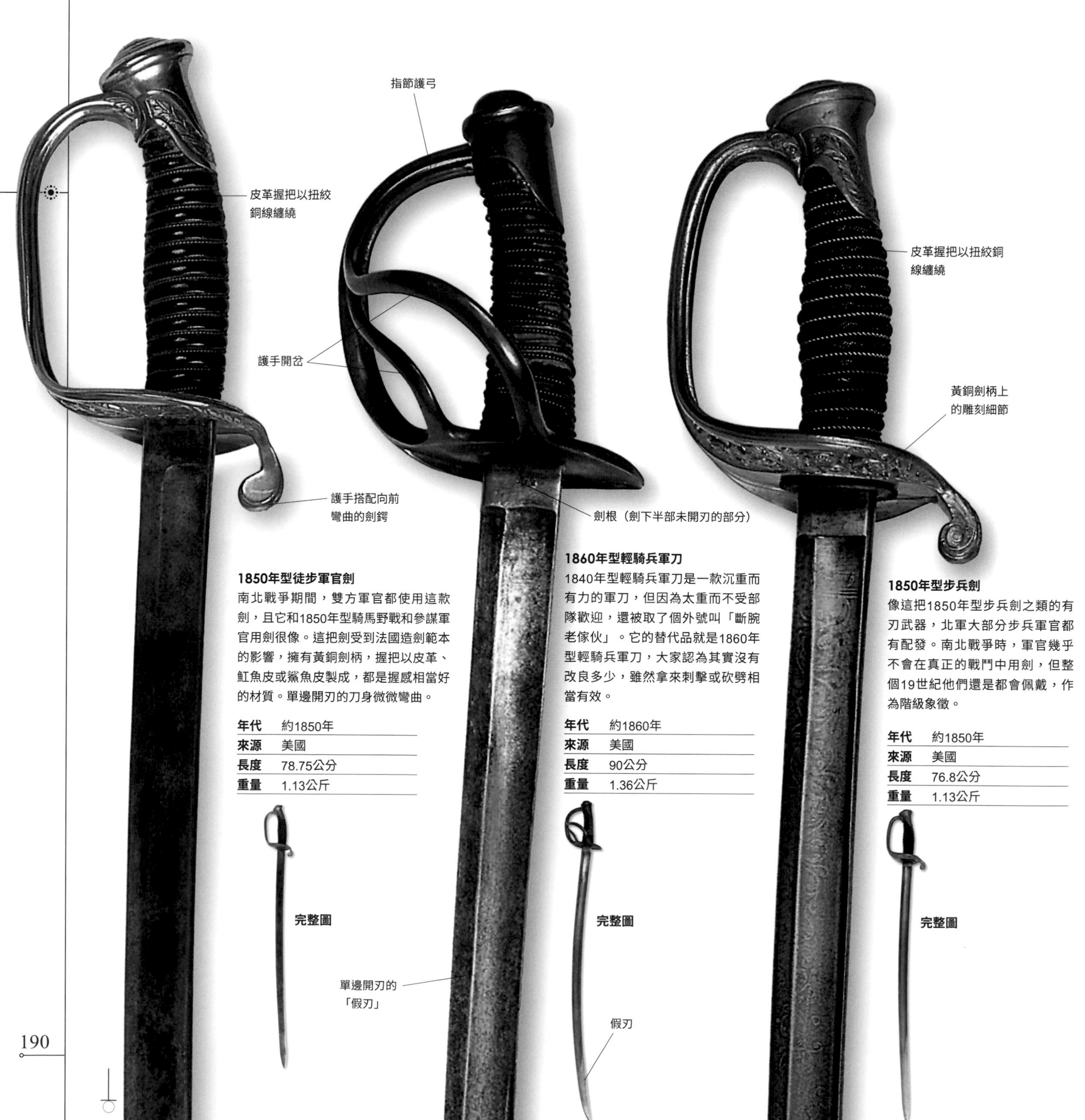

1850年型徒步軍官劍

南北戰爭期間，雙方軍官都使用這款劍，且它和1850年型騎馬野戰和參謀軍官用劍很像。這把劍受到法國造劍範本的影響，擁有黃銅劍柄，握把以皮革、魟魚皮或鯊魚皮製成，都是握感相當好的材質。單邊開刃的刀身微微彎曲。

年代	約1850年
來源	美國
長度	78.75公分
重量	1.13公斤

1860年型輕騎兵軍刀

1840年型輕騎兵軍刀是一款沉重而有力的軍刀，但因為太重而不受部隊歡迎，還被取了個外號叫「斷腕老傢伙」。它的替代品就是1860年型輕騎兵軍刀，大家認為其實沒有改良多少，雖然拿來刺擊或砍劈相當有效。

年代	約1860年
來源	美國
長度	90公分
重量	1.36公斤

1850年型步兵劍

像這把1850年型步兵劍之類的有刃武器，北軍大部分步兵軍官都有配發。南北戰爭時，軍官幾乎不會在真正的戰鬥中用劍，但整個19世紀他們還是都會佩戴，作為階級象徵。

年代	約1850年
來源	美國
長度	76.8公分
重量	1.13公斤

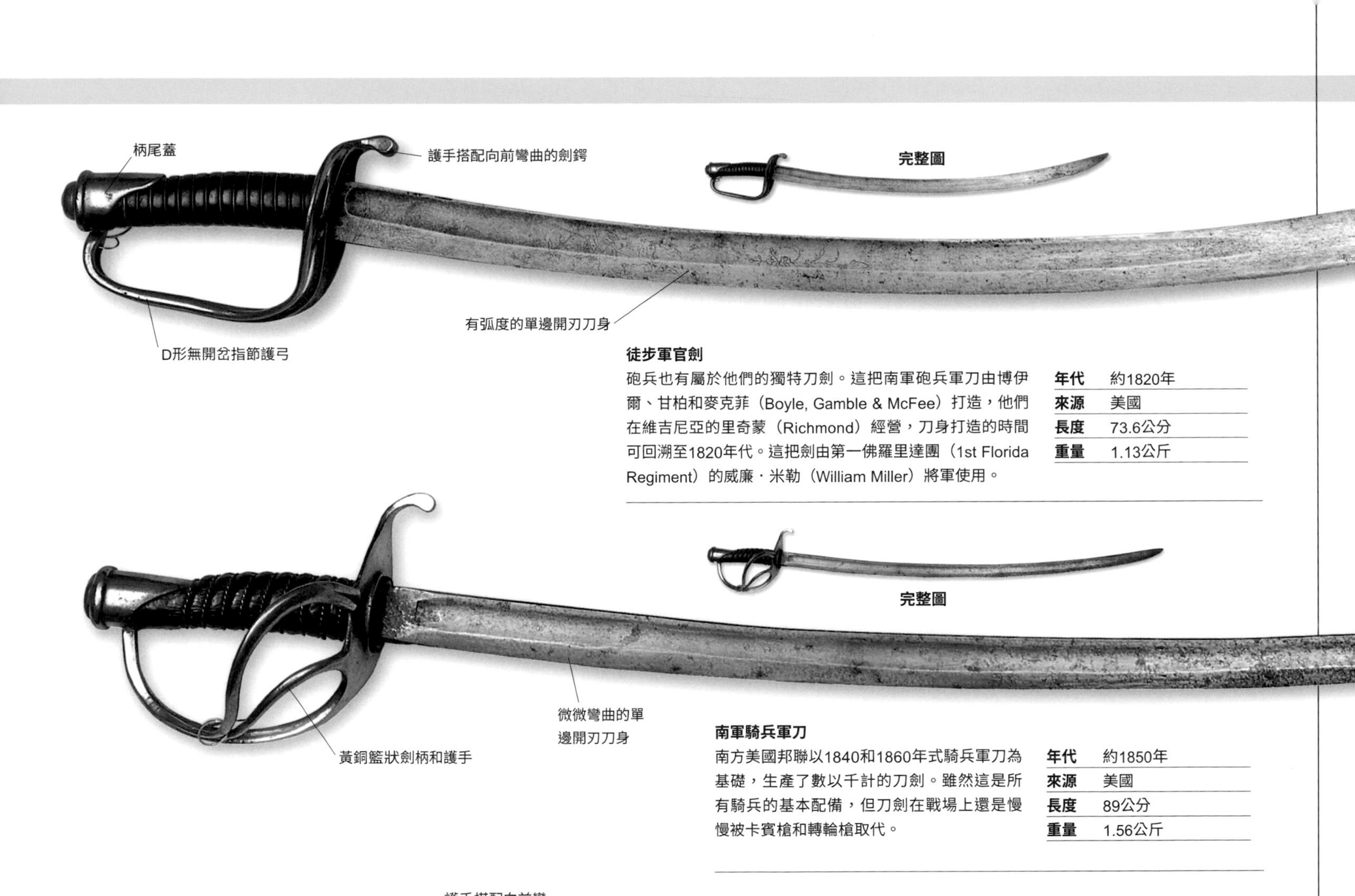

徒步軍官劍

砲兵也有屬於他們的獨特刀劍。這把南軍砲兵軍刀由博伊爾、甘柏和麥克菲（Boyle, Gamble & McFee）打造，他們在維吉尼亞的里奇蒙（Richmond）經營，刀身打造的時間可回溯至1820年代。這把劍由第一佛羅里達團（1st Florida Regiment）的威廉·米勒（William Miller）將軍使用。

年代	約1820年
來源	美國
長度	73.6公分
重量	1.13公斤

南軍騎兵軍刀

南方美國邦聯以1840和1860年式騎兵軍刀為基礎，生產了數以千計的刀劍。雖然這是所有騎兵的基本配備，但刀劍在戰場上還是慢慢被卡賓槍和轉輪槍取代。

年代	約1850年
來源	美國
長度	89公分
重量	1.56公斤

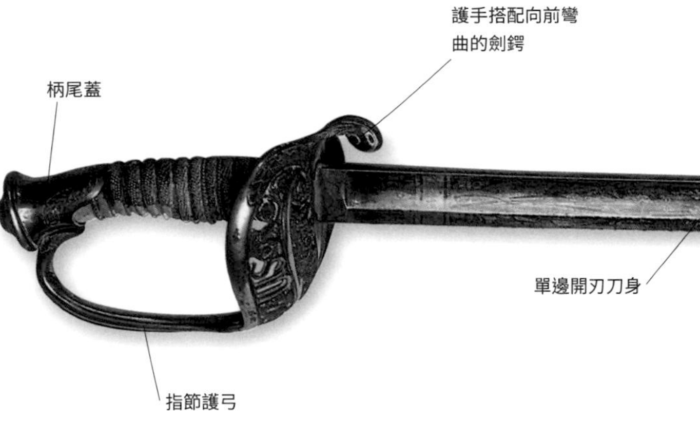

1850年式步兵劍

1850年式步兵劍不只是戰爭中的實用武器，也是當時最佳工藝技術的結晶，劍柄的特色就是裝飾繁複。這把劍由步兵連的尉級軍官佩掛，且一直服役到1870年代初才被1860年型劍取代。

年代	約1850年
來源	美國
長度	76公分
重量	1.13公斤

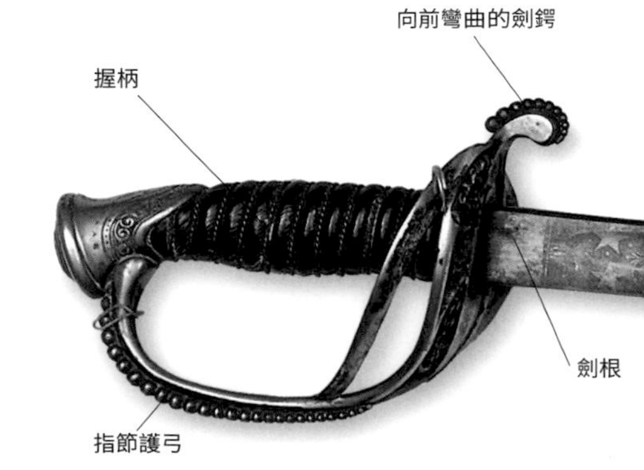

南軍劍

軍旅生活有個特色，就是受歡迎的軍官會收到為自己特別訂製的武器。這把上等的劍由里奇與芮格登（Leech & Rigdon）打造，是1864年南軍將領亞當斯將軍（D. W. Adams）麾下的官兵呈獻給他的。

年代	約1860年
來源	美國
長度	76.2公分
重量	1.13公斤

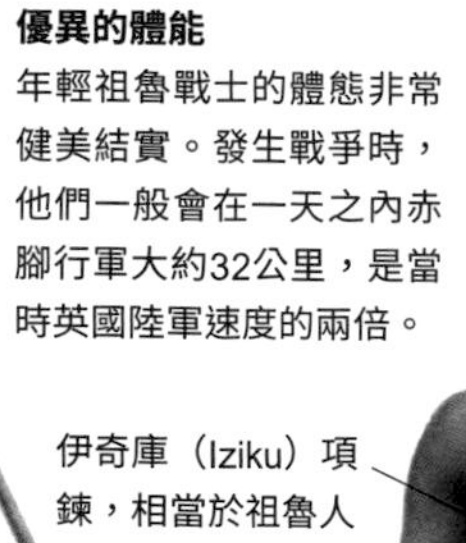

祖魯戰士

從 1816 到 1828 年，南非的祖魯人（Zulu）在至高無上的酋長恰卡（Shaka）領導下，逐漸培養出令人恐懼的軍事力量。他們和鄰近部落作戰，取得多次勝利，建立強大的祖魯帝國，並開始和歐洲殖民者發生衝突。英國人在 1879 年擊敗祖魯，讓祖魯人的強盛畫下句點，但在對抗歐洲先進軍隊的過程中，祖魯戰士也展現出高水準的戰鬥素質。

紀律嚴明的戰士

祖魯人的軍事體系是以未婚男子依照年齡區分後加以緊密結合為基礎。在 18 到 20 歲的時候，他們就會被帶進軍營裡一起生活，以便培養出堅強的團隊認同感，並用不同顏色的盾牌以及在儀式場合中透過裝飾毛皮及羽毛間的差異來區別各單位。他們要持續服役，直到 40 歲，才能獲准退役並結婚。祖魯戰士的主要裝備是重型刺矛和大塊的牛皮盾。祖魯人也會攜帶擲矛、棍棒，後來也開始使用火器——只是他們用得不好。

祖魯軍隊在沒有補給的條件下赤腳越過原野，在各處搜索糧秣充飢。他們以偵察兵和小批部隊打頭陣，可以提供情報並掩護大軍移動。他們的攻擊陣形是由兩翼的包圍移動組成，也就是「角」，「胸」的部分會直接和中央位置的敵軍正面對抗，而後備部隊在後方則扮演「腰」的角色。戰士散開並持續以小跑步向敵方推進，並善用周遭的掩護。一旦進入攻擊範圍，他們就會先投出擲矛，或是先用火器齊射，接著手持刺矛和盾牌，全力向敵軍陣地衝刺。若是成功，他們一定會把敵人殺光，絕對不留俘虜。儘管祖魯人相信使用巫藥可確保安全，但面對英軍後膛裝填步槍猛烈火力造成的慘重傷亡，他們也沒辦法支撐太久。

優異的體能
年輕祖魯戰士的體態非常健美結實。發生戰爭時，他們一般會在一天之內赤腳行軍大約32公里，是當時英國陸軍速度的兩倍。

恰卡

1824年，英國軍官和恰卡手下的酋長會面。

至高無上的酋長恰卡（1787-1828年）把祖魯戰士打造成一支戰力強大的軍隊。他當上酋長前，戰爭多半只是雙方互相擲矛和個別戰士之間的儀式性打鬥而已，沒什麼效率。但恰卡開啟了戰鬥至死的作戰方式。在十年之內，透過一連串被稱為「姆菲卡尼」（mfecane）的滅絕性質戰役，他創造出一個大帝國，在這個過程中可能有多達200萬人喪命。他對自己的人民也是同樣殘暴，有成千上萬的人被集體處決。1828年，恰卡被同父異母的兄弟們暗殺，但他建立的帝國又延續了50年。

盛裝殺戮
祖魯戰士的戰袍可說是在部落儀典上穿的大禮服的精簡版，但還是會用牛尾和羽毛精心裝飾。這位祖魯戰士攜帶好幾支擲矛，主要武器則是一支寬矛頭刺矛。

伊散德爾瓦納戰役
祖魯人對抗英國人的過程中，最重要的勝利發生於1879年1月，地點在伊散德爾瓦納（Isandhlwana）。總人數超過1600人的英軍部隊在上午8點遭祖魯軍隊突襲，但祖魯人也損失慘重。英軍第24步兵團（也就是後來的南威爾斯邊境軍團）裡，有整整六個連的共602名官兵被殲滅，只有一人逃出生天。

「我們殺掉每一個留在營地的白人，馬匹和牛隻也一樣。」

祖魯戰士古姆佩嘉・克瓦貝（Gumpega Kwabe）於努通貝河（Ntombe River）屠殺英軍現場，1879年3月。

戰鬥武器

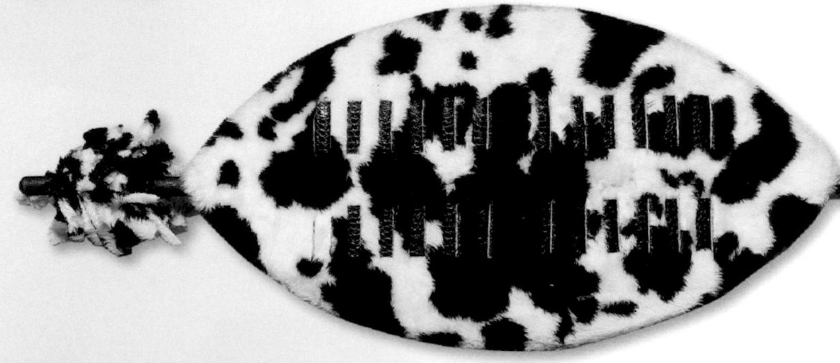

牛皮盾牌

有裝飾的棍棒

刺矛

◀ 84-85 阿茲特克武器與盾牌　▶ 210-211 北美刀具與棍棒　▶ 290-291 大洋洲盾牌

大洋洲的棍棒與匕首

在 17 世紀歐洲人抵達前，占據太平洋各島的玻里尼西亞人和其他人也歷經過各種形式的戰鬥，從報復性襲擊和儀式性小規模戰鬥，乃至征服和滅絕戰爭都有。他們使用的武器種類有限，主要包括木製棍棒、砍刀、匕首和長矛，有時搭配削尖的骨頭、貝殼、珊瑚、石塊或黑曜石。他們的武器有相當繁複的裝飾，時常被賦予宗教意義，或被當成傳家之寶。

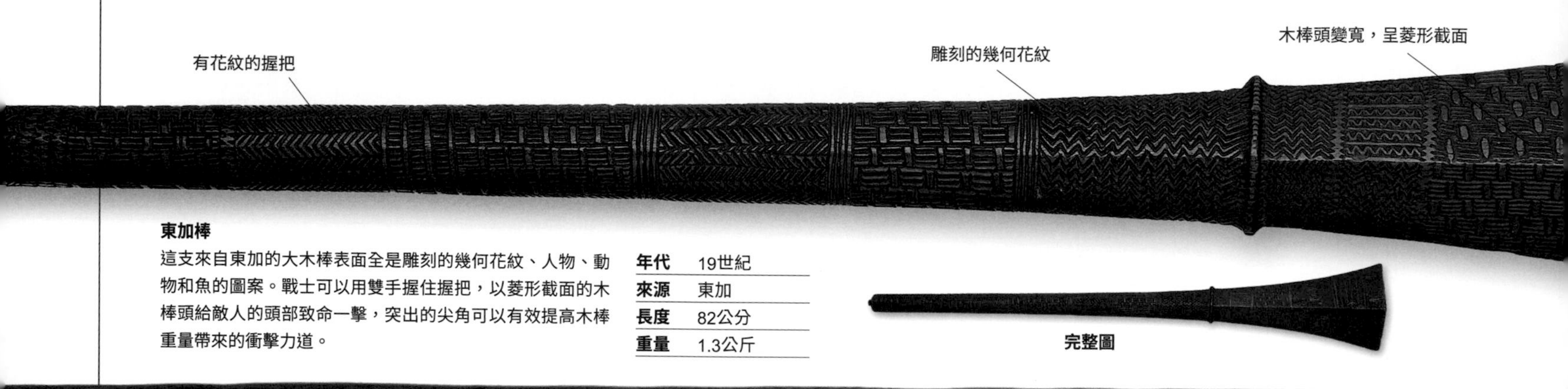

東加棒

這支來自東加的大木棒表面全是雕刻的幾何花紋、人物、動物和魚的圖案。戰士可以用雙手握住握把，以菱形截面的木棒頭給敵人的頭部致命一擊，突出的尖角可以有效提高木棒重量帶來的衝擊力道。

年代	19世紀
來源	東加
長度	82公分
重量	1.3公斤

完整圖

圓柱形握把

美拉尼西亞棒

這支加強拋光的木棒來自萬那杜的其中一座島嶼。棒頭的兩側刻有某種形式化的人臉圖案，這種類型的裝飾在大洋洲各地的棍棒上很常見，眼睛部分還用紅色小珠和白色貝殼加強。這支木棒有相當長的圓柱形握把，末端有個圓形底座，但整體而言相當輕盈。

年代	19世紀
來源	萬那杜
長度	82公分
重量	0.6公斤

完整圖

樸素的木柄

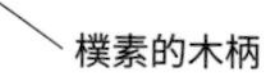

玻里尼西亞「短彎刀」

這件武器的形狀（不論它是木棒還是短彎刀）極度不尋常，也許是根據歐洲水手攜帶的短彎刀外形製作的。玻里尼西亞工匠把這個異國情調的形狀和布滿整個頭部表面的複雜土著風格紋路雕刻（三角形搭配幾何圖案）融合在一起。

年代	19世紀
來源	玻里尼西亞
長度	77.5公分
重量	1.5公斤

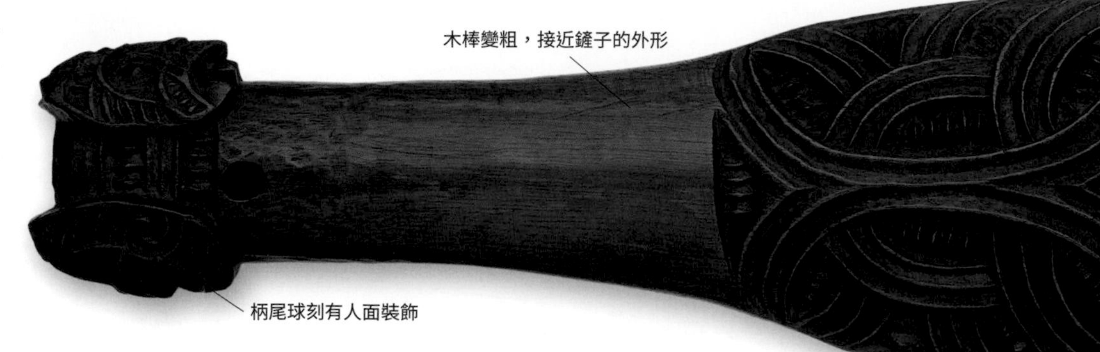

黑曜石刀身匕首

這把匕首來自新幾內亞（New Guinea）外海的阿得米拉提群島（Admiralty Islands），當地出產火山玻璃黑曜石，美拉尼西亞人後來發現了用黑曜石製作出鋒利薄刃的辦法。這支匕首的刀身一面平坦，另一面突出形成脊，削尖的木製刀柄有當地風格的圖案裝飾。

年代	約1900年
來源	巴布亞新幾內亞
長度	28公分
重量	60公克

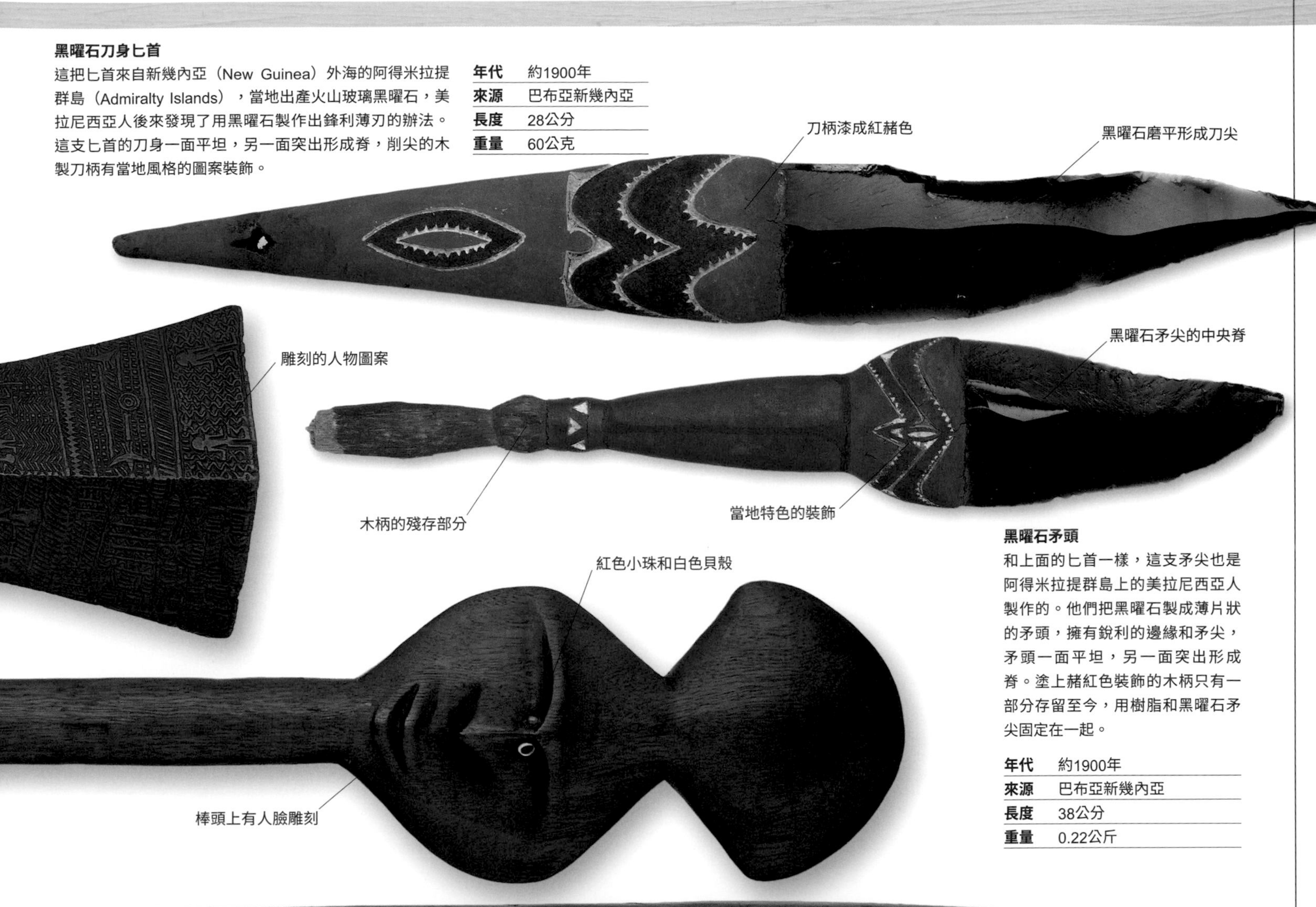

黑曜石矛頭

和上面的匕首一樣，這支矛尖也是阿得米拉提群島上的美拉尼西亞人製作的。他們把黑曜石製成薄片狀的矛頭，擁有銳利的邊緣和矛尖，矛頭一面平坦，另一面突出形成脊。塗上赭紅色裝飾的木柄只有一部分存留至今，用樹脂和黑曜石矛尖固定在一起。

年代	約1900年
來源	巴布亞新幾內亞
長度	38公分
重量	0.22公斤

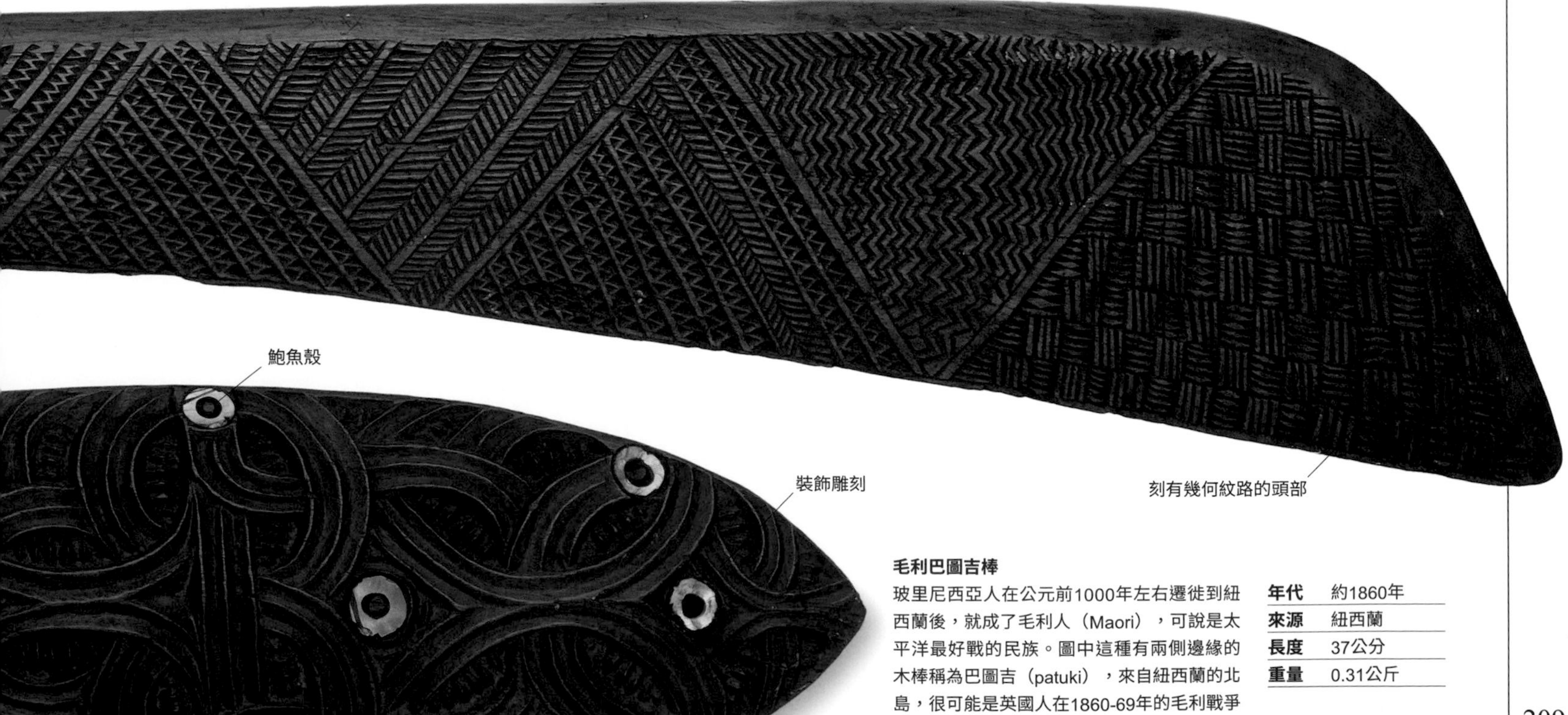

毛利巴圖吉棒

玻里尼西亞人在公元前1000年左右遷徙到紐西蘭後，就成了毛利人（Maori），可說是太平洋最好戰的民族。圖中這種有兩側邊緣的木棒稱為巴圖吉（patuki），來自紐西蘭的北島，很可能是英國人在1860-69年的毛利戰爭中獲勝後搶來的。它的裝飾除了精細的雕刻以外，還有會閃耀虹彩光芒的鮑魚殼。

年代	約1860年
來源	紐西蘭
長度	37公分
重量	0.31公斤

◂ 84-85 阿茲特克武器與盾牌 ◂ 208-209 大洋洲的棍棒與匕首 ▸ 214-215 北美獵弓

北美刀具與棍棒

到了 18 世紀晚期，美洲原住民雖然還在使用木製或石頭武器，但他們也開始學習使用有金屬刀身或金屬頭的有刃武器。他們大量採購歐美生產的有刃武器，然後經常加上各類裝飾。這裡介紹的物品大多不是以戰鬥為主要用途，而是具備各種實用或象徵性功能。

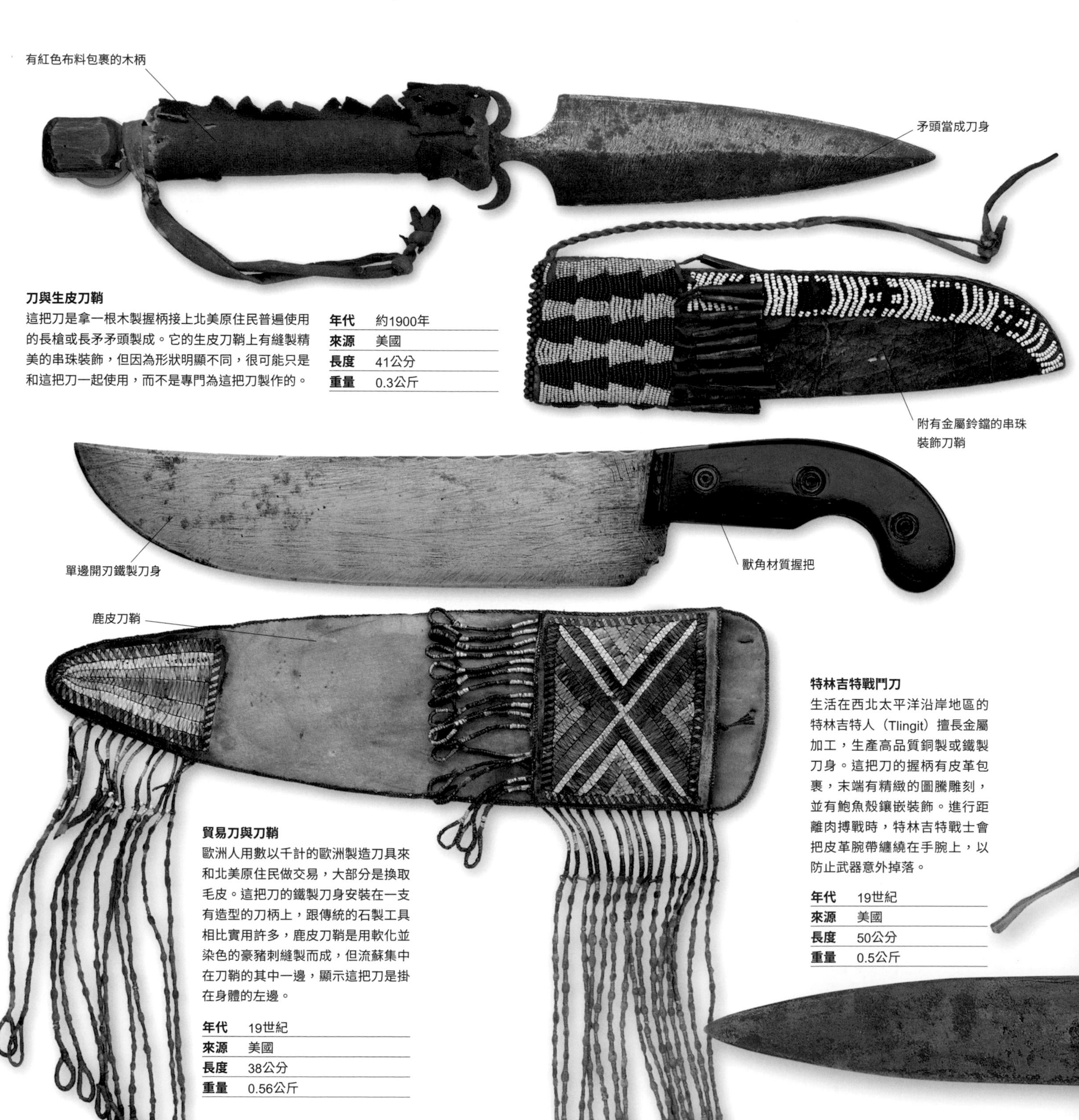

刀與生皮刀鞘

這把刀是拿一根木製握柄接上北美原住民普遍使用的長槍或長矛矛頭製成。它的生皮刀鞘上有縫製精美的串珠裝飾，但因為形狀明顯不同，很可能只是和這把刀一起使用，而不是專門為這把刀製作的。

年代	約1900年
來源	美國
長度	41公分
重量	0.3公斤

貿易刀與刀鞘

歐洲人用數以千計的歐洲製造刀具來和北美原住民做交易，大部分是換取毛皮。這把刀的鐵製刀身安裝在一支有造型的刀柄上，跟傳統的石製工具相比實用許多，鹿皮刀鞘是用軟化並染色的豪豬刺縫製而成，但流蘇集中在刀鞘的其中一邊，顯示這把刀是掛在身體的左邊。

年代	19世紀
來源	美國
長度	38公分
重量	0.56公斤

特林吉特戰鬥刀

生活在西北太平洋沿岸地區的特林吉特人（Tlingit）擅長金屬加工，生產高品質銅製或鐵製刀身。這把刀的握柄有皮革包裹，末端有精緻的圖騰雕刻，並有鮑魚殼鑲嵌裝飾。進行距離肉搏戰時，特林吉特戰士會把皮革腕帶纏繞在手腕上，以防止武器意外掉落。

年代	19世紀
來源	美國
長度	50公分
重量	0.5公斤

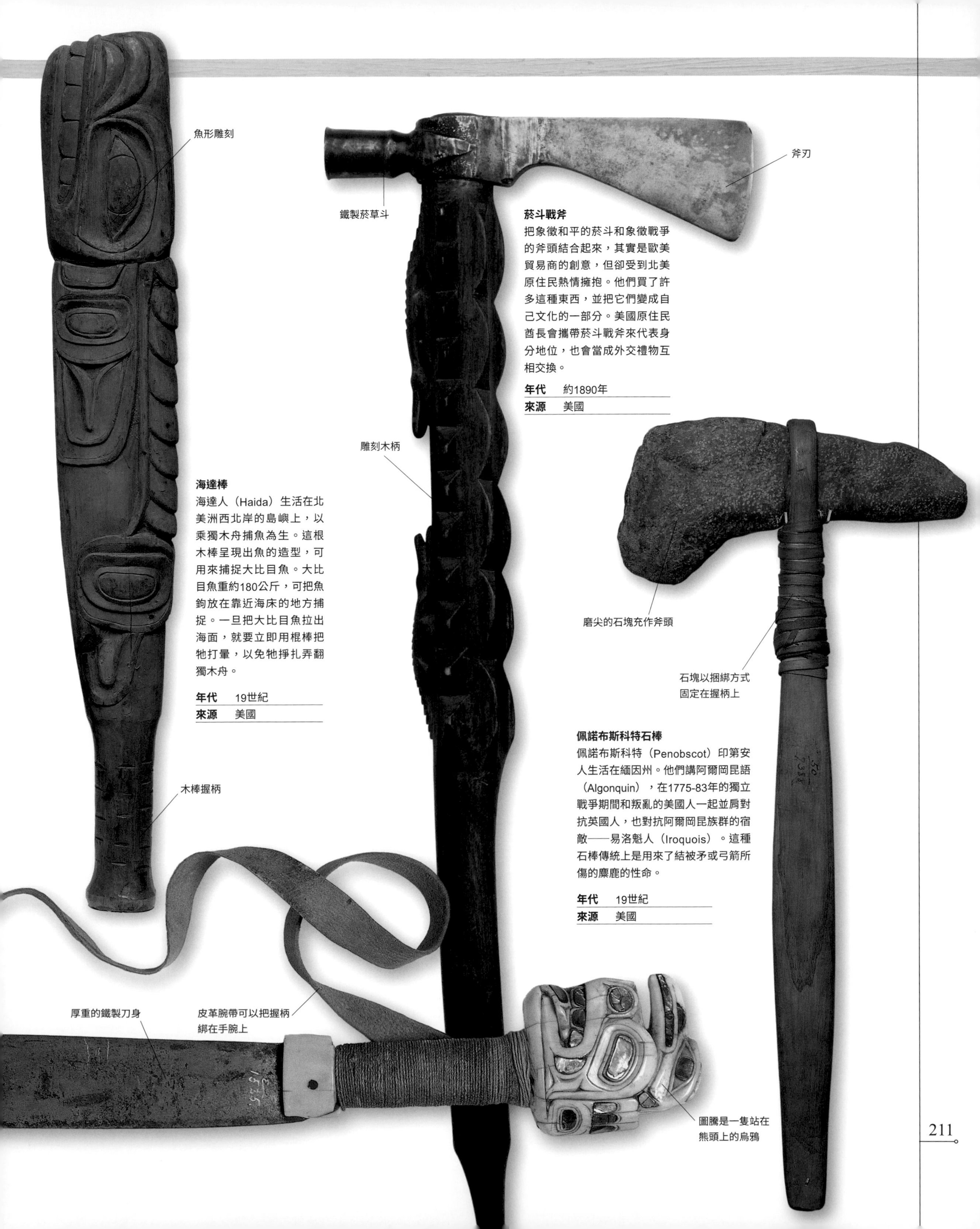

菸斗戰斧

把象徵和平的菸斗和象徵戰爭的斧頭結合起來，其實是歐美貿易商的創意，但卻受到北美原住民熱情擁抱。他們買了許多這種東西，並把它們變成自己文化的一部分。美國原住民酋長會攜帶菸斗戰斧來代表身分地位，也會當成外交禮物互相交換。

年代	約1890年
來源	美國

海達棒

海達人（Haida）生活在北美洲西北岸的島嶼上，以乘獨木舟捕魚為生。這根木棒呈現出魚的造型，可用來捕捉大比目魚。大比目魚重約180公斤，可把魚鉤放在靠近海床的地方捕捉。一旦把大比目魚拉出海面，就要立即用棍棒把牠打暈，以免牠掙扎弄翻獨木舟。

年代	19世紀
來源	美國

佩諾布斯科特石棒

佩諾布斯科特（Penobscot）印第安人生活在緬因州。他們講阿爾岡昆語（Algonquin），在1775-83年的獨立戰爭期間和叛亂的美國人一起並肩對抗英國人，也對抗阿爾岡昆族群的宿敵——易洛魁人（Iroquois）。這種石棒傳統上是用來了結被矛或弓箭所傷的麋鹿的性命。

年代	19世紀
來源	美國

小巨角戰役
在這場戰役裡，北美原住民使用弓箭和火器（與英國人交易取得）。繪製這幅畫的藝術家是阿莫斯壞心水牛（Amos Bad Heart Buffalo），他是美洲原住民戰士，曾在美國陸軍服役，並創作了超過 400 幅有關族人的畫作。

◂ 80-81 長弓與弩　◂ 82-83 武器大觀：弩　◂ 148-149 亞洲弓

北美獵弓

弓箭是北美原住民最重要的武器，可用於狩獵、作戰和儀式等。他們用的弓是所謂的「弓背加固弓」，也就是在射手看不見的弓背部分用筋腱加強。製弓的基本材料是木材，不過有些部位會優先使用獸角或獸骨。箭通常會有可分離的箭桿，獵人把箭桿拔出後，箭簇會卡在獵物體內。技巧純熟的北美印第安獵人慣用兩隻手指從箭的下方拉弓弦，這種手法跟亞金科特會戰中習慣用手指從箭的上下兩側拉弓的弓箭手不同。

較長的箭翎

儀式用弓

霍皮族弓箭

霍皮族（Hopi）是生活在亞利桑那州北部的普韋布洛（Pueblo）印第安人。除了狩獵和戰爭之外，他們也會在豐富的儀式中用到弓箭，尤其是當成禮物。他們的箭是傳統的石尖箭簇，弓背則用膠黏上筋腱條以提升強度。

年代	約1900年
來源	美國
長度	弓1.5公尺

以山區楓木製成的弓

樹皮製弓弦

黑檀木箭

湯普森人弓箭

湯普森人（Thompson）是生活在美國西北方高原上的原住民。這組用楓木製成的弓和沒有箭翎的箭是特地為典禮儀式製作的。部落裡有成員去世時，在接下來的四天裡，他們會用弓把箭射到一個掛在屋頂上、用蘆葦編成的鹿形箭靶上，之後就再也不使用這些弓和箭。

年代	約1900年
來源	美國
長度	弓1.5公尺

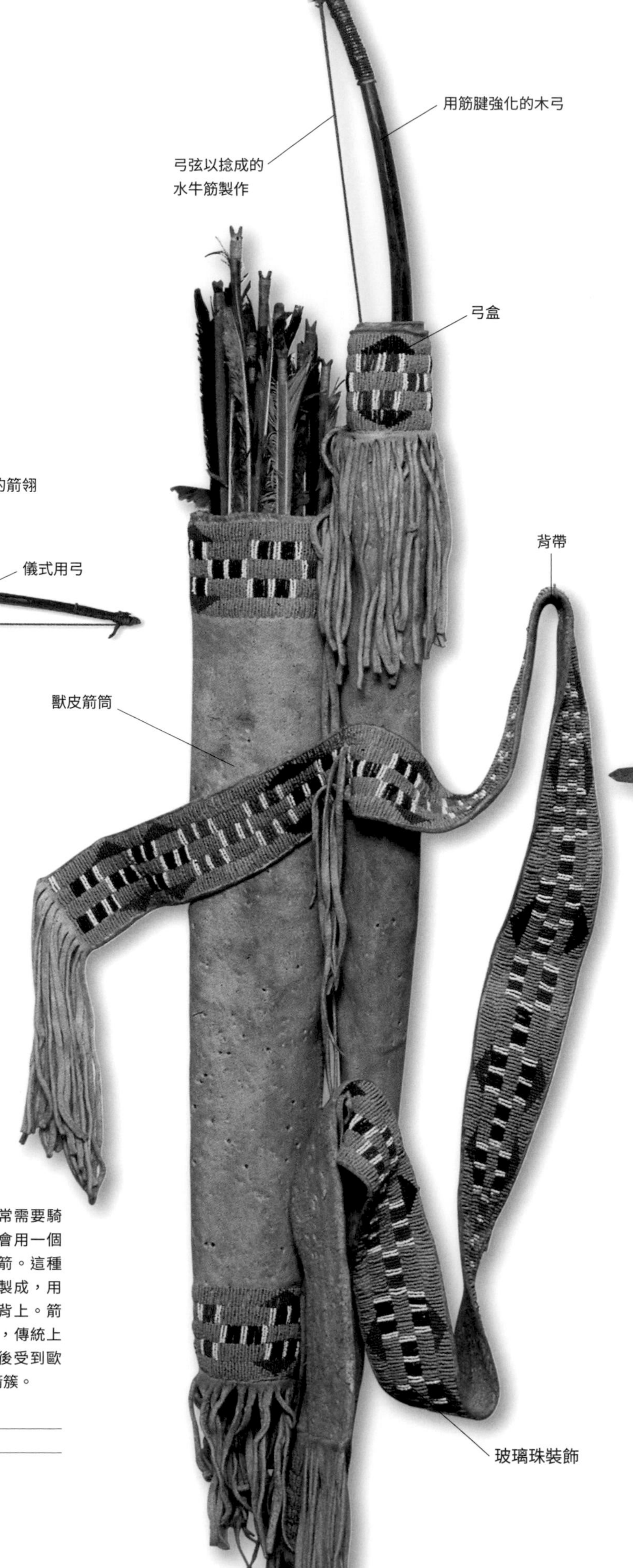

箭筒和弓盒

平原上的印第安人常常需要騎馬狩獵或作戰，因此會用一個附箭筒的弓盒來裝弓箭。這種附箭筒的弓盒以獸皮製成，用一條帶子掛在騎士的背上。箭筒大約可以裝20支箭，傳統上是用石製箭簇，但之後受到歐洲影響，也改用鐵製箭簇。

年代	約1900年
來源	美國

水牛獵人

一名大平原上的印第安人騎馬追趕逃跑的野牛，在極近的距離內用箭瞄準。騎馬時使用的弓大部分都很短，長度頂多1公尺。在1860到80年代的大平原戰爭（Plains Wars）中，和印第安人作戰的美軍士兵都見識過印第安人弓箭的精準度和威力，有時比他們不穩定的火器還有效。

完整圖

可波因紐特人弓箭

生活在北極地區的因紐特人會用弓箭來獵殺北美馴鹿與其他獵物。這副弓箭是居住在加拿大西北地區的可波因紐特人（Copper Inuit）製作的，如他們的名字所示，他們經常運用銅這種材料。圖中的箭簇就是以銅製作，此外他們還會用筋腱製成的繩子來強化弓背。

年代	19世紀
來源	加拿大
長度	弓1.5公尺

弓弭

用筋腱製成的繩子

弓弦用筋腱捻成

筋腱製成的繩子強化弓

骨製前箭桿

箭翎

用筋腱把前箭桿綁到箭桿上

骨製前箭桿

箭桿

南安普敦因紐特人弓箭

因紐特人和住在更南方的人不一樣，他們不會把筋腱條黏到弓背上，而是把筋腱製成的繩子綁到弓上，就像本圖中哈得遜灣（Hudson Bay）的南安普敦因紐特人（Southampton Inuit）製作的弓一樣。它的箭有可拆卸的前箭桿。

年代	約1900年
來源	加拿大
長度	弓1.5公尺

箭用的孔

獸皮包裹的握柄

山羊角

獸角製調箭器

箭的箭桿是用筆直的小樹樹幹製成，一旦切下後，就要先風乾，然後削去樹皮，再打磨光滑。之後製箭人會在箭桿上塗抹油脂並加熱，然後再用調箭器加以調整。

年代	約1900年
來源	美國
長度	18.5公分

用筋腱細綁

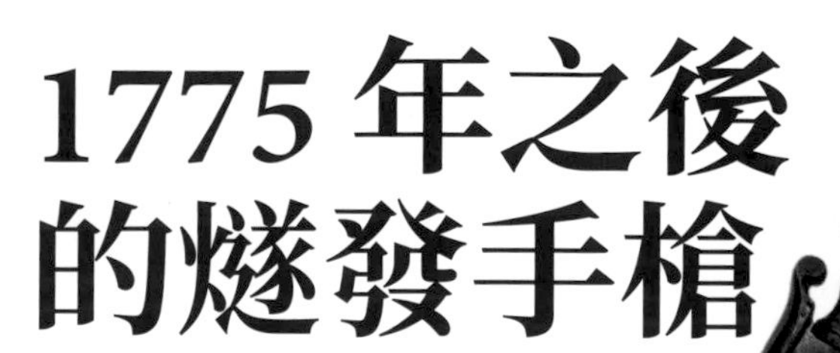

1775年之後的燧發手槍

到了18世紀最後25年裡，也就是各國開始建立警察制度前，手槍是有錢人家裡常見的武器，且不論是紳士還是惡棍，都經常攜帶可放在口袋裡的手槍。當時的槍匠已經設計出幾種特殊用途的槍型，包括決鬥用、打靶用手槍或雷筒手槍等。燧發手槍隨處可見，當中大多數是半封閉的盒式槍機槍型，只有在西班牙才比較容易看到效果較差的麥奎雷槍機槍型。

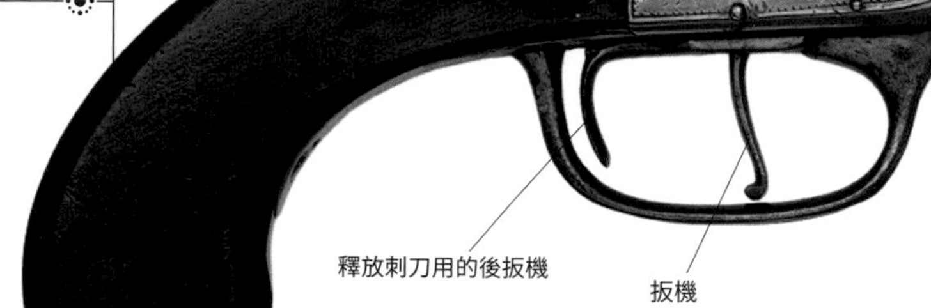

雷筒手槍

雷筒手槍（源自於荷蘭文的donderbus，意思是「雷霆槍」）是一種近距離武器，它的喇叭狀槍口有利裝填並散布彈丸。它的盒式槍機是伯明罕（Birmingham）的約翰・瓦特斯（John Waters）的作品，此人擁有手槍刺刀的專利。英國皇家海軍的軍官經常在登船作業時使用這類手槍。

年代	1785年
來源	英國
槍管	19公分
重量	0.95公斤
口徑	槍口1英寸

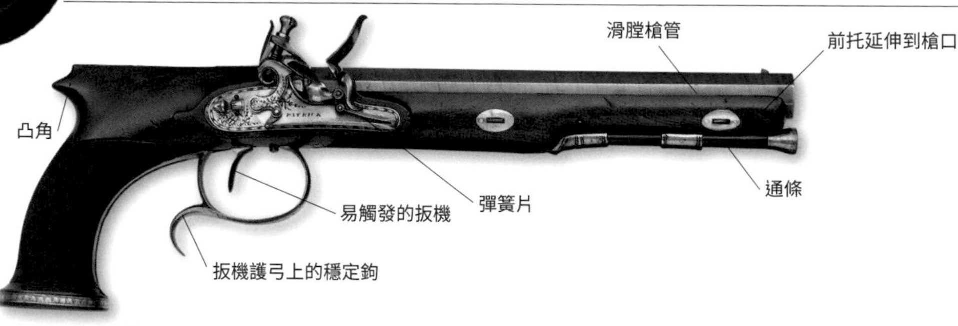

麥奎雷決鬥手槍

專門用於決鬥的手槍在1780年以後於英國首度問世，它們一定是成對裝在盒子裡販售，並附上所有必要的使用配件。有明顯凸角的「鋸子握把」式握柄和扳機護弓上的穩定鉤是後來才加上去的，此外還有延伸到槍口的槍前托也是。

年代	1815年
來源	英國
槍管	23公分
重量	1公斤
口徑	34號鉛徑

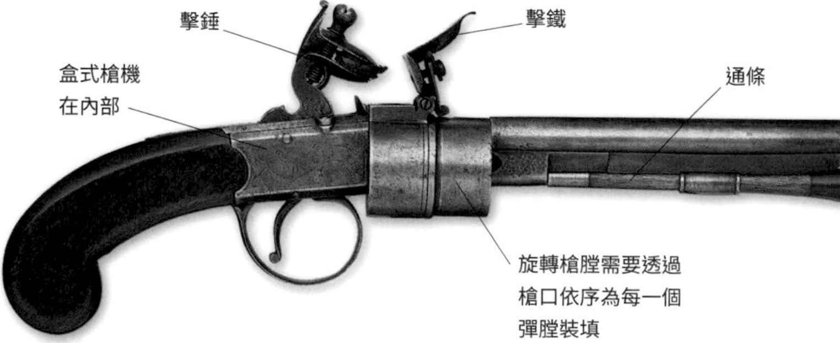

燧發轉輪槍

大約在1680年左右，倫敦的約翰・達夫特（John Dafte）設計出一款擁有可旋轉、多彈膛的圓柱體槍膛手槍，可以藉由槍機敲擊的動作來旋轉。波士頓的艾立夏・柯利爾（Elisha Collier）在1814年取得了一個改良版本的英國專利，然後由約翰・伊凡斯（John Evans）在1819年於倫敦製造。它的旋轉機制不甚可靠，因此時常需要用手去轉槍膛。

年代	約1820年
來源	英國
槍管	12.4公分
重量	0.68公斤
口徑	0.45英寸

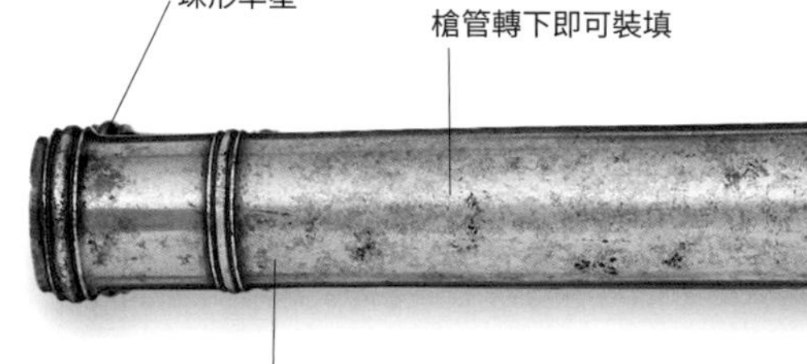

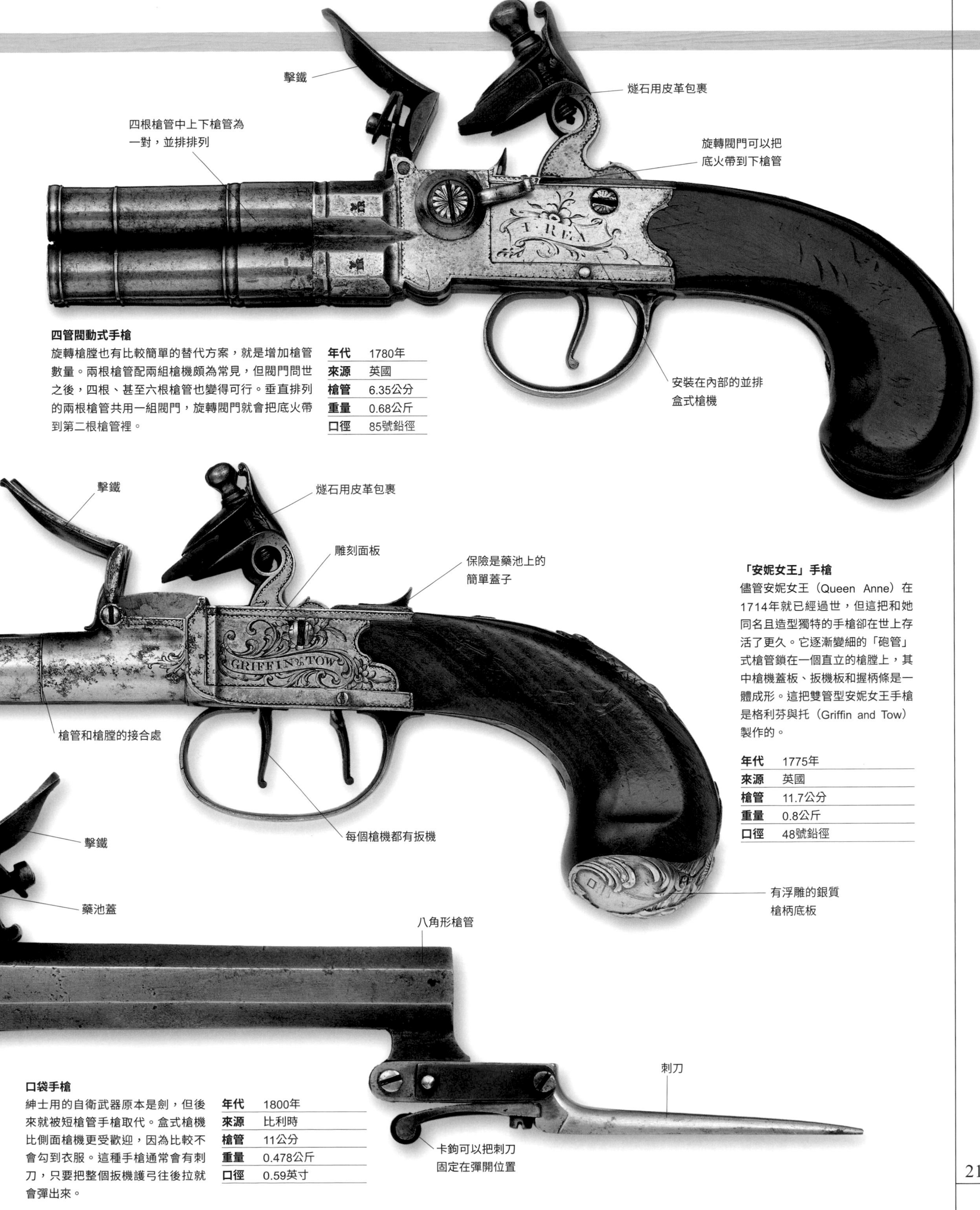

四管閥動式手槍

旋轉槍膛也有比較簡單的替代方案，就是增加槍管數量。兩根槍管配兩組槍機頗為常見，但閥門問世之後，四根、甚至六根槍管也變得可行。垂直排列的兩根槍管共用一組閥門，旋轉閥門就會把底火帶到第二根槍管裡。

年代	1780年
來源	英國
槍管	6.35公分
重量	0.68公斤
口徑	85號鉛徑

「安妮女王」手槍

儘管安妮女王（Queen Anne）在1714年就已經過世，但這把和她同名且造型獨特的手槍卻在世上存活了更久。它逐漸變細的「砲管」式槍管鎖在一個直立的槍膛上，其中槍機蓋板、扳機板和握柄條是一體成形。這把雙管型安妮女王手槍是格利芬與托（Griffin and Tow）製作的。

年代	1775年
來源	英國
槍管	11.7公分
重量	0.8公斤
口徑	48號鉛徑

口袋手槍

紳士用的自衛武器原本是劍，但後來就被短槍管手槍取代。盒式槍機比側面槍機更受歡迎，因為比較不會勾到衣服。這種手槍通常會有刺刀，只要把整個扳機護弓往後拉就會彈出來。

年代	1800年
來源	比利時
槍管	11公分
重量	0.478公斤
口徑	0.59英寸

美國南北戰爭步兵

.40英寸口徑勒馬特轉輪槍

1860 年，反對奴隸制度的亞伯拉罕．林肯（Abraham Lincoln）當選美國總統，導致南方 11 個州脫離聯邦，並組成邦聯，接著就爆發血腥的內戰。剛開始打頭陣的是數以萬計的志願軍，但沒多久南方邦聯就成功實施徵兵制。這招在北方聯邦效果沒那麼好，因為有錢人常會花錢請人代打，以逃避兵役。但不論是邦聯軍還是聯邦軍，都是驍勇善戰、不輕易屈服的硬漢，即使傷亡慘重、戰況惡劣，依然堅持戰鬥，打死不退。

步兵的戰鬥

從 1861 年 4 月到 1865 年 4 月，有多達 300 萬男性加入聯邦和邦聯部隊。他們當中絕大部分是步兵，徒步行軍到任何地方，攜帶裝備、彈藥、個人物品和一個野戰包。主要武器是從槍口裝填的來福槍，發射米尼彈（Minié）。儘管燧石滑膛槍已經大有進步，但士兵還是得以站立姿勢集火齊射。進攻時，步兵必須堅定沉穩地越過開闊地帶，面對不斷殺傷行伍同袍的猛烈來福槍和砲兵火力。雙方都使用同樣的基本武器，但北軍的裝備充分得多。聯邦步兵的補給充足，有統一的制服、尺寸合腳的軍靴、彈丸和火藥，而南軍步兵儘管英勇善戰，裝備卻樣樣都缺。總計大約有 62 萬名士兵喪生，死於疾病的比戰死的還多。

牛奔河之役
牛奔河之役是雙方的第一場大規模會戰，也是一場混戰。邦聯軍的傑布．斯圖亞特（Jeb Stuart）率領這場戰爭中唯一的一次大規模騎兵衝鋒。雙方都有一些志願兵穿著進口的茨瓦夫（Zouave）制服，讓戰況更加混亂。

「如果有人不怕死、不怕傷殘，那他必定是瘋子。」

南北戰爭老兵

志願兵
這是戰爭第一年的一位聯邦步兵中尉（圖右），旁邊還站著兩名入伍的士兵。這些早期志願兵會從軍是基於對理念的熱情，或是對冒險的天真渴望，軍官大多是自己票選出來的，且他們通常只服從自己想服從的命令。

為自由而戰

南北戰爭開打時，雙方都不讓非裔美國人上戰場。1862年，聯邦軍官原本只是讓逃跑的奴隸當勞工，後來進步到開始武裝他們。第一批由黑人志願兵組成的步兵團於1863年在北方成立。大約有18萬名前奴隸和自由黑人在聯邦軍隊裡服役，他們被編在實施種族隔離制的步兵團裡，絕大部分都由白人軍官指揮。他們當中有許多在戰鬥裡表現優異，例如麻薩諸塞第54步兵團在1863年突擊瓦格納堡（Fort Wagner）的戰鬥裡立下傑出戰功。黑人部隊對勝利做出的貢獻有助贏得聯邦支持廢止奴隸制度。

1863年聯邦軍麻薩諸塞第54步兵團的一名步兵。

邦聯士兵制服
很少邦聯士兵可以穿到正規的灰大衣、灰軍便帽和藍長褲。短夾克和各式各樣的「白胡桃」棕色或米黃色服裝更常見。

聯邦士兵制服
這是紐約志願軍團（New York Volunteers）步兵的冬季制服。哈迪（Hardee）毛氈帽雖然是服制，但很少人戴，絕大部分士兵都偏愛較輕的平頂帽或寬邊軟帽。

戰鬥工具

拿破崙戰爭
在 19 世紀早期的近距離戰鬥裡，人普遍使用劍、刺刀、手槍和滑膛槍來戰鬥，此外還有砲兵和遠射來福槍從遠處提供火力支援，效果卓著。砲兵把砲彈發射出去以後，砲彈或霰彈會在敵人行伍附近、甚至就在隊伍中爆炸，因此會造成最嚴重的傷害。

◀ 162-165 早期的大砲 ▶ 240-241 前裝砲 ▶ 242-243 後膛砲

海軍大砲

海軍大砲一詞可囊括各式各樣的火砲，包括迫擊砲、佛郎機砲、長管砲和卡倫砲等，它們都是為擊毀敵方船艦或殺傷對方船員而設計的。這些火砲一般來說都比陸地上用的火砲更重、威力更強，因為它們不必在不良的路面或崎嶇的地形上拖曳前進。19 世紀，帆船慢慢被蒸汽船取代以後，前裝砲也被後膛砲取代，包括那些用來支援陸地作戰的輕型海軍火砲。

不列顛13吋迫擊砲

迫擊砲是一種短砲管的火砲，可發射高爆砲彈，並以大角度姿態射擊，以改善打擊範圍。圖中的迫擊砲可能是為雷霆號（HMS Thunder）打造的，它是一艘轟炸船，曾參與1727年的直布羅陀包圍戰（Siege of Gibraltar）。

年代	1726年
來源	不列顛
長度	1.6公尺
重量	4.1公噸
口徑	13英寸

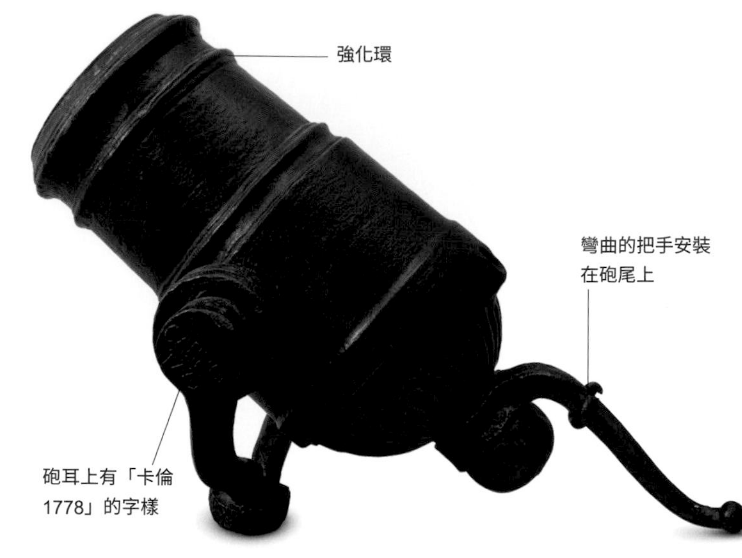

不列顛四磅佛郎機砲

這是一款由卡倫鋼鐵廠研發的卡倫砲原型。這種佛郎機砲的砲耳上安裝了轉軸，砲尾上還有一根長而彎曲的把手。

年代	1778年
來源	不列顛
長度	31.8公分
口徑	3.31英寸

砲口增大

低初速28倍徑砲管

鑄鐵24磅砲

這門24磅長管砲是風帆時代的多用途火砲，是小型船隻的主要武裝，例如巡防艦等，也是戰列艦的次要武裝。它們會和更重的36磅砲配置在一起。

年代	1785年
來源	不列顛
長度	2.9公尺
重量	2.9公噸
口徑	5.8英寸

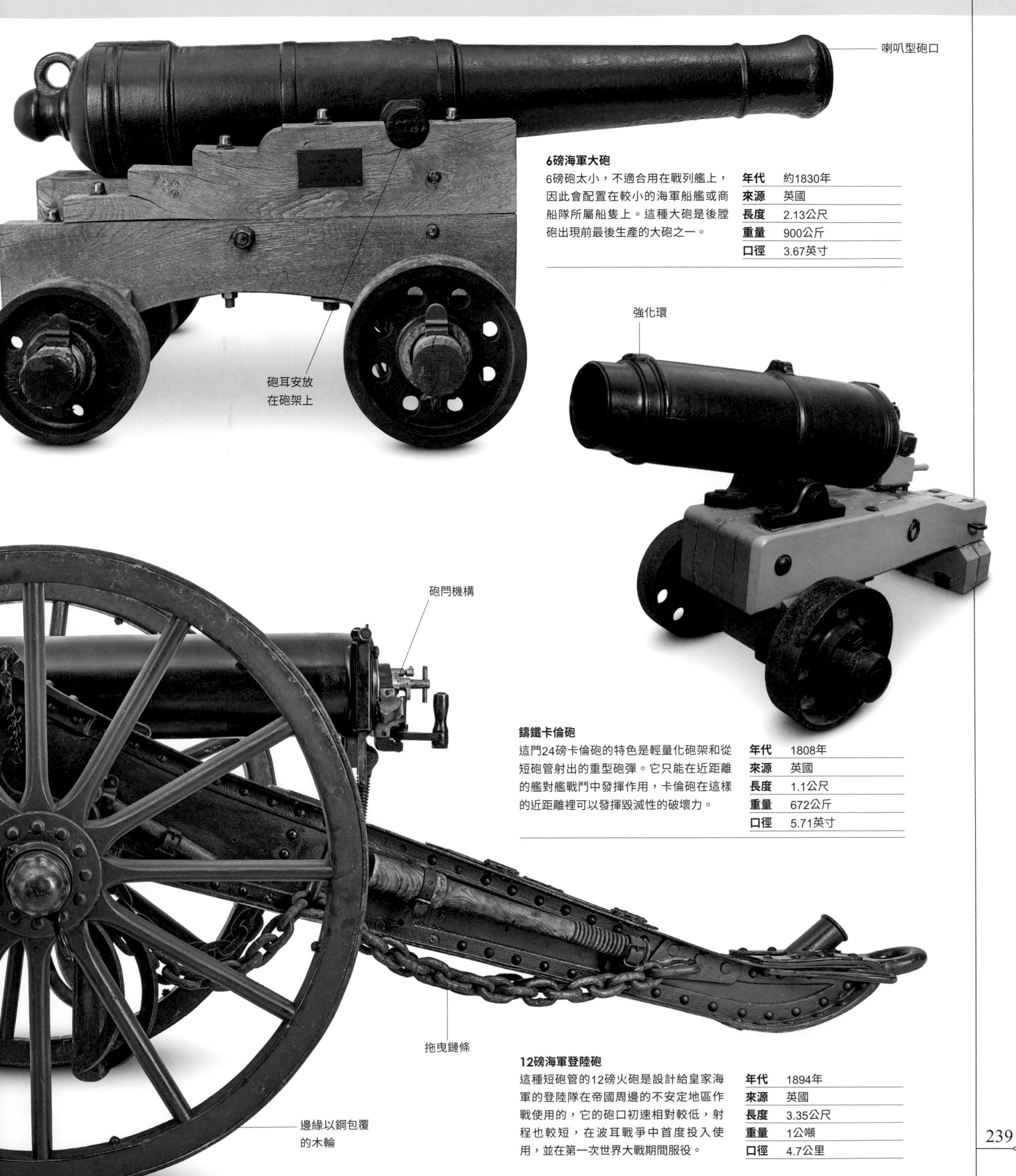

6磅海軍大砲

6磅砲太小，不適合用在戰列艦上，因此會配置在較小的海軍船艦或商船隊所屬船隻上。這種大砲是後膛砲出現前最後生產的大砲之一。

年代	約1830年
來源	英國
長度	2.13公尺
重量	900公斤
口徑	3.67英寸

鑄鐵卡倫砲

這門24磅卡倫砲的特色是輕量化砲架和從短砲管射出的重型砲彈。它只能在近距離的艦對艦戰鬥中發揮作用，卡倫砲在這樣的近距離裡可以發揮毀滅性的破壞力。

年代	1808年
來源	英國
長度	1.1公尺
重量	672公斤
口徑	5.71英寸

12磅海軍登陸砲

這種短砲管的12磅火砲是設計給皇家海軍的登陸隊在帝國周邊的不安定地區作戰使用的，它的砲口初速相對較低，射程也較短，在波耳戰爭中首度投入使用，並在第一次世界大戰期間服役。

年代	1894年
來源	英國
長度	3.35公尺
重量	1公噸
口徑	4.7公里

◂ 238-239 海軍大砲　▸ 282-283 火砲彈丸和裝備　▸ 284-285 武器大觀：六磅野戰砲

前裝砲

在 18 世紀和拿破崙戰爭期間，砲兵用的火砲是從砲口裝填、沒有膛線的前裝砲。但 1815 年後，人開始嘗試引進有膛線的火砲，但結果不盡如人意。因此前裝砲依然隨處可見，直到 19 世紀下半葉才被後膛砲取代。

俄國獨角獸砲

獨角獸砲（Licorne）是俄國的一種特殊火砲，結合了直射砲和榴彈砲的要素。圖中這門砲曾參加過克里米亞戰爭（1853-56年），能發射一般彈丸、葡萄彈、霰彈和高爆彈等砲彈。

年代	1793年
來源	俄國
長度	2.8公尺
重量	2.76公噸
口徑	205公釐

法國12磅野戰砲

12磅野戰砲是拿破崙的陸軍使用的最大型野戰砲，也是18世紀晚期重組並改善法國砲兵的格里波瓦爾（Gribeauval）系統裡的其中一款火砲。這門火砲在發射彈丸時的有效射程達1000公尺。

年代	1794年
來源	法國
長度	2.1公尺
重量	885公斤
口徑	122公釐

砲口為龍頭造型

法國六磅野戰砲

六磅野戰砲是法國的11年式火砲，公認是格里波瓦爾系統裡四磅砲和八磅砲之間的妥協，但相當有用。它在梅茨（Metz）製造，並在1815年的滑鐵盧之役中被英軍擄獲。

年代	1813年
來源	法國
長度	1.68公尺
重量	383公斤
口徑	96公釐

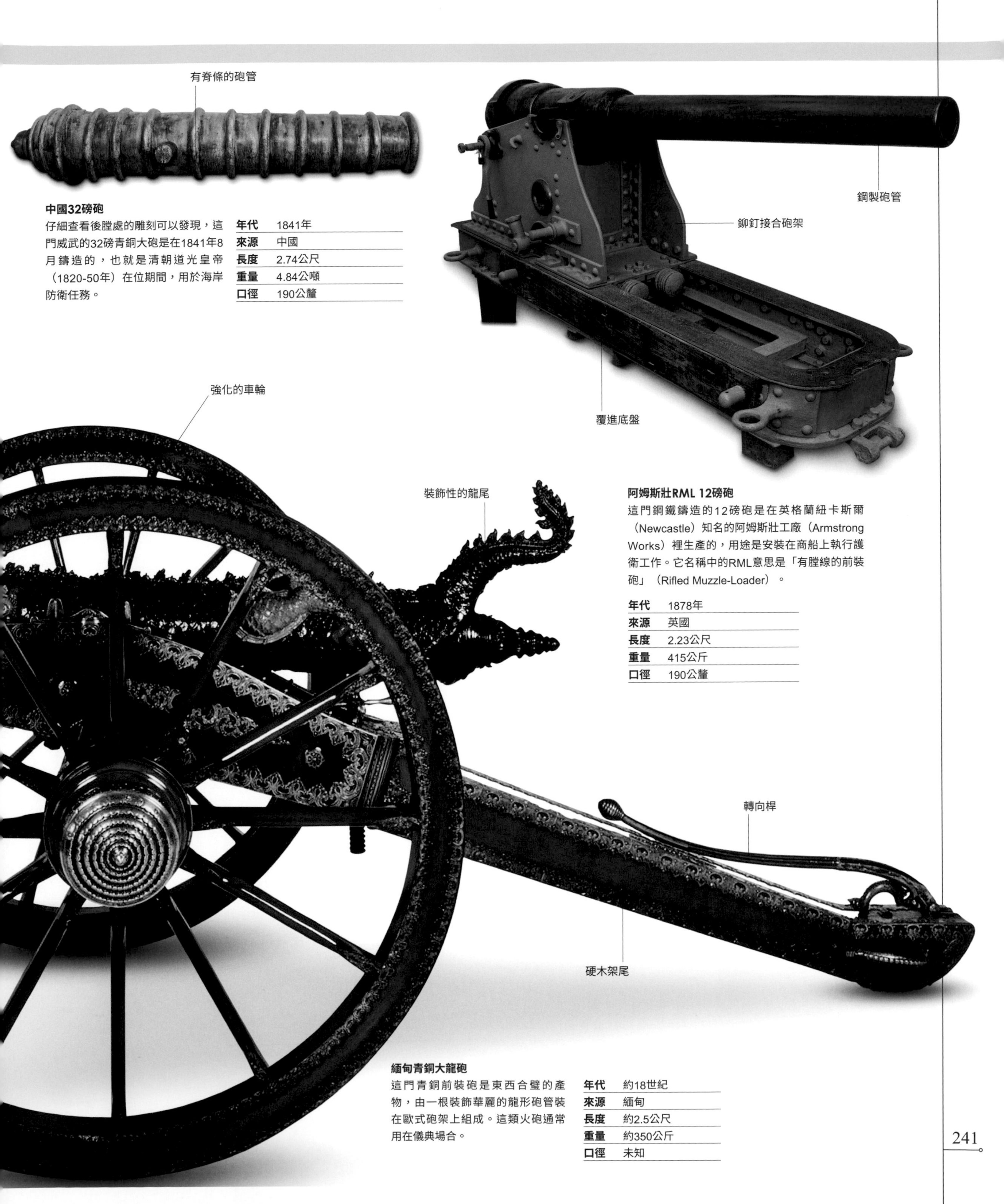

中國32磅砲

仔細查看後膛處的雕刻可以發現，這門威武的32磅青銅大砲是在1841年8月鑄造的，也就是清朝道光皇帝（1820-50年）在位期間，用於海岸防衛任務。

年代	1841年
來源	中國
長度	2.74公尺
重量	4.84公噸
口徑	190公釐

阿姆斯壯RML 12磅砲

這門鋼鐵鑄造的12磅砲是在英格蘭紐卡斯爾（Newcastle）知名的阿姆斯壯工廠（Armstrong Works）裡生產的，用途是安裝在商船上執行護衛工作。它名稱中的RML意思是「有膛線的前裝砲」（Rifled Muzzle-Loader）。

年代	1878年
來源	英國
長度	2.23公尺
重量	415公斤
口徑	190公釐

緬甸青銅大龍砲

這門青銅前裝砲是東西合璧的產物，由一根裝飾華麗的龍形砲管裝在歐式砲架上組成。這類火砲通常用在儀典場合。

年代	約18世紀
來源	緬甸
長度	約2.5公尺
重量	約350公斤
口徑	未知

後膛砲

英國工程師威廉・阿姆斯壯（William Armstrong）於 1855 年設計出第一款現代化的後膛裝填有膛線野戰砲。它的砲彈和推進火藥是從砲膛裝填，然後再用一個「垂直鎖栓」在附有中空螺栓的長條凹槽中鎖緊。和前裝砲相比，使用後膛裝填系統的火砲裝填效率高出許多，因此射速可以大幅提升。新式推進藥取代了火藥，也大大增加了火砲的射程。

阿姆斯壯RBL 12磅砲

有膛線的阿姆斯壯12磅砲是最早的現代化後膛砲之一，早在1859年就進入英國陸軍服役。這門火砲需要九人組成的砲班才能有效發揮戰鬥力。

年代	1859年
來源	英國
長度	2.13公尺
重量	7.62公分
口徑	3.1公里

強化鋼製砲管

阿姆斯壯RBL 40磅砲

阿姆斯壯RBL（Rifled Breech-Loading，有膛線後膛裝填）40磅砲由英國皇家海軍作為舷側火砲，陸軍則是作為要塞堡壘防禦火砲。它曾在1863年8月皇家海軍砲轟日本鹿兒島的行動中派上用場。

年代	1861年
來源	英國
長度	3公尺
重量	120公釐
口徑	2.56公里

架尾

45公釐口徑鋼製砲管

俯仰輪

錐形砲座

懷特渥斯45公釐後膛裝填小船用砲

這款海軍火砲擁有六角形內膛和懷特渥斯（Whitworth）滑塊閉鎖後膛裝填機構。它安裝在通常給較小型海軍火砲使用的錐形砲座上。圖中這門砲曾經是一艘海軍快艇的自衛火砲。

年代	1875年
來源	英國
長度	94公分
重量	45公釐
口徑	360公尺

機砲安裝在防空砲座上

黃銅外套管

馬克沁速射一磅砲「砰砰」

「砰砰」（Pom-Pom）這個稱呼源自它開火時發出的噪音，可說是馬克沁機槍的放大版。它是世界上第一款機關砲，但和機槍不同的是，它發射的是砲彈而不是子彈。

年代	1890年
來源	英國
長度	1.09公尺
重量	37公釐
口徑	3.1公里

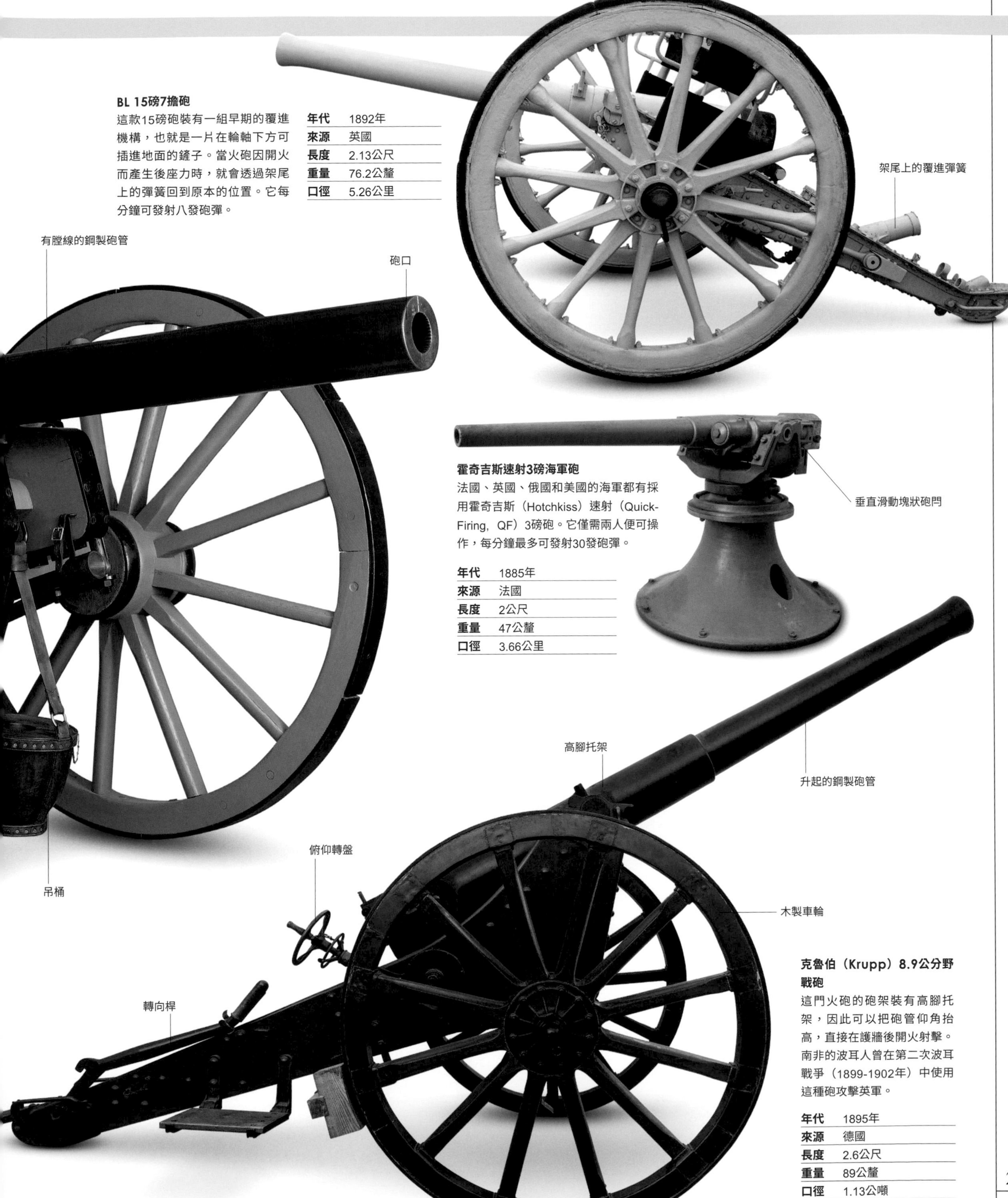

BL 15磅7擔砲

這款15磅砲裝有一組早期的覆進機構，也就是一片在輪軸下方可插進地面的鏟子。當火砲因開火而產生後座力時，就會透過架尾上的彈簧回到原本的位置。它每分鐘可發射八發砲彈。

年代	1892年
來源	英國
長度	2.13公尺
重量	76.2公釐
口徑	5.26公里

霍奇吉斯速射3磅海軍砲

法國、英國、俄國和美國的海軍都有採用霍奇吉斯（Hotchkiss）速射（Quick-Firing, QF）3磅砲。它僅需兩人便可操作，每分鐘最多可發射30發砲彈。

年代	1885年
來源	法國
長度	2公尺
重量	47公釐
口徑	3.66公里

克魯伯（Krupp）8.9公分野戰砲

這門火砲的砲架裝有高腳托架，因此可以把砲管仰角抬高，直接在護牆後開火射擊。南非的波耳人曾在第二次波耳戰爭（1899-1902年）中使用這種砲攻擊英軍。

年代	1895年
來源	德國
長度	2.6公尺
重量	89公釐
口徑	1.13公噸

燧發滑膛槍與來福槍

18 世紀初，燧發機制簡單、堅固又耐用，已經發展到沒有辦法再改變的程度。它只缺少實際上可以消除啞火現象的滾動軸承和強化箍——也就是把組裝在一起的零件對齊的鐵條。由於燧發槍表現穩定，一些個別武器——像是英國的陸上型滑膛槍和法國的查爾維爾（Charleville）——都生產了成千上萬支，並且在幾乎沒有重大修改的狀況下持續服役將近一個世紀。

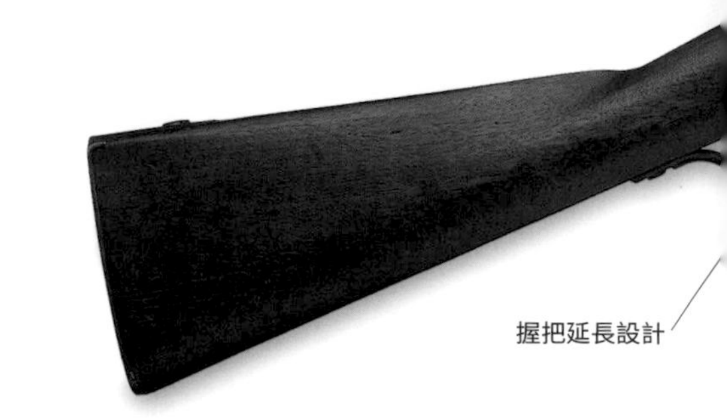

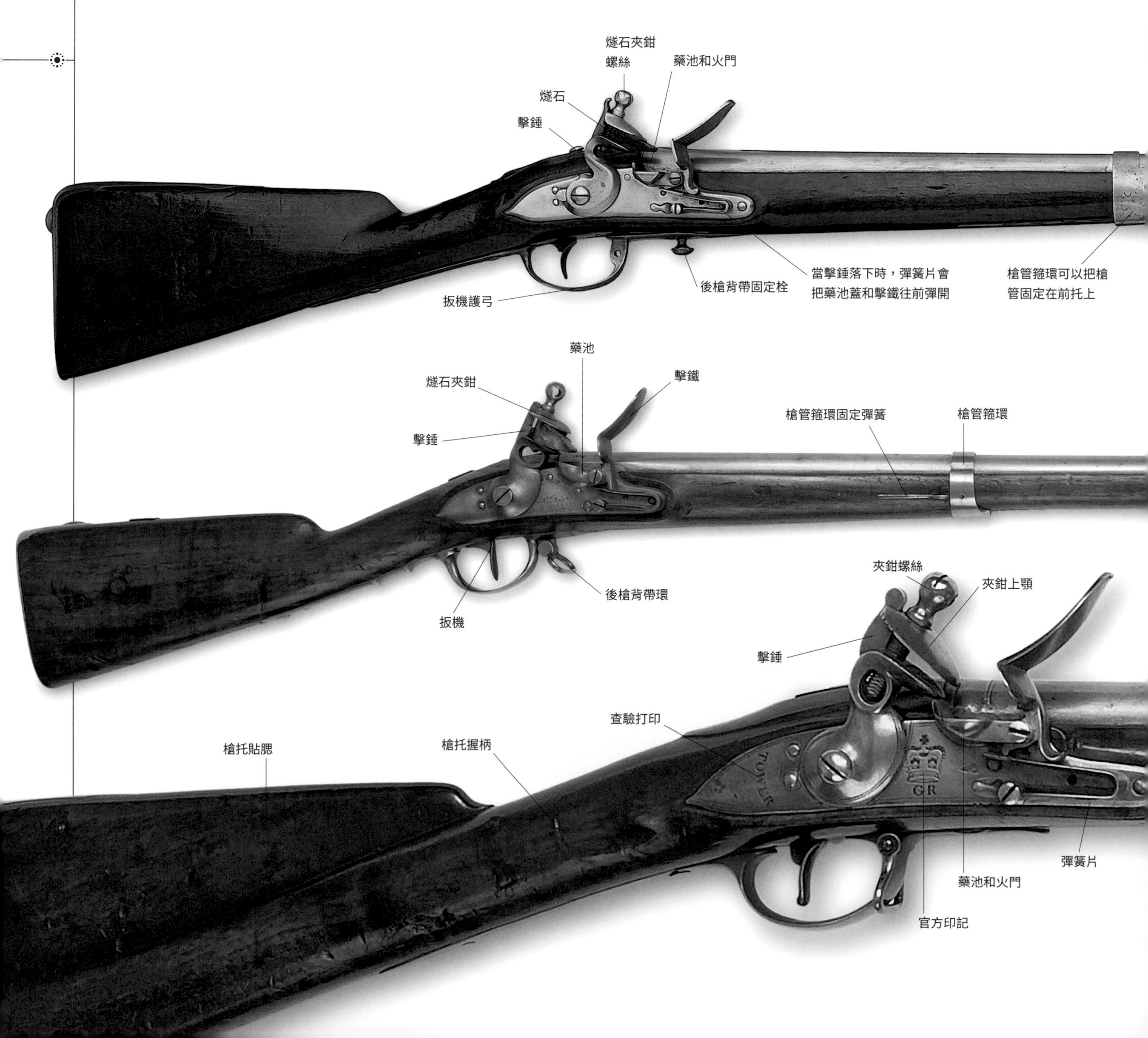

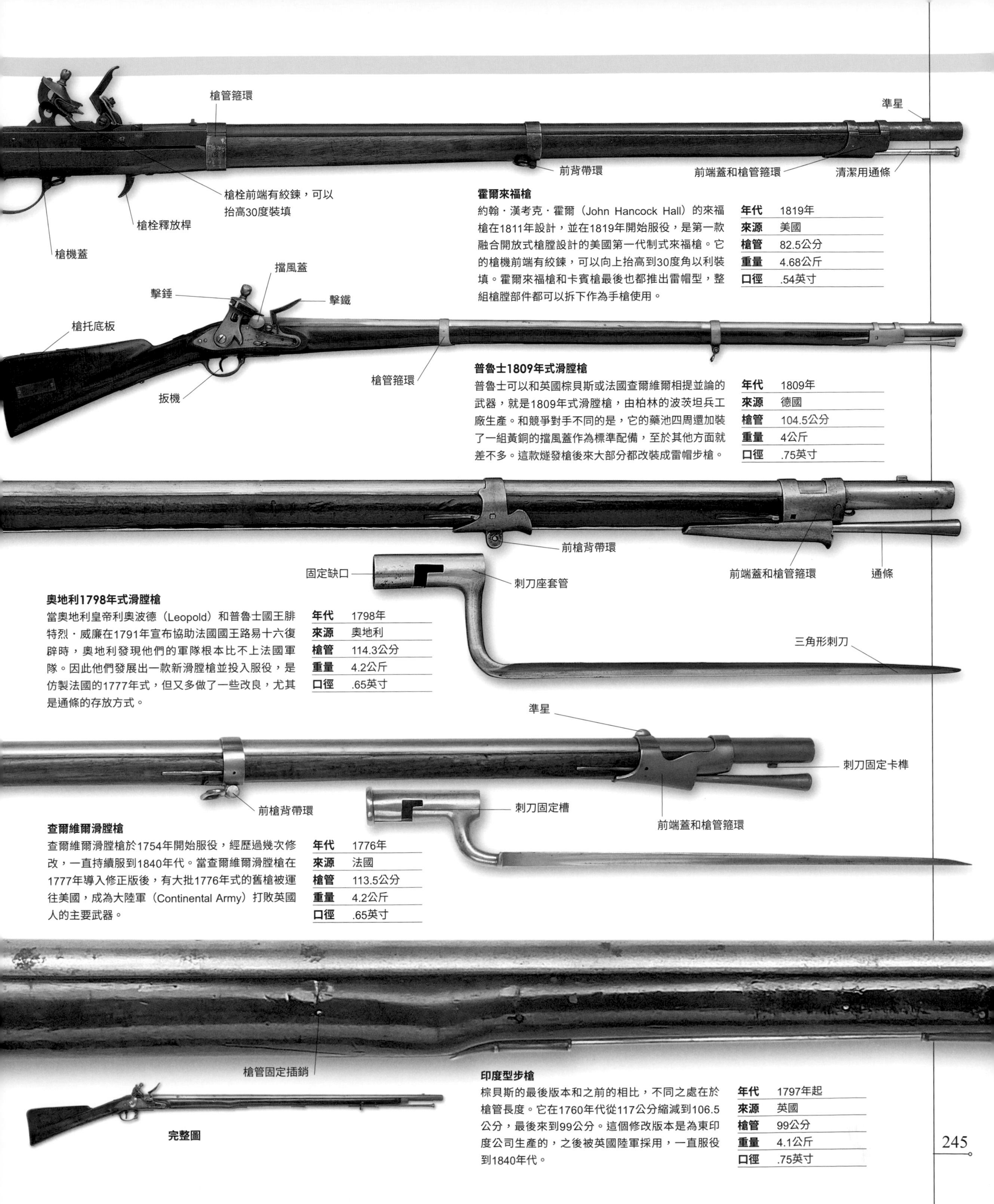

霍爾來福槍

約翰·漢考克·霍爾（John Hancock Hall）的來福槍在1811年設計，並在1819年開始服役，是第一款融合開放式槍膛設計的美國第一代制式來福槍。它的槍機前端有絞鍊，可以向上抬高到30度角以利裝填。霍爾來福槍和卡賓槍最後也都推出雷帽型，整組槍膛部件都可以拆下作為手槍使用。

年代	1819年
來源	美國
槍管	82.5公分
重量	4.68公斤
口徑	.54英寸

普魯士1809年式滑膛槍

普魯士可以和英國棕貝斯或法國查爾維爾相提並論的武器，就是1809年式滑膛槍，由柏林的波茨坦兵工廠生產。和競爭對手不同的是，它的藥池四周還加裝了一組黃銅的擋風蓋作為標準配備，至於其他方面就差不多。這款燧發槍後來大部分都改裝成雷帽步槍。

年代	1809年
來源	德國
槍管	104.5公分
重量	4公斤
口徑	.75英寸

奧地利1798年式滑膛槍

當奧地利皇帝利奧波德（Leopold）和普魯士國王腓特烈·威廉在1791年宣布協助法國國王路易十六復辟時，奧地利發現他們的軍隊根本比不上法國軍隊。因此他們發展出一款新滑膛槍並投入服役，是仿製法國的1777年式，但又多做了一些改良，尤其是通條的存放方式。

年代	1798年
來源	奧地利
槍管	114.3公分
重量	4.2公斤
口徑	.65英寸

查爾維爾滑膛槍

查爾維爾滑膛槍於1754年開始服役，經歷過幾次修改，一直持續服到1840年代。當查爾維爾滑膛槍在1777年導入修正版後，有大批1776年式的舊槍被運往美國，成為大陸軍（Continental Army）打敗英國人的主要武器。

年代	1776年
來源	法國
槍管	113.5公分
重量	4.2公斤
口徑	.65英寸

印度型步槍

棕貝斯的最後版本和之前的相比，不同之處在於槍管長度。它在1760年代從117公分縮減到106.5公分，最後來到99公分。這個修改版本是為東印度公司生產的，之後被英國陸軍採用，一直服役到1840年代。

年代	1797年起
來源	英國
槍管	99公分
重量	4.1公斤
口徑	.75英寸

貝克來福槍

1800 年 2 月，貝克來福槍贏得陸軍軍需委員會（Army's Board of Ordnance）的競標，成為第一款英國陸軍正式採用的來福槍。它和德國使用的來福槍類似，但新穎的地方在於槍管。因為它的膛線淺或「平緩」——只有槍管長度的四分之一轉，因此容易維持清潔，可以使用更長的時間。它一開始只配發給指定人員，後來在 1838 年被取代。

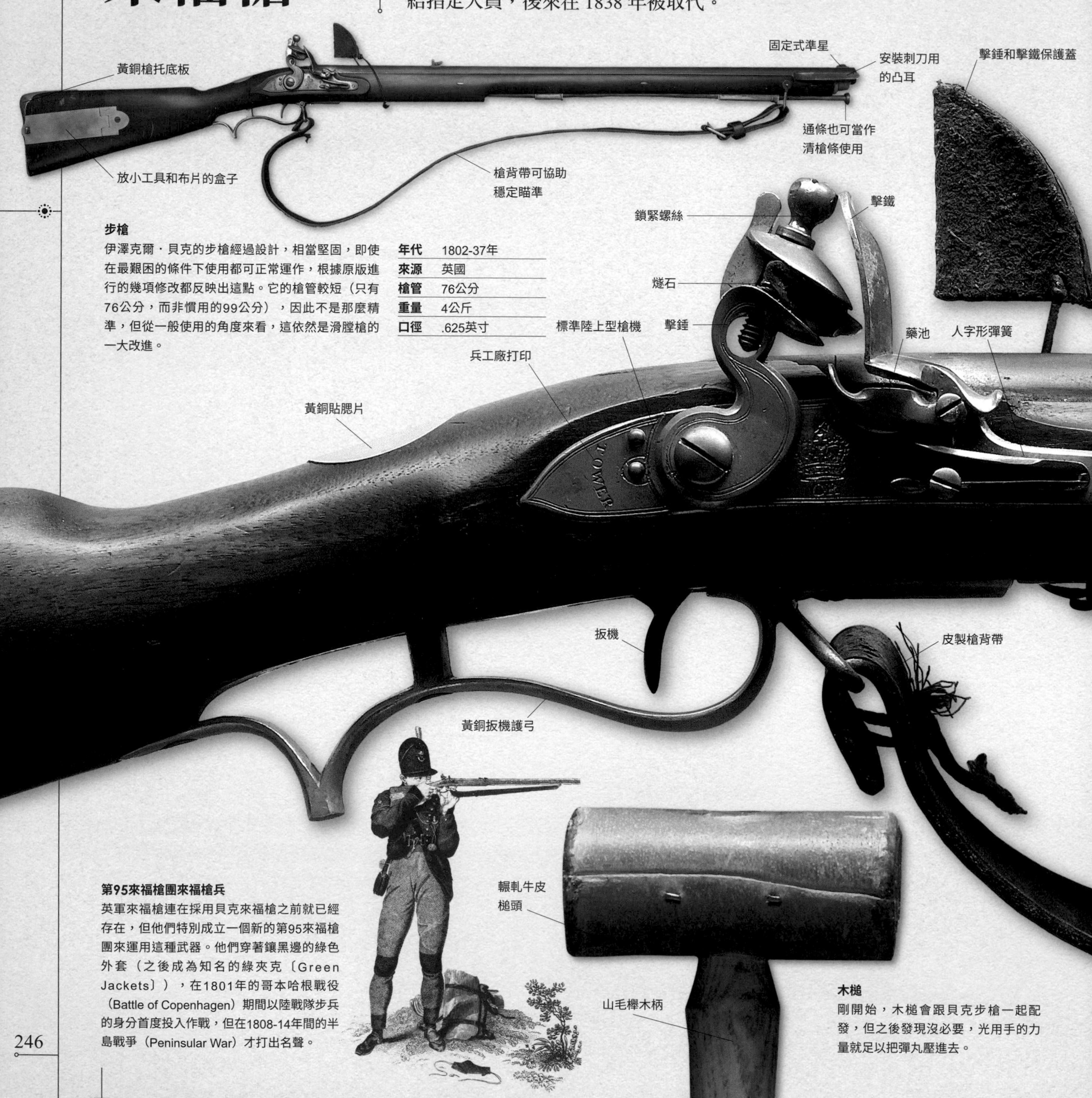

步槍

伊澤克爾・貝克的步槍經過設計，相當堅固，即使在最艱困的條件下使用都可正常運作，根據原版進行的幾項修改都反映出這點。它的槍管較短（只有76公分，而非慣用的99公分），因此不是那麼精準，但從一般使用的角度來看，這依然是滑膛槍的一大改進。

年代	1802-37年
來源	英國
槍管	76公分
重量	4公斤
口徑	.625英寸

第95來福槍團來福槍兵

英軍來福槍連在採用貝克來福槍之前就已經存在，但他們特別成立一個新的第95來福槍團來運用這種武器。他們穿著鑲黑邊的綠色外套（之後成為知名的綠夾克〔Green Jackets〕），在1801年的哥本哈根戰役（Battle of Copenhagen）期間以陸戰隊步兵的身分首度投入作戰，但在1808-14年間的半島戰爭（Peninsular War）才打出名聲。

木槌

剛開始，木槌會跟貝克步槍一起配發，但之後發現沒必要，光用手的力量就足以把彈丸壓進去。

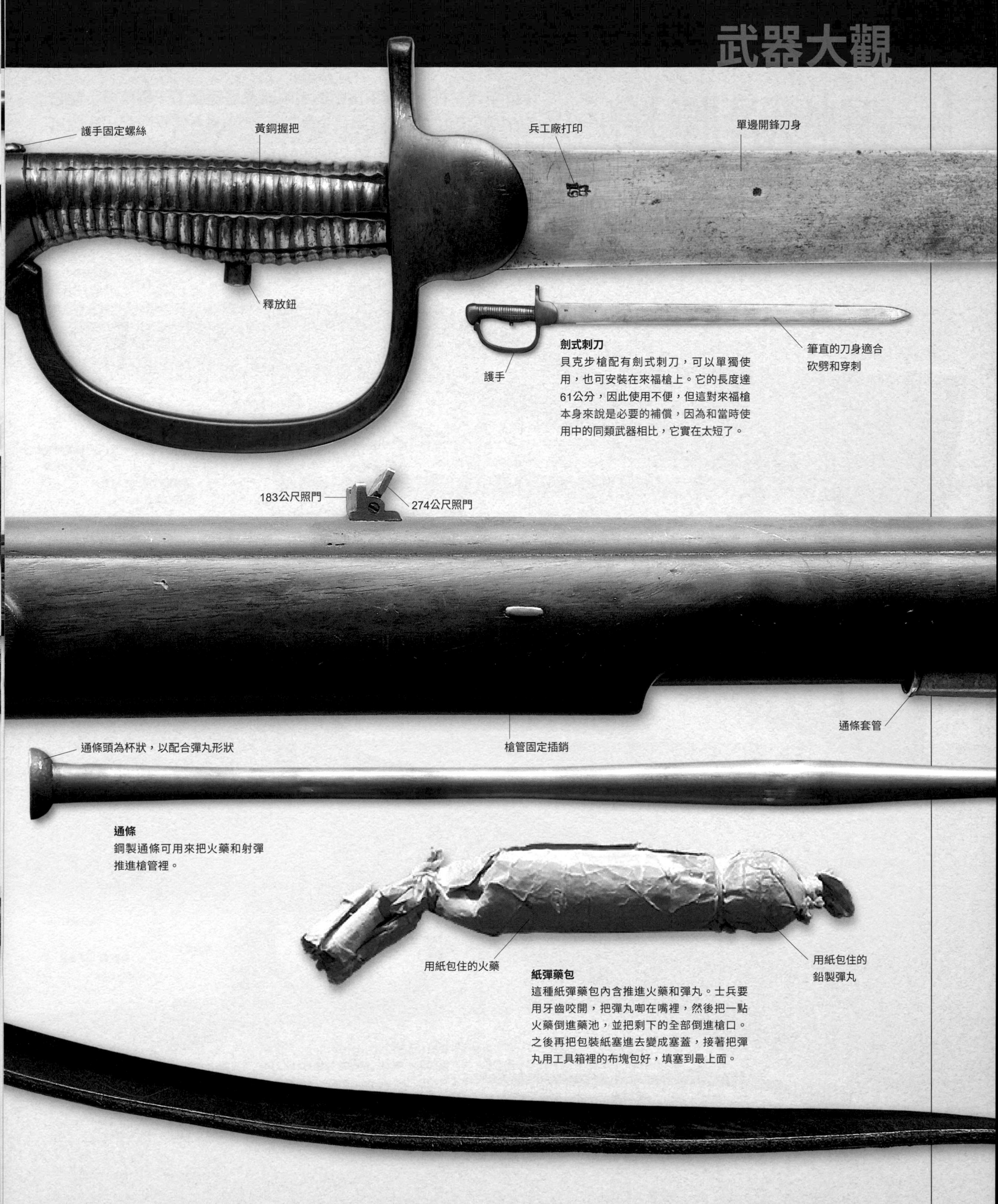

劍式刺刀
貝克步槍配有劍式刺刀，可以單獨使用，也可安裝在來福槍上。它的長度達61公分，因此使用不便，但這對來福槍本身來說是必要的補償，因為和當時使用中的同類武器相比，它實在太短了。

通條
鋼製通條可用來把火藥和射彈推進槍管裡。

紙彈藥包
這種紙彈藥包內含推進火藥和彈丸。士兵要用牙齒咬開，把彈丸啣在嘴裡，然後把一點火藥倒進藥池，並把剩下的全部倒進槍口。之後再把包裝紙塞進去變成塞蓋，接著把彈丸用工具箱裡的布塊包好，填塞到最上面。

劍式刺刀

英國陸軍「紅外套」步兵

在滑膛槍和刺刀的年代，穿著紅色外套的步兵構成了英國正規軍隊的骨幹，他們主要是從窮人、無地產者和失業者中招募而來。這些人之所以會接受「國王的先令」（king's shilling，指新兵入伍時收到的訂金），通常是因為喝得爛醉，或是被多彩多姿的軍旅生活吸引，甚至是因為犯了小罪、想逃避監禁。但這些威靈頓公爵（Duke of Wellington）口中的「人渣」卻變成堅決的戰士，打贏多場戰役，尤其是在拿破崙戰爭中對抗法國。

操演和紀律

紅外套步兵接受嚴格訓練，要以小單位作戰，必須毫不遲疑地服從命令，壓抑個人的動機。要達到這一切，是透過無情的操演和嚴酷的紀律（時常運用鞭打手段），以及培養士兵對所屬單位及同袍的忠誠度。就那個時代的武器和戰術而言，操演和紀律有根本上的重要性。英軍的主要武器棕貝斯滑膛槍基本上並不是很精準，因此若要有效發揚火力，就要訓練士兵進行齊放。他們要學習如何在戰場上排列出橫隊或方陣隊型（方陣用來抵抗騎兵），並在沒有盔甲保護下進入滑膛槍的射程內，或是面對敵軍砲轟依然昂然而立。保持冷靜是避免傷亡最可靠的辦法，因為這樣才能組成一道牢不可破的刺刀防線，作為防禦的最後手段。由於大家必須在濃濃的硝煙中辨別敵我，所以穿著鮮明的紅色外套上戰場十分合理。

滑鐵盧戰役

1815年6月，在拿破崙戰爭的最後一場戰役中，英軍步兵方陣奮力擊退法軍騎兵攻擊。英軍士兵在威靈頓公爵的出色領導下，證明足以和戰爭後期的拿破崙軍隊相抗衡，在戰火中展現出嚴格的紀律和沉穩的態度。

「他們已經被徹底擊敗……但他們不知道這件事，所以也不會逃跑。」

1811年5月，蘇爾特（Soult）元帥在奧布維拉戰役（Battle Of Albuera）之後

貝克來福槍用的劍式刺刀

約克鎮之役
這幅19世紀的畫描繪1781年英國步兵和美國反抗軍在約克鎮郊外短兵相接的畫面。英軍在約克鎮對美國反抗軍和他們的法國盟友投降，在屈辱中結束了美國獨立戰爭。

貝克來福槍的紙彈藥包

棕貝斯滑膛槍用的刺刀

棕貝斯滑膛槍

貝克來福槍

紅外套制服
這名英軍步兵穿著19世紀早期的制服。高筒帽在1801-02年間取代三角帽。到了1815年，馬褲和綁腿被長褲取代，而「火爐煙囪」高筒帽也被多了一片正面的「貝爾蓋」高筒帽取代。

「火爐煙囪」高筒帽和黃銅牌

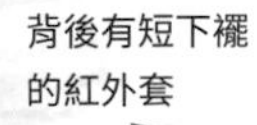

背後有短下襬的紅外套

交叉的暗黃色皮帶，用陶土染白

白色馬褲

附釦長綁腿

列星頓與康科德

美國獨立戰爭於1775年4月在麻州開打時，穿著紅外套的英軍步兵便大舉從波士頓和查爾斯登（Charleston）出動，計畫奪取位在康科德的叛亂民兵組織義勇兵（Minutemen）的武器和火藥。他們最先在列星頓和民兵爆發衝突，有八名義勇兵陣亡。英軍部隊抵達康科德時，他們面臨強烈抵抗，最後被迫撤退。接著他們就遭到持來福槍的美國狙擊手攻擊，這種游擊隊戰術是英軍沒有準備面對的。最後英軍總共損失273人，相對之下麻州的民兵只損失95人。這場對抗呈現出英軍最糟的一面，因為他們所受的訓練是要在開闊地上站著戰鬥，對抗採用相同戰術的歐洲國家陸軍。突然面對以樹木作為掩護、精準射擊而非齊射的對手，他們根本措手不及。

英軍部隊向康科德進軍

運動槍

到了 19 世紀，許多領域都充斥著創新和發明，製槍這一行自然也不例外。在這個世紀之初，就算是最普通的槍也是從零開始手工打造的，因此不論製造還是維修都十分昂貴。但距離這個世紀結束還很久的時候，大部分的槍都已經可以量產，槍枝的價格不但變得更親民，也能擁有從前名槍才會有的品質與可靠性。

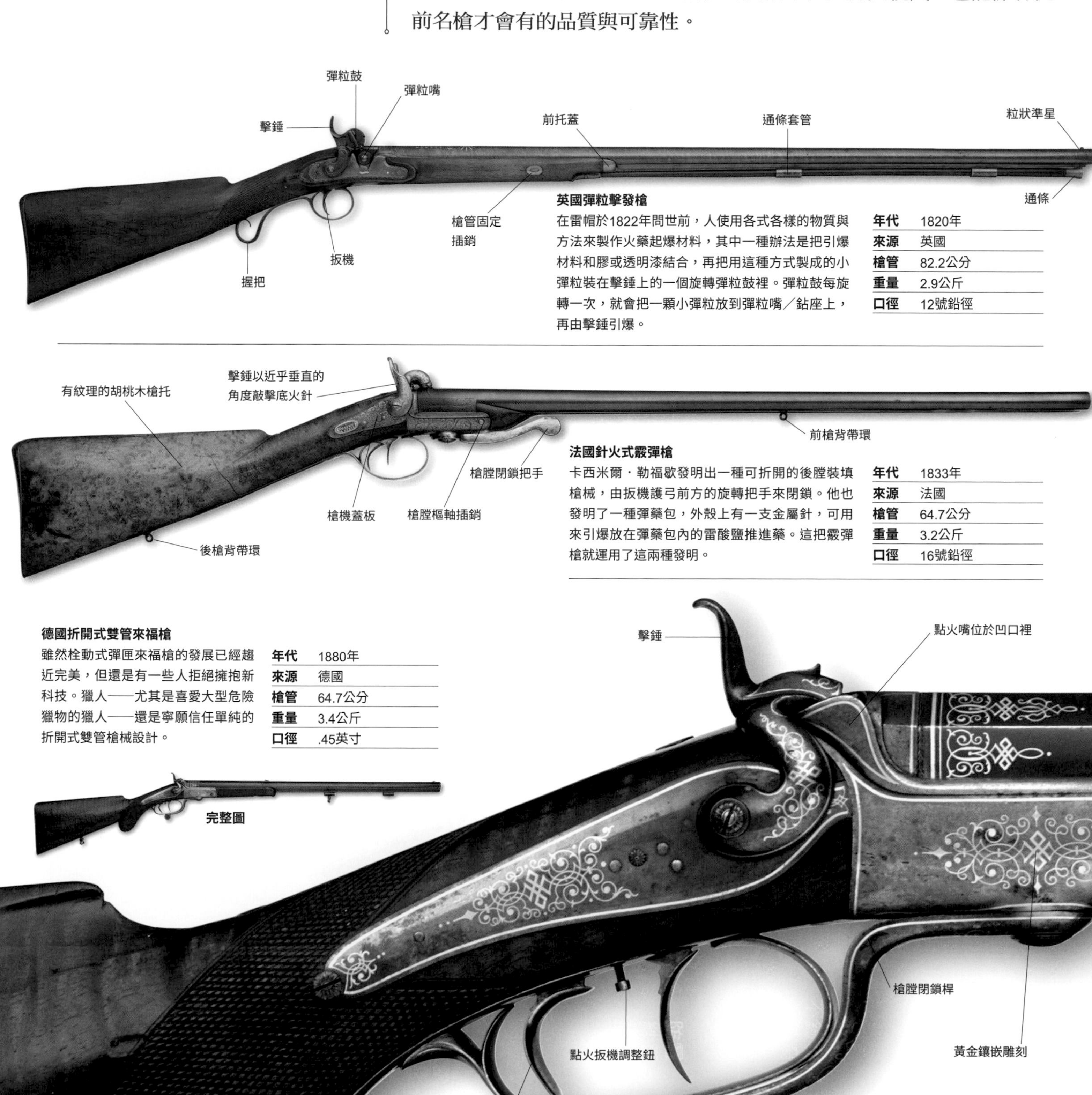

英國彈粒擊發槍

在雷帽於1822年問世前，人使用各式各樣的物質與方法來製作火藥起爆材料，其中一種辦法是把引爆材料和膠或透明漆結合，再把用這種方式製成的小彈粒裝在擊錘上的一個旋轉彈粒鼓裡。彈粒鼓每旋轉一次，就會把一顆小彈粒放到彈粒嘴／鉆座上，再由擊錘引爆。

年代	1820年
來源	英國
槍管	82.2公分
重量	2.9公斤
口徑	12號鉛徑

法國針火式霰彈槍

卡西米爾．勒福歇發明出一種可折開的後膛裝填槍械，由扳機護弓前方的旋轉把手來閉鎖。他也發明了一種彈藥包，外殼上有一支金屬針，可用來引爆放在彈藥包內的雷酸鹽推進藥。這把霰彈槍就運用了這兩種發明。

年代	1833年
來源	法國
槍管	64.7公分
重量	3.2公斤
口徑	16號鉛徑

德國折開式雙管來福槍

雖然栓動式彈匣來福槍的發展已經趨近完美，但還是有一些人拒絕擁抱新科技。獵人——尤其是喜愛大型危險獵物的獵人——還是寧願信任單純的折開式雙管槍械設計。

年代	1880年
來源	德國
槍管	64.7公分
重量	3.4公斤
口徑	.45英寸

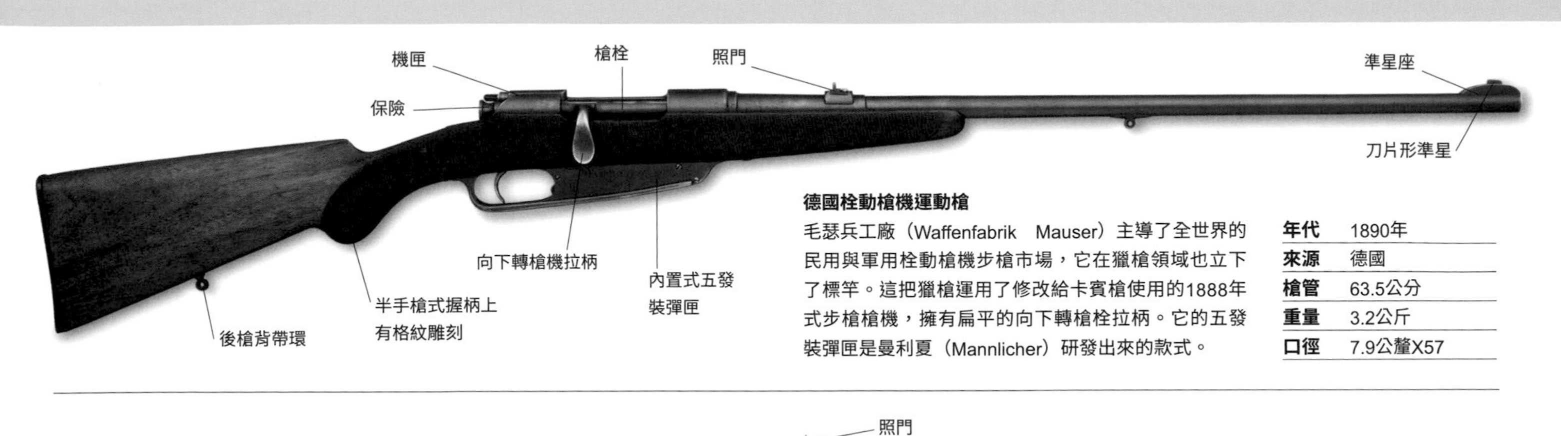

德國栓動槍機運動槍

毛瑟兵工廠（Waffenfabrik Mauser）主導了全世界的民用與軍用栓動槍機步槍市場，它在獵槍領域也立下了標竿。這把獵槍運用了修改給卡賓槍使用的1888年式步槍槍機，擁有扁平的向下轉槍栓拉柄。它的五發裝彈匣是曼利夏（Mannlicher）研發出來的款式。

年代	1890年
來源	德國
槍管	63.5公分
重量	3.2公斤
口徑	7.9公釐X57

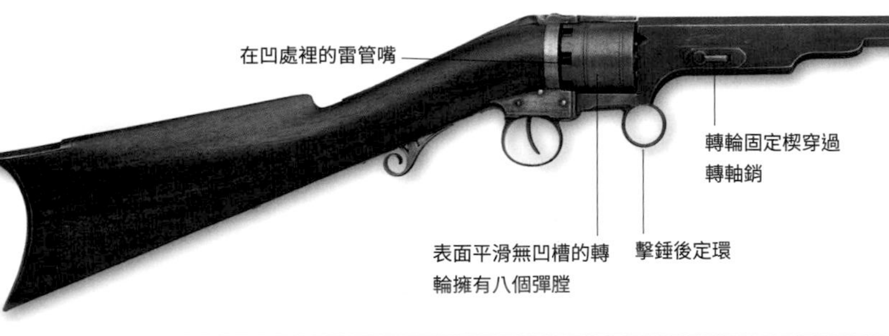

柯特帕特孫轉輪來福槍

1835年10月，山繆·柯特在倫敦以六發裝轉輪手槍而獲得第一項專利，並在新澤西州的帕特孫（Patterson）建立第一座工廠。除了手槍以外，他也開始生產轉輪來福槍，但工廠產能有限，他很快就破產了。帕特孫廠生產的柯特槍械——例如這第一種隱沒式擊錘八發裝來福槍——可說是極為罕見。

年代	1837年
來源	美國
槍管	81.3公分
重量	3.9公斤
口徑	.36英寸

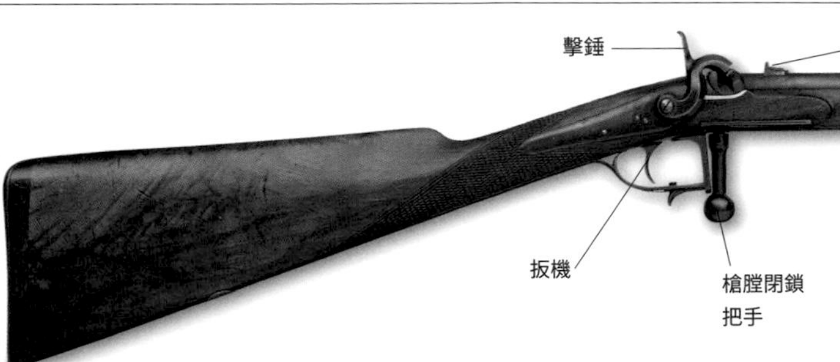

英國獵鴉獵兔來福槍

雖然用烏鴉做的派現在已經不流行了，但在維多利亞時代，它可說是農家餐桌上常見的食物。這種簡單的小口徑來福槍就是用來獵殺烏鴉和野兔的，所以才會有這個名字。圖中這把槍有推開式設計，槍膛由位於扳機護弓前方的把手閉鎖，弗雷德里克·普林斯（Frederick Prince）在1855年取得它的設計專利。

年代	1860年
來源	英國
槍管	63.5公分
重量	1.63公斤
口徑	.37英寸

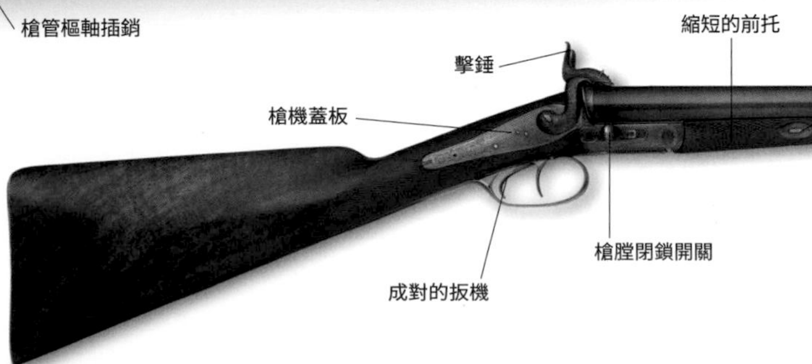

英國針火霰彈槍

約書亞·蕭發研發出雷帽後，卡西米爾·勒福歇的針火系統就過時了，但之後還有很長一段時間，它依然受霰彈槍獵人喜愛（特別是在英法兩國）。圖中這把槍擁有後動式槍機和安裝在側面的槍膛閉鎖開關，表面處理相當好，但沒有什麼裝飾。它是倫敦的山繆和查爾斯·史密斯（Samuel and Charles Smith）的產品。

年代	約1860年
來源	英國
槍管	76.2公分
重量	3.07公斤
口徑	12號鉛徑

鄂圖曼帝國火器

到了17世紀末，鄂圖曼帝國的疆土從首都君士坦丁堡（伊斯坦堡）開始，穿過巴爾幹延伸到今日的奧地利境內，越過北非幾乎抵達直布羅陀海峽，向北則進入俄國，向東則幾乎抵達荷莫茲海峽（Strait of Hormuz），向南則延伸到蘇丹。要征服並控制這麼廣大的領土，需要相當大的軍事智慧以及最先進的武器，因此鄂圖曼帝國的製槍業從很早就已經相當興盛。廣泛來說，許多留存至今的槍械都是模仿歐洲的設計，且裝飾得十分奢華，但也有一些鄂圖曼滑膛槍接近印度的設計。

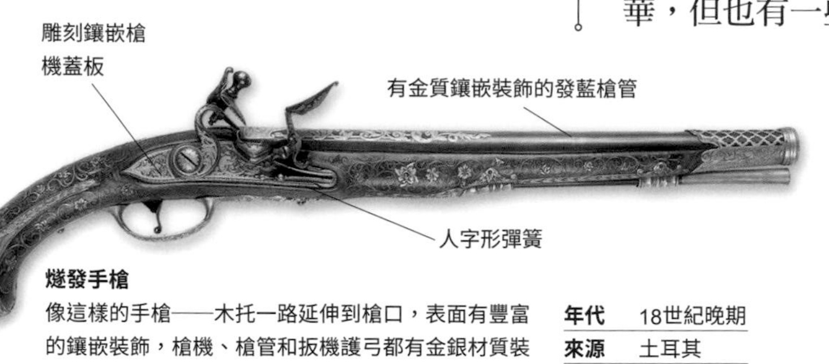

燧發手槍

像這樣的手槍——木托一路延伸到槍口，表面有豐富的鑲嵌裝飾，槍機、槍管和扳機護弓都有金銀材質裝飾——有可能出現在鄂圖曼帝國的任何一個武器櫃中。它的槍機看起來似乎是屬於歐洲樣式。

年代	18世紀晚期
來源	土耳其

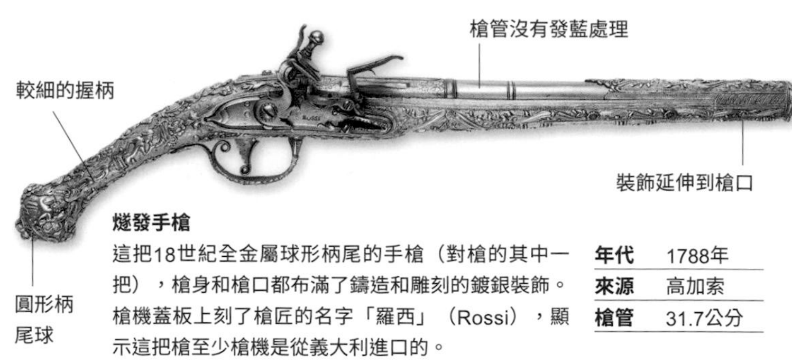

燧發手槍

這把18世紀全金屬球形柄尾的手槍（對槍的其中一把），槍身和槍口都布滿了鑄造和雕刻的鍍銀裝飾。槍機蓋板上刻了槍匠的名字「羅西」（Rossi），顯示這把槍至少槍機是從義大利進口的。

年代	1788年
來源	高加索
槍管	31.7公分

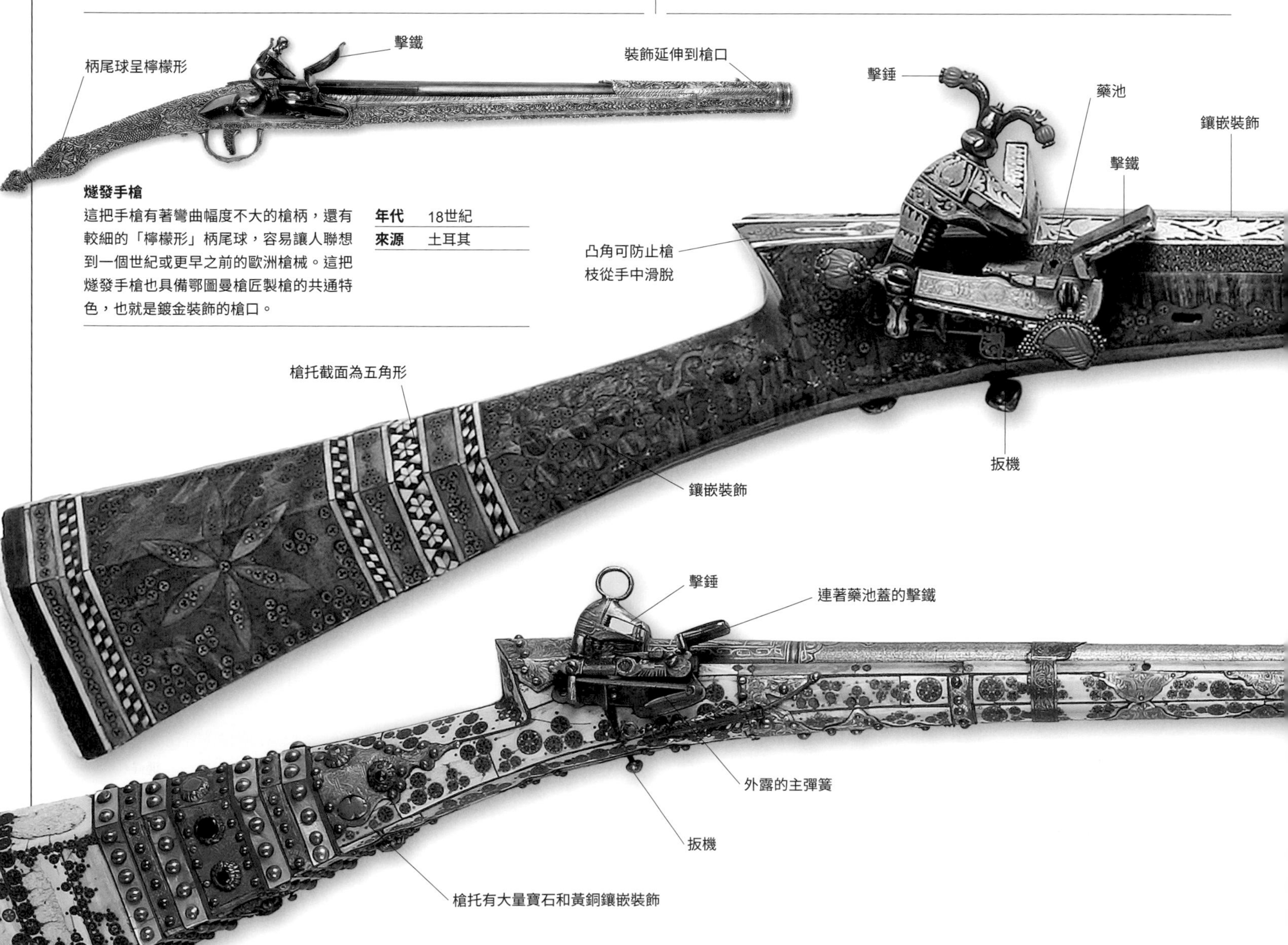

燧發手槍

這把手槍有著彎曲幅度不大的槍柄，還有較細的「檸檬形」柄尾球，容易讓人聯想到一個世紀或更早之前的歐洲槍械。這把燧發手槍也具備鄂圖曼槍匠製槍的共通特色，也就是鍍金裝飾的槍口。

年代	18世紀
來源	土耳其

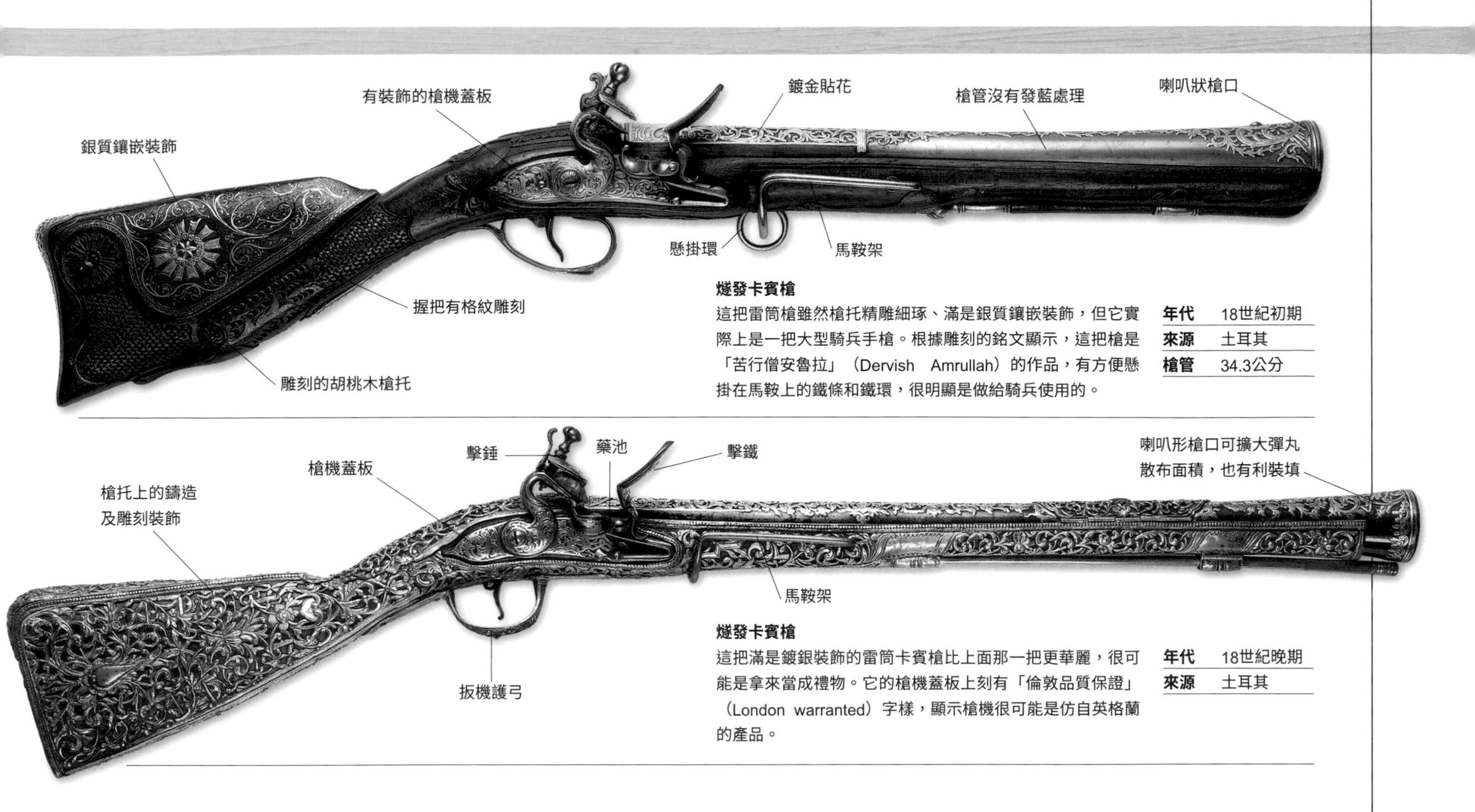

燧發卡賓槍

這把雷筒槍雖然槍托精雕細琢、滿是銀質鑲嵌裝飾，但它實際上是一把大型騎兵手槍。根據雕刻的銘文顯示，這把槍是「苦行僧安魯拉」（Dervish Amrullah）的作品，有方便懸掛在馬鞍上的鐵條和鐵環，很明顯是做給騎兵使用的。

年代	18世紀初期
來源	土耳其
槍管	34.3公分

燧發卡賓槍

這把滿是鍍銀裝飾的雷筒卡賓槍比上面那一把更華麗，很可能是拿來當成禮物。它的槍機蓋板上刻有「倫敦品質保證」（London warranted）字樣，顯示槍機很可能是仿自英格蘭的產品。

年代	18世紀晚期
來源	土耳其

八角形槍管

用細繩製成的槍管箍環

燧石滑膛槍

這把滑膛槍不論是整體造型還是裝飾風格都和印度北部生產的滑膛槍相當接近。它的五角形槍托在接近槍膛處有一個相當明顯的凸角，槍管截面是八角形，槍機則屬於早期燧石槍的形式。這種槍機在西方早在17世紀初就已經落伍。

年代	18世紀晚期
來源	土耳其
槍管	72.4公分

完整圖

槍管箍環

整個槍托都覆蓋著有
雕刻和裝飾的象牙

通條

巴爾幹麥奎雷滑膛槍

和上圖那把滑膛槍一樣，這把19世紀早期的滑膛槍和印度的滑膛槍相當近似。它的槍托完全以象牙覆蓋，且有寶石和黃銅鑲嵌裝飾。麥奎雷槍機在西班牙和義大利相當普遍，很可能經由北非傳入鄂圖曼帝國。

年代	19世紀初
來源	土耳其
槍管	114.3公分

恩菲爾德來福槍

隨著擴張型子彈（達姆彈）技術成熟，來福槍已能配發給所有部隊官兵，而不是只有狙擊手而已，因為它們的裝填速度已經可以跟滑膛槍一樣快。英國陸軍在 1851 年採用了一款這樣的來福槍，但結果不怎麼令人滿意，因此 1853 年又採用了位於恩菲爾德的皇家兵工廠生產的來福槍作為替代品。它服役到 1867 年，此時把來福槍改裝成後膛裝填槍的工作已經展開，用的是美國人雅各・史奈德（Jacob Snider）發明的方法。1853 年式來福槍總共有 56 個零件，整體而言構造相當簡單。

裝有十個彈藥包的小包

full view

彈藥

1853年式來福槍可裝填4.43公克的黑火藥和34.35 公克、0.568英寸口徑的子彈。這種子彈會擴張咬合槍管內的膛線，直徑會來到0.577英寸。火藥和子彈會裝在彈藥包裡，每十個彈藥包和一打雷帽一起包裝成一個小包配發。

擊錘

槍機蓋板上有製造商名稱和標誌打印

雷帽嘴有洞，雷帽火花可經由此洞進入槍膛

槍托握柄易於抓握

槍背帶環

扳機

1853年式來福槍

這款來福槍是相當成功的武器。在有能耐的步兵手裡，它的有效射程可超過照門表尺距離（820公尺），在90公尺處則可穿透12片1.5公分的木板。士兵一般可以維持每分鐘三至四發的射擊速率。

年代	1853年
來源	英國
槍管	83.8公分
重量	4.05公斤
口徑	0.577英寸

套筒用來套在槍口上

刺刀

套筒式刺刀的刀身截面為三角形，凸出槍口將近46公分，需要經歷44道加工作業程序才能製成。

刀身截面為三角形

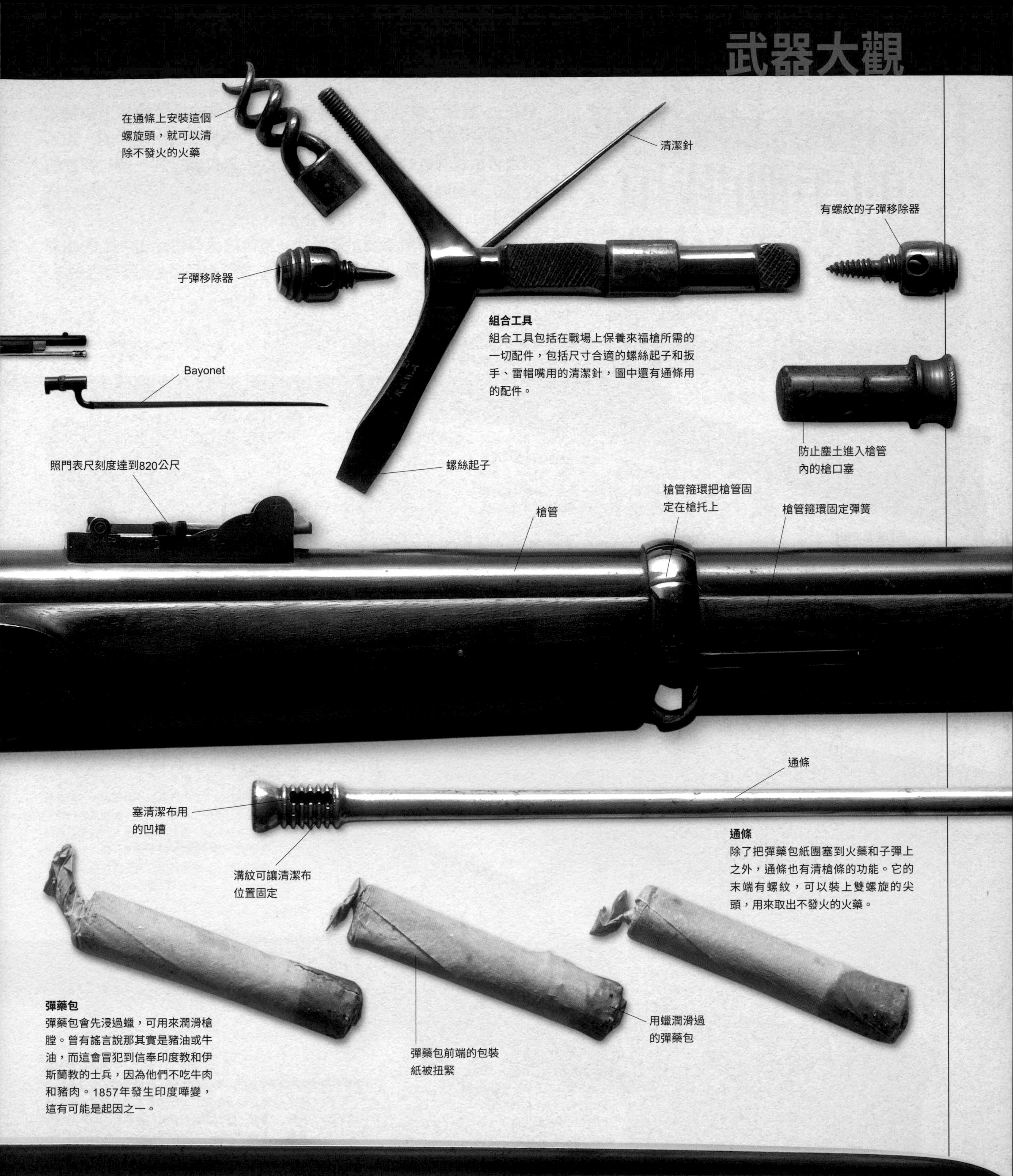

組合工具
組合工具包括在戰場上保養來福槍所需的一切配件，包括尺寸合適的螺絲起子和扳手、雷帽嘴用的清潔針，圖中還有通條用的配件。

通條
除了把彈藥包紙團塞到火藥和子彈上之外，通條也有清槍條的功能。它的末端有螺紋，可以裝上雙螺旋的尖頭，用來取出不發火的火藥。

彈藥包
彈藥包會先浸過蠟，可用來潤滑槍膛。曾有謠言說那其實是豬油或牛油，而這會冒犯到信奉印度教和伊斯蘭教的士兵，因為他們不吃牛肉和豬肉。1857年發生印度嘩變，這有可能是起因之一。

◀ 222-223 雷帽手槍　◀ 224-225 美國雷帽轉輪槍　▶ 340-341 反衝操作式機槍

加特林機砲

幾個世紀以來，發明家都想打造出一種可以多次開火的武器，但一直要到 19 世紀中葉機械工程進步，這種想法才變得具體可行。在最早的新式機槍裡，有一種是理察·加特林（Richard Gatling）的設計，在 1862 年取得專利。他的旋轉武器曾在美國內戰中服役，也參與過多場英國殖民地的戰役。加特林機砲原本只有六根槍管，但後期的型號擁有十根槍管，口徑則從 1 英寸縮減為 0.45 英寸。

伯德威爾彈鼓

改良型的伯德威爾（Broadwell）彈鼓由20個獨立的條狀彈匣組成，每個彈匣裝有20發彈藥。彈匣打空後，就要用手轉動彈鼓，讓新的彈匣上彈，直到全部400發都打光為止。

彈藥箱

彈藥箱用來裝伯德威爾彈鼓。加特林機砲砲管兩側各有一個箱子，裝在機砲的輪軸上。由於加特林機砲射速達到每分鐘400發，因此預先準備大量彈藥是必要的。

彈藥

加特林機砲成功的關鍵，在於把舊式的蠟紙彈藥包替換成新式的整發式銅殼彈藥。彈藥夠牢固，在從彈匣落下進槍膛的過程中就不會卡彈。

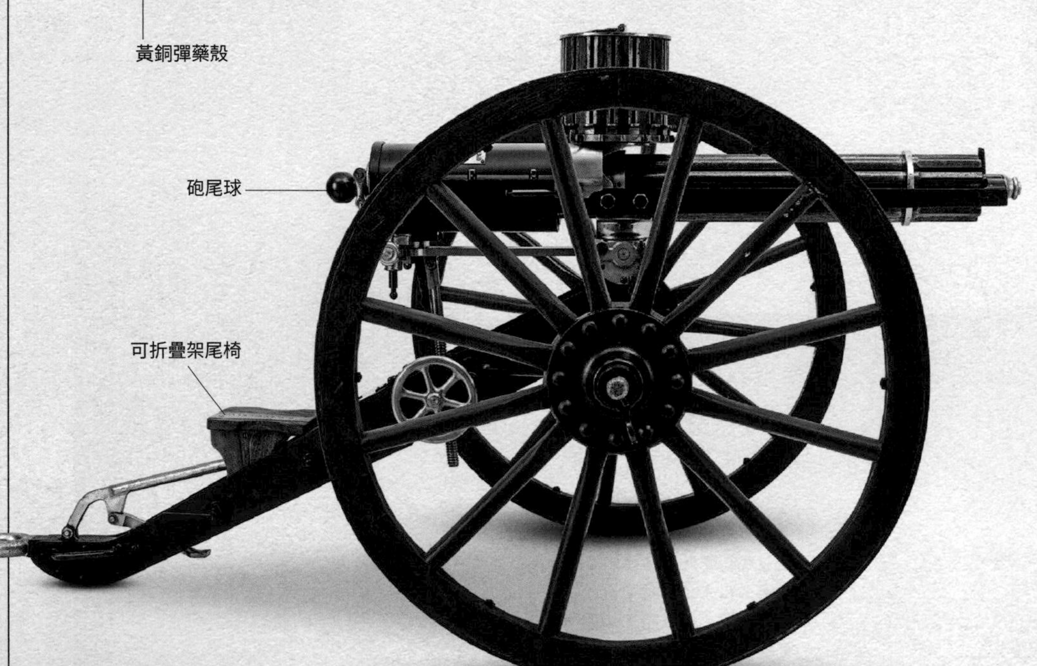

側面圖

加特林機砲

圖中這門是為英國陸軍製造的1874年式加特林機砲，擁有十根砲管，圍繞著一根圓柱中軸排列。有一組手動曲柄可讓砲管旋轉，當一根砲管到來時，就會有一發彈藥從彈匣掉進砲膛裡。這時撞針就會撞擊並擊發彈藥。

年代	1874年
來源	美國
槍管	67.3公分
重量	1000公斤
口徑	.45英寸

印度火器

火器在 15 世紀末從中亞和歐洲傳入印度。到了 19 世紀，印度本土工匠依然在製作火繩槍，而不是更複雜的簧輪槍和燧發槍，因為它們較容易生產，價格也較低。不過印度槍匠對於花紋複雜的裝飾相當拿手，並用象牙、獸骨和貴金屬鑲嵌製作出一些裝飾非常華麗的槍械。

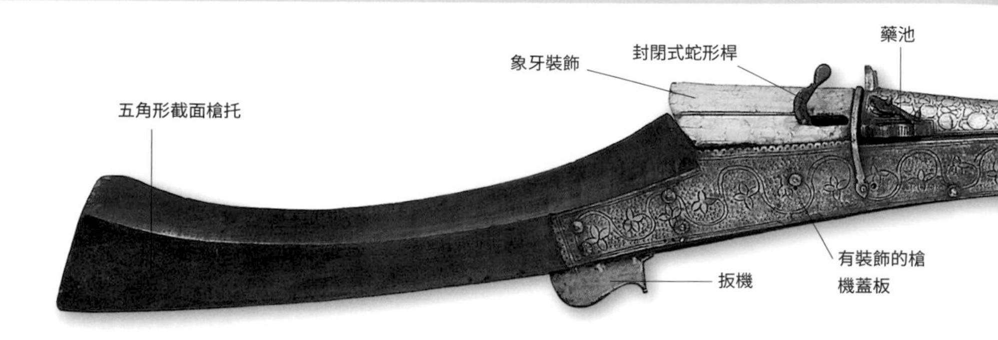

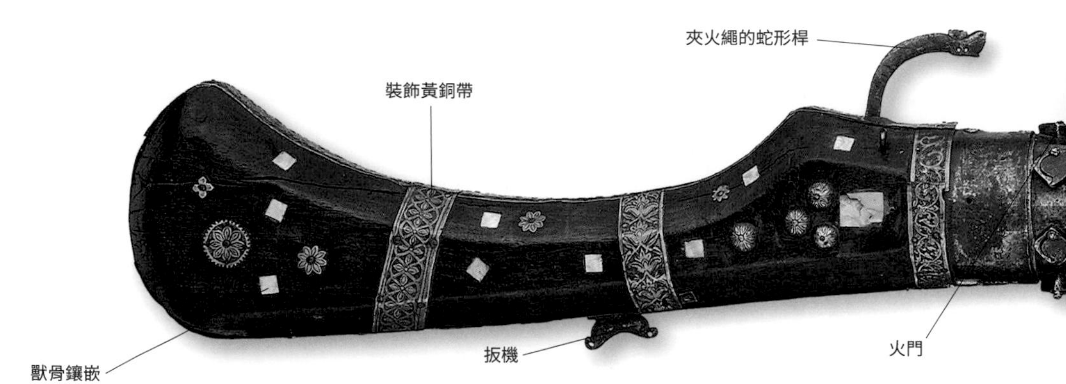

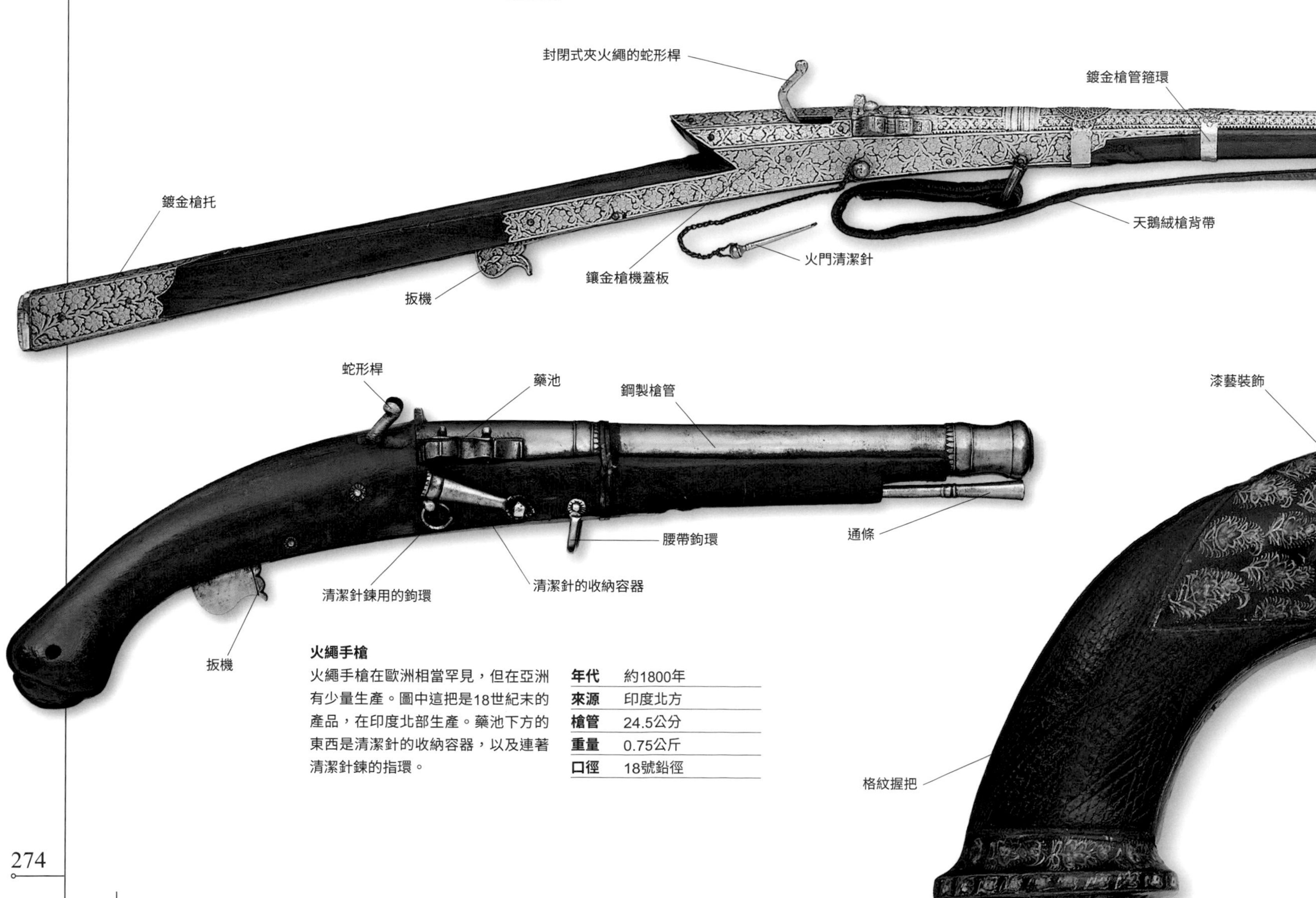

火繩手槍

火繩手槍在歐洲相當罕見，但在亞洲有少量生產。圖中這把是18世紀末的產品，在印度北部生產。藥池下方的東西是清潔針的收納容器，以及連著清潔針鍊的指環。

年代	約1800年
來源	印度北方
槍管	24.5公分
重量	0.75公斤
口徑	18號鉛徑

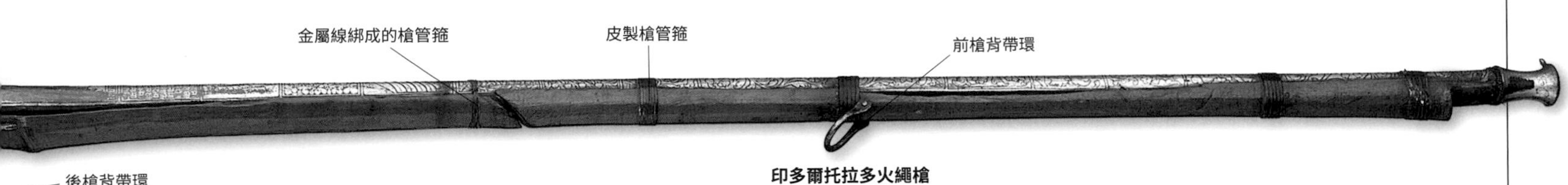

印多爾托拉多火繩槍

這把火繩槍結構簡單，具有一些可以在同時代火器上能找到的共通特徵，尤其是五角形截面的槍托和明顯的凸角。它側面的鐵製槍機蓋板上有粗糙的雕刻裝飾，並延伸到槍管上。這把槍上共有四條皮製槍管箍，但最靠近槍膛的是用金屬線綁上。

年代	約1800年
來源	印度印多爾（Indore）
槍管	112公分
重量	3.4公斤
口徑	0.55英寸

通條
槍管開孔
轉輪上有六個彈膛

火繩轉輪滑膛槍

這把火繩轉輪滑膛槍是18、19世紀更替時在印度北部印多爾地區生產的。它是一項大膽的嘗試，運用當地材料和製作工法，把兩個時代的技術結合在一起。它的轉輪需要手動旋轉，槍管上的開孔是怕萬一其中一個彈膛沒有和槍管對齊、裡面的火藥被飛濺的火花意外點燃——這種狀況確實有可能發生。

年代	約1800年
來源	印度印多爾
槍管	62公分
重量	5.9公斤
口徑	0.6英寸

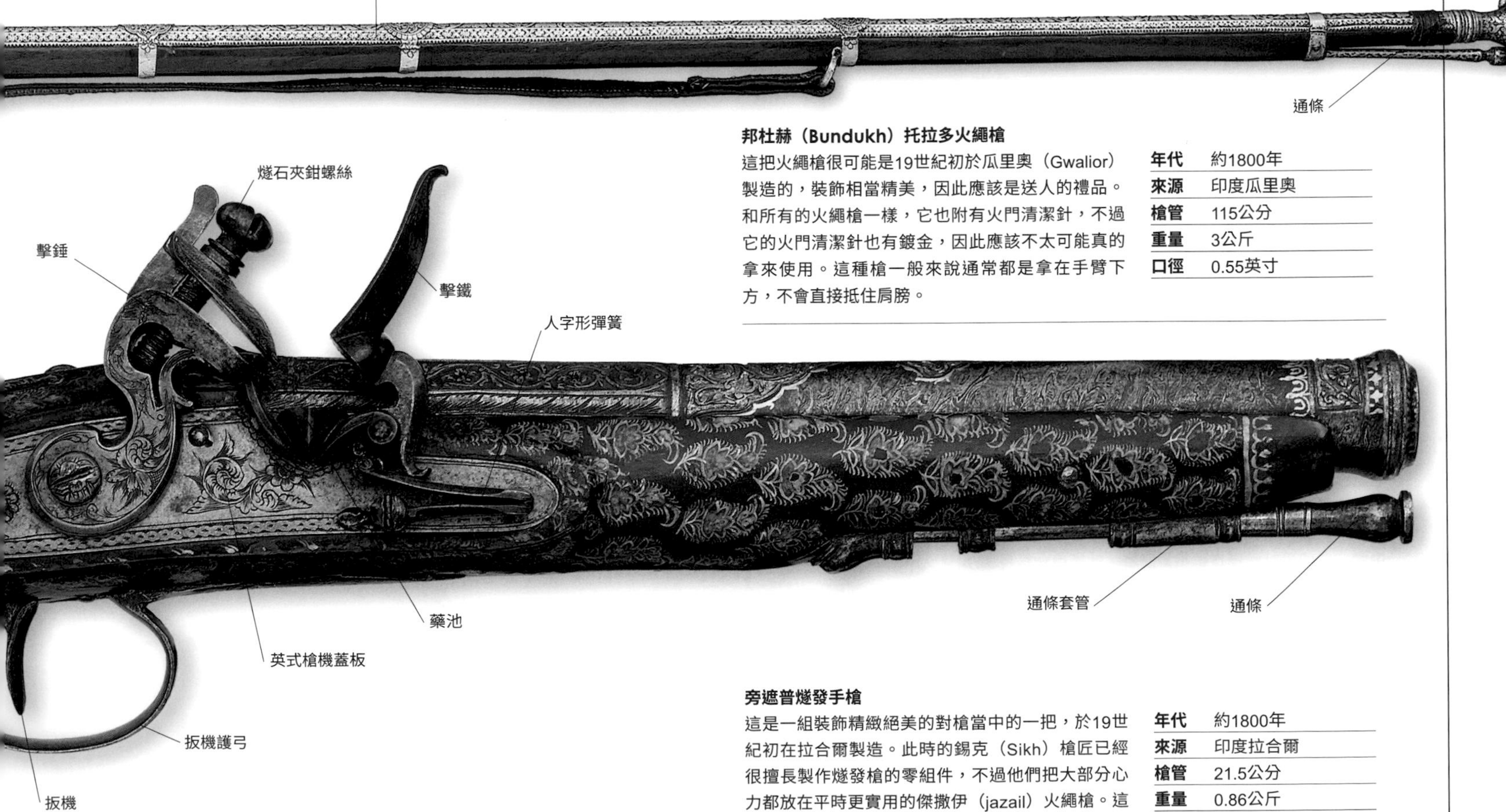

邦杜赫（Bundukh）托拉多火繩槍

這把火繩槍很可能是19世紀初於瓜里奧（Gwalior）製造的，裝飾相當精美，因此應該是送人的禮品。和所有的火繩槍一樣，它也附有火門清潔針，不過它的火門清潔針也有鍍金，因此應該不太可能真的拿來使用。這種槍一般來說通常都是拿在手臂下方，不會直接抵住肩膀。

年代	約1800年
來源	印度瓜里奧
槍管	115公分
重量	3公斤
口徑	0.55英寸

旁遮普燧發手槍

這是一組裝飾精緻絕美的對槍當中的一把，於19世紀初在拉合爾製造。此時的錫克（Sikh）槍匠已經很擅長製作燧發槍的零組件，不過他們把大部分心力都放在平時更實用的傑撒伊（jazail）火繩槍。這把手槍擁有「波狀花紋」槍管，是把鋼條螺旋纏繞在一條心軸上，然後加熱並捶打，直到熔接在一起而製成。

年代	約1800年
來源	印度拉合爾
槍管	21.5公分
重量	0.86公斤
口徑	28號鉛徑

連發火器

前膛槍的主要缺陷就是裝填太耗時，因此全世界的槍匠都力圖生產出可以射擊超過一發的武器。典型的辦法就是使用多根槍管，但槍枝只要超過兩根槍管，就會變得太重而不實用。一直要到1830年代，年輕的柯特才發展出轉輪槍——也是世界上第一款成功的單槍管連發槍。柯特取得專利，讓他的發明在1857年之前受到保護，但許多人都想方設法繞過這個障礙。他們大部分人頂多都只生產出一些效果不彰的作品。

燧發轉輪來福槍

法國槍匠在17世紀生產了一些最高檔的運動槍。圖中這把擁有三個旋轉彈膛，每個彈膛都有各自的擊鐵和彈簧。這種連發武器的風險在於危險的連鎖反應，因為擊發其中一個彈膛的彈藥，可能會點燃其他的彈膛。

年代	約1670年
來源	法國
槍管	79.5公分
重量	3.37公斤
口徑	22號鉛徑

雙管燧發槍

這把雙管運動槍上有槍匠的姓氏：巴黎的布耶（Bouillet）。它的射擊機構（包括燧石）都隱藏在一個盒子裡，扳機護弓前方的兩根操縱桿是用來後定待發槍管的擊錘。

年代	約1760年
來源	法國
槍管	81.3公分
重量	3.25公斤
口徑	22號鉛徑

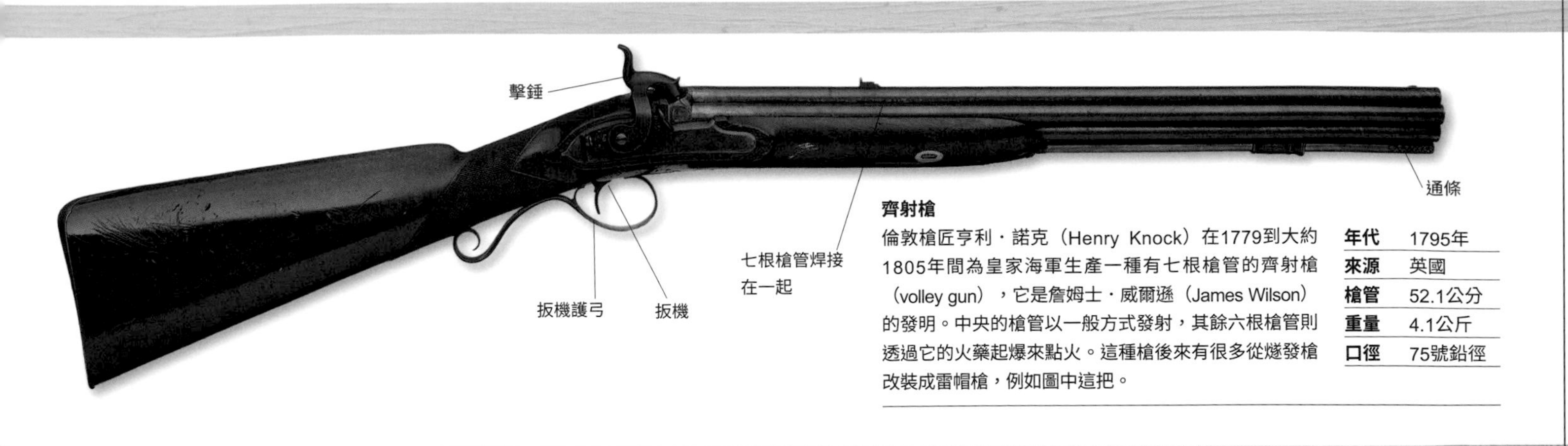

齊射槍

倫敦槍匠亨利・諾克（Henry Knock）在1779到大約1805年間為皇家海軍生產一種有七根槍管的齊射槍（volley gun），它是詹姆士・威爾遜（James Wilson）的發明。中央的槍管以一般方式發射，其餘六根槍管則透過它的火藥起爆來點火。這種槍後來有很多從燧發槍改裝成雷帽槍，例如圖中這把。

年代	1795年
來源	英國
槍管	52.1公分
重量	4.1公斤
口徑	75號鉛徑

八角形槍管

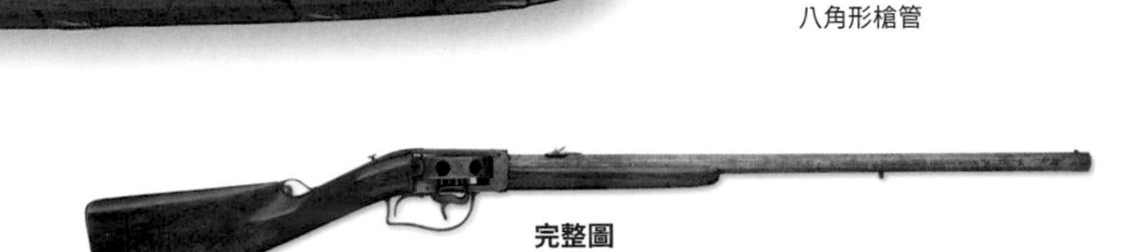

下方擊錘砲塔槍

所謂的砲塔槍（turret gun）出現在1830年代，是打算逃過柯特專利保護的一種嘗試。還有另外一種做法是把轉輪垂直安裝。但問題很快就暴露了：如果火花從某個彈膛跑到另一個彈膛，就很可能會對旁人造成災難性後果，甚至射手本人也可能遭殃。

年代	1839年
來源	英國
槍管	73.7公分
重量	4.07公斤
口徑	14號鉛徑

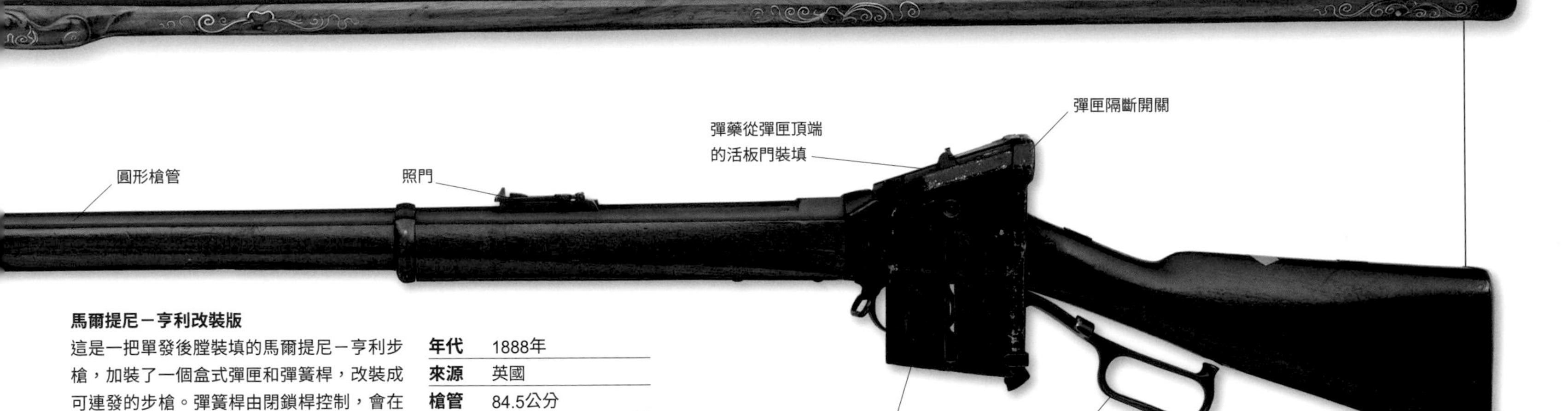

馬爾提尼－亨利改裝版

這是一把單發後膛裝填的馬爾提尼－亨利步槍，加裝了一個盒式彈匣和彈簧桿，改裝成可連發的步槍。彈簧桿由閉鎖桿控制，會在槍膛閉鎖時把一發子彈推進去，但英國陸軍從未採用這種改裝。

年代	1888年
來源	英國
槍管	84.5公分
重量	4.76公斤
口徑	0.45英寸

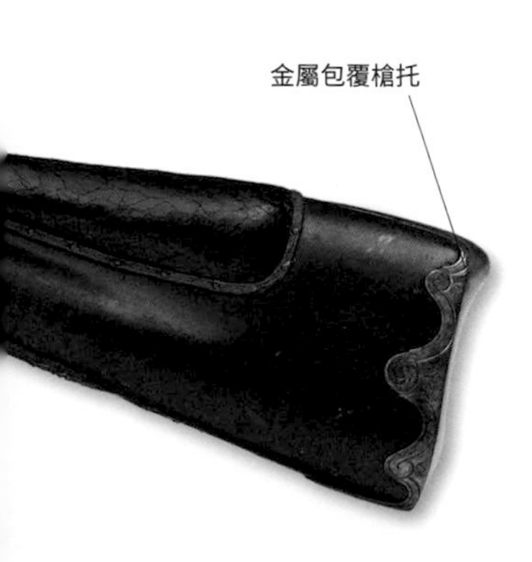

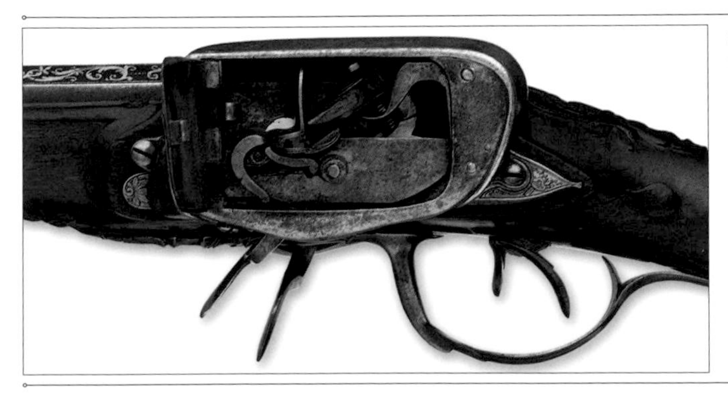

封閉式槍機細部圖

燧發運動槍經常不發火，原因有可能是燧石斷裂，也可能是底火受潮。在確實點火時，藥池的火花和煙可能會遮住目標，或是讓獵物受到驚嚇。把點火機構封閉在一個盒子裡面（本圖可看到蓋子打開的樣子）可以解決這兩項問題，不但讓火藥保持乾燥，也能把火花和煙的干擾降到最低。

▶ 356-357 1900年以後的彈藥

1900 年以前的彈藥

沒有子彈，槍就什麼也不是。在早期，彈丸通常以鐵製成，可以擊穿盔甲，但之後改用鉛，因為比較容易鑄造。一直要到 19 世紀，人才開發出子彈形的射彈，整發式彈藥也是這個時候開發出來的。

火藥和彈丸的時代

從滑膛槍射出去的彈丸，一定要是球形且尺寸正確，才有可能打得準。膛線可以改善準確度，但會讓武器裝填速度變慢。擴張彈丸出現後，這個問題就解決了。

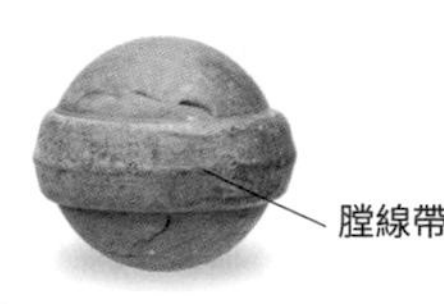

滑膛／來福槍彈丸
彈丸的尺寸用「鉛徑」來表示，也就用是1英鎊（0.45公斤）的鉛可以鑄造出的特定尺寸彈丸的數量。

帶式彈丸
為了提高準確度，槍管內會刻出一對溝槽作為膛線，可以咬合彈丸上的膛線帶。

擴張子彈
這種子彈底部是中空的。火藥引爆的威力會造成子彈的側裙擴張並咬合膛線。

潤滑彈
子彈四周的溝槽會塗上油脂，用以潤滑槍管，讓它更容易清潔。

火帽
受到撞擊時會爆炸的雷酸鹽被包夾在兩層銅箔之間，做成帽子的形狀，以便裝到有洞的火帽嘴上。

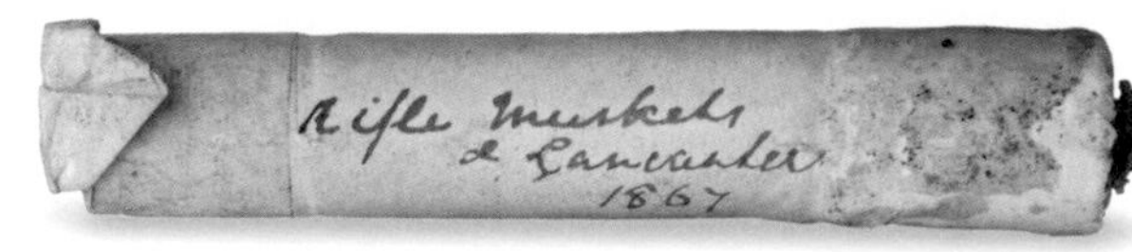

紙彈藥包
最早的彈藥就只是一個小紙包，裡面裝著定量的火藥和一顆彈丸。

過渡期的彈藥

19 世紀的槍匠嘗試製作同時裝有推進藥和射彈且能一起裝填的彈藥。如果用紙、皮革或布料包裝，會對槍膛需要密封的後膛裝填槍造成問題。解決辦法就是把彈藥的外包裝改成銅製外殼，並且加上底火。雖然必須設法把用過的空彈殼抽出來，但為了達到完美的閉塞狀態，這樣的代價是很划算的。

乳頭式底火彈藥
這類彈藥是為了逃避史密斯威森對全通式彈膛轉輪的獨家壟斷而生產的，整顆子彈都裝在殼裡面。

針火式彈藥
槍枝的擊錘垂直敲在針上，讓針插進裝在彈殼底部的底火。

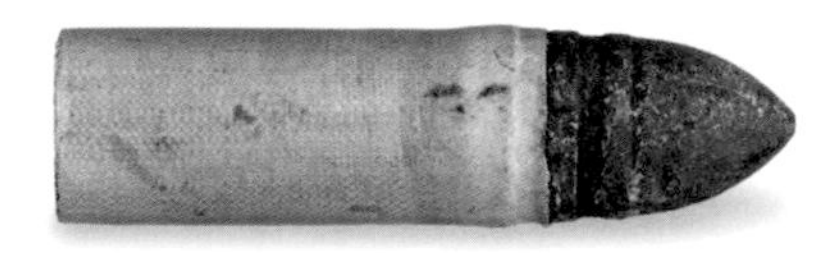

夏普斯用彈藥
它的外殼以亞麻製成。當槍機閉鎖時，閉鎖塊的邊緣就會切斷它的底部。

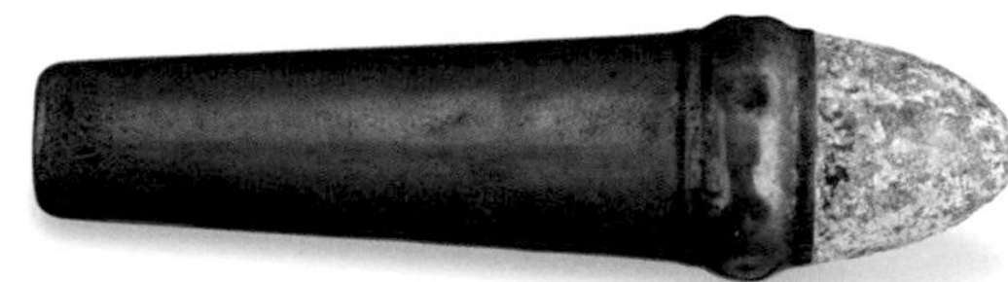

伯恩賽德彈藥
伯恩賽德（Burnside）裝填卡賓槍採用下拉式槍膛設計，轉開槍膛後從前端裝填。它的槍膛必須使用這種獨特的錐形彈藥。

韋斯特利・理察斯「猴尾」彈藥
這種卡賓槍用紙彈藥包底端有一塊塗抹油脂的毛氈塞蓋，發射後會留在槍膛裡，之後跟著下一發子彈一起打出去。

史奈德－恩菲爾德彈藥
鮑克瑟（Boxer）上校為史奈德－恩菲爾德（Snider-Enfield）步槍開發出這種彈藥，擁有穿孔的鐵製基座，外殼壁則以捲起的銅片製成。

步槍彈藥

若要步槍射得準，就必須妥善設計它的彈藥，彈頭的重量和口徑一定要和推進火藥的重量精準搭配。

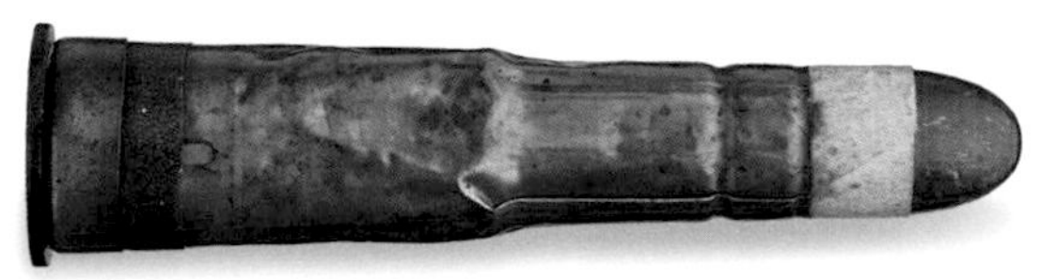

0.450馬爾提尼－亨利
馬爾提尼－亨利步槍的彈藥含有5.5公克的黑火藥，彈頭則重31公克。

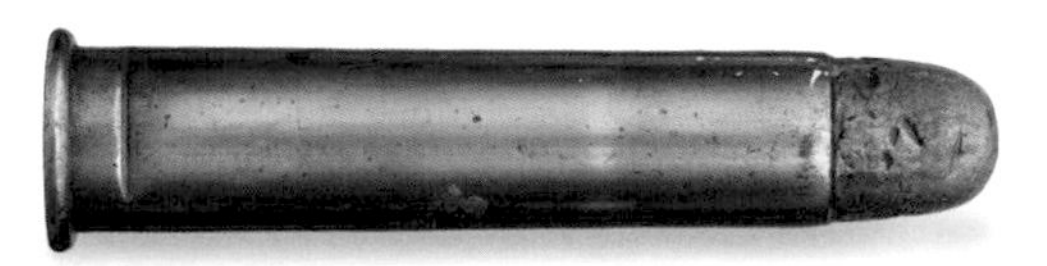

.45-70春田
春田步槍使用的彈藥裝有4.53公克的火藥和26.25公克的彈頭。

.30-30溫徹斯特
.30-30溫徹斯特彈藥是第一款裝填無煙火藥的「民用」彈藥，火藥重量為1.94公克。

.303 MK V
直到1890年代，步槍的子彈都是鈍頭。英國陸軍的李－梅特福德和李－恩菲爾德使用上圖這種彈藥。

.56-50斯賓塞
這是一種凸緣底火的黑火藥彈藥，給美國南北戰爭時期的斯賓塞卡賓槍使用，它是第一款真正有效的連發步槍。

11公釐夏斯波
普法戰爭後，為毛瑟M/71步槍開發的彈藥經修改給夏斯波步槍使用，而夏斯波步槍也要改裝。

5.2公釐X 68蒙德拉貢
這款彈藥在瑞士研發，準備給墨西哥的蒙德拉貢（Mondragon）步槍使用，是早期打算生產小口徑高初速彈藥的一種嘗試。

手槍彈藥

不論是哪一種彈藥，尺寸的精確度都至關重要。就算彈殼只比規定尺寸少了那麼一點點，都有可能在射擊時破裂而難以取出。轉輪槍遇到這種狀況可以輕易排除，但若是自動手槍就比較麻煩了。

.44亨利
這款凸緣底火彈藥的底火位於彈殼底部四周，不久就被中央底火彈藥取代。

.44亞倫惠洛克
亞倫惠洛克（Allen & Wheelock）轉輪槍使用這種「唇式底火」彈藥（類似凸緣底火彈藥），以小口徑為主。

.45柯特（貝奈特）
貝奈特（S.V. Bénét）上校在1865年發展的中央底火式彈藥，成為伯丹（Berdan）後期彈藥型號的基礎。

.45柯特（圖爾）
亞歷山大．圖爾（Alexander Thuer）研發出一種辦法，可以把柯特「火帽彈丸」式轉輪槍改裝成可以發射這種銅殼錐形彈頭彈藥。

.44史密斯威森美國版
這款最早的.44英寸口徑史密斯威森彈藥並不理想，因為它的彈頭是「跪坐在」彈殼裡，而不是緊緊塞在裡面。

.44史密斯威森俄國版
史密斯威森賣給俄國陸軍的轉輪槍使用的是不同尺寸的彈藥。

.577偉柏利
許多小口徑的子彈都無法讓人馬上倒下，因此偉柏利用.557英寸口徑的轉輪槍來處理這點。

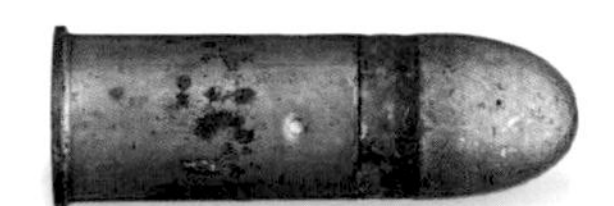

.476偉柏利
.557英寸口徑轉輪槍用起來不順手，因此被.476英寸口徑的取代，但使用時間也不長。

.455偉柏利
偉柏利的第一款無煙火藥彈藥威力比早期的型號更大，可以進一步減輕彈頭重量。

10.4公釐博岱歐
10.4公釐口徑博岱歐（Bodeo）轉輪槍的彈藥在1891年被義大利陸軍採用，槍口初速達每秒255公尺。

7.63公釐貝爾格曼
貝爾格曼三號手槍原本使用的彈藥既無凸緣也無溝槽，只靠壓力來排出。

霰彈槍彈藥

只有最大顆的霰彈槍彈藥是全黃銅製的。其他的外殼都是紙板做的。

野禽用彈藥
像這樣的大型彈藥內裝填多達20公克的黑火藥和100公克的彈丸。

10號鉛徑針火式
在其他針火式槍械都淘汰消失了以後，針火式霰彈槍依然普及了很長一段時間。

◂ 240-241 前裝砲 ◂ 242-243 後膛砲 ◂ 282-283 火砲彈丸和裝備

六磅野戰砲

六磅野戰砲傳統上都是由馬匹拖曳。砲兵抱著堅毅無比的決心衝上戰場，解開前車，對準戰況最激烈之處的敵軍開火。六磅野戰砲是唯一一種會在砲架上攜帶彈藥的野戰砲，因此砲手可以在最短的時間內朝敵軍開火。到了 1850 年代，六磅野戰砲的射程已經提升到 1500 公尺左右。

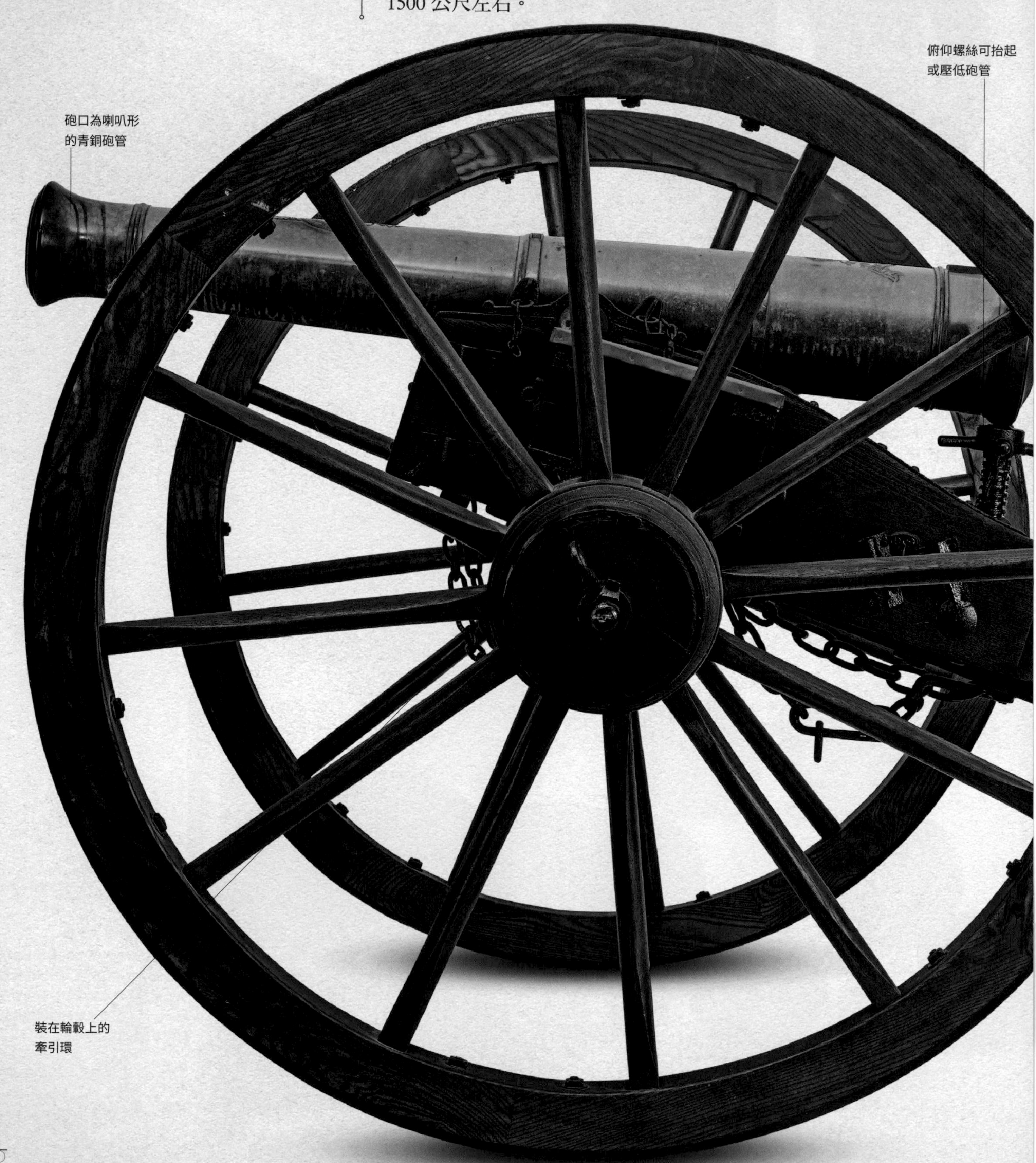

英國六磅砲

這門六磅野戰砲是在英國陸軍內服役的最後一批前裝砲之一，用的是康格里夫（Congreve）單尾砲架。這款單尾砲架是拿破崙戰爭期間研發出來的，取代較重、機動性較差的開尾式砲架。

年代	約1850年
來源	英國
長度	3.66公尺
重量	445公斤
口徑	3.67英寸

非洲盾牌

傳統的非洲社會裡沒有身體護甲，除了魔法和護身符以外，盾牌是戰鬥中唯一可以提供防護的器具。盾牌也在典禮儀式中扮演重要角色，並會加上裝飾，顯示地位或忠誠度。木材、動物皮革、編織柳條或藤條都是適合用來做盾牌的材質，可以抵擋飛箭、擲刀、棍棒或長矛等。盾牌也可以拿來攻擊，例如祖魯人盾牌杖下方銳利的尖端可以用來刺傷敵人的足部或腳踝。

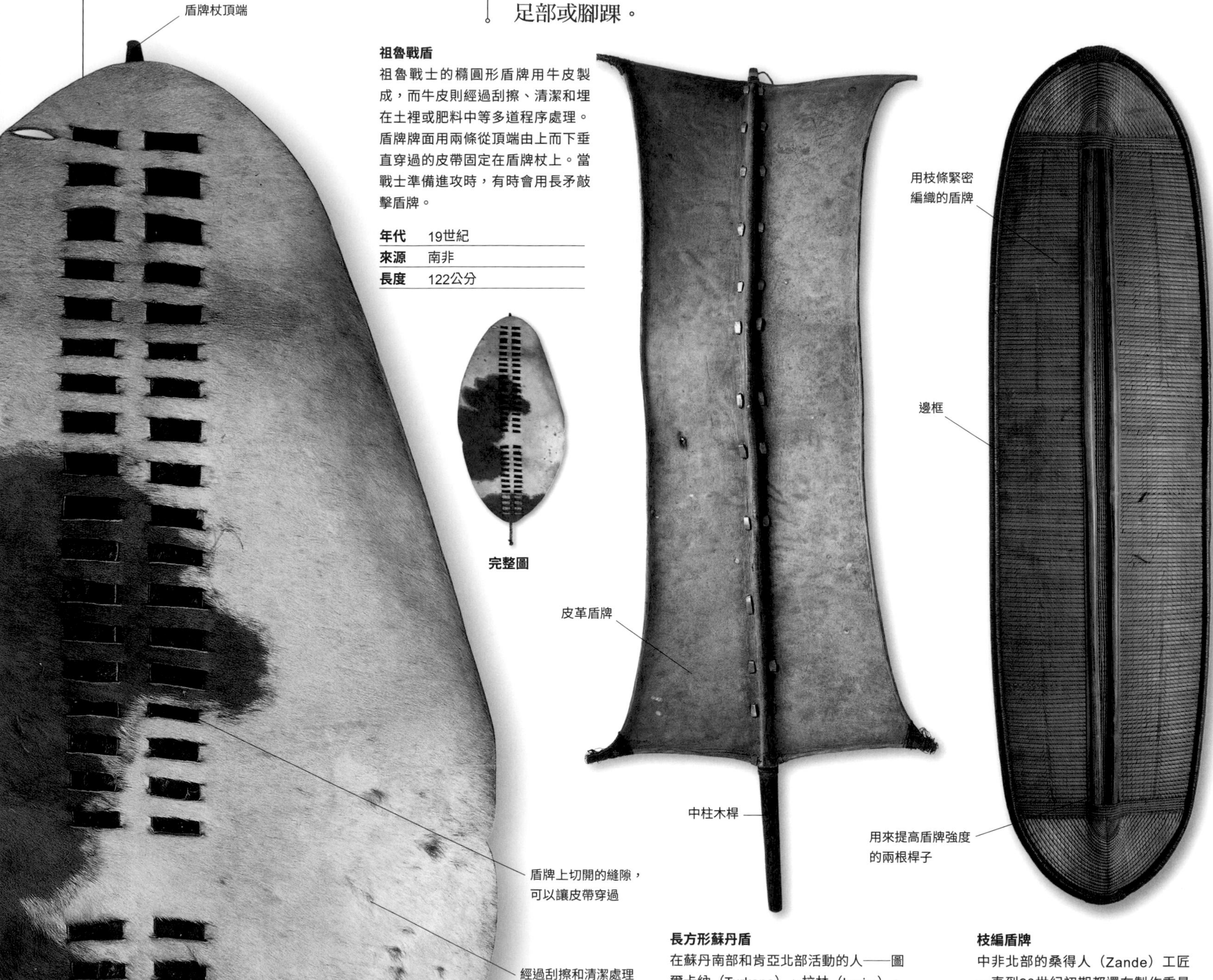

祖魯戰盾

祖魯戰士的橢圓形盾牌用牛皮製成，而牛皮則經過刮擦、清潔和埋在土裡或肥料中等多道程序處理。盾牌牌面用兩條從頂端由上而下垂直穿過的皮帶固定在盾牌杖上。當戰士準備進攻時，有時會用長矛敲擊盾牌。

年代	19世紀
來源	南非
長度	122公分

長方形蘇丹盾

在蘇丹南部和肯亞北部活動的人——圖爾卡納（Turkana）、拉林（Larim）、波寇特（Pokot）——傳統上會用獸皮製作對稱的長方形盾牌，包括水牛、長頸鹿、犀牛和河馬等。盾牌的中柱木桿也兼做握把使用。

年代	19世紀末期／20世紀初期
來源	蘇丹
長度	82.5公分

枝編盾牌

中非北部的桑得人（Zande）工匠一直到20世紀初期都還在製作重量輕的枝編盾牌。桑得戰士會用左手持盾牌和備用武器，右手持長矛或擲刀。

年代	約1900年
來源	剛果民主共和國
長度	130公分

基庫尤儀式用盾牌

這塊木製的戰舞盾牌又叫「恩東姆」（ndome），是肯亞的基庫尤人（Kikuyu）做的一種盾牌。年輕戰士會在精心安排的成人禮中把這種盾牌穿戴在左前臂上。盾牌內側的鋸齒狀設計都相同，但外觀設計會變化，以標明團體的年齡層和出生地。

年代	19世紀
來源	肯亞
長度	60公分

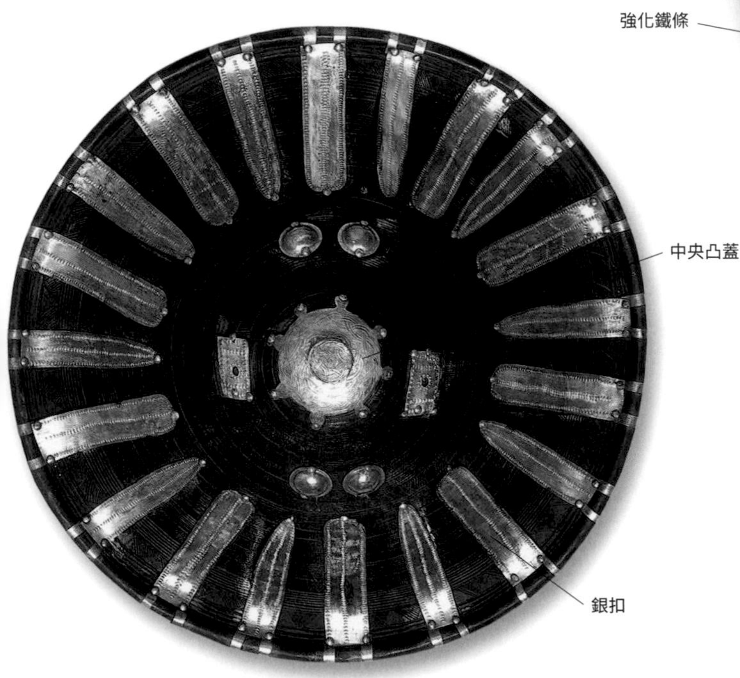

有裝飾的衣索匹亞盾

20世紀初，盾牌在衣索匹亞王國依然有軍事用途。它們基本上是圓形，以獸皮製成，並裝有銀色扣子。衣索匹亞戰士的盾牌除了拿來戰鬥，也能顯示他的身分地位。他們常用獅子鬃毛、獅子尾巴或獅子爪來裝飾盾牌，這些都是衣索匹亞王室的象徵。

年代	19世紀
來源	衣索匹亞
長度	50公分

棉花覆蓋的同心圓藤條環

強化鐵條

鐵製凸蓋

完整圖

蘇丹圓盾

這塊來自蘇丹的圓盾是用同心圓排列的藤條環製成，表面覆蓋染色的棉花，還有鐵製外框、凸蓋和強化條，盾牌的另一面則有編織皮革握把。

年代	19世紀
來源	蘇丹
長度	36.9公分

大洋洲盾牌

對新幾內亞和美拉尼西亞的人來說，戰爭是常有的事，直到殖民當局在 20 世紀介入，戰事才大部分停止。木製或枝編盾牌可防禦骨尖或竹尖弓箭、木矛、石斧和骨刀等武器。盾牌有不同的尺寸，大塊的可以遮蔽戰士全身，小塊的則有格擋盾和胸板等等。這邊展示的盾牌很多都是 20 世紀的製品，但和從前使用的一模一樣。

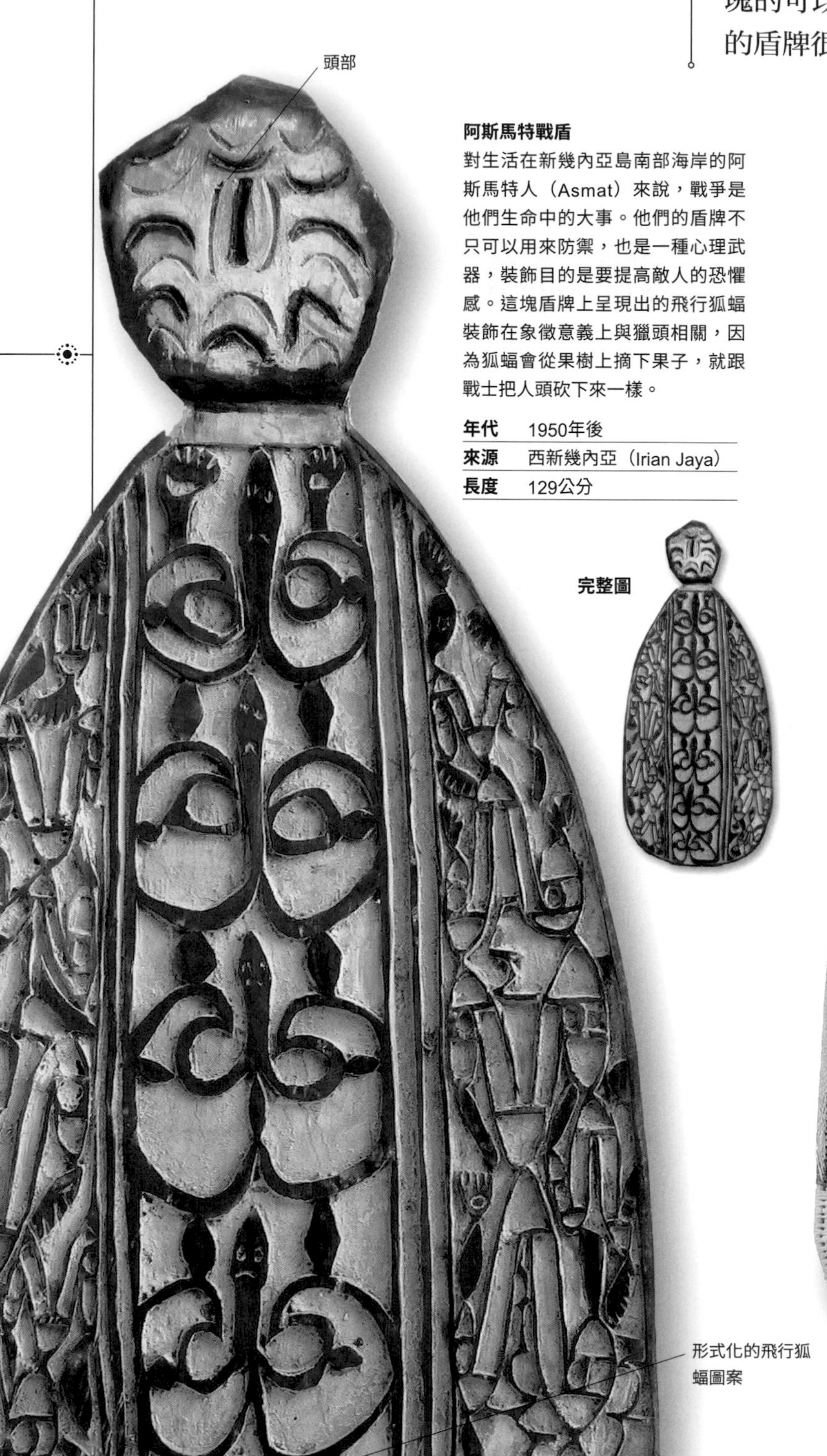

阿斯馬特戰盾

對生活在新幾內亞島南部海岸的阿斯馬特人（Asmat）來說，戰爭是他們生命中的大事。他們的盾牌不只可以用來防禦，也是一種心理武器，裝飾目的是要提高敵人的恐懼感。這塊盾牌上呈現出的飛行狐蝠裝飾在象徵意義上與獵頭相關，因為狐蝠會從果樹上摘下果子，就跟戰士把人頭砍下來一樣。

年代	1950年後
來源	西新幾內亞（Irian Jaya）
長度	129公分

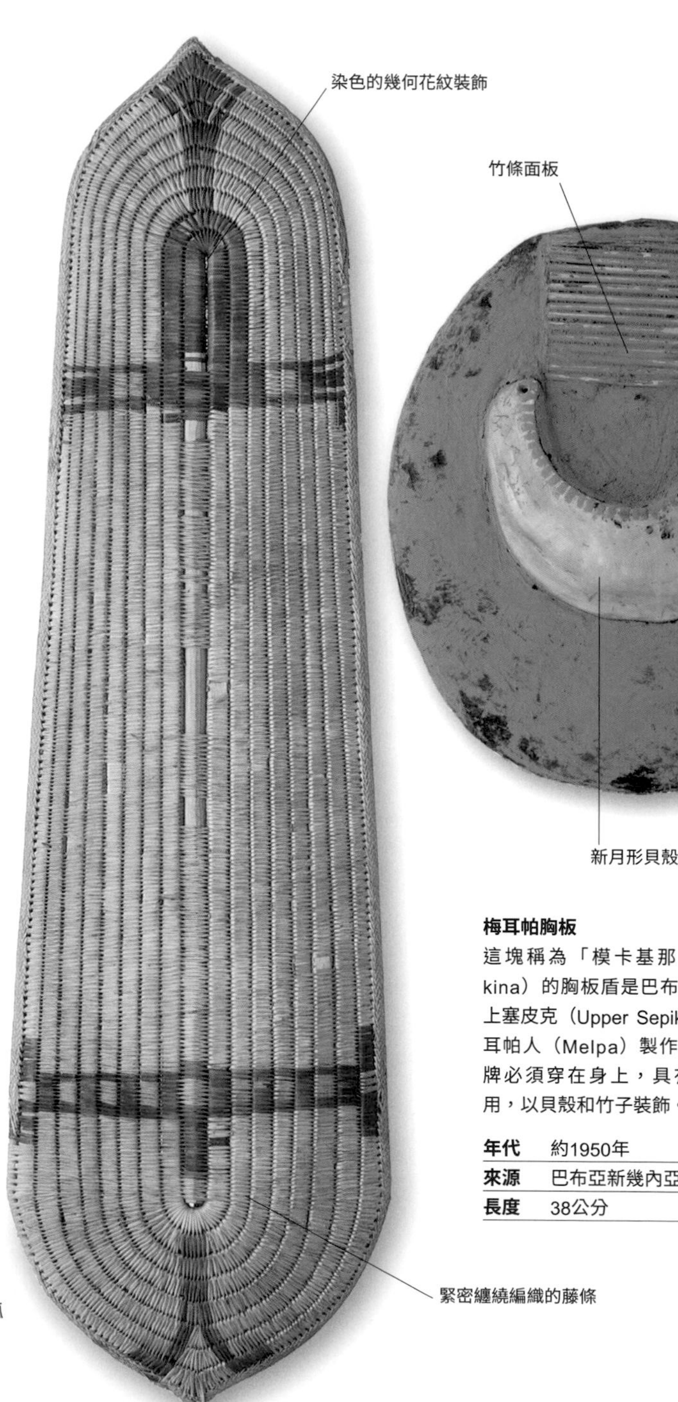

梅耳帕胸板

這塊稱為「模卡基那」（moka kina）的胸板盾是巴布亞新幾內亞上塞皮克（Upper Sepik）地區的梅耳帕人（Melpa）製作的。這種盾牌必須穿在身上，具有鎧甲的功用，以貝殼和竹子裝飾。

年代	約1950年
來源	巴布亞新幾內亞
長度	38公分

籃式編織戰盾

這塊高雅的橢圓形盾牌是索羅門群島（Solomon Islands）上直到19世紀晚期仍會發生的獵人頭行動中常用的物品。它以藤條緊密纏繞編織而成，即使面對長矛，防禦效果也相當好。它的面積不大，因此不適合被動的防禦戰術，較適合主動運用，格擋對手的攻擊和飛箭。

年代	19世紀
來源	新幾內亞
長度	83公分

祖先形象

樹袋鼠尾雕刻裝飾

阿斯馬特戰盾

每一塊阿斯馬特戰盾都要用一個祖先的名字去命名，這個名字搭配盾牌上的裝飾圖案，可以庇佑戰士，帶來精神上的力量。盾牌以木材製成，並用石、骨、貝殼工具雕刻，裝飾的顏色具有象徵性意義，紅色代表力與美。

年代	19世紀
來源	西新幾內亞
長度	199公分

門狄戰盾

這塊門狄（Mendi）戰盾以硬木製成，有兩個對立三角形組成的粗曠幾何花紋裝飾，稱為「蝶翅」設計。不尋常的是，高地盾牌不會用在典禮儀式中，只會用在戰鬥裡。這種盾牌在戰鬥時會綁上一條繩子作為肩帶使用。

年代	1950年後
來源	巴布亞新幾內亞
長度	122公分

藤條把木板串接起來

人字形圖案裝飾

阿拉威戰盾

這塊盾牌來自新不列顛（New Britain）的坎德里安（Kandrian）地區，是當地阿拉威人（Arawe）製作的典型盾牌。它由三塊橢圓形截面的木板垂直拼成，用分岔的藤條連接在一起，並刻有獨特的人字和螺旋圖案，顏色只用了黑色、白色和紅赭色。

年代	1950年後
來源	新不列顛
長度	125公分

比瓦特戰盾

這塊盾牌來自巴布亞新幾內亞境內尤阿特河（Yuat River）畔的比瓦特（Biwat）村。它雖然窄，但相當高，可以遮擋全身。這種盾牌通常裝飾粗曠，中央有一個主要圖案，四周環繞著幾何花紋。

年代	1950年後
來源	巴布亞新幾內亞
長度	171公分

現代世界

20 世紀爆發的戰爭真正達到全球規模。兩次世界大戰導致慘重傷亡，經濟紊亂，各國陸軍也比以前更加龐大，戰役的範圍也擴大到大陸的等級。新武器系統預告機械化作戰的到來，戰車、飛機和飛彈取代步兵，成為決定勝利的關鍵。核子武器的發明讓戰略專家的算計變得更複雜，其駭人的毀滅性威力強大到必須擁有，但使用下去卻又是一件無法想像的事。

日俄戰爭
1904 年 2 月，日本魚雷艇攻擊停泊在旅順港（Port Arthur）的俄軍艦隊。外界觀察家指出，這場戰爭帶來的教訓是：在歐洲未來可能發生的任何衝突裡，火力都會是最高原則，而戰略上的首要任務就是打得又快又狠。

在 20 世紀之初，歐洲處於一種惴惴不安的平靜中。各國合縱連橫，試圖在即將到來的大戰中取得優勢，但他們的動作更可能造成衝突。各國都從普魯士在 1860 和 1870 年代的勝利中學到教訓。到了 1914 年，歐洲領袖全都已經劍拔弩張，一觸即發，他們相信動員速度要是慢上一步，就會導致災難。最後，他們對 1914 年 7 月法蘭茲·斐迪南（Franz Ferdinand）大公被塞爾維亞民族主義人士暗殺一事做出最快反應，從而導致災難降臨。

一旦忌憚奧地利作戰計畫的俄羅斯開始動員，奧地利理所當然也要動員。而接下來的一個星期內，德國和法國也跟著動員。德國亟欲提前讓法國退出戰爭，於是發動所謂的施利芬計畫（Schlieffen Plan），也就是德軍部隊取道比利時，然後從北邊包圍巴黎。德國參謀本部雖然在整場戰爭中都展現出戰術天才，但戰略上卻目光短淺，沒意識到破壞比利時的中立會把英國牽扯進來。但即便如此，德國人的猛烈一擊差點就成功了，法國人在 8 月的馬恩河戰役（Battle of the Marne）中，只能算是勉強擋住了德國人。

接著戰局便穩定下來，雙方沿著從瑞士延伸到英吉利海峽港口、長達 800 公里的戰線相互對峙。往後的四年裡，這條戰線經歷無數艱苦血戰，但幾乎聞風不動。雙方士兵沿著戰線掘壕固守，幾乎無法把對方趕走，因為雙方都配備大量機槍，例如氣冷式霍奇吉斯機槍，每分鐘可發射 400-600 發子彈。任何形式的突擊都跟集體自殺沒什麼兩樣。

砲兵轟擊

雙方都想盡一切辦法，想要打開這個死結。1916 年在凡爾登（Verdun），德國發動一

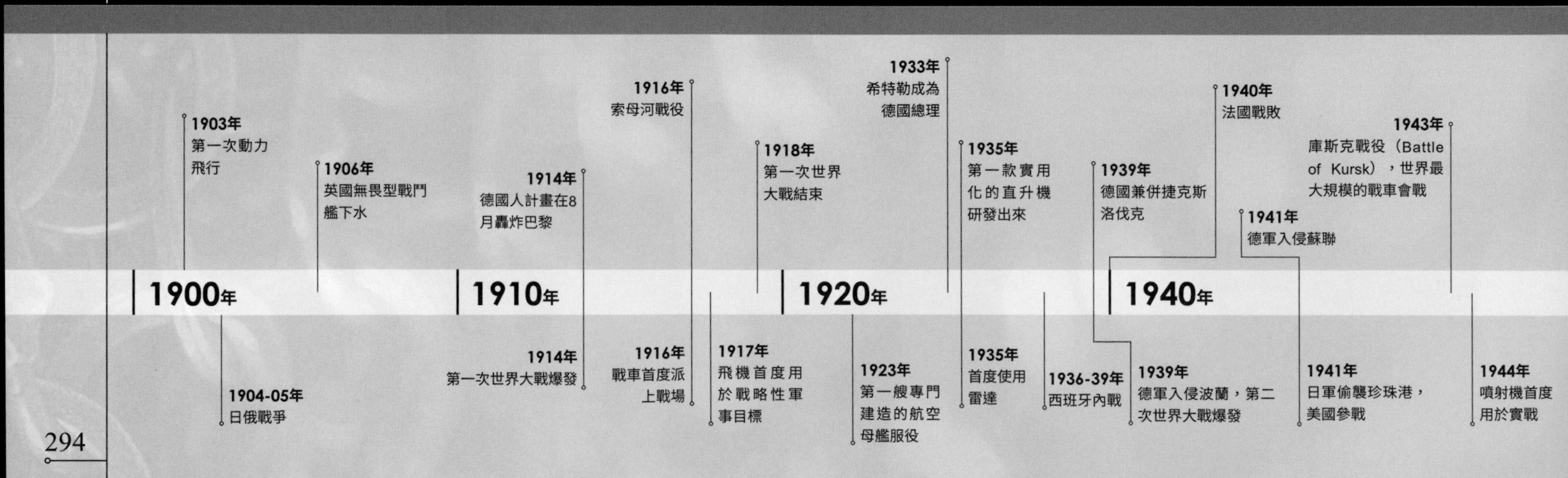

場作戰，打算吸引法軍部隊去防守一處德軍的砲兵可以施加大量傷亡的位置，從而消耗法軍部隊的有生戰力。法軍堅定不移地防守凡爾登，也確實損失了 12 萬人，但德軍本身也蒙受了大約 10 萬人的損失。雙方都在發動攻擊前先運用砲兵轟擊，結果就是把地表變成一片低窪溼地——例如 1917 年在帕斯尚爾（Passchendaele），使得進攻的部隊幾乎無法推進，成群掙扎的步兵便成為敵軍機槍陣地的誘人目標。

毒氣和戰車

當時的人也想用新武器來結束這樣的僵局。1915 年 4 月，毒氣首度在伊珀（Ypres）大規模施放，雖然德國在法國戰線上打開一道 6 公里寬的缺口，但他們也因為害怕氯氣的毒害效果，進展大幅縮水。類似的狀況是 1916 年 9 月：戰車在索母河戰役首度登場，但一直要到幾個月之後在坎布來（Cambrai），戰車才真正扮演主要的作戰角色。飛機首先是用於偵察任務，自 1915 年起齊柏林（Zeppelin）飛船、接著是戈塔（Gotha）轟炸機開始轟炸英國城市，但沒有太多真正的戰略效果。在海上，德軍 U 艇有一段時間四處肆虐，幾乎切斷英國的海上交通，但英國在 1917 年引進了護航船團制度，阻止狀況繼續惡化。

雖然德軍在 1918 年春天暫時成功突破戰線，但他們的資源已經相當緊繃，人力資源捉襟見肘，工業也難以滿足軍隊需求。德國軍事、經濟和社會崩潰，面對協約國大舉反攻，幾乎無法招架，只能在當年 11 月接受停戰。

德國民族主義領導人物覺得被停戰協定背叛，他們認為這是政治上而不是軍事上的屈服。大蕭條（Great Depression）帶來的經濟危機促使義大利和德國的法西斯主義加速興起，並鞏固了共產主義在新蘇聯的統治。整個 1930 年代晚期，德國在希特勒的主導下重新武裝，脅迫或併吞較弱小的鄰國，並強迫英法兩國接受。但希特勒沒料到英國並不是完全順從，因此犯了一個戰略上的錯誤——在 1939 年入侵波蘭，結果觸發了第二次世界大戰。在 1940 年，德國陸軍以「閃電戰」（Blitzkrieg）這種新式戰法橫掃低地國家、斯堪地那維亞和法國。法軍高層原本以為德軍會和上一場戰爭一樣採用施利芬計畫，於是讓裝甲縱隊遙遙領先步兵推進，結果猝不及防。

機槍陣地

第一次世界大戰期間，雙方都廣泛運用機槍，攻守間的平衡開始朝守方傾斜。圖為 1916 年 7 月索母河戰役中的機槍陣地，光是在開打的第一天，就有 2 萬名英軍士兵捐軀，當中許多人都是被機槍擊斃的。

航空作戰

希特勒的陸軍進展神速，但後勤補給跟不上。大批英軍部隊得以從敦克爾克（Dunkirk）逃出生天，希特勒因此在 1940 年夏季下令執行世界上第一場純粹的航空戰役，也就是不列顛之役（Battle of Britain），試圖打敗英國皇家空軍（Royal Air Force），清除入侵英倫諸島的障礙。不

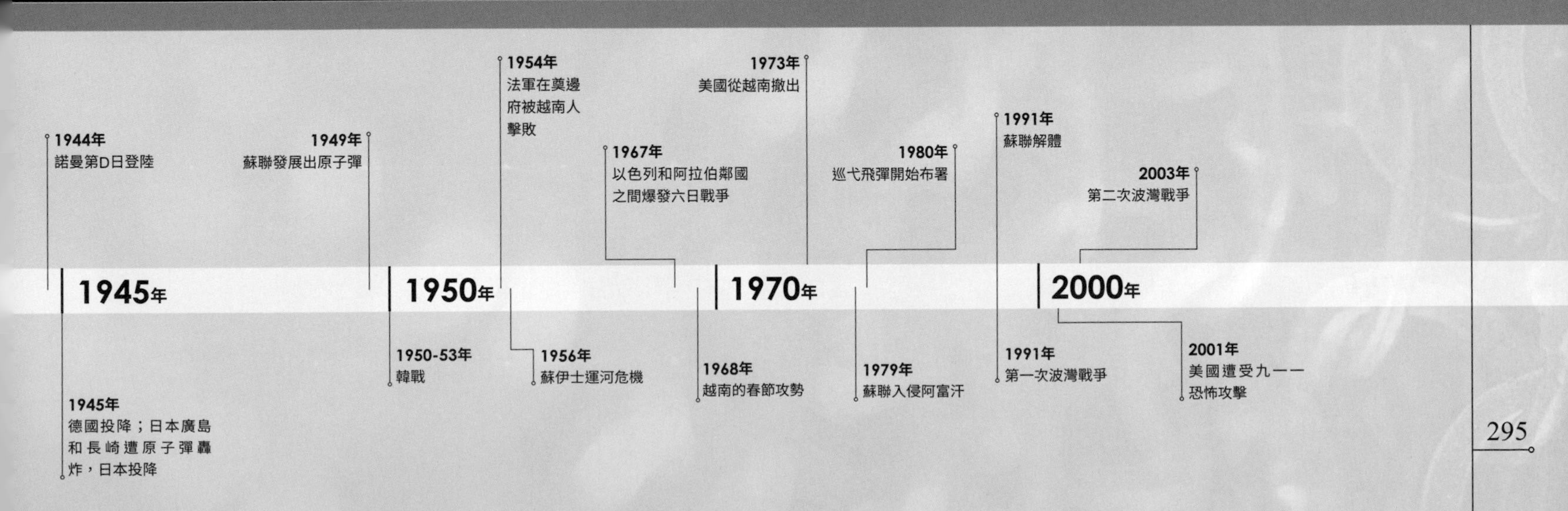

非洲有刃武器

在非洲發現的傳統武器反映出非洲大陸種族和文化的多元與分歧。在受阿拉伯和鄂圖曼土耳其影響的撒哈拉沙漠以北和東非海岸地帶，當地人所用的武器大體上和伊斯蘭世界使用的類似。至於在撒哈拉以南地區，傳統上普遍還是選擇製造有刃武器，像是擲刀、戰鬥手環、「行刑」刀等設計上顯然是當地原創的武器。在歐洲殖民強權統治非洲各地後，這些武器當中還是有許多持續使用了很長一段時間。

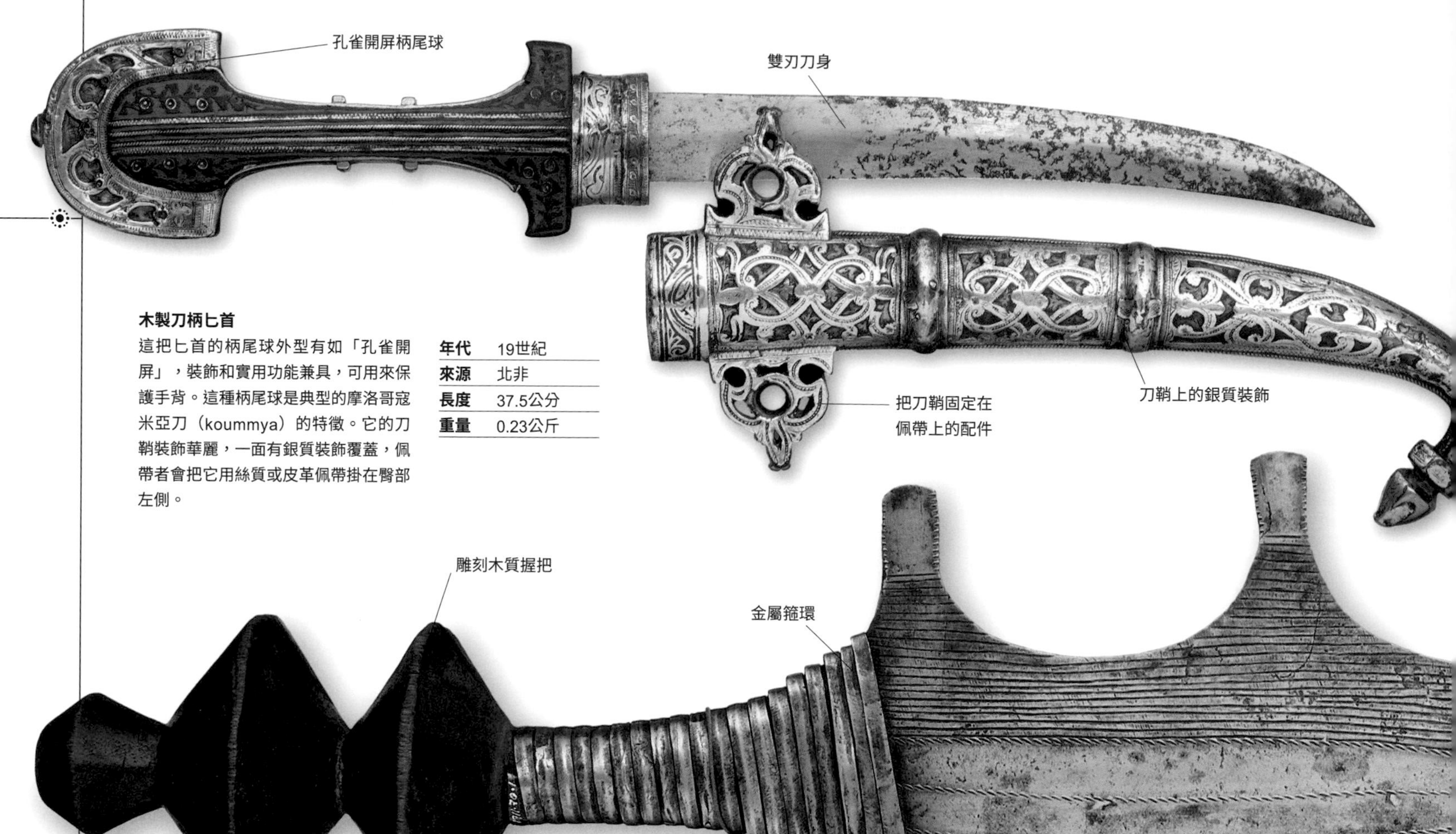

木製刀柄匕首

這把匕首的柄尾球外型有如「孔雀開屏」，裝飾和實用功能兼具，可用來保護手背。這種柄尾球是典型的摩洛哥寇米亞刀（koummya）的特徵。它的刀鞘裝飾華麗，一面有銀質裝飾覆蓋，佩帶者會把它用絲質或皮革佩帶掛在臀部左側。

年代	19世紀
來源	北非
長度	37.5公分
重量	0.23公斤

弗萊薩刀

雖然無法判定這把刀的起源地，但它的外形和裝飾類似居住在阿爾及利亞東北部地區卡比利亞（Kabyle）的柏柏爾人（Berber）使用的弗萊薩（flyssa）軍刀。它的八角形刀柄上包覆著有雕刻裝飾的黃銅箔，代表這可能是一把縮短的弗萊薩刀。

年代	19/20世紀
來源	北非
長度	37公分
重量	0.16公斤

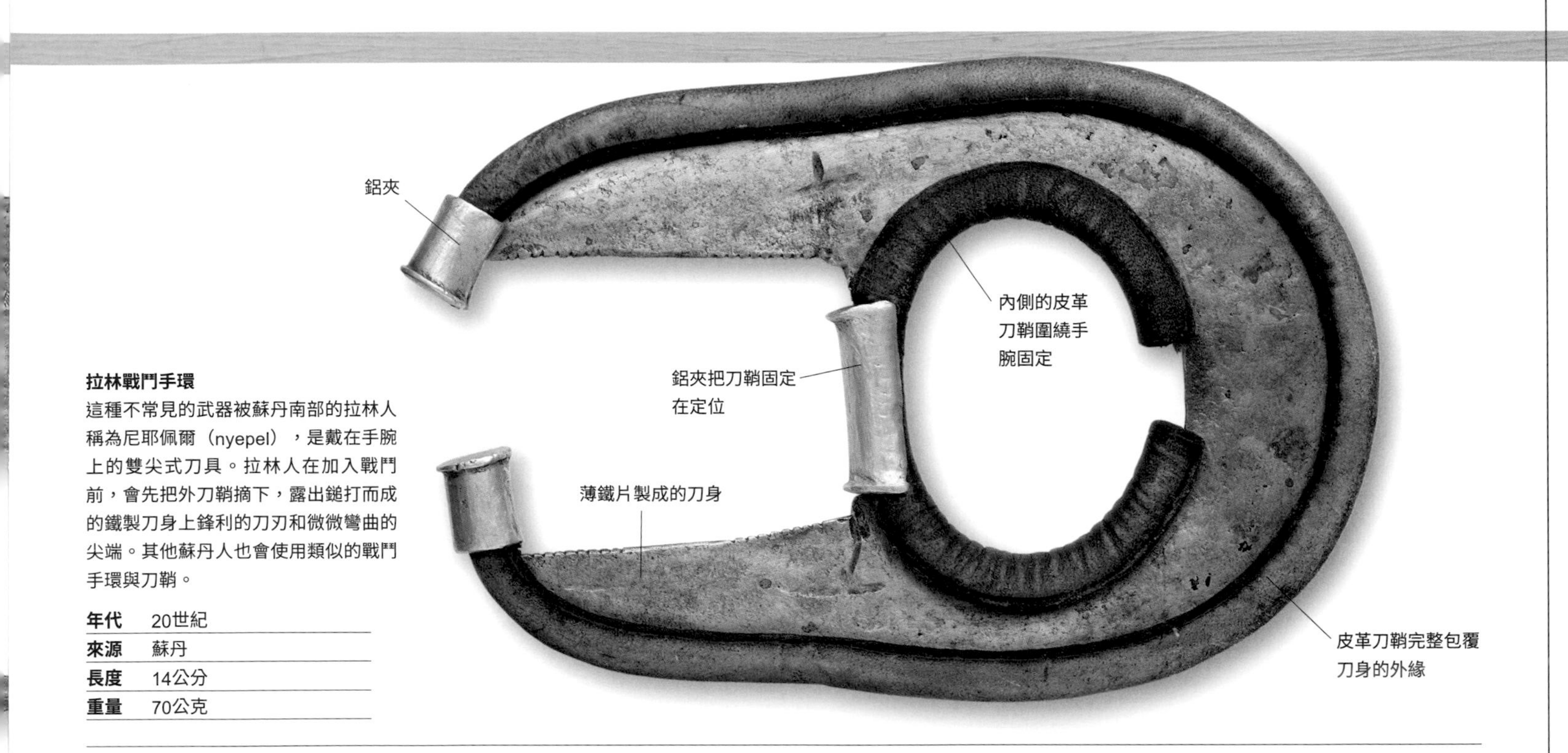

拉林戰鬥手環

這種不常見的武器被蘇丹南部的拉林人稱為尼耶佩爾（nyepel），是戴在手腕上的雙尖式刀具。拉林人在加入戰鬥前，會先把外刀鞘摘下，露出鎚打而成的鐵製刀身上鋒利的刀刃和微微彎曲的尖端。其他蘇丹人也會使用類似的戰鬥手環與刀鞘。

年代	20世紀
來源	蘇丹
長度	14公分
重量	70公克

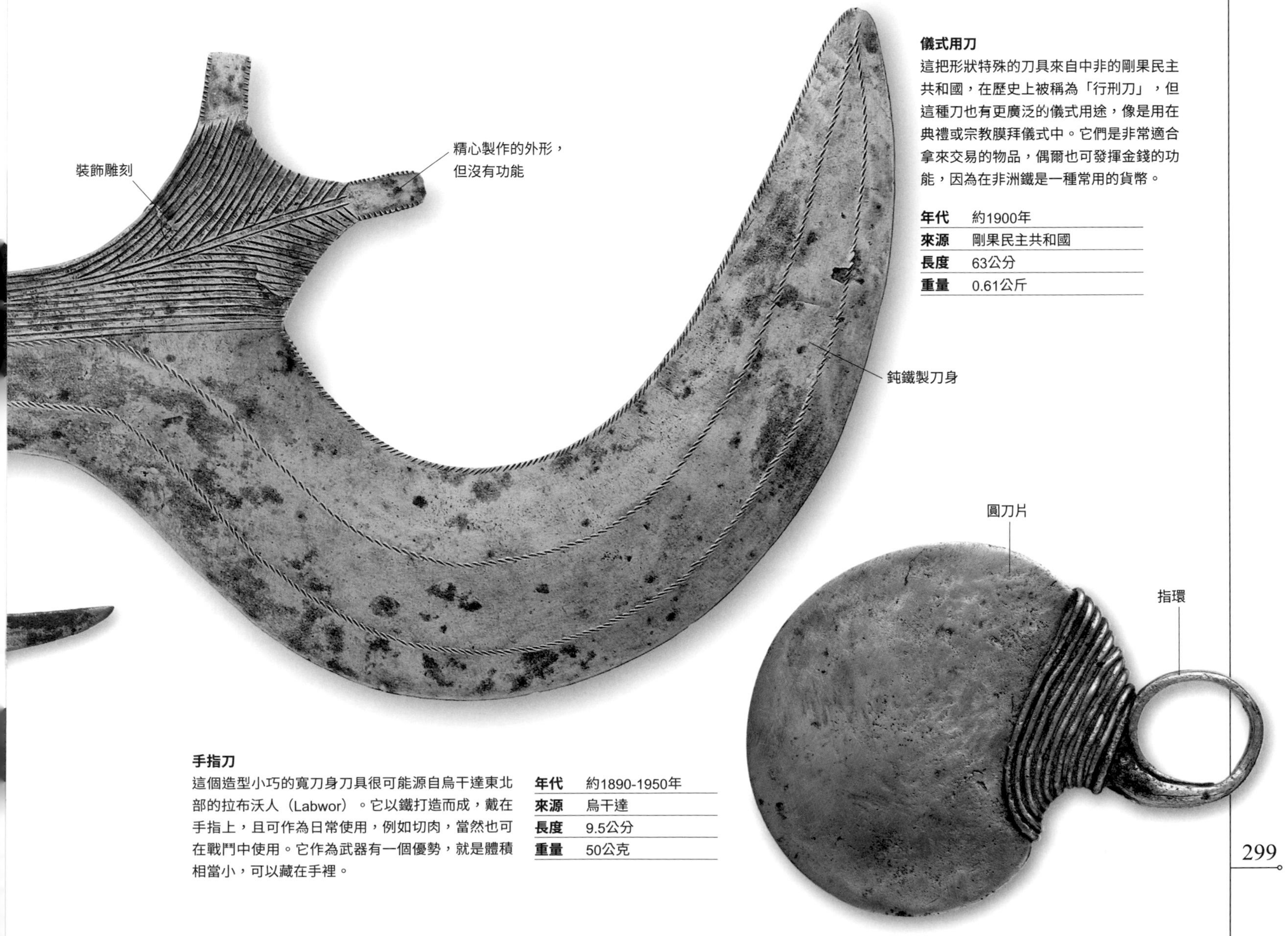

儀式用刀

這把形狀特殊的刀具來自中非的剛果民主共和國，在歷史上被稱為「行刑刀」，但這種刀也有更廣泛的儀式用途，像是用在典禮或宗教膜拜儀式中。它們是非常適合拿來交易的物品，偶爾也可發揮金錢的功能，因為在非洲鐵是一種常用的貨幣。

年代	約1900年
來源	剛果民主共和國
長度	63公分
重量	0.61公斤

手指刀

這個造型小巧的寬刀身刀具很可能源自烏干達東北部的拉布沃人（Labwor）。它以鐵打造而成，戴在手指上，且可作為日常使用，例如切肉，當然也可在戰鬥中使用。它作為武器有一個優勢，就是體積相當小，可以藏在手裡。

年代	約1890-1950年
來源	烏干達
長度	9.5公分
重量	50公克

1914-1945 年的刺刀和刀械

當歐洲的軍隊加入第一次世界大戰時，他們深信刺刀衝鋒是步兵戰鬥勝利的關鍵。但現實總是殘酷的：裝上刺刀挺進的部隊被機槍和步槍的火力殲滅，士兵嘲笑刺刀拿來開罐頭比拿來戰鬥更有用。不過軍隊依然繼續使用刺刀，刀身通常經過縮短。在 1914-18 年間的壕溝戰裡，戰鬥刀展現了價值，因此第二次世界大戰的特種部隊也會使用，並成為沒有刺刀的步兵的近距離戰鬥武器。

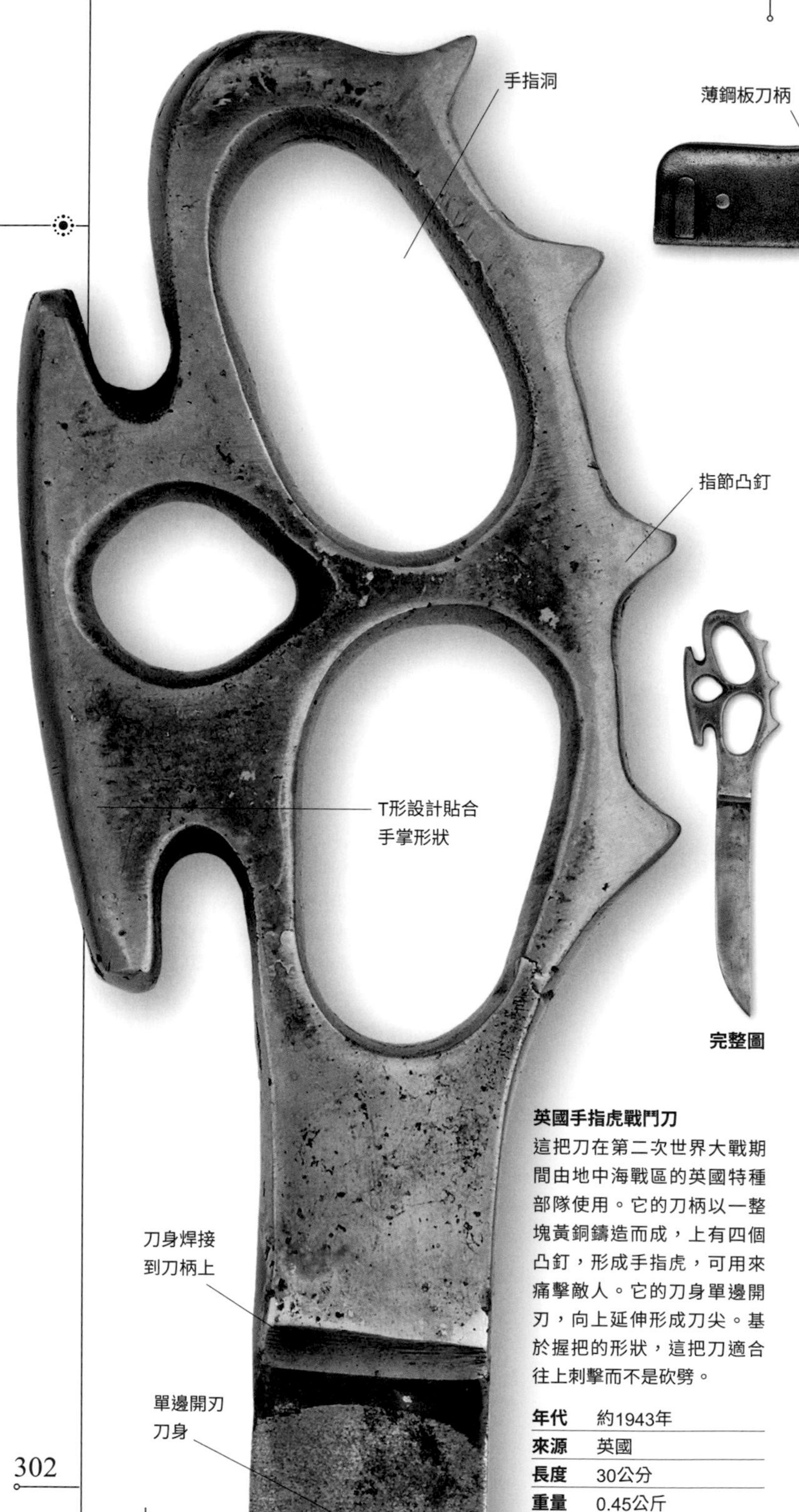

護手
薄鋼板刀柄
兩側開刃刀身

德國刺刀

第一次世界大戰即將結束時，這種刺刀出現在西線。它的長度短，兩側開刃，用來搭配毛瑟1898年式步槍，靠按扣裝在槍管上。這種刺刀不是德國陸軍的公發制式裝備，但官兵可以購買使用。許多人都有買，因為它也是相當好用的壕溝戰用刀。

年代	1914-18年
來源	德國
長度	26.1公分
重量	0.22公斤

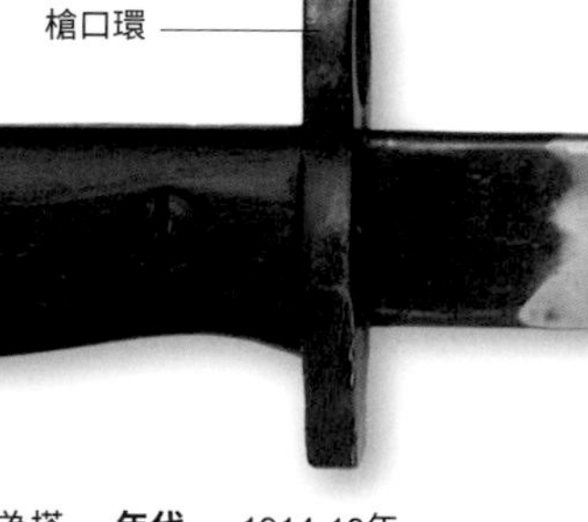

英國1907年型劍式刺刀

這款1907年型刺刀以日本的有坂刺刀為基礎，是為搭配短彈匣李－恩菲爾德步槍而設計的。為了讓士兵有更大的攻擊範圍，它的刀身較長，但在1914-18年的壕溝戰裡，把它拆下來當成劍並沒有那麼好用，而且跟短刀身的刀具相比，更不適合當成刺刀。

年代	1914-18年
來源	英國
長度	56公分
重量	0.5公斤

英國手指虎戰鬥刀

這把刀在第二次世界大戰期間由地中海戰區的英國特種部隊使用。它的刀柄以一整塊黃銅鑄造而成，上有四個凸釘，形成手指虎，可用來痛擊敵人。它的刀身單邊開刃，向上延伸形成刀尖。基於握把的形狀，這把刀適合往上刺擊而不是砍劈。

年代	約1943年
來源	英國
長度	30公分
重量	0.45公斤

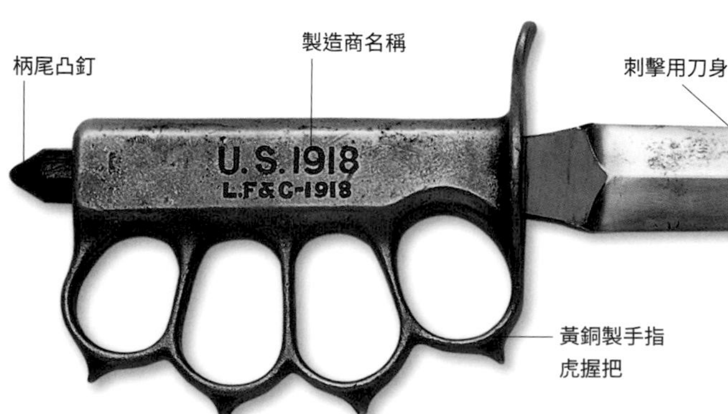

美國手指虎壕溝戰鬥刀

美國Mark 1 1918手指虎戰鬥刀是設計作為第一次世界大戰的「壕溝肅清工具」，但因為出現的時間太晚，沒機會在西線派上用場，卻在第二次世界大戰期間成為傘兵用武器而贏得好口碑。它有三種攻擊方式：用柄尾的凸釘攻擊敵人頭部、握拳用手指虎打擊敵人，以及用刀身往上刺擊。

年代	1940年代
來源	美國
長度	56公分
重量	0.5公斤

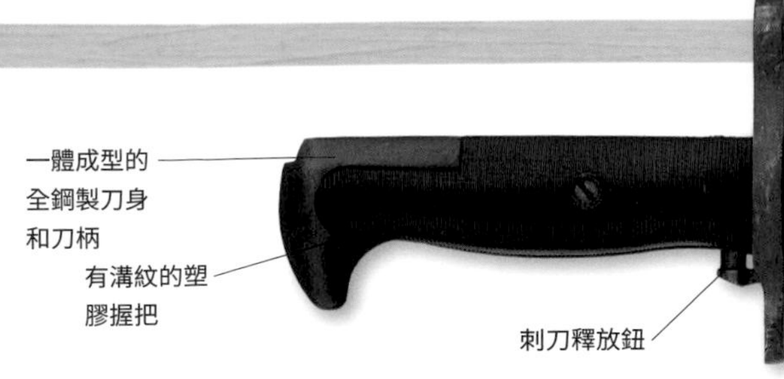

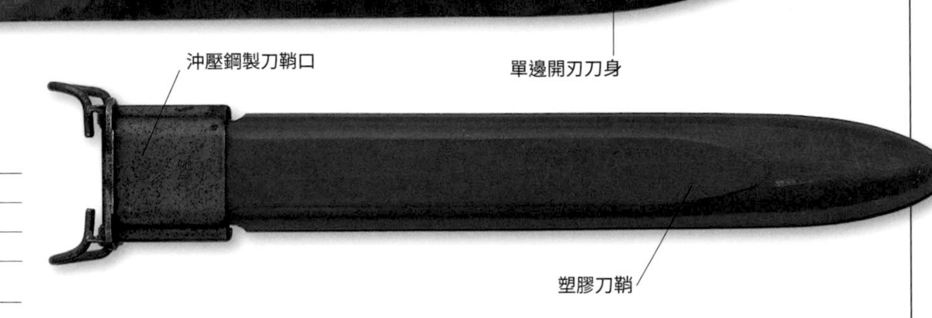

美國M1刺刀

1943年4月，美國陸軍決定讓M1葛蘭德（Garand）步槍搭配刀身較短的刺刀，因此刀身長25.4公分的M1 刺刀便取代了刀身長40.6公分的M1905和M1942刺刀。這款刺刀的M7刀鞘由勝利塑膠（Victory Plastics）生產。

年代	1944年
來源	美國
長度	36.8公分
重量	0.43公斤

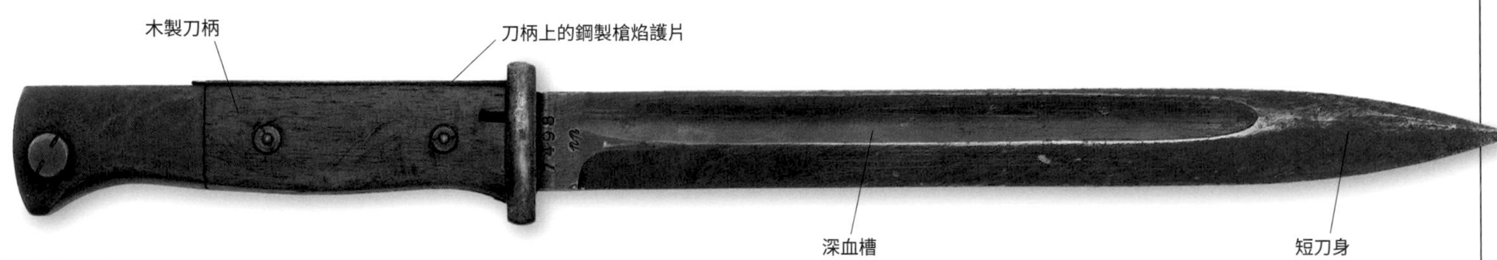

德國S84/98刺刀

這款刺刀堅固耐用又價格便宜，在1915年引進，作為毛瑟1898年式步槍的配件。它沒有槍口環，只靠位於柄尾的一道長溝槽固定到步槍上。S84/98刺刀持續生產到第二次世界大戰，圖中這把就是這個時候生產的。

年代	1940年代
來源	德國
長度	38.2公分
重量	0.42公斤

單刃刀身

較深的血槽

美國MK 3戰鬥刀

1943年，美國陸軍採用MK 3戰鬥刀作為徒手戰鬥用刀。它隨即大量生產，到了1944年就已生產了250萬把。它的刀柄和刀身設計受到英國費爾貝恩－賽克斯（Fairbairn-Sykes）戰鬥刀（下）影響。但美國海軍陸戰隊採用的卻是卡巴（Ka-Bar）戰鬥刀。

年代	約1950年
來源	美國
長度	29.5公分
重量	0.24公斤

圓柱狀握把

雙邊開刃刀身

細長的刀身可以從肋骨之間穿過，但也適合用來砍劈

費爾貝恩－賽克斯戰鬥刀

這把刀是1930年代由上海警察主管威廉．費爾貝恩（William Fairbairn）和他的同事艾瑞克．賽克斯（Eric Sykes）開發的，主要是參考當時中國幫派使用的匕首。第二次世界大戰期間，突擊隊（Commandos）之類的盟軍特種部隊都使用這款戰鬥刀，而費爾貝恩和賽克斯也向他們傳授徒手戰鬥技巧。

年代	1941-45年
來源	英國
長度	30公分
重量	0.23公斤

第一次世界大戰
第一次世界大戰期間，西線上雙方互相對峙的戰線從瑞士邊境一路延伸到北海。圖中這些部隊隸屬於德國海軍（Kriegsmarine），他們配備毛瑟 1898 年式步槍，占領戰線最北端的防禦陣地。

法國戰壕刀

一次大戰法軍步兵

第一次世界大戰（1914-18年）期間，在西線上作戰的法國步兵是從公民中徵召而來的士兵，他們被教導要把服役這件事視為個人對共和的義務，以及愛國驕傲的來源。儘管壕溝戰帶來慘重損失，不斷消耗讓士氣低落，導致部分法國陸軍部隊在 1917 年叛變，但這些「毛毛」（poilu，當時用來稱呼法軍步兵的法國俚語）在馬恩和和凡爾登的偉大戰役中還是打死不退。

在凡爾登奮戰的法軍步兵

1916年2月，德軍進攻要塞城市凡爾登，目標是要「讓法軍流盡鮮血」。面對德軍的猛烈砲兵火力，法軍步兵好幾個月都頑強地堅守不退，付出了大約40萬人傷亡的代價。

公民陸軍

在戰前，每一位年輕法國男性都要服兩年的兵役（1913 年改為三年），之後在他的餘生裡，他就具有後備役的身分。因此理論上而言，法國政府可以把所有男性人口都視為受過訓練的士兵。共有超過 800 萬人曾在戰爭的某個時間服役，而巔峰期時則同時有 150 萬名法國男性服役。當戰爭開打時，法國陸軍的步槍已經過時、機槍性能不佳、火砲數量不足，且制服顏色太過鮮明，容易淪為敵人的槍靶。士兵就在這樣的裝備下發起攻勢，迎戰德軍壓倒性的火力。光是在開戰後的前三個月裡，法國就有大約 100 萬人傷亡，但他們在第一次馬恩河戰役裡打敗德軍，確保法國得以生存。由於能快速射擊的步槍和機槍讓掘壕固守的部隊占有防禦優勢，戰局演變成壕溝戰就是自然而然的結果。和英國盟友相比，法軍步兵遭遇的狀況更悲慘，在環境普遍惡劣的壕溝中遭遇猛烈砲擊火力和毒氣侵襲。他們的士氣熬過凡爾登的大屠殺而不墜，但 1917 年初那些徒勞無功的攻勢卻讓大家心生不安。法國當局被迫改善飲食和休假，並放棄虛擲人命的作法。之後法軍步兵士氣迅速恢復，足以為 1918 年的最終勝利做出重大貢獻。

亞德里安頭盔（Adrian helmet）

裝有個人用品的背袋

機槍班

1915年法軍步兵操作的是霍奇吉斯基槍。法國的機槍一般來說表現較差，這款霍奇吉斯基槍是用25發裝的彈條進彈，而不是用更有效的彈鏈進彈。

壕溝戰制服

法軍步兵原本的藍色大衣、亮紅色長褲和布質軍帽在1915年替換成這種更樸素的藍灰色制服和鋼盔。

淺藍灰色大衣

從腳踝到膝蓋的綁腿

戰爭的代價

曾於第一次世界大戰中服役的830萬名法軍部隊裡，有將近140萬人陣亡，另外300萬人負傷，大約75萬人承受永久或長期失能的傷害。在所有法國男性中，每五個人就有超過一個人負傷，且18到35歲的男性中陣亡的比率高到可以被合理地形容成「失去的世代」。位於杜歐蒙（Douaumont）的忠靈塔就見證了凡爾登的慘重傷亡，那裡收納著數以十萬計法德官兵的無名遺骸。

杜歐蒙的忠靈塔

戰鬥工具

曼利夏－貝蒂埃（Mannlicher-Berthier）步槍

F1手榴彈

P1手榴彈

檸檬形手榴彈

霍奇吉斯機槍

「人類瘋了！怎麼會有這麼可怕的屠殺景象！地獄都不可能有這麼恐怖。所有人都瘋了！」

阿爾弗雷德・朱貝少尉（Alfred Joubert）於凡爾登，1916年5月23日的日記

戰鬥工具

曼利夏－貝蒂埃（Mannlicher-Berthier）步槍

F1手榴彈

P1手榴彈

檸檬形手榴彈

霍奇吉斯機槍

「人類瘋了！怎麼會有這麼可怕的屠殺景象！地獄都不可能有這麼恐怖。所有人都瘋了！」

阿爾弗雷德・朱貝少尉（Alfred Joubert）於凡爾登，1916年5月23日的日記

◂ 234-235 1775-1900年的自動裝填手槍 ▸ 310-311 1920-1950年的自動裝填手槍 ▸ 312-313 1950年以後的自動裝填手槍

1900-1920 年的自動裝填手槍

博哈特和毛瑟 C/96 證明自動手槍運作可靠，但卻價格昂貴，而且用起來不太順手。下一代的自動手槍變得較簡單，生產價格也較便宜。自 20 世紀初開始，這類武器當中的佼佼者——例如約翰·摩瑟斯·白朗寧的柯特 M1911 和葛歐格·魯格的 P'08 ——至今仍有需求，當年的原始版本更是收藏家夢寐以求的東西。

柯特M1911A1

白朗寧設計柯特M1911（美國陸軍在當年正式採用作為制式副武器）的目的，是為了滿足在菲律賓對抗莫洛（Moro）叛軍的官兵需求。他們需要一款可以發射較重的.45英寸口徑彈藥的手槍，以取代當時他們手上效果較差的制式.38英寸口徑轉輪槍。圖為後期的M1911A1手槍。

年代	1909年起
來源	美國
槍管	12.7公分
重量	1.1公斤
口徑	.45英寸柯特自動手槍彈（ACP）

柯特M1902

除了M1900袖珍手槍以外，白朗寧還設計了一系列使用.38英寸口徑柯特自動手槍彈的軍用自動手槍，運用表現較不理想的雙絞鍊式閉鎖系統，機械運作並不流暢。再加上使用的彈藥較輕，因此不受美國陸軍青睞。

年代	1902年
來源	美國
槍管	15.2公分
重量	1.02公斤
口徑	.38英寸柯特自動手槍彈

阿斯特拉M901

這把手槍是由西班牙阿斯特拉（Astra）公司生產，直接仿製毛瑟C/96的全自動射擊版本「快慢機」（Schnellfeuer）。它可全自動射擊，但在這個模式射擊時幾乎無法控制。

年代	1920年代
來源	西班牙
槍管	16公分
重量	2.1公斤
口徑	7.63公釐口徑毛瑟彈

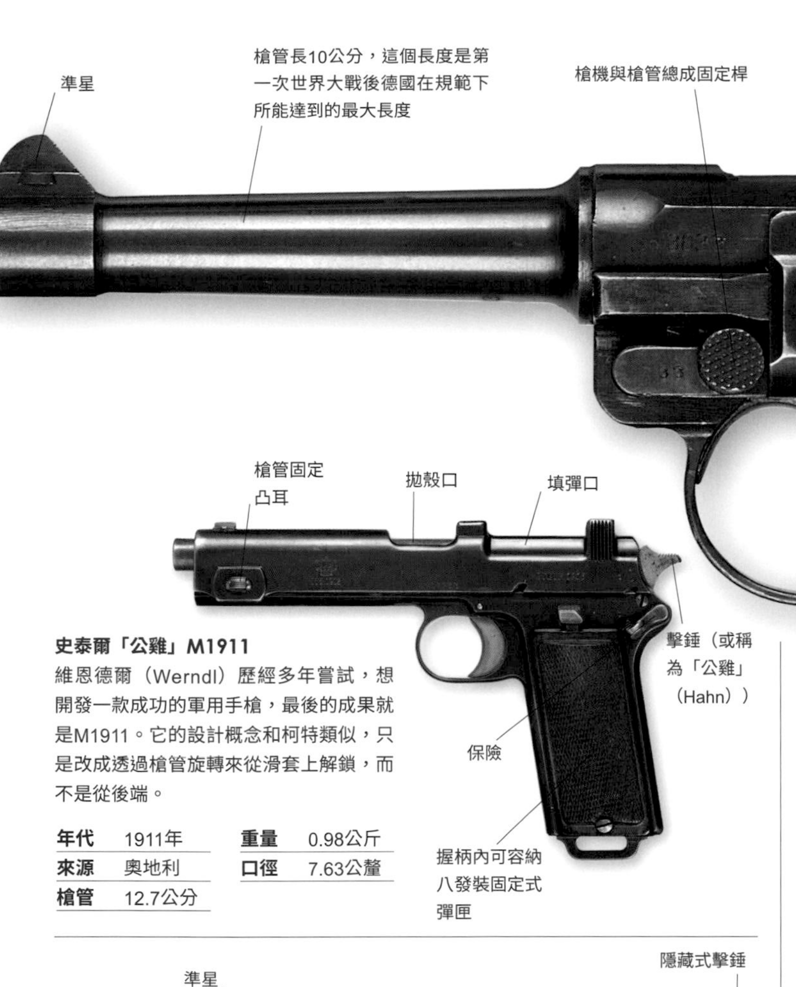

史泰爾「公雞」M1911

維恩德爾（Werndl）歷經多年嘗試，想開發一款成功的軍用手槍，最後的成果就是M1911。它的設計概念和柯特類似，只是改成透過槍管旋轉來從滑套上解鎖，而不是從後端。

年代	1911年	**重量**	0.98公斤
來源	奧地利	**口徑**	7.63公釐
槍管	12.7公分		

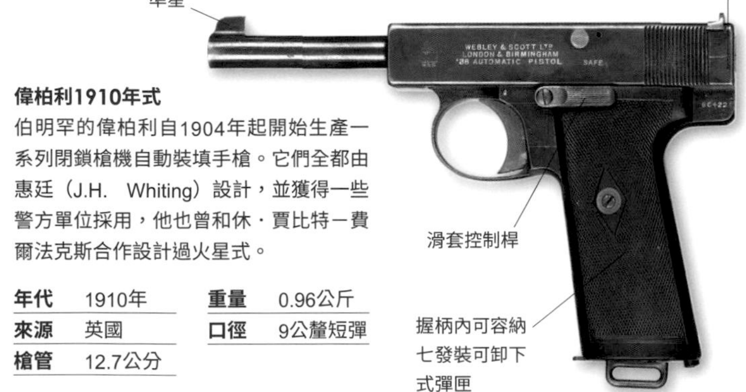

韋柏利1910年式

伯明罕的韋柏利自1904年起開始生產一系列閉鎖槍機自動裝填手槍。它們全都由惠廷（J.H. Whiting）設計，並獲得一些警方單位採用，他也曾和休・賈比特－費爾法克斯合作設計過火星式。

年代	1910年	**重量**	0.96公斤
來源	英國	**口徑**	9公釐短彈
槍管	12.7公分		

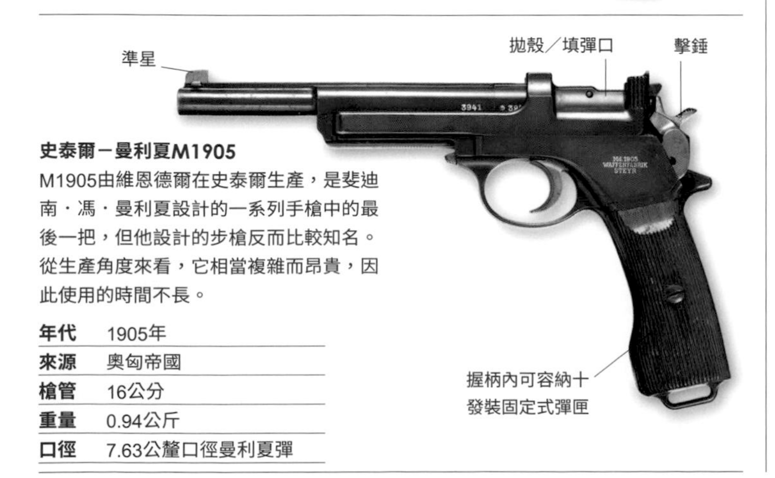

史泰爾－曼利夏M1905

M1905由維恩德爾在史泰爾生產，是斐迪南・馮・曼利夏設計的一系列手槍中的最後一把，但他設計的步槍反而比較知名。從生產角度來看，它相當複雜而昂貴，因此使用的時間不長。

年代	1905年
來源	奧匈帝國
槍管	16公分
重量	0.94公斤
口徑	7.63公釐口徑曼利夏彈

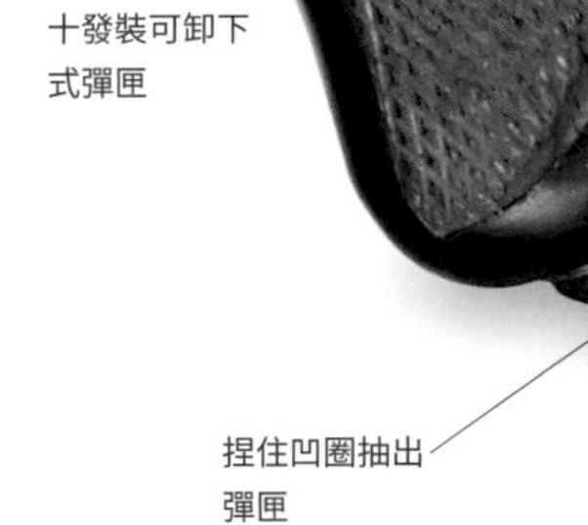

魯格P'08

葛歐格・魯格（Georg Luger）在1900年設的P'08手槍是世界馳名的手槍之一，有著近乎經典的代表性地位。他參考了七年前博哈特手槍的多種特色，但卻採用葉片形復進彈簧，並把位置移動到握柄內，大幅改善整體的平衡感。魯格也為他的手槍生產改良型彈藥，也就是所謂的「帕拉貝倫」（Parabellum）子彈，之後也成為全球標準。

年代	1908年
來源	德國
槍管	10公分
重量	0.88公斤
口徑	9公釐口徑帕拉貝倫彈

南部大正14年式

第一把南部手槍在1909年出現，儘管外型明顯受魯格P'08影響，但內部機械設計完全不同，槍閂是透過一組連結的滑塊旋轉來從槍管上解鎖。

年代	1925年
來源	日本
槍管	12公分
重量	0.9公斤
口徑	8公釐口徑南部彈

1920-1950 年的自動裝填手槍

如果還有人懷疑自動裝填手槍的可靠度，這些懷疑絕大部分到了第一次世界大戰就煙消雲散了。四個主要參戰國的軍官（奧匈帝國、德國、土耳其和美國）全都配備自動裝填手槍，設計較差的槍型依然有生產，只是沒有軍隊願意採用（日本的九四式是個例外）。新的槍型一般來說都性能優異，魯格和柯特 M1911 這類傑作可說是後繼有人。

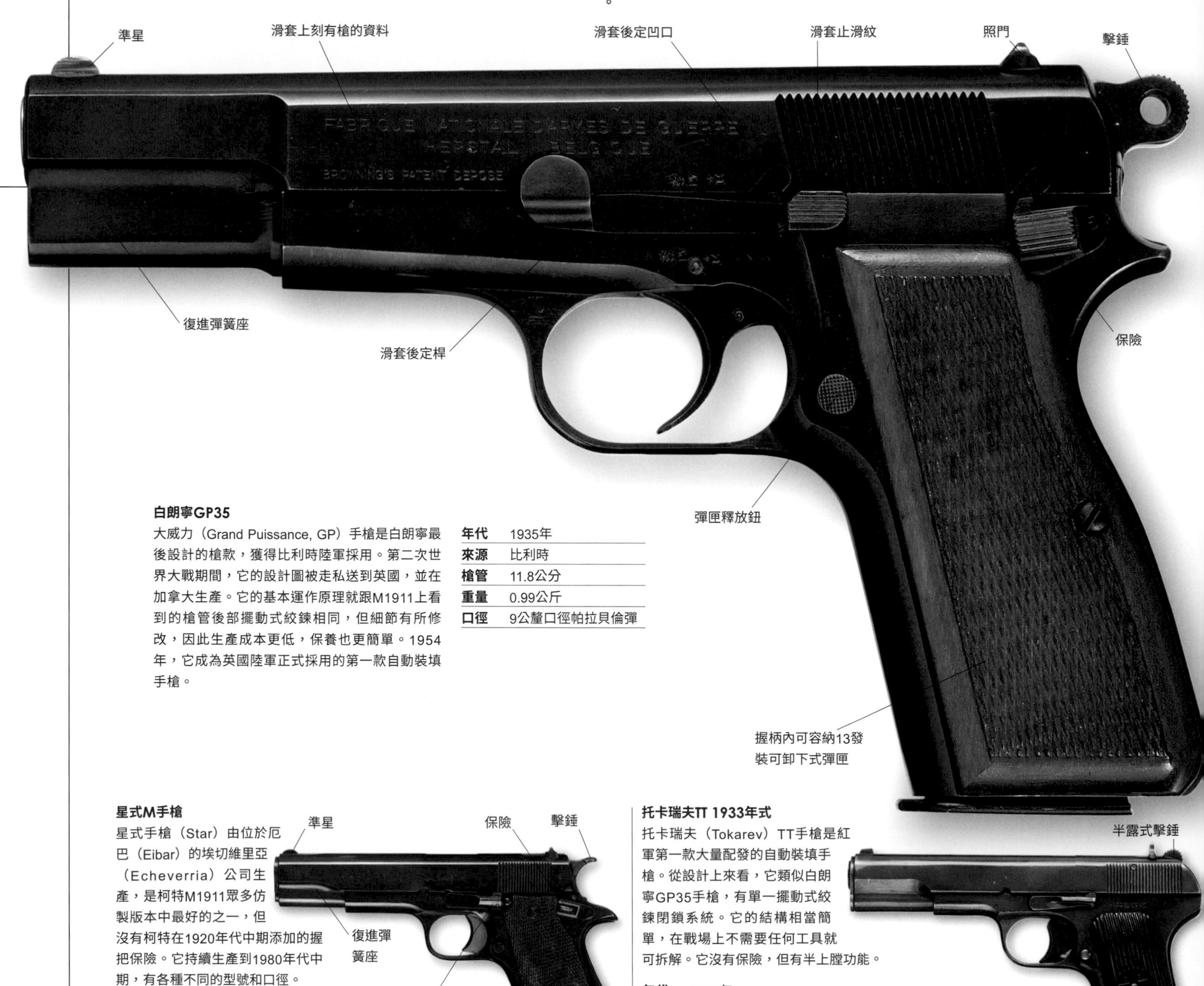

白朗寧GP35

大威力（Grand Puissance, GP）手槍是白朗寧最後設計的槍款，獲得比利時陸軍採用。第二次世界大戰期間，它的設計圖被走私送到英國，並在加拿大生產。它的基本運作原理就跟M1911上看到的槍管後部擺動式絞鍊相同，但細節有所修改，因此生產成本更低，保養也更簡單。1954年，它成為英國陸軍正式採用的第一款自動裝填手槍。

年代	1935年
來源	比利時
槍管	11.8公分
重量	0.99公斤
口徑	9公釐口徑帕拉貝倫彈

星式M手槍

星式手槍（Star）由位於厄巴（Eibar）的埃切維里亞（Echeverria）公司生產，是柯特M1911眾多仿製版本中最好的之一，但沒有柯特在1920年代中期添加的握把保險。它持續生產到1980年代中期，有各種不同的型號和口徑。

年代	1932年
來源	西班牙
槍管	12.5公分
重量	1.07公斤
口徑	9公釐口徑拉戈（Largo）彈

準星
保險
擊錘
復進彈簧座
滑套後定桿
握柄內可容納八發裝可卸下式彈匣
槍繩環

托卡瑞夫TT 1933年式

托卡瑞夫（Tokarev）TT手槍是紅軍第一款大量配發的自動裝填手槍。從設計上來看，它類似白朗寧GP35手槍，有單一擺動式絞鍊閉鎖系統。它的結構相當簡單，在戰場上不需要任何工具就可拆解。它沒有保險，但有半上膛功能。

年代	1933年
來源	蘇聯
槍管	11.6公分
重量	0.85公斤
口徑	7.62公釐口徑蘇聯自動手槍彈

半露式擊錘
握柄內可容納八發裝可卸下式彈匣

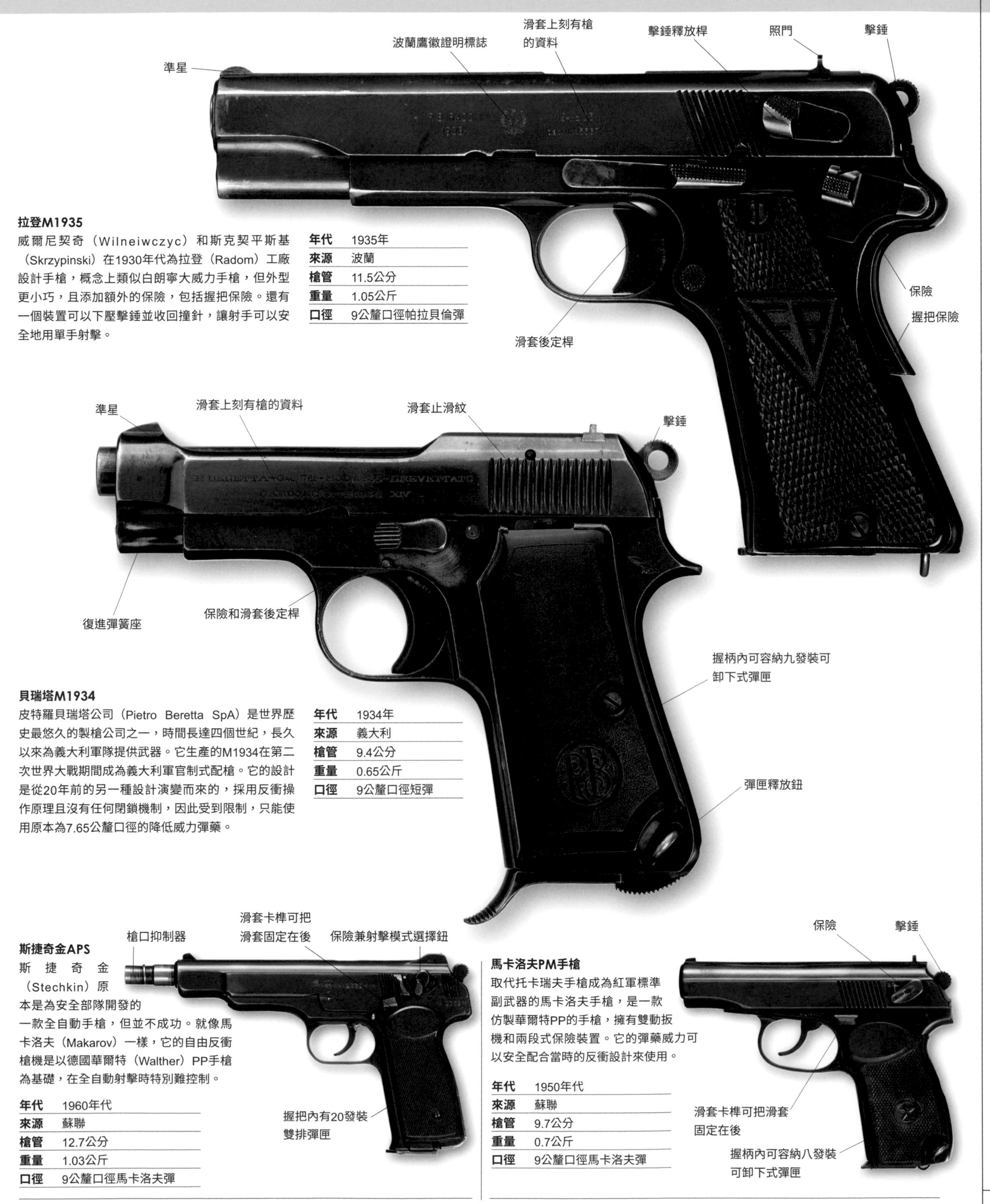

拉登M1935

威爾尼契奇（Wilneiwczyc）和斯克契平斯基（Skrzypinski）在1930年代為拉登（Radom）工廠設計手槍，概念上類似白朗寧大威力手槍，但外型更小巧，且添加額外的保險，包括握把保險。還有一個裝置可以下壓擊錘並收回撞針，讓射手可以安全地用單手射擊。

年代	1935年
來源	波蘭
槍管	11.5公分
重量	1.05公斤
口徑	9公釐口徑帕拉貝倫彈

貝瑞塔M1934

皮特羅貝瑞塔公司（Pietro Beretta SpA）是世界歷史最悠久的製槍公司之一，時間長達四個世紀，長久以來為義大利軍隊提供武器。它生產的M1934在第二次世界大戰期間成為義大利軍官制式配槍。它的設計是從20年前的另一種設計演變而來的，採用反衝操作原理且沒有任何閉鎖機制，因此受到限制，只能使用原本為7.65公釐口徑的降低威力彈藥。

年代	1934年
來源	義大利
槍管	9.4公分
重量	0.65公斤
口徑	9公釐口徑短彈

斯捷奇金APS

斯捷奇金（Stechkin）原本是為安全部隊開發的一款全自動手槍，但並不成功。就像馬卡洛夫（Makarov）一樣，它的自由反衝槍機是以德國華爾特（Walther）PP手槍為基礎，在全自動射擊時特別難控制。

年代	1960年代
來源	蘇聯
槍管	12.7公分
重量	1.03公斤
口徑	9公釐口徑馬卡洛夫彈

馬卡洛夫PM手槍

取代托卡瑞夫手槍成為紅軍標準副武器的馬卡洛夫手槍，是一款仿製華爾特PP的手槍，擁有雙動扳機和兩段式保險裝置。它的彈藥威力可以安全配合當時的反衝設計來使用。

年代	1950年代
來源	蘇聯
槍管	9.7公分
重量	0.7公斤
口徑	9公釐口徑馬卡洛夫彈

1950 年以後的自動裝填手槍

早在 19 世紀初，威靈頓公爵就曾經質疑過手槍做為戰爭武器的價值。等到進入機械化作戰的時代，這個問題的答案愈來愈清楚明白：除非作為個人防護武器，否則沒有多大價值，但也許可用來提升士氣。不過在維安和警察行動的領域，手槍依然證明有其存在價值，因此新一代手槍在發展的時候，就會把這個領域的應用納入考量。

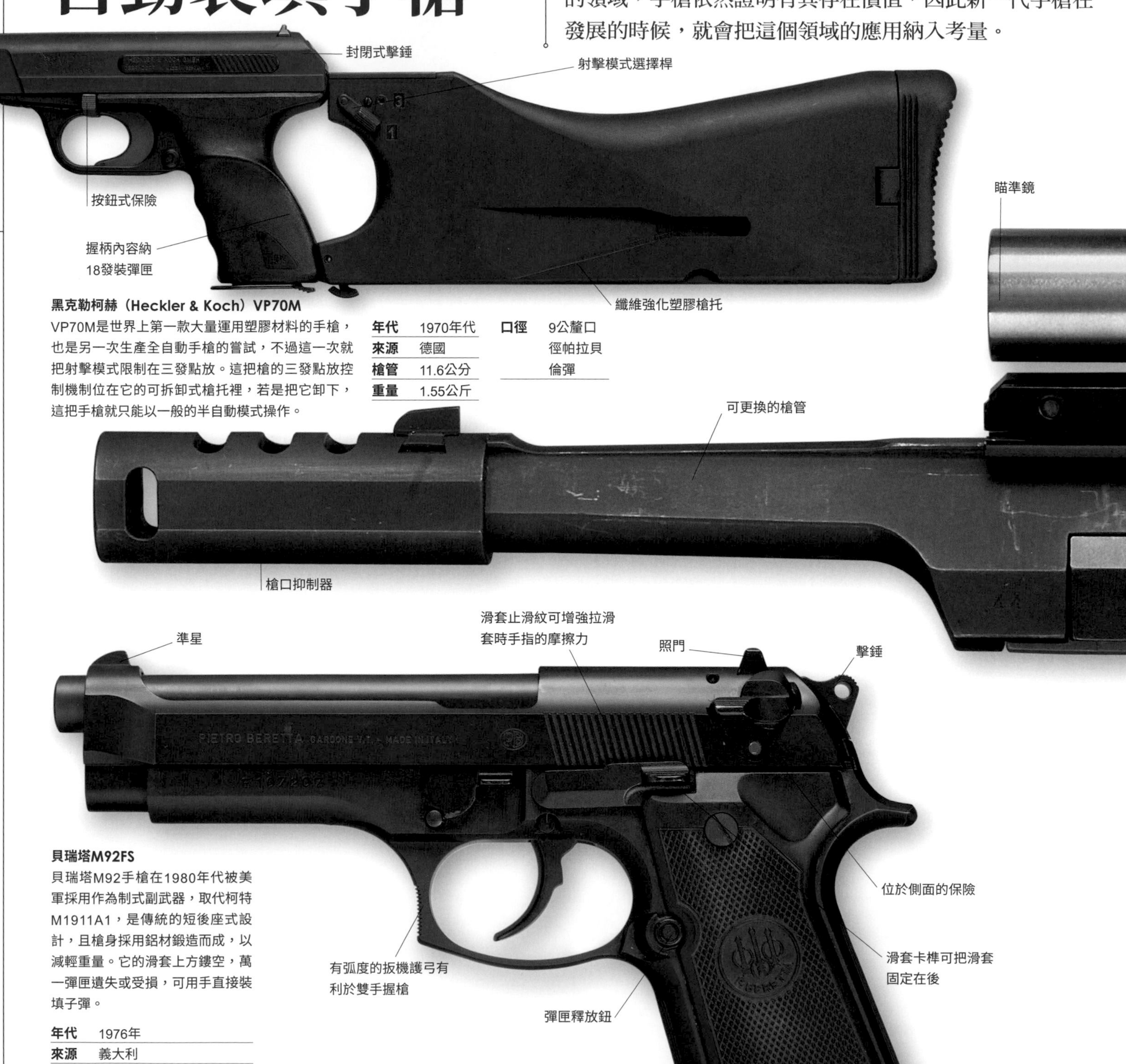

黑克勒柯赫（Heckler & Koch）VP70M

VP70M是世界上第一款大量運用塑膠材料的手槍，也是另一次生產全自動手槍的嘗試，不過這一次就把射擊模式限制在三發點放。這把槍的三發點放控制機制位在它的可拆卸式槍托裡，若是把它卸下，這把手槍就只能以一般的半自動模式操作。

年代	1970年代
來源	德國
槍管	11.6公分
重量	1.55公斤
口徑	9公釐口徑帕拉貝倫彈

貝瑞塔M92FS

貝瑞塔M92手槍在1980年代被美軍採用作為制式副武器，取代柯特M1911A1，是傳統的短後座式設計，且槍身採用鋁材鍛造而成，以減輕重量。它的滑套上方鏤空，萬一彈匣遺失或受損，可用手直接裝填子彈。

年代	1976年
來源	義大利
槍管	10.9公分
重量	0.98公斤
口徑	9公釐口徑帕拉貝倫彈

葛拉克17手槍

葛拉克（Glock）17手槍的槍身完全以塑膠製造，有四條鋼製軌道讓金屬滑套往復滑動。另外它還有一個獨樹一格的特色，就是六角形膛線，也就是連續的六個平面以微小的弧度連接在一起。它使用白朗寧的單搖擺式鏈環／傾斜槍管閉鎖系統。

年代	1982年	**重量**	0.6公斤
來源	奧地利	**口徑**	9公釐口徑帕拉貝倫彈
槍管	11.4公分		

復進彈簧座和雷射標定器位置

扳機護弓放大，即使戴著手套也可操作

握柄內容納17發裝彈匣

黑克勒柯赫USP手槍

面對葛拉克的競爭，黑克勒柯赫推出通用勤務手槍（Universal Service Pistol），這種手槍大部分也是以塑膠為材料，並使用久經考驗的白朗寧閉鎖系統。USP的設計有利未來修正改裝，並有九種配置方式。

年代	1993年	**重量**	0.75公斤
來源	德國	**口徑**	9公釐口徑帕拉貝倫彈
槍管	10.7公分		

保險安裝在槍身上

扳機護弓放大

握柄內容納15發裝彈匣

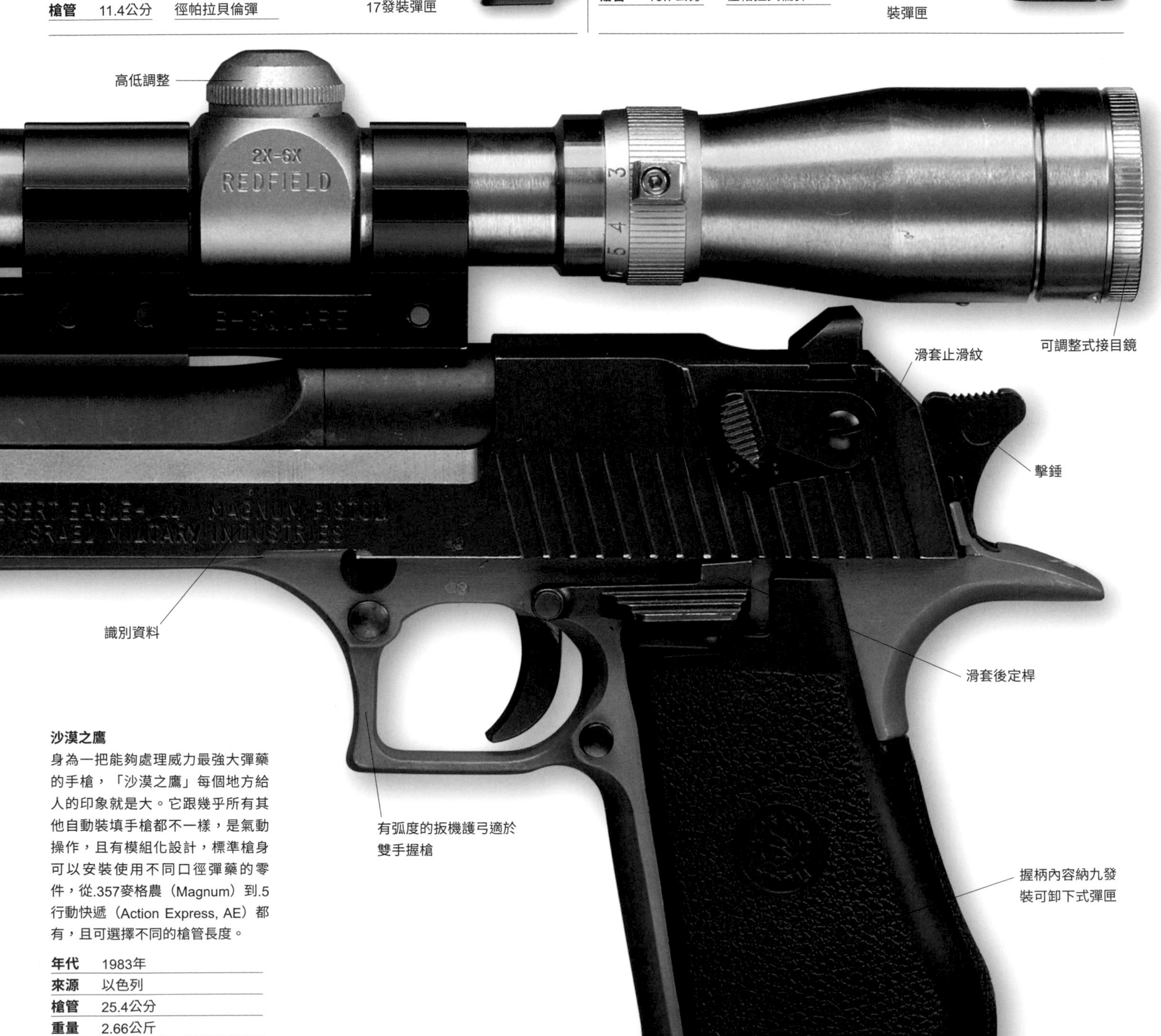

沙漠之鷹

身為一把能夠處理威力最強大彈藥的手槍，「沙漠之鷹」每個地方給人的印象就是大。它跟幾乎所有其他自動裝填手槍都不一樣，是氣動操作，且有模組化設計，標準槍身可以安裝使用不同口徑彈藥的零件，從.357麥格農（Magnum）到.5行動快遞（Action Express, AE）都有，且可選擇不同的槍管長度。

年代	1983年
來源	以色列
槍管	25.4公分
重量	2.66公斤
口徑	.44英寸口徑麥格農

1900-1950 年的轉輪手槍

到了 1890 年代，絕大部分轉輪槍的開發工作都已經完備，剩下的就只是改善或提升原有的設計而已。對如此簡單的設計來說，可靠度已經沒有多少可再提升的空間，但生產過程還是有一些地方可以再降低成本，如此也能再降低消費者購買的價格。在競爭激烈的市場上，這經常是成敗的關鍵。

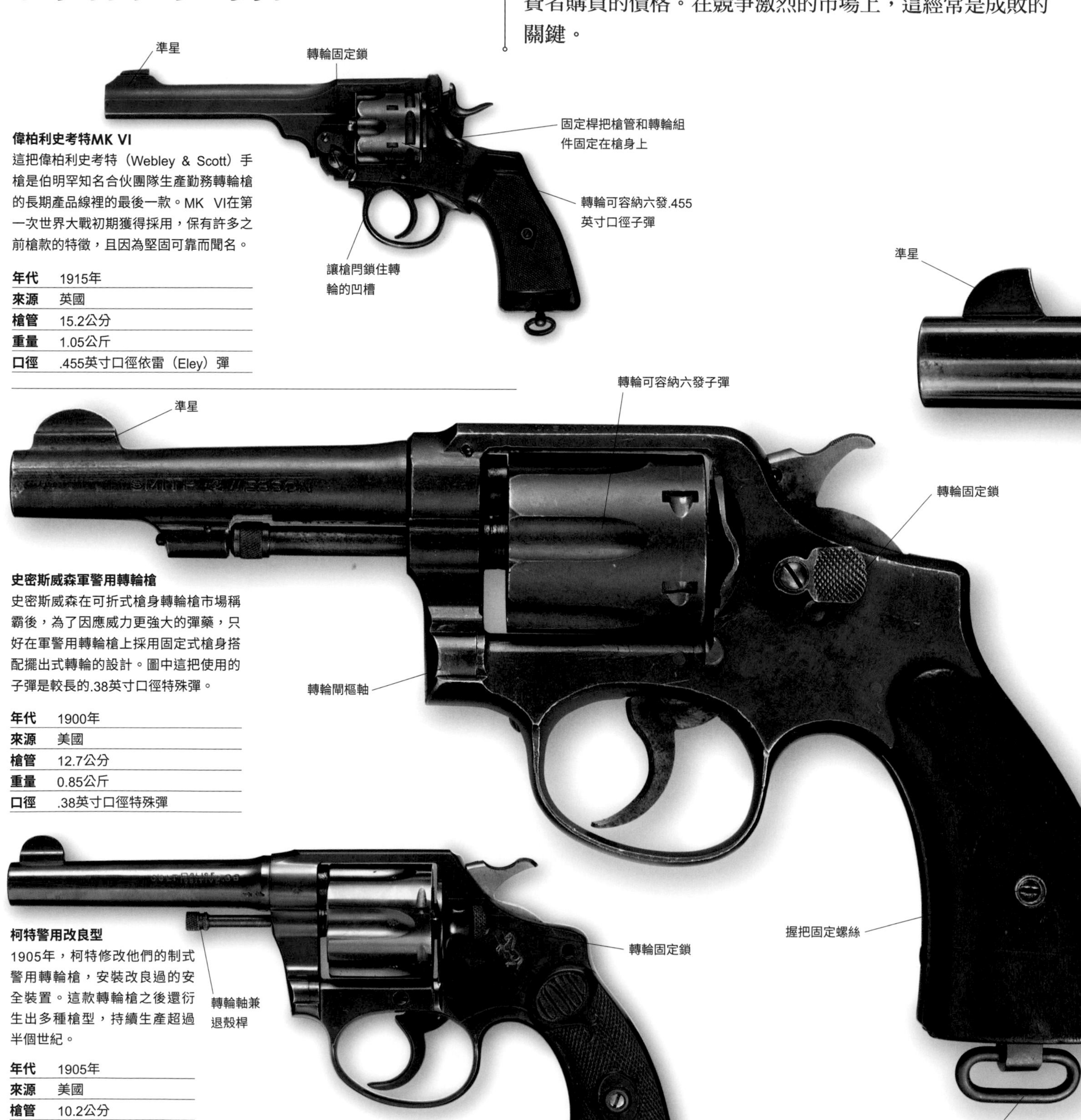

偉柏利史考特MK VI

這把偉柏利史考特（Webley & Scott）手槍是伯明罕知名合伙團隊生產勤務轉輪槍的長期產品線裡的最後一款。MK VI在第一次世界大戰初期獲得採用，保有許多之前槍款的特徵，且因為堅固可靠而聞名。

年代	1915年
來源	英國
槍管	15.2公分
重量	1.05公斤
口徑	.455英寸口徑依雷（Eley）彈

史密斯威森軍警用轉輪槍

史密斯威森在可折式槍身轉輪槍市場稱霸後，為了因應威力更強大的彈藥，只好在軍警用轉輪槍上採用固定式槍身搭配擺出式轉輪的設計。圖中這把使用的子彈是較長的.38英寸口徑特殊彈。

年代	1900年
來源	美國
槍管	12.7公分
重量	0.85公斤
口徑	.38英寸口徑特殊彈

柯特警用改良型

1905年，柯特修改他們的制式警用轉輪槍，安裝改良過的安全裝置。這款轉輪槍之後還衍生出多種槍型，持續生產超過半個世紀。

年代	1905年
來源	美國
槍管	10.2公分
重量	0.6公斤
口徑	.38英寸

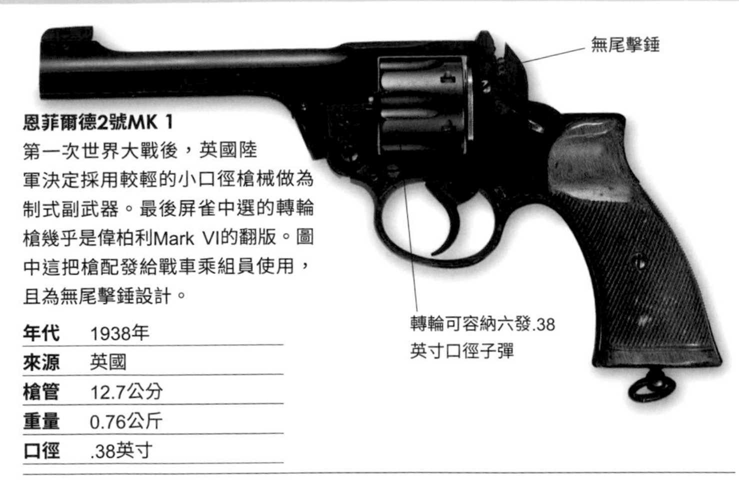

恩菲爾德2號MK 1

第一次世界大戰後，英國陸軍決定採用較輕的小口徑槍械做為制式副武器。最後屏雀中選的轉輪槍幾乎是偉柏利Mark VI的翻版。圖中這把槍配發給戰車乘組員使用，且為無尾擊錘設計。

年代	1938年
來源	英國
槍管	12.7公分
重量	0.76公斤
口徑	.38英寸

史密斯威森M1917

第一次世界大戰期間，史密斯威森奉命生產一款可使用無緣式.45英寸ACP子彈的轉輪槍。這款槍算是成功了，但卻有退殼的問題，必須使用可夾住三發子彈的扁平半月夾才能改善。

年代	1917年
來源	美國
槍管	14.4公分
重量	0.96公斤
口徑	.45英寸口徑ACP彈

柯特新制式手槍

新制式（New Service）手槍是柯特公司為美國陸軍生產的最後一款制式轉輪手槍。它擁有堅固的槍身和擺出式轉輪設計，在正常狀況下使用不會故障。英國陸軍也大量採購這種手槍，使用.455英寸口徑依雷彈，如本圖中這把。

年代	1907年
來源	美國
槍管	14.4公分
重量	1.15公斤
口徑	.455英寸口徑依雷彈

不朽的轉輪槍

從好萊塢最早的西部片到最新的電視警匪動作影集，轉輪槍已經成為民間執法者的象徵。

1950 年以後的轉輪手槍

到了 1950 年代，大家已經普遍接受一個事實：自動裝填手槍因為操作方便、裝彈容量更大，已經讓轉輪槍顯得落伍。但大約在同一時間，威力更大的新彈藥也開始出現（所謂的麥格農子彈），問題是麥格農子彈的威力幾乎是傳統子彈的兩倍，遠超過自動裝填手槍能夠安全使用的範圍。基於這個理由，轉輪槍的生涯又獲得了延長。

麥格農手槍
警方廣泛配備使用麥格農子彈的手槍，它們還透過1973年的《緊急搜捕令》（Magnum Force）之類的電影走進大眾流行文化。

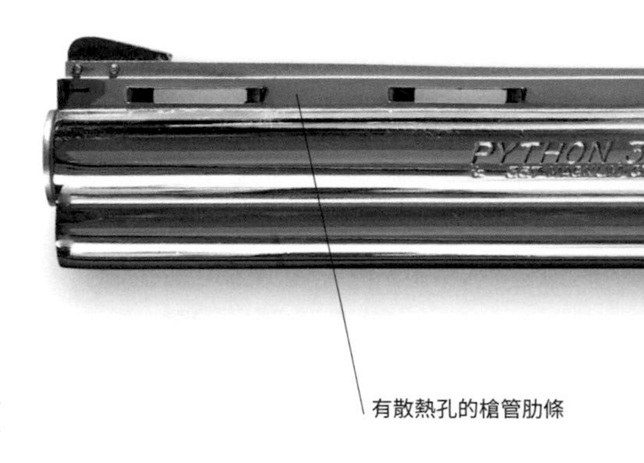

史密斯威森M27
是最常見的，並搭配多款輕、中、重型槍身。屬於重型的M27為.357英寸口徑，是最受歡迎的槍款，並有10.2公分、15.2公分和21.3公分的槍管可選。.44英寸口徑的M29幾乎和它一模一樣，但槍管有27公分長。

年代	1938年起
來源	美國
槍管	30公分
重量	1.4公斤
口徑	.357英寸口徑麥格農彈

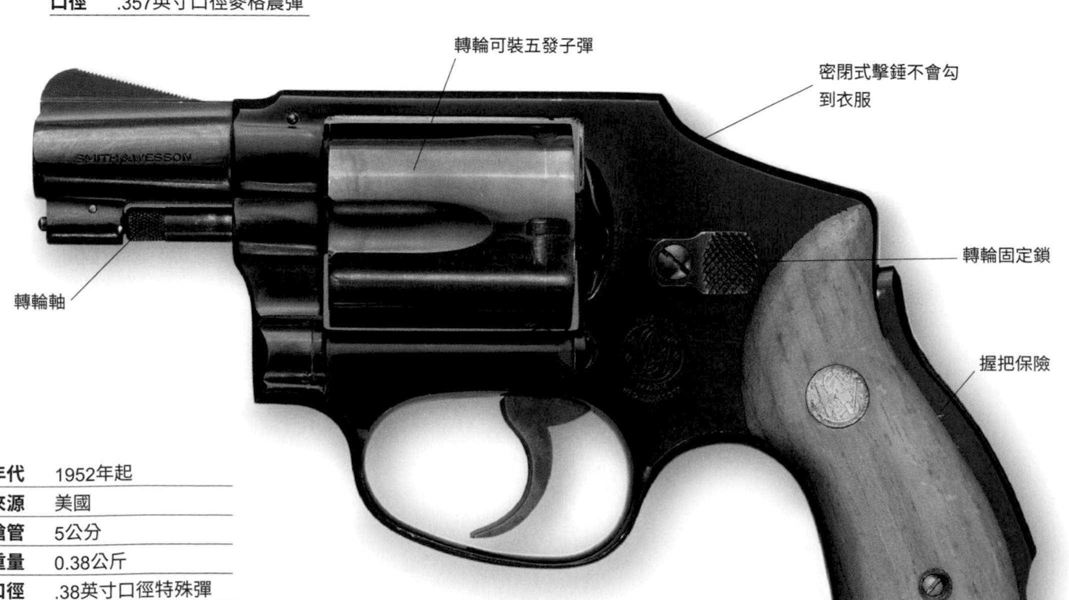

史密斯威森輕量型
除了龐大的麥格農以外，絕大部分廠商都生產「袖珍」轉輪槍。這類重量比半自動手槍輕的手槍使用相同的彈藥，且方便隱藏。史密斯威森的百週年紀念款也有輕量型，可裝填五發子彈，並有密閉式擊錘。

年代	1952年起
來源	美國
槍管	5公分
重量	0.38公斤
口徑	.38英寸口徑特殊彈

柯特蟒蛇轉輪槍

柯特很快就以久經考驗的新制式和陸軍單動轉輪槍為基礎，推出自己的麥格農手槍。不過一直要到1950年代，它才推出專門設計的全新麥格農轉輪槍「蟒蛇」（Python）。其他麥格農「蛇」系列手槍——眼鏡蛇（Cobra）、眼鏡王蛇（King Cobra）、.44英寸口徑的巨蟒（Anaconda）——也跟著推出，並都維持在最新狀態。有散熱孔的槍管肋條是這些重型轉輪槍款的共通特徵。

年代	1953年起
來源	美國
槍管	20.3公分
重量	1.4公斤
口徑	.357英寸口徑麥格農彈

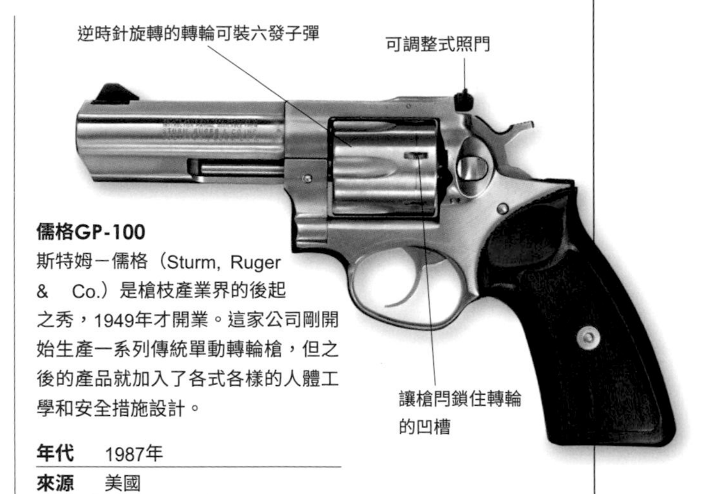

儒格GP-100

斯特姆－儒格（Sturm, Ruger & Co.）是槍枝產業界的後起之秀，1949年才開業。這家公司剛開始生產一系列傳統單動轉輪槍，但之後的產品就加入了各式各樣的人體工學和安全措施設計。

年代	1987年
來源	美國
槍管	10.2公分
重量	1.05公斤
口徑	.357英寸口徑麥格農彈

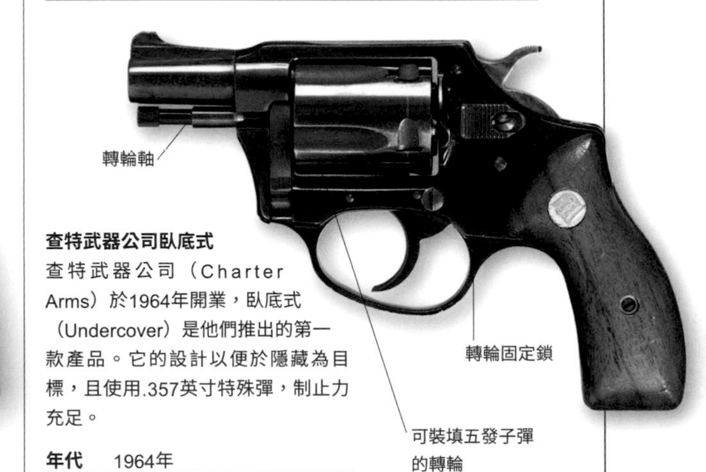

查特武器公司臥底式

查特武器公司（Charter Arms）於1964年開業，臥底式（Undercover）是他們推出的第一款產品。它的設計以便於隱藏為目標，且使用.357英寸特殊彈，制止力充足。

年代	1964年
來源	美國
槍管	5公分
重量	0.45公斤
口徑	.38英寸口徑特殊彈

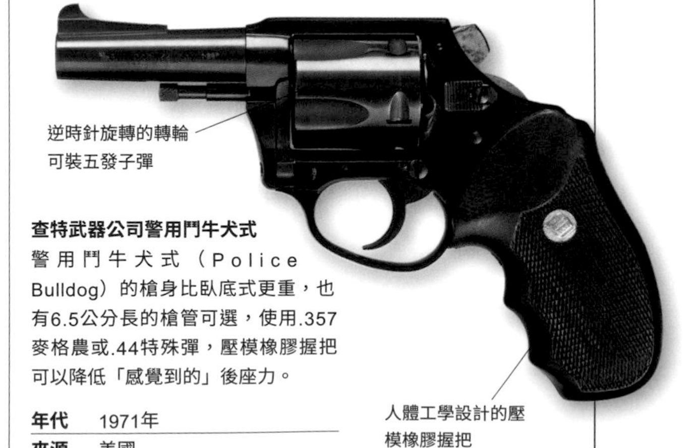

查特武器公司警用鬥牛犬式

警用鬥牛犬式（Police Bulldog）的槍身比臥底式更重，也有6.5公分長的槍管可選，使用.357麥格農或.44特殊彈，壓模橡膠握把可以降低「感覺到的」後座力。

年代	1971年
來源	美國
槍管	10.1公分
重量	0.6公斤
口徑	.357英寸口徑麥格農彈

◂ 264-265 1855-1880年的手動裝填連發來福槍 ◂ 270-271 1881-1891年的手動裝填連發步槍 ◂ 272-273 1892-1898年的手動裝填連發步槍

手動裝填連發步槍

波耳戰爭期間和第一次世界大戰期間使用的步槍，主要差異在於槍管長度不同。在世紀交替時，步槍的槍管一般來說達到 75 公分長，但到了 1914 年，有些步槍的槍管縮短了 10 公分，其他步槍也馬上跟進。不過法國是個例外，1916 年獲得採用的貝蒂埃步槍的槍管反而還加長了。

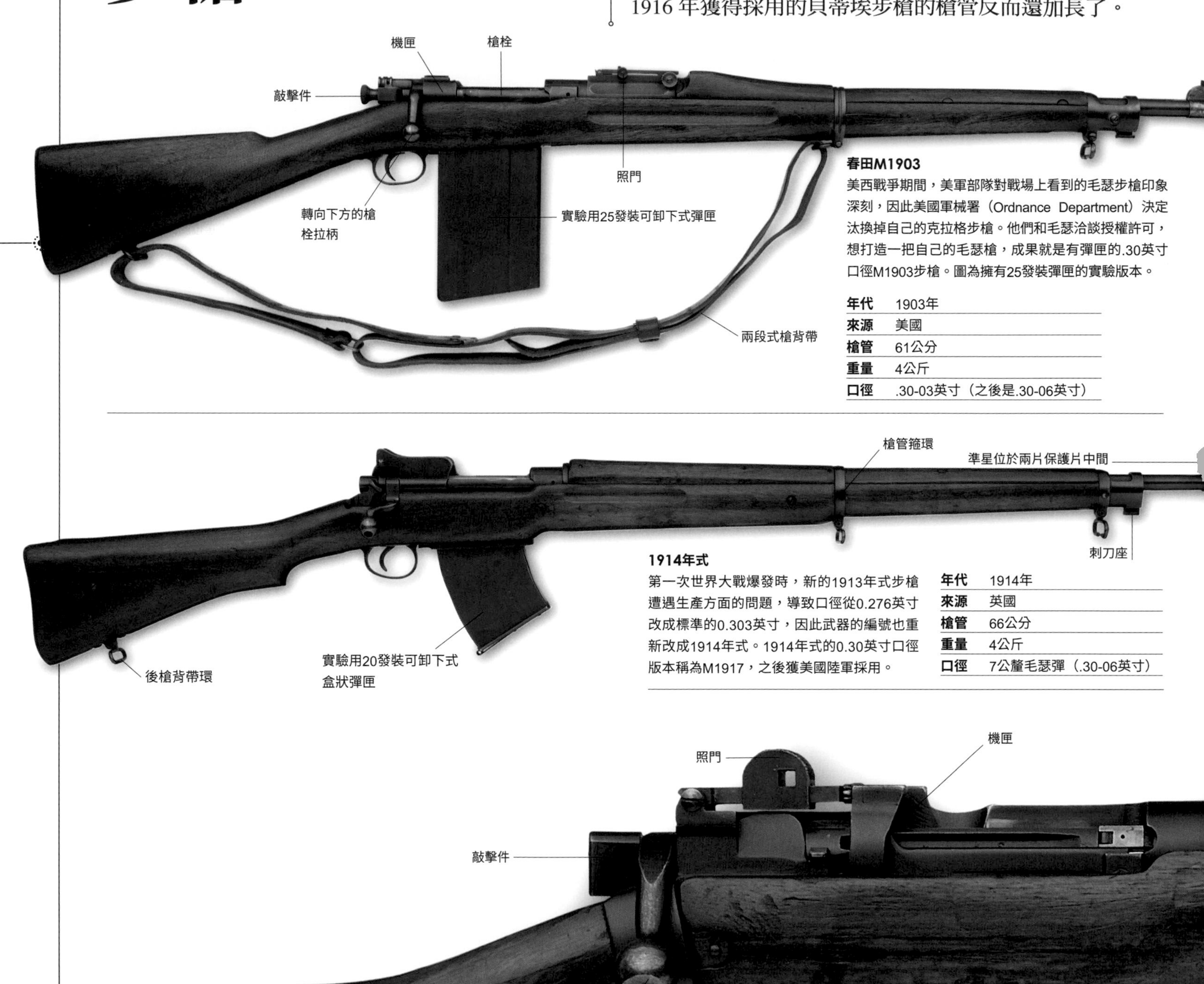

春田M1903

美西戰爭期間，美軍部隊對戰場上看到的毛瑟步槍印象深刻，因此美國軍械署（Ordnance Department）決定汰換掉自己的克拉格步槍。他們和毛瑟洽談授權許可，想打造一把自己的毛瑟槍，成果就是有彈匣的.30英寸口徑M1903步槍。圖為擁有25發裝彈匣的實驗版本。

年代	1903年
來源	美國
槍管	61公分
重量	4公斤
口徑	.30-03英寸（之後是.30-06英寸）

1914年式

第一次世界大戰爆發時，新的1913年式步槍遭遇生產方面的問題，導致口徑從0.276英寸改成標準的0.303英寸，因此武器的編號也重新改成1914年式。1914年式的0.30英寸口徑版本稱為M1917，之後獲美國陸軍採用。

年代	1914年
來源	英國
槍管	66公分
重量	4公斤
口徑	7公釐毛瑟彈（.30-06英寸）

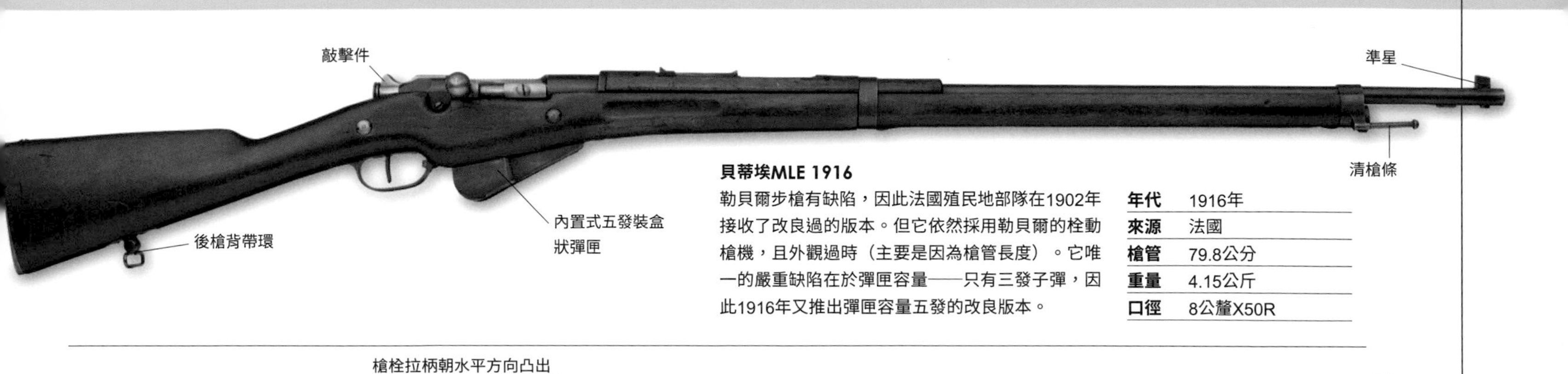

貝蒂埃MLE 1916

勒貝爾步槍有缺陷，因此法國殖民地部隊在1902年接收了改良過的版本。但它依然採用勒貝爾的栓動槍機，且外觀過時（主要是因為槍管長度）。它唯一的嚴重缺陷在於彈匣容量——只有三發子彈，因此1916年又推出彈匣容量五發的改良版本。

年代	1916年
來源	法國
槍管	79.8公分
重量	4.15公斤
口徑	8公釐X50R

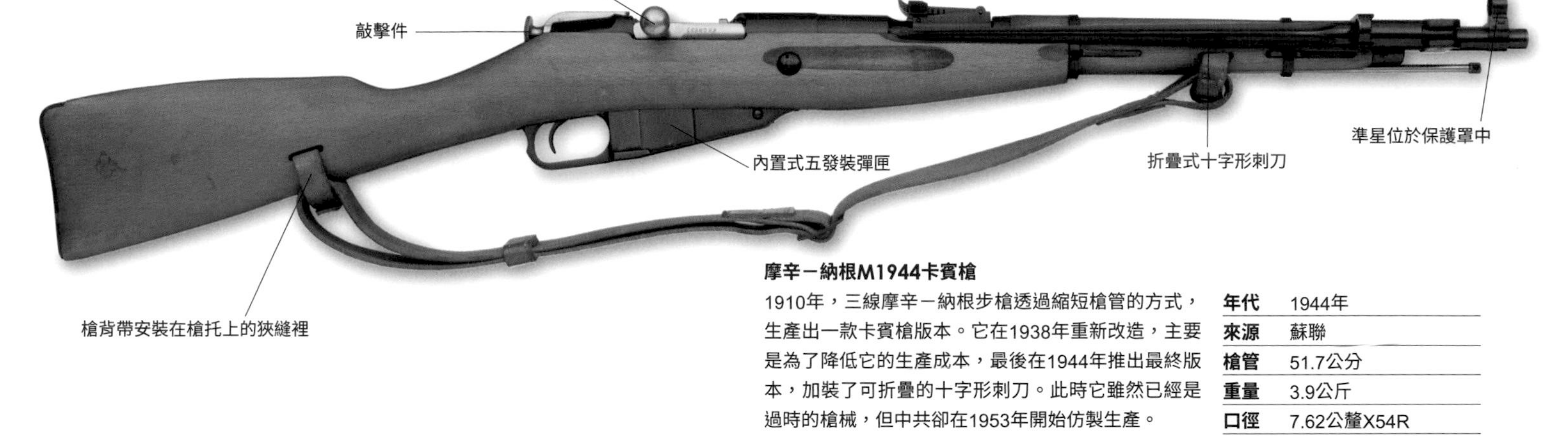

摩辛－納根M1944卡賓槍

1910年，三線摩辛－納根步槍透過縮短槍管的方式，生產出一款卡賓槍版本。它在1938年重新改造，主要是為了降低它的生產成本，最後在1944年推出最終版本，加裝了可折疊的十字形刺刀。此時它雖然已經是過時的槍械，但中共卻在1953年開始仿製生產。

年代	1944年
來源	蘇聯
槍管	51.7公分
重量	3.9公斤
口徑	7.62公釐X54R

毛瑟KAR98K

毛瑟98K卡賓槍從毛瑟98式步槍改良而來，成為二次大戰期間德軍標準制式步槍，在1935到1945年間共生產超過1400萬把。此外它還有不同版本，包括山地部隊用、傘兵用和狙擊手用槍等。在戰爭期間，原始設計經過簡化，以提高生產速度。

年代	1935年
來源	德國
槍管	60公分
重量	3.9公斤
口徑	7.92公釐X57

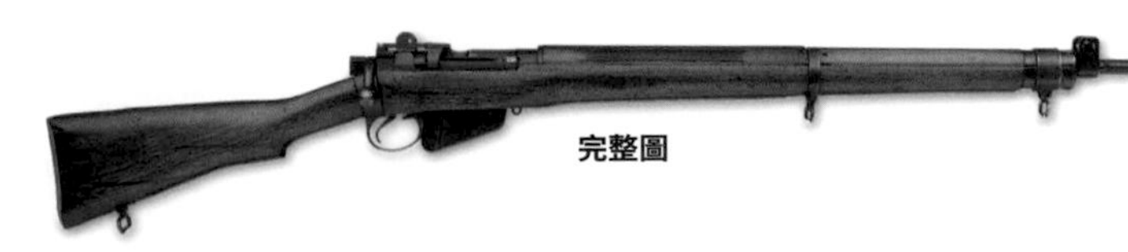

李－恩菲爾德4號步槍MARK 1

新的李－恩菲爾德步槍在1939年年底出現，但和它取代的槍型沒有太大差異。槍栓和機匣有所修改，照門是全新設計，位於機匣上。前托長度縮短，讓槍口露出來，前托蓋也重新設計。4號步槍一直服役到1954年。

年代	1939年
來源	英國
槍管	64公分
重量	4.1公斤
口徑	0.303英寸

紅軍步兵

托卡瑞夫TT
1933年式

當德國人在 1941 年 6 月入侵蘇聯時，他們原本是打算來一場迅雷不及掩耳的勝利——可說是完全低估了蘇聯徵召動員入伍士兵的耐力和韌性。蘇聯的作戰風格極度浪費人命，時常把龐大人力消耗在策畫不周的攻勢上，或是在防守時下達「不准撤退」的命令。但紅軍步兵不論是忠心耿耿的共產黨員，還是為保衛家園挺身而戰的愛國分子，都堅定不移地投入這場曠世鬥爭中。

軍紀如鐵

紅軍步兵必須無條件服從上級軍官的嚴苛紀律，而這些上級軍官則受政委和蘇聯獨裁者史達林的祕密警察內政人民委員會（NKVD）嚴密監控。不論是軍官還是士兵，都有可能隨時被逮捕。任何人若被指控有政治異議或怯戰行為，就會被編進自殺攻擊小隊，送往戰爭的最前線。

在將近四年的戰爭裡，紅軍平均每天都有 8000 人傷亡——超過了俄羅斯帝國在第一次世界大戰期間的每日傷亡人數。但儘管紅軍在 1941 年剛開戰時遭遇了慘痛災難，他們的士氣卻從未嚴重動搖。由於紅軍在戰爭初期損失的人數過於龐大，因此部隊主體就變成自 1941 年起開始達到入伍年齡的年輕人，以及一開始被認定超齡而不用服役的老人。但在 1941-42 年嚴寒的冬季，他們在莫斯科前線堅忍不拔地奮戰到底，經過一連串慘敗，終於迎來扭轉戰局走向的史達林格勒勝利。在戰爭後期階段，蘇聯步兵的裝備和領導皆有改善，在機動攻勢裡展現主動，一路輾壓德軍，把他們趕回柏林。

步兵進攻
蘇聯步兵在迫擊砲即將發射前衝鋒。在戰爭初期，紅軍士兵經常奉命面對機槍或砲兵火力上刺刀衝鋒，結果形同自殺攻擊。自1943年起，由於裝備改善，加上領導指揮風格回歸理性決策，傷亡數字大幅降低。

戰鬥工具

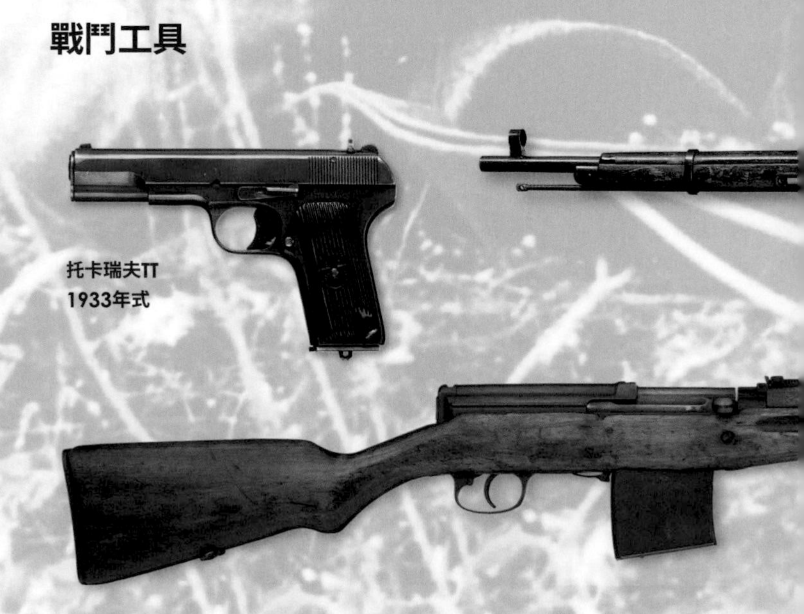

托卡瑞夫TT
1933年式

史達林格勒戰役

這場史詩般的戰役發在蘇聯城市史達林格勒，堪稱第二次世界大戰的轉捩點之一。自1942年9月開始，敵眾我寡的紅軍士兵全力抵抗想要攻占這座城市的德軍。他們沿著每一條街道奮戰，堅守每一幢房屋全力反擊，直到11月下旬發動大反攻，把德軍包圍為止。德軍在嚴寒的天氣中被紅軍圍攻兩個月，指揮官最後在1943年1月30日下令投降。

在史達林格勒作戰的蘇聯士兵

「我們的目標就是要保衛一個比數百萬條人命還重要的東西……那就是我們的祖國。」

蘇聯士兵日記，1941年7月

蘇聯狙擊手
一名年輕的紅軍射手透過他的7.62公釐口徑摩辛－納根M91/30狙擊槍的瞄準鏡窺視前方動靜。這把狙擊槍就是把蘇聯的標準栓式步槍調校精準後再加裝望遠瞄準鏡。紅軍在二次大戰期間廣泛運用狙擊手，當中出了不少「神槍手」，例如瓦希里．柴瑟夫（Vasili Zaitsev）——他狙殺了超過149名德軍士兵，被尊為蘇聯英雄。

摩辛－納根1891/30步槍

托卡瑞夫SVT40步槍

SSCH-40鋼盔

紅衛兵徽章

PPSH衝鋒槍

襯衫拉到褲頭外，以腰帶固定

蘇聯制服
紅軍的服裝為黃褐色調，和所有二次大戰期間的步兵制服一樣，目的是為了偽裝，只能透過細節上的差異來區別蘇聯和其他國家的士兵。例如蘇聯步兵的鋼盔外形大體上和美軍的M1鋼盔類似。

1914-1950 年的自動裝填步槍

第一款成功的自動裝填步槍是由墨西哥人曼紐爾·蒙德拉貢（Manuel Mondragon）在 1890 年設計的。墨西哥陸軍在 1908 年採用這種槍，但卻發現過於脆弱。接著在 1918 年，約翰·白朗寧的自動步槍問世，但卻因為太重而只能當作輕機槍使用。一直要到 1936 年，美國陸軍才採用真正實用化的自動裝填步槍 M1。自動裝填步槍的下一個突破發生在第二次世界大戰期間，其中的佼佼者是 StG44 突擊步槍。不過還要再過一段時間，「中間型威力槍彈」這個最重要的設計概念才被廣泛接受。

托卡瑞夫SVT40

菲多爾·托卡瑞夫（Fedor Tokarev）設計出一款自動裝填步槍，擁有能鎖在機匣底板上的傾斜式槍栓，紅軍在1938年採用。兩年後他研發出更堅固的版本，生產成本更低，生產速度也更快。40型托卡列夫自動裝填步槍（Samozaryadnaya Vintovka Tokarev, SVT）主要配發給士官使用，但有些被拿來當作狙擊步槍。

年代	1940年
來源	蘇聯
槍管	61公分
重量	3.9公斤
口徑	7.62公釐X 54R

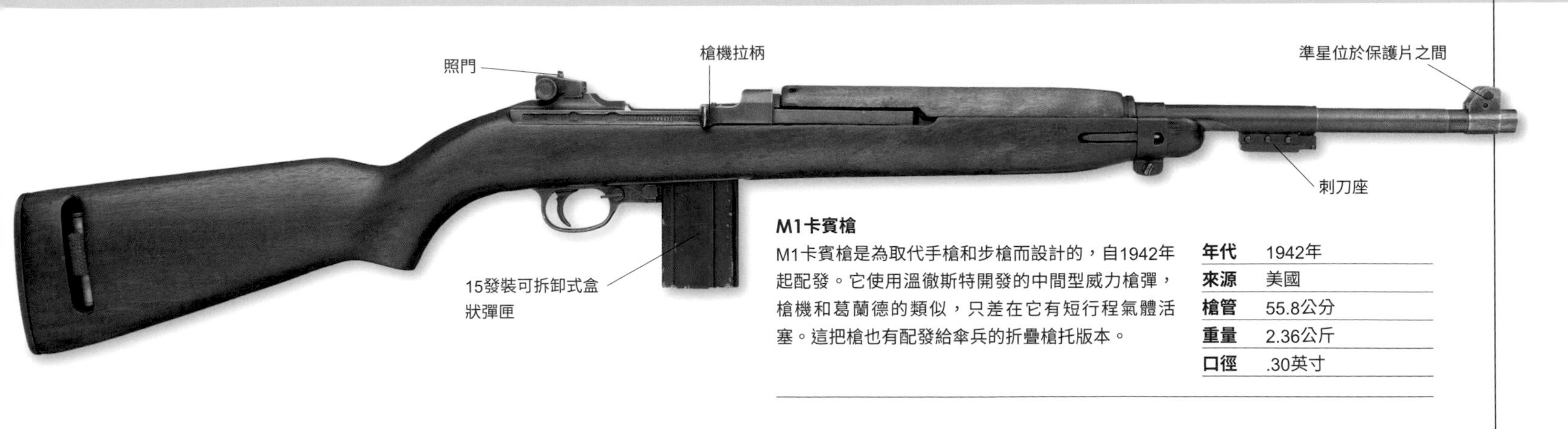

M1卡賓槍

M1卡賓槍是為取代手槍和步槍而設計的，自1942年起配發。它使用溫徹斯特開發的中間型威力槍彈，槍機和葛蘭德的類似，只差在它有短行程氣體活塞。這把槍也有配發給傘兵的折疊槍托版本。

年代	1942年
來源	美國
槍管	55.8公分
重量	2.36公斤
口徑	.30英寸

43型步槍

第二次世界大戰開打後沒多久，德國陸軍就有了自動裝填步槍的需求。華爾特的原始設計是運用安裝在槍口上的集氣杯來讓槍栓開鎖，並讓槍機循環動作。到了1943年又推出改良版本，用相同的槍機，但在槍管上方安裝傳統的汽缸和活塞，於1943年採用，稱為43型步槍（Gewehr 43）。

年代	1943年
來源	德國
槍管	56公分
重量	4.35公斤
口徑	7.92公釐X 57

M1葛蘭德

約翰．葛蘭德（John Garand）為他的自動裝填步槍選擇可旋轉槍栓設計，位於槍管下方汽缸中的活塞後端上有一組螺旋溝槽，會跟槍栓上的螺栓結合。活塞受力往後退之後，就會導致槍栓旋轉，並壓縮彈簧，彈簧彈回後就會重新閉鎖槍栓，過程中會從彈匣裡把新的子彈帶進槍膛中。

年代	1932年
來源	美國
槍管	61公分
重量	4.35公斤
口徑	.30-06英寸

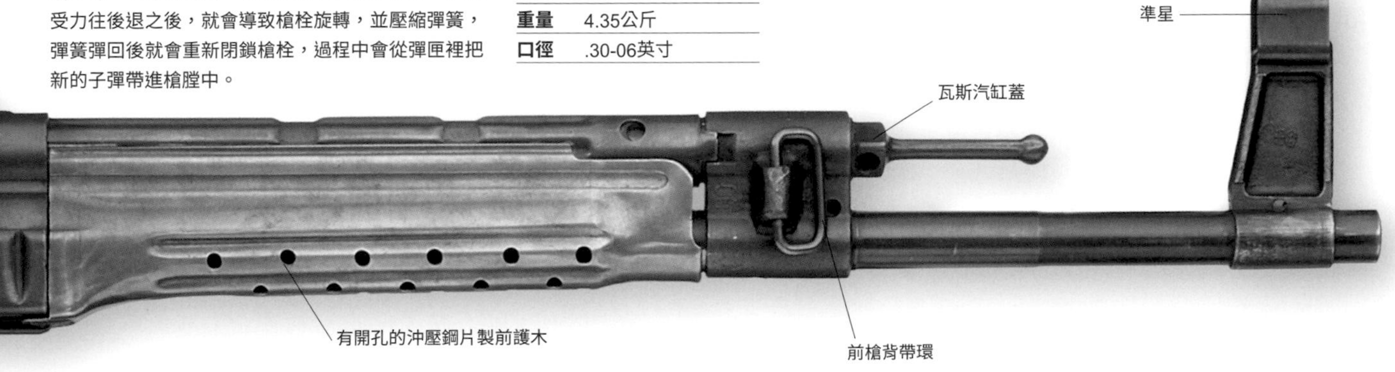

44型突擊步槍

1940年，德國開始研發使用中間威力的7.92公釐x33子彈、且能選擇射擊模式的步槍，成果就是一款擁有傾斜槍機的氣動操作步槍。它剛開始以43型衝鋒槍的名義投產，之後重新命名為44型突擊步槍（Sturmgewehr 44）。這款步槍有少部分安裝彎管（Krummlauf），也就是有30度彎曲弧度的槍管，可以讓戰車乘組員射擊敵軍步兵。

年代	1943年
來源	德國
槍管	41.8公分
重量	5.1公斤
口徑	7.92公釐X 33

AK47 突擊步槍

AK47突擊步槍是一位年輕的戰車車長米哈伊爾·卡拉希尼可夫（Mikhail Kalashnikov）設計的，他沒受過什麼正規訓練，但這把以他的姓名來命名的槍卻因為簡單耐用的特性而成為代表性的象徵。卡拉希尼可夫設計的第一個成功作品AK47結構相當簡單、操作順手，在任何狀況下操作都令人十分滿意。蘇聯陸軍在1949年採用，從那時起，共有5000萬到7000萬支卡拉希尼可夫系列步槍和輕機槍在世界各地出廠。

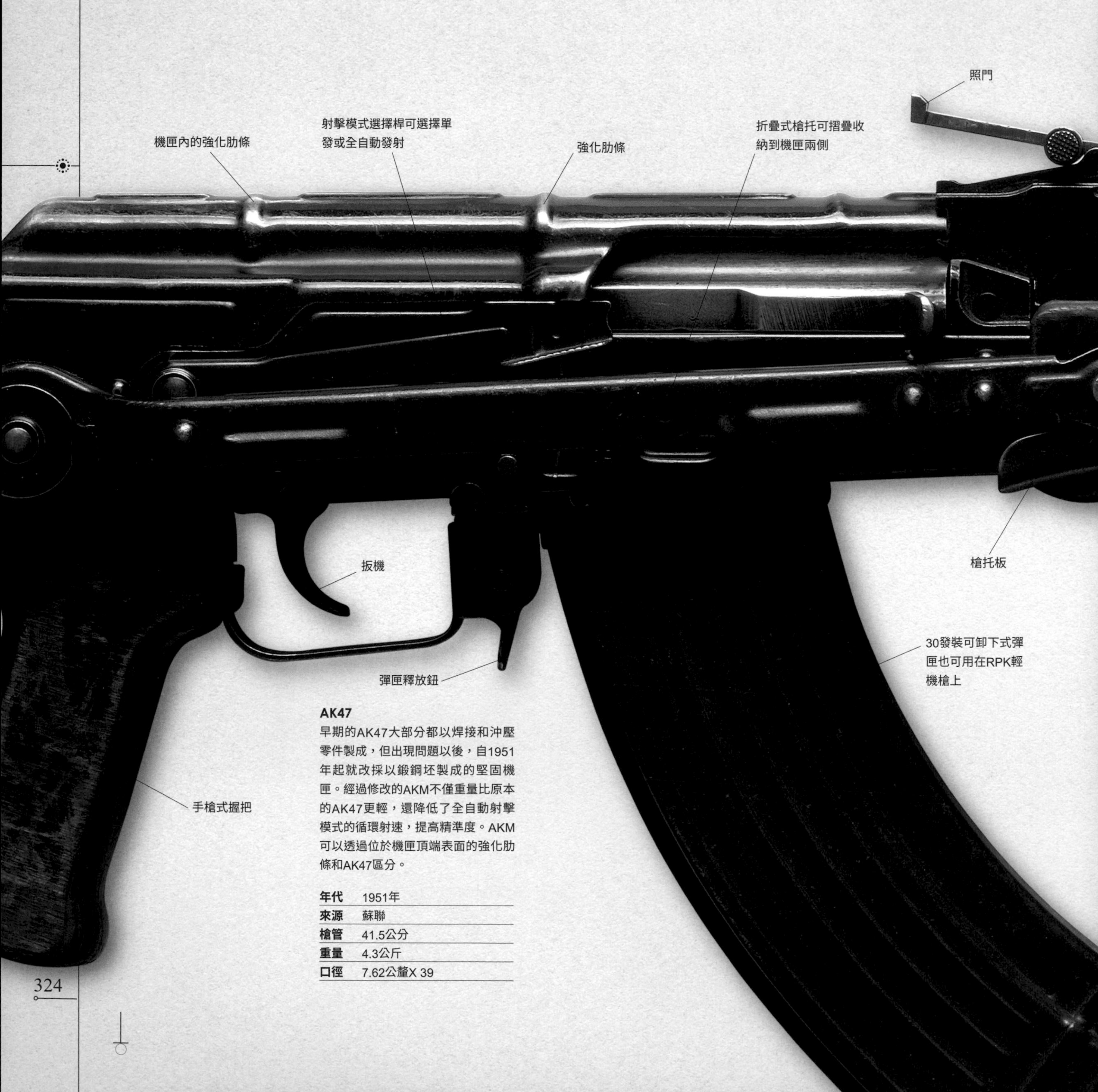

AK47

早期的AK47大部分都以焊接和沖壓零件製成，但出現問題以後，自1951年起就改採以鍛鋼坯製成的堅固機匣。經過修改的AKM不僅重量比原本的AK47更輕，還降低了全自動射擊模式的循環射速，提高精準度。AKM可以透過位於機匣頂端表面的強化肋條和AK47區分。

年代	1951年
來源	蘇聯
槍管	41.5公分
重量	4.3公斤
口徑	7.62公釐X 39

彈藥

一般認為，7.62x39公釐彈藥是根據第二次世界大戰期間供德國MP43/MP44使用的測試彈藥為基礎設計的。但蘇聯設計師也深入調查生產自己的中間威力型彈藥以提高衝鋒槍戰鬥效率會遭遇的問題，而成果就是7.62x39公釐的M43彈藥。這是一種無緣瓶頸式設計的彈藥，擁有鍍銅的鋼製彈殼，至今沒什麼改變，且使用者遍布世界各地。

聖戰士

AK47的產量相當龐大，已經成為世界最受歡迎的槍械。圖為一名手持AK47的阿富汗聖戰士。

1950-2006 年的自動裝填步槍

二次大戰期間，各國學到了一個至關重要的戰術教訓：在一場攻擊行動的最後階段，火力十分重要。因此栓動槍械馬上就被放棄，只有作為狙擊武器時除外，自動裝填步槍則從此無所不在。44 型突擊步槍在 1943 年率先登場後，戰後的新武器也都具備全自動射擊的能力。44 型突擊步槍也代表了另一項關鍵性的發展：運用較輕、較小的「中間威力型槍彈」，這種彈藥最後取代了那些自 20 世紀初就開始使用的彈藥。

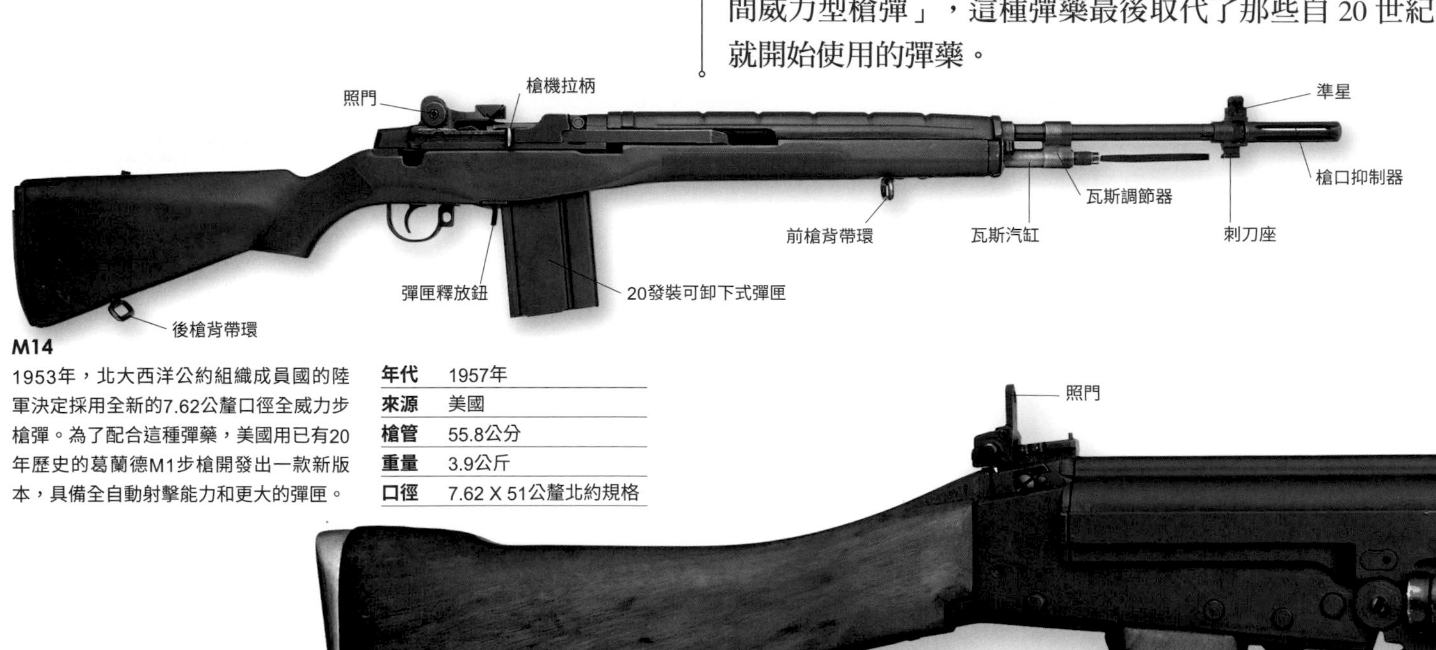

M14

1953年，北大西洋公約組織成員國的陸軍決定採用全新的7.62公釐口徑全威力步槍彈。為了配合這種彈藥，美國用已有20年歷史的葛蘭德M1步槍開發出一款新版本，具備全自動射擊能力和更大的彈匣。

年代	1957年
來源	美國
槍管	55.8公分
重量	3.9公斤
口徑	7.62 X 51公釐北約規格

照門
拋殼口
提把
20發裝可卸下式彈匣

L1A1

L1A1在1954年獲得採用，成為英軍標準制式步槍，直到1988年被L85A1取代。這把槍從比利時的FN FAL步槍修改而來，在規格上有些許變動，以利在英國生產。

年代	1954年
來源	英國
槍管	53.3公分
重量	4.3公斤
口徑	7.62 X 51公釐北約規格

提把
拋殼口
槍機拉柄
槍機助進器
強化塑膠槍托
30發裝可卸下式彈匣

加利爾突擊步槍

1967年的戰爭以後，以色列軍事工業（Israeli Military Industries）奉命生產一款類似AK47的武器。最後他們選擇以色列．加利爾（Israel Galil）的設計，幾乎是完全模仿從AK47衍生出來的芬蘭瓦梅特（Valmet）M62步槍，但採用美規的5.56 x 45公釐彈藥。

年代	1974年
來源	以色列
槍管	46公分
重量	4.35公斤
口徑	5.56 X 45公釐北約規格

黑克勒柯赫G41

G41是G3步槍的改良版，也採用它的滾輪延遲後座槍機系統。為了使用5.56公釐彈藥，並讓它擁有北約標準的共同特徵，例如通用的瞄準鏡座和彈匣，修改就成了必要之事。

年代	1987年
來源	德國
槍管	45公分
重量	4公斤
口徑	5.56 X 45公釐北約規格

史東納M63

尤金．史東納（Eugene Stoner）設計的M63是模組化設計，它共有15套次部件組，可以拼湊出六種不同構型，包括衝鋒槍、卡賓槍、突擊步槍（如圖）、自動步槍、輕機槍和通用機槍。

年代	1962年
來源	美國
槍管	50.8公分
重量	3.52公斤
口徑	5.56 X 45公釐北約規格

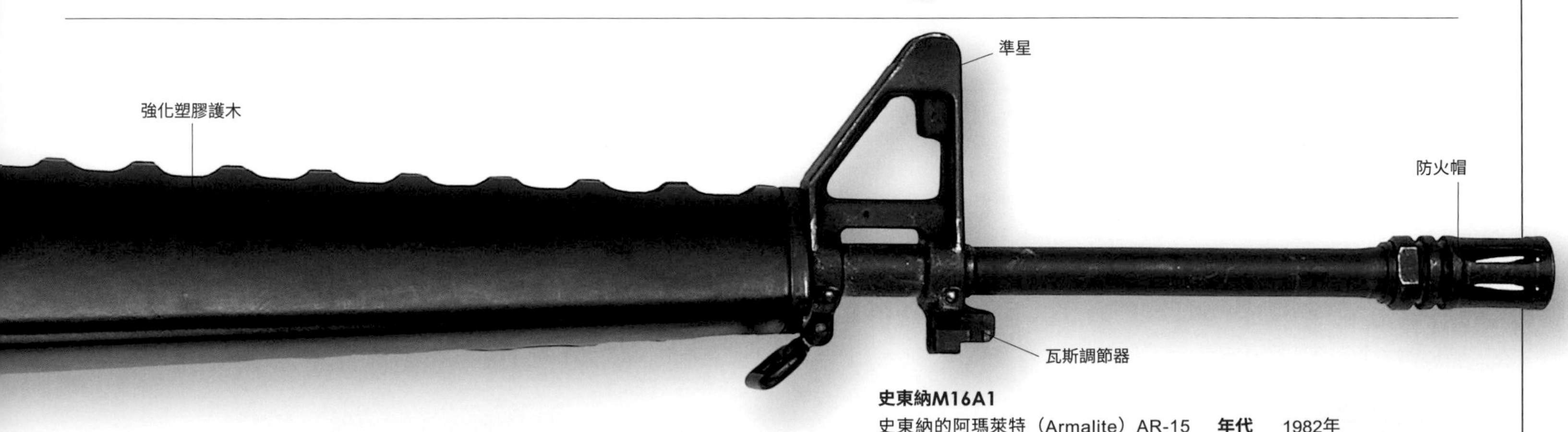

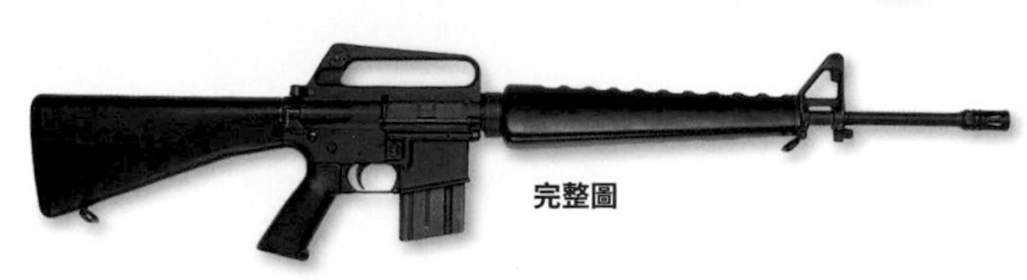

完整圖

史東納M16A1

史東納的阿瑪萊特（Armalite）AR-15步槍在1960年代初被美國空軍採用，接著就以M16的編號開始服役。M16A1裝有槍機助進器和改良的防火帽，之後的M16A2擁有三發點放功能，槍管更重、膛線也修改過，更適合5.56公釐口徑的SS109彈藥，而不是當初設計使用的M193彈藥。

年代	1982年
來源	美國
槍管	50.8公分
重量	3.6公斤
口徑	5.56 X 45公釐北約規格

L85A1

L85A1是位於英國恩菲爾德的皇家小武器工廠（Royal Smallarms Factory）在1988年關閉前開發並生產的最後一套武器系統。它在研發階段就問題重重，即使1985年被採用之後，也還在繼續進行各項測試。它的設計從一開始就要搭配光學瞄準鏡使用，槍身和許多其他部件由沖壓鋼件製成，其餘的則使用強化塑膠材料。

年代	1985年
來源	英國
槍管	51.8公分
重量	4.98公斤
口徑	5.56 X 45公釐北約規格

SA80 突擊步槍

在 20 世紀的最後 25 年裡，一種新型態的「犢牛式」（bullpup）設計突擊步槍開始進入世界各地的軍隊服役。這種犢牛式的配置是把槍機放在槍托裡，彈匣位於扳機後方，因此可以在不縮短槍管長度的前提下大幅縮短整把槍的長度。到目前為止，已經有三款犢牛式步槍服役，分別是法國的 FAMAS、奧地利的 AUG 和英國的 L85 個人武器（Individual Weapon，如圖）。SA80 武器家族中也包括L86輕型支援武器（Light Support Weapon）和L98軍校生用步槍。

防火帽

完整圖

瓦斯調節器

RIFLE 5·56mm L85AI 1005-99-966-6470

強化塑膠護木

加大的扳機護弓讓戴著手套的手也方便操作

彈藥

SA80武器家族是根據北約標準5.56 x 45公釐SS109彈藥設計的，擁有鋼質尖端彈頭，重量4公克，槍口初速可達每秒940公尺。

刺刀

L85使用的刺刀與眾不同，因為它的設計是把刀柄整個套在槍口的防火帽上。它的刀鞘上還有一個凸耳，可以插入刀身的長形開口中，兩個東西組合起來就可以作為剪線器使用，這個靈感源自蘇聯的AKM。

刀柄可以整個套在槍口的防火帽上

和刀鞘上的凸耳結合的長形開口

消光黑刀身

血槽可減輕刀身重量

剪線用刀身

運動槍

到了 19 世紀的最後十年，幾乎所有可以在現代槍械上找到的科技都已經出現。之後的發展重點在於安全（尤其因為新的推進火藥配方造就了威力更大的彈藥）和降低生產成本。不過也有另一個嶄新的元素被納入考量：在過去一個世紀裡，槍械的設計很少考慮到所謂的人體工學，但此時某些領域已開始強調這點，尤其是在運動槍械的製造上。

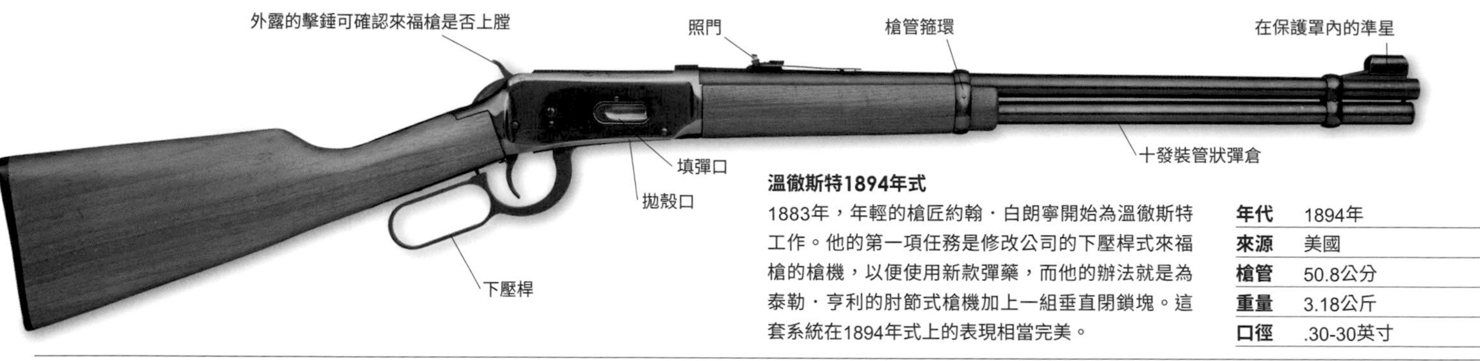

溫徹斯特1894年式

1883年，年輕的槍匠約翰・白朗寧開始為溫徹斯特工作。他的第一項任務是修改公司的下壓桿式來福槍的槍機，以便使用新款彈藥，而他的辦法就是為泰勒・亨利的肘節式槍機加上一組垂直閉鎖塊。這套系統在1894年式上的表現相當完美。

年代	1894年
來源	美國
槍管	50.8公分
重量	3.18公斤
口徑	.30-30英寸

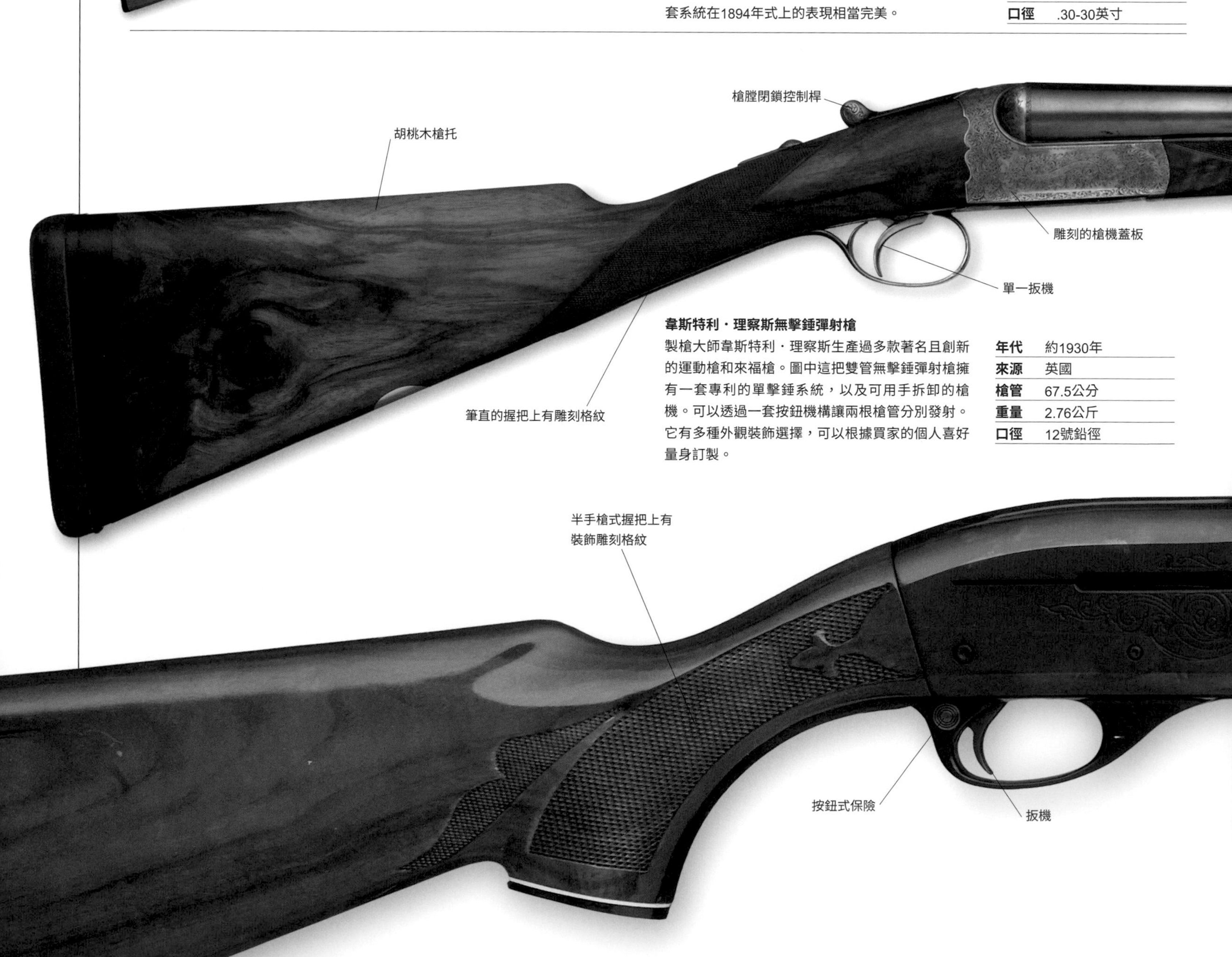

韋斯特利・理察斯無擊錘彈射槍

製槍大師韋斯特利・理察斯生產過多款著名且創新的運動槍和來福槍。圖中這把雙管無擊錘彈射槍擁有一套專利的單擊錘系統，以及可用手拆卸的槍機。可以透過一套按鈕機構讓兩根槍管分別發射。它有多種外觀裝飾選擇，可以根據買家的個人喜好量身訂製。

年代	約1930年
來源	英國
槍管	67.5公分
重量	2.76公斤
口徑	12號鉛徑

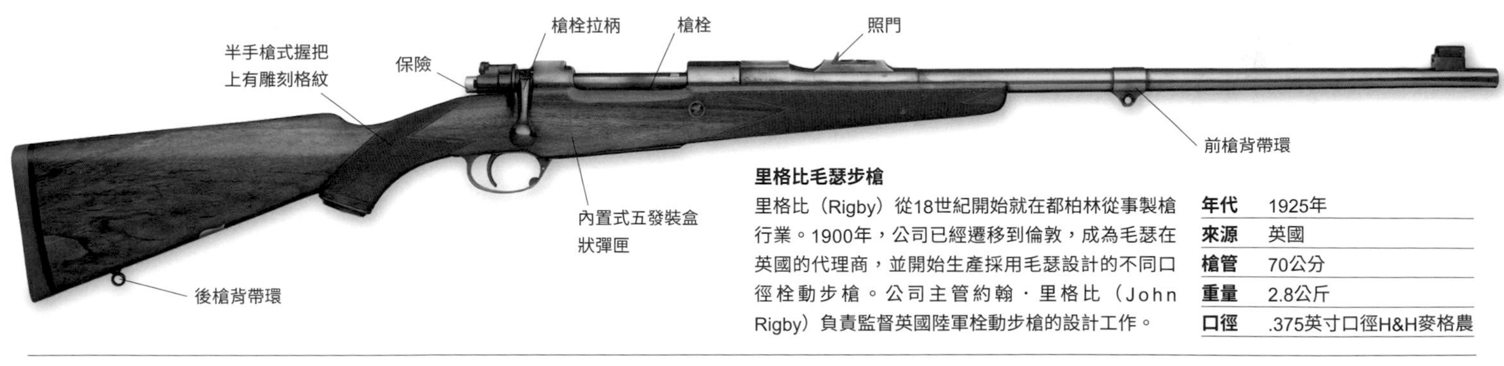

里格比毛瑟步槍

里格比（Rigby）從18世紀開始就在都柏林從事製槍行業。1900年，公司已經遷移到倫敦，成為毛瑟在英國的代理商，並開始生產採用毛瑟設計的不同口徑栓動步槍。公司主管約翰・里格比（John Rigby）負責監督英國陸軍栓動步槍的設計工作。

年代	1925年
來源	英國
槍管	70公分
重量	2.8公斤
口徑	.375英寸口徑H&H麥格農

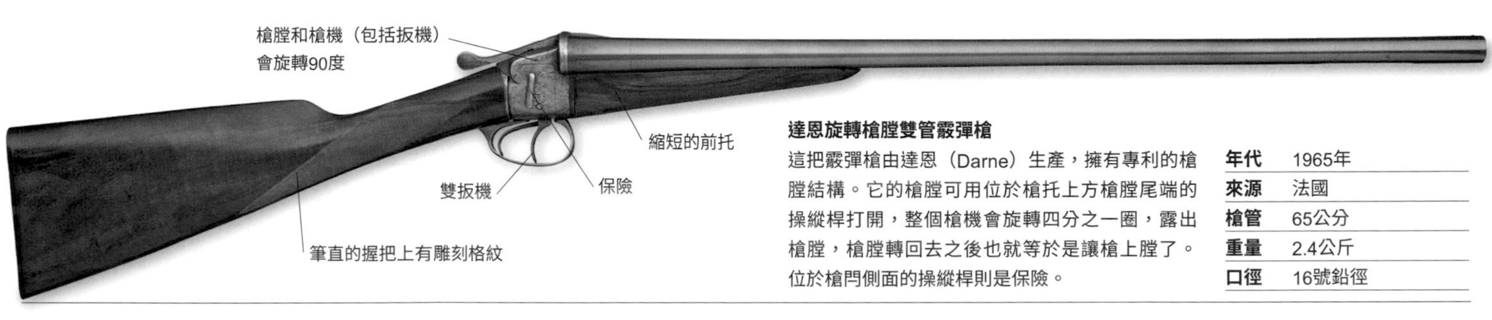

達恩旋轉槍膛雙管霰彈槍

這把霰彈槍由達恩（Darne）生產，擁有專利的槍膛結構。它的槍膛可用位於槍托上方槍膛尾端的操縱桿打開，整個槍機會旋轉四分之一圈，露出槍膛，槍膛轉回去之後也就等於是讓槍上膛了。位於槍門側面的操縱桿則是保險。

年代	1965年
來源	法國
槍管	65公分
重量	2.4公斤
口徑	16號鉛徑

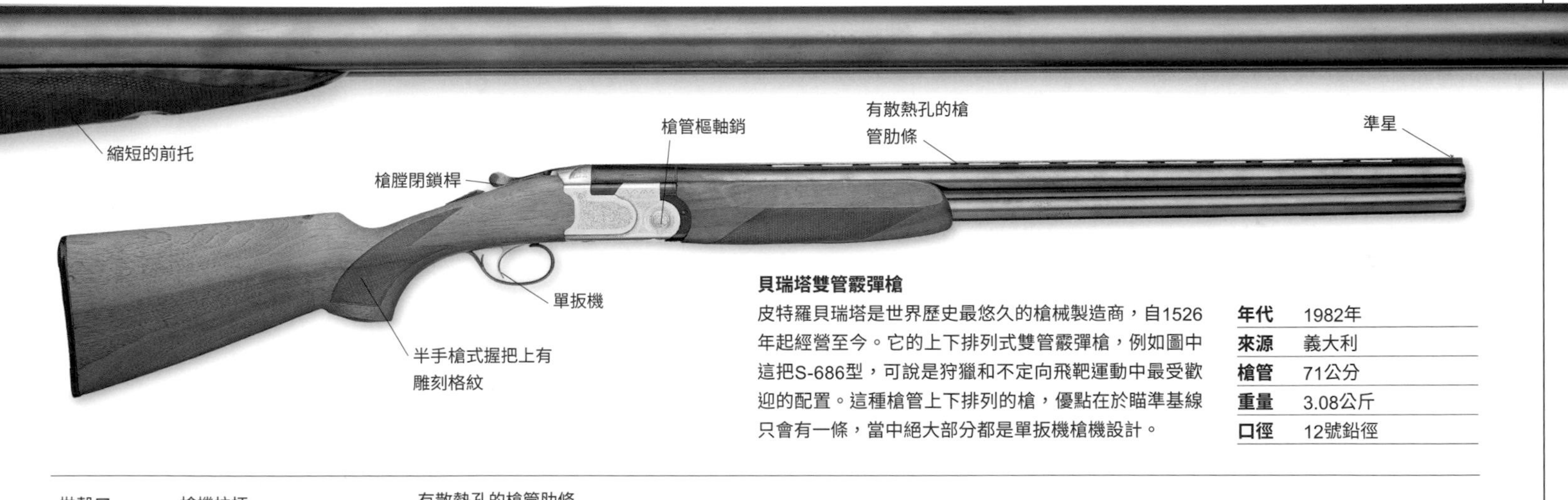

貝瑞塔雙管霰彈槍

皮特羅貝瑞塔是世界歷史最悠久的槍械製造商，自1526年起經營至今。它的上下排列式雙管霰彈槍，例如圖中這把S-686型，可說是狩獵和不定向飛靶運動中最受歡迎的配置。這種槍管上下排列的槍，優點在於瞄準基線只會有一條，當中絕大部分都是單扳機槍機設計。

年代	1982年
來源	義大利
槍管	71公分
重量	3.08公斤
口徑	12號鉛徑

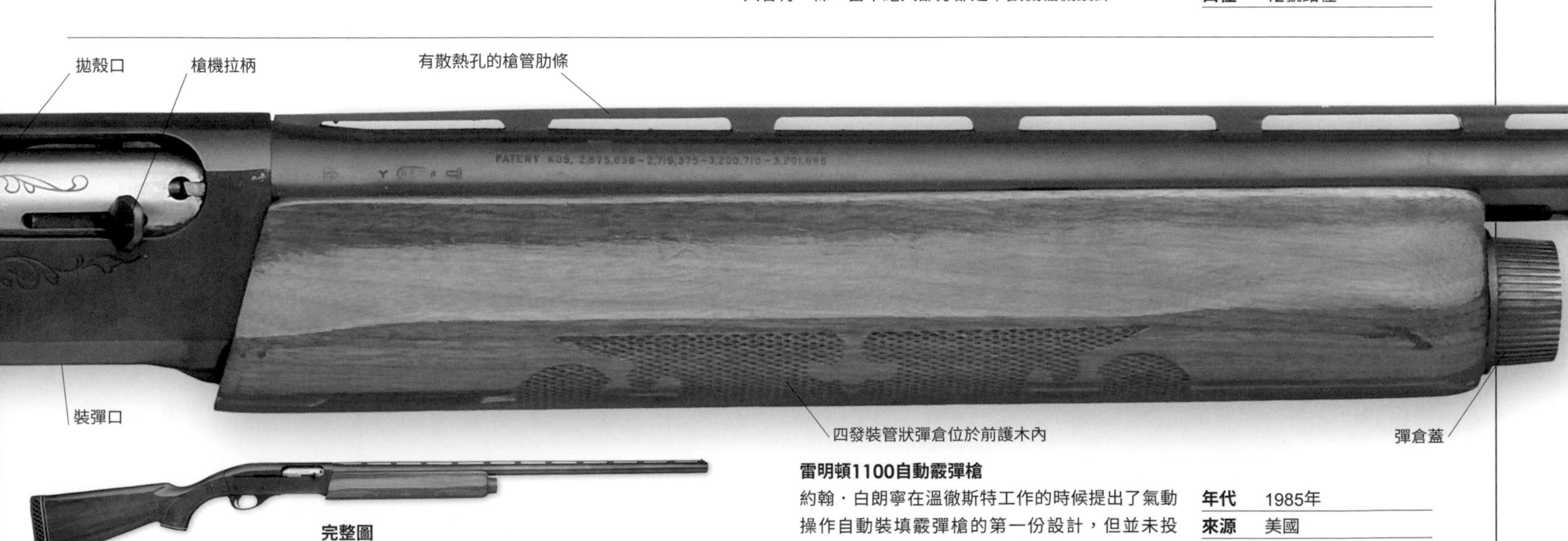

雷明頓1100自動霰彈槍

約翰・白朗寧在溫徹斯特工作的時候提出了氣動操作自動裝填霰彈槍的第一份設計，但並未投產。現代的自動裝填槍械有氣動操作，也有反衝操作。這把雷明頓1100是氣動操作，且有不同口徑和槍管長度的版本。

年代	1985年
來源	美國
槍管	71公分
重量	3.6公斤
口徑	12號鉛徑

霰彈槍

霰彈槍一直都是近距離作戰的利器，一次大戰時期的步兵都認同它的存在價值。除了把槍管截短的運動槍以外，他們也使用專門生產的槍枝，例如溫徹斯特的六發裝壓動式 M1897 霰彈槍——它後來被稱為「壕溝清掃器」。到了更近期，相關研發工作把重點放在提高彈匣容量，以及同時具備軍用和民間維安用途的新式彈藥。

弗蘭基（Franchi）SPAS-12戰鬥霰彈槍
這款特種用途自動霰彈槍（Special-Purpose Automatic Shotgun, SPAS）是專為軍警開發的近距離戰鬥武器，採用氣動操作設計，由位於槍管下方管狀彈倉上的環形活塞推動傾斜式槍機來運作。必要時，它可以改為壓動式操作。它的生產成本相當高，但十分可靠。

年代	1978年
來源	義大利
槍管	54.5公分
重量	4.4公斤
口徑	12號鉛徑

格林納－馬爾提尼（Greener-Martini）警用霰彈槍

這把槍在一次大戰後研發，提供給英國殖民地警察部隊使用。它的不尋常之處在於採用馬爾提尼的落下式閉鎖槍機，此外它只能使用一種特殊規格彈藥，可防止槍枝遭竊被民間拿去使用。

年代	1920年
來源	英國
槍管	71.2公分
重量	3.68公斤
口徑	12號鉛徑

溫徹斯特M1887

另一款擁有獨特槍機設計的霰彈槍是約翰·白朗寧的溫徹斯特M1887，採用桿動式滾輪槍閂閉鎖設計。這把槍生產時分成10和12膛徑（另外還有數量相當稀少的型號採用.70英寸彈藥），但桿動式設計證明不適合用在霰彈槍彈藥上，因此沒有繼續發展，轉而採用壓動式設計。

年代	1887年
來源	美國
槍管	50公分
重量	3.76公斤
口徑	12號鉛徑

USAS-12

這款霰彈槍在美國設計，但由南韓的大宇（Daewoo）生產，有兩個特別不一樣的地方。首先，它可選擇射擊模式，可單發或全自動射擊。第二，它可設定由左撇子或右撇子操作。

年代	1992年
來源	美國／南韓
槍管	46公分
重量	5.5公斤
口徑	12號鉛徑

溫徹斯特M1897

白朗寧為溫徹斯特設計的第一款壓動式霰彈槍M1893是一款罕見的失敗之作。白朗寧強化並修改槍機設計，結果證明M1897跟它的前輩相比根本是脫胎換骨，一直生產到1950年代。圖為它的軍規版本，生產到1945年。

年代	1897年
來源	美國
槍管	51公分
口徑	12號鉛徑

越戰

澳洲部隊在越南和美國陸軍及美國海軍陸戰隊並肩作戰。參與這場巡邏任務的士兵正從 CH-47 契努克（Chinook）直升機上下來，他們配備自動裝填的 FN FAL 步槍和美製 M60 通用機槍，當時英軍部隊也有配發 FN FAL 步槍。

現代世界

1914-1985年的狙擊步槍

美國南北戰爭時，武器科技已經進步到可以讓人從非常遠的距離射擊特定敵人的程度。到了第一次世界大戰，狙擊手已經成為戰場上舉足輕重的角色，不過一直要到二次大戰，他們才真正獲得認可。當時狙擊這套技術頂多被視為一種「邪門歪道」，但隨著現代科技進步，它已變得比較像一門科學。

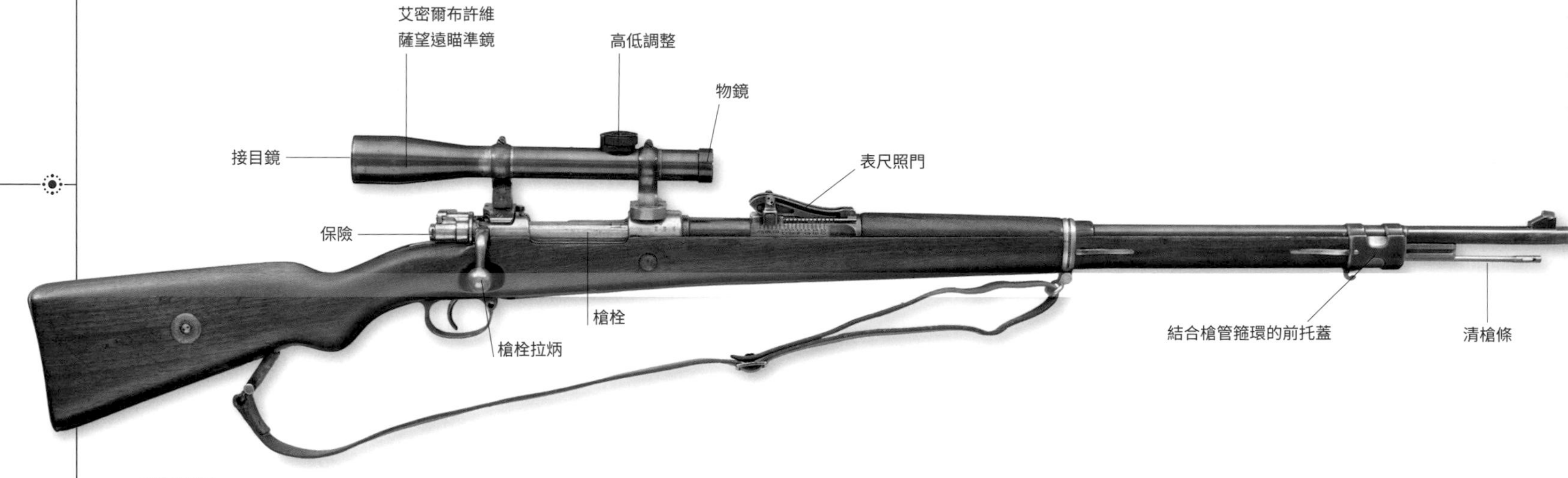

毛瑟98型

德國陸軍在一次大戰期間的標準步槍是毛瑟98年式，從裡頭挑選出來的極品就是德軍狙擊手的主力狙擊槍，持續服役到二次大戰結束。這款狙擊槍一開始安裝商用的2.75倍維薩（Visar）瞄準鏡，由艾密爾布許公司（Emil Busch AG）生產。這款瞄準鏡適用於100到1000公尺的距離，必須搭配特定狙擊槍使用。

年代	1900年起
來源	德國
槍管	75公分
重量	4.15公斤
口徑	7.92公釐

摩辛－納根M1891/30PU

1930年代，紅軍開始配發精選的摩辛－納根M1891/30步槍，裝上PE瞄準鏡，給最優秀的狙擊手使用，之後又換成放大倍率3.5倍的PU瞄準鏡。在二次大戰期間，蘇聯共生產大約33萬支M1891/30PU狙擊槍，公認是最精準的狙擊槍。

年代	1941年
來源	蘇聯
槍管	73公分
重量	5.15公斤
口徑	7.62 X 54R公釐

黑克勒柯赫PSG-1

PSG-1從德國陸軍制式G3步槍大幅修改而成，擁有相同的滾輪延遲反衝槍機，目的是作為警用狙擊槍使用，最大的差異在於冷鍛工法製成的六角形膛線槍管與漢佐德（Hensoldt）6x42固定倍率瞄準鏡，且有可發光的十字瞄準線。

年代	1985年
來源	德國
槍管	65公分
重量	8.1公斤
口徑	7.62 X 51公釐北約規格

德拉古諾夫SVD

德拉古諾夫系統狙擊步槍（Snaiperskaya Vintovka Dragunova, SVD）使用為1891年摩辛－納根「三線」步槍開發的7.62公釐口徑有緣子彈，由蘇聯集團在1963年採用。它的PSO-1望遠瞄準鏡具備有限的紅外線觀測能力。

年代	1963年起
來源	蘇聯
槍管	61公分
重量	4.3公斤
口徑	7.62 X 54R公釐

1985 年以後的狙擊步槍

自 1980 年代中期開始，狙擊槍愈來愈專門化，結合新的材料和生產技術，已經與在 20 世紀大部分時間裡成為標準的改裝制式步槍和運動槍大不相同。望遠瞄準鏡的光學品質和放大倍率都有進步，十倍的可變倍率瞄準鏡如今也是家常便飯。不過最重要的進步是使用威力更大的彈藥，取代北約規格的 7.62 公釐口徑彈藥。

華爾特WA2000

這把犢牛式狙擊槍是為警方設計的，絕大多數採用.300英寸口徑溫徹斯特麥格農彈藥。圖中這把為試驗性質的系列1版本，實際採用的系列2版本擁有升級的瓦斯系統和無凹槽式槍管設計，可提高精準度。

年代	1978-88年
來源	德國
槍管	65公分
重量	6.95公斤
口徑	7.62公釐北約規格

L96A1狙擊步槍

英國陸軍的L96狙擊步槍是由精密國際（Accuracy International）公司開發，是第一款專門為狙擊而開發的槍械。早期的槍型曾以李－恩菲爾德（參見第318頁）的各種款式為基礎。每一把L96狙擊步槍都配有施密特班德爾（Schmidt & Bender）6倍望遠瞄準鏡。

年代	1986年起
來源	英國
槍管	65.5公分
重量	6.5公斤
口徑	7.62公釐北約規格

C14大灰狼狙擊步槍

C14大灰狼（Timberwolf）狙擊步槍是為加拿大陸軍開發的，依循當代反人員狙擊步槍的潮流設計，並採用威力強大的.338英寸口徑拉普麥格農（Lapua Magnum）子彈，因此這把狙擊步槍的有效射程超過1200公尺。

年代	2005年
來源	加拿大
槍管	66公分
重量	7.1公斤
口徑	.338英寸拉普麥格農

反衝操作機槍

在 20 世紀進入第二個十年之前，到處都可以看到運用馬克沁控制槍械後座力的原理製造的產品。英國的維克斯（Vickers）是唯一的新品，且修改得很少。接著，曾經大力掩蓋他的柯特 M1895 侵犯了馬克沁專利這個事實的約翰 白朗寧想出了一種駕馭這種力量的新方法。

折疊收起的維克斯MK 1機槍

維克斯MK 1機槍

英國陸軍在1912年11月以維克斯MK 1機槍取代馬克沁，它們之間的差異在於它的閉鎖肘節是向上而非向下彎曲，因此可以縮小機匣的尺寸。由於只使用鋼材，所以它的重量比馬克沁輕了13.6公斤。它的射擊速度不變，大約在每分鐘450發上下，且一直到1968年4月才退役。

年代	1912年
來源	英國
長度	110公分
口徑	.303英寸

MG42

《凡爾賽條約》（Treaty of Versailles）禁止德國研發新武器，但德國還是在國外偷偷研究。1934年，MG34機槍被正式採用，取代MG08。它的重量只有12公斤，相當輕便，但又十分堅固，可以最高每分鐘900發的射速持續射擊，但生產成本高昂，因此後來被MG42接替。它的射速高達每分鐘1200發，無疑是當時最優秀的自動武器。

年代	1943年
來源	德國
長度	122公分
口徑	7.92公釐毛瑟彈

白朗寧M2 HB

美國陸軍對白朗寧的M1917（下）相當滿意，但也想要更重型的武器，因此白朗寧只能配合，設計出水冷式的M1921。和步槍口徑的槍枝一樣，它的水套之後被捨棄，然後演變成M2。之後唯一比較重要的改良是改採重槍管。這款機槍持續服役到21世紀，且是其他更複雜武器的基礎。

年代	1936年
來源	美國
長度	164公分
口徑	.50英寸白朗寧機槍彈（BMG）

白朗寧M1917

約翰．白朗寧於1895年首度提出一款機槍設計，他在結束M1911手槍的設計工作後重操舊業，想出一個閉鎖槍閂和槍管的辦法，比馬克沁使用的更簡單。他的新槍被美國陸軍採用，編號為M1917。不久它的水套就被移除，成為氣冷式的M1919，並以這個樣貌持續服役到1960年代。

年代	1912年
來源	美國
長度	97.8公分
口徑	.30-06英寸

氣動操作機槍

當馬克沁打造出第一款機槍時，運用推進氣體來帶動槍機循環是不可能的事，因為這些氣體含有太多顆粒殘留物。不過 1890 年代引進無煙火藥以後，這件事就改變了。1893 年，奧地利騎兵歐德柯雷克・馮・奧格茨提（Odkolek von Augezd）把一份這種槍械的設計圖賣給巴黎的霍奇吉斯公司。從此以後，氣動操作槍械就很常見了。

ZB 53（VZ/37或貝莎）
機槍設計師瓦克拉夫・哈力克（Vaclav Holek）可說是1930年代這一行業的明星，他在布倫（Bren）和ZB 53機槍上運用類似的閉鎖方式。ZB 53機槍在捷克稱為VZ/37，在英國則稱為貝莎（Besa），安裝在戰車上使用。

年代	1937年
來源	捷克斯洛伐克
槍管	67.8公分
口徑	7.92公釐毛瑟彈

戈留諾夫SGM
紅軍的馬克沁機槍一直使用到二次大戰，但到了1942年，他們已經極度需要一款較便宜的替代品。戈留諾夫（Goryunov）以一份早期不成功的設計搭配哈力克的閉鎖系統。他原本的SG43在戰後經過改良，成為SGM。

年代	1943年
來源	蘇聯
長度	112公分
口徑	7.62 X 54公釐

FN MAG (GPMG)
由FN公司生產的MAG機槍使用約翰・白朗寧為他的自動步槍研發的閉鎖系統，但經過改良，搭配MG42機槍的進彈系統。英國陸軍採用這款機槍做為通用機槍（General-Purpose Machine-Gun, GPMG）。

年代	1958年
來源	比利時
長度	104公分
口徑	7.62公釐北約規格

霍奇吉斯MLE 1914

奧格茨提在1893年賣給霍奇吉斯的原始設計其實結構簡單、堅固耐用，槍門透過一組有轉軸的蓋子閉鎖槍管，直到被從槍管中間洩出的氣體推開，但主要弱點是很容易過熱。這款機槍在1897到1914年間進行了一系列改良，以改善這個缺點並降低生產成本，同時也改良進彈機制，使用裝有24發子彈的金屬彈條，而不是布做的彈帶。M1914持續使用到二次大戰。

年代	1914年
來源	法國
長度	127公分
口徑	8公釐勒貝爾彈

M60

美國陸軍在1960年代初期用一款新式氣動操作通用機槍來取代從白朗寧M1917衍生出來的老古董。M60使用MG42的進彈系統以及德軍FG42突擊步槍的閉鎖系統，剛開始表現無法令人滿意，但經過超過20年的一系列改良後，絕大部分缺陷都已經修正。

年代	1963年
來源	美國
長度	110公分
口徑	7.62公釐北約規格

MG43 機槍

為了和 FN 公司的「迷你迷」（Minimi）班用自動武器（Squad Automatic Weapon）競爭，黑克勒柯赫推出 MG43 機槍。它是一款傳統的氣動操作輕機槍，採用旋轉閉鎖槍機，而非這家公司推出的其他當代武器使用的滾輪閉鎖槍機。它的設計比迷你迷更簡單，只能使用彈鏈進彈，所以生產成本更低。和幾乎所有現代化輕兵器一樣，它在任何可能的地方都使用強化玻璃纖維材料鑄模製成的零件。它原本就配有一組腳架，但也有可以安裝 M2 腳架的基座。此外機匣上還有皮卡汀尼導軌，可以安裝所有符合北約標準規格的光學瞄準鏡，當然也可安裝基本的孔式照門。

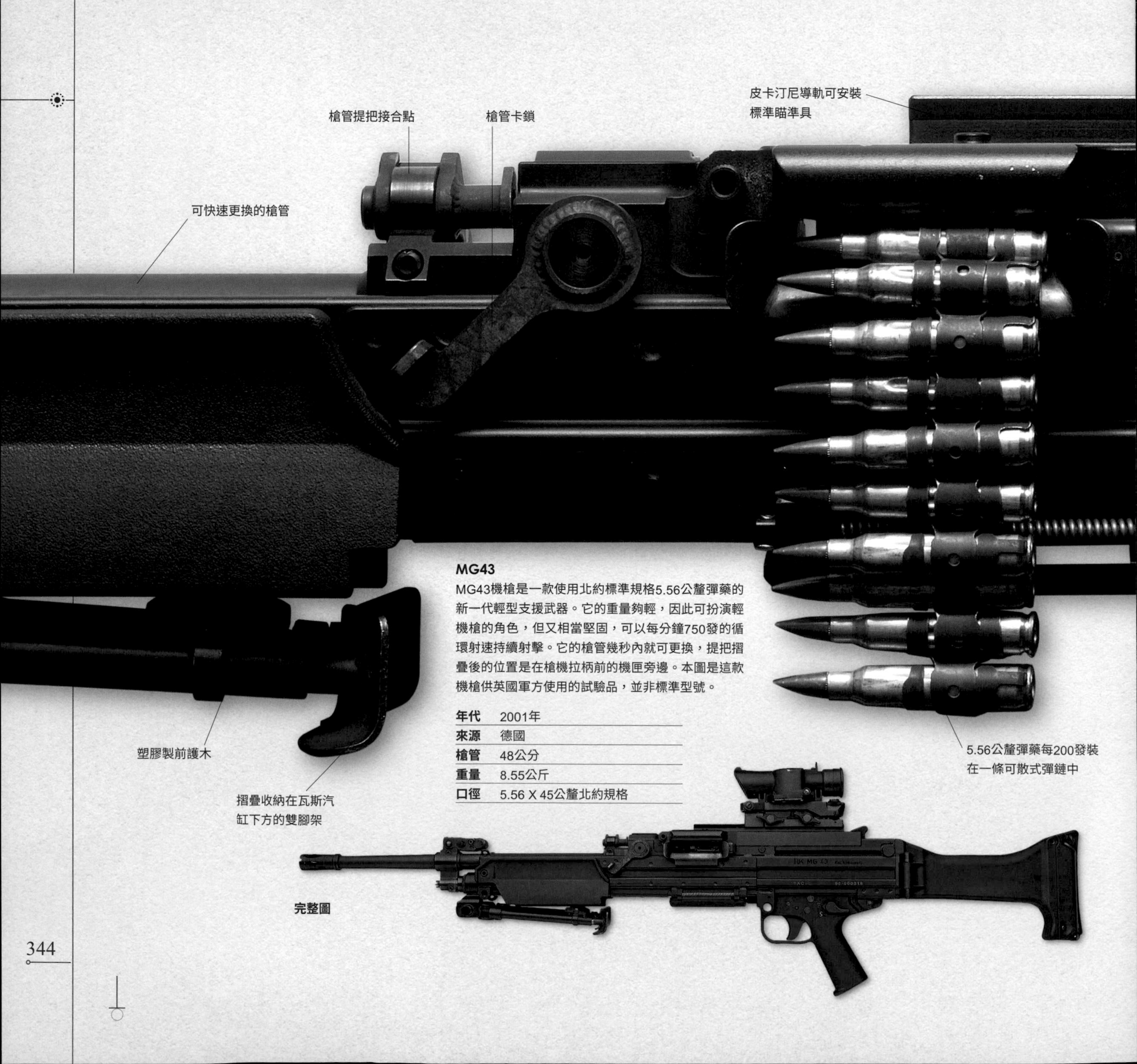

MG43

MG43機槍是一款使用北約標準規格5.56公釐彈藥的新一代輕型支援武器。它的重量夠輕，因此可扮演輕機槍的角色，但又相當堅固，可以每分鐘750發的循環射速持續射擊。它的槍管幾秒內就可更換，提把摺疊後的位置是在槍機拉柄前的機匣旁邊。本圖是這款機槍供英國軍方使用的試驗品，並非標準型號。

年代	2001年
來源	德國
槍管	48公分
重量	8.55公斤
口徑	5.56 X 45公釐北約規格

有四倍放大倍率和
低光源觀測能力的
SUSAT瞄準鏡
可往左側摺疊的塑膠槍托
MG 43
96-000015
AC
F
S
保險兼全自動射擊開關
塑膠製手槍式握把
扳機

1914-1945 年的輕機槍

第一代機槍因為過於笨重，只能搭配固定陣地使用，因此自然對輕便、易於攜帶且可發揚持續火力的武器產生需求。早期的輕機槍槍管容易過熱，解決辦法是研發可以快速更換槍管的系統，即使在戰鬥中也可就地更換。

白朗寧自動步槍

白朗寧提出一款自動裝填步槍的設計，但很快就發現這種武器更適合拿來做為輕型支援武器。雖然它的槍管是固定的，不可更換，彈匣容量也少，但一直跟著美國陸軍和海軍陸戰隊在第一線服役，直到1950年代中期。

年代	1918年
來源	德國
槍管	61公分
重量	7.3公斤
口徑	.30-06英寸

MG08/15

德國在匆忙中生產出來的第一款輕機槍，就是在馬克沁MG08機槍上安裝槍托、手槍式握把和傳統扳機。它也配有一組內建的腳架，還有縮短的彈帶，裝在一個鼓狀容器裡。它的重量太重，但還是生產了大約13萬把左右，並成為威瑪防衛軍（Reichswehr）突擊部隊的主要支援武器。

年代	1917年
來源	德國
槍管	72公分
重量	22公斤
口徑	7.92 X 57公釐

戴格鐵瑞夫RP46

紅軍在1928年採用戴格鐵瑞夫（Degtyarev）DP機槍。它在1945年改良，並在次年換成更重的槍管，且改成除了彈帶以外也可使用彈鼓。但儘管如此，RP46的表現仍無法令人完全滿意，因此旋即被RPD機槍取代。

年代	1946年
來源	蘇聯
槍管	60.5公分
重量	13公斤
口徑	7.62 X 54R公釐

布倫機槍

布倫機槍在布爾諾（Brno）研發、在恩菲爾德（Enfield）修改，它的名字就是這麼來的。它是英國陸軍主要的輕型支援武器，從引進開始一直用到1970年代，並在之後修改為使用7.62公釐北約規格彈藥。如果要說這把槍有什麼缺點的話，問題主要是在它的彈藥（有緣子彈），而不在槍本身。

年代	1937年
來源	捷克斯洛伐克／英國
槍管	63.5公分
重量	10.15公斤
口徑	.303英寸

路易斯機槍

英國陸軍在1915年採用氣冷式氣動操作的路易斯（Lewis）機槍，此後它就是英軍標準輕型支援武器，直到被布倫機槍取代為止。它的原始設計是山繆・麥克林（Samuel MacLean）提出的，但由美國陸軍的艾薩克・路易斯（Isaac Lewis）上校改良，他還相當積極地推銷這把槍。美國陸軍航空隊（US Army Air Corps）也採用它做為彈性拆裝使用的武器。

年代	1912年
來源	美國
槍管	66.5公分
重量	11.8公斤
口徑	.303英寸

1945 年以後的輕機槍

第二次世界大戰期間，交戰雙方之間的距離比以前的戰爭更短，這帶來了兩個結果：步槍和輕機槍的槍管變得更短，發射的子彈變輕，威力也減少。對個別士兵來講，這等於降低了他們的負擔。到了更近期，由於塑膠取代了木材，且引進了犢牛式設計，武器又變得更輕了。

內蓋夫機槍

以色列軍事工業出品的內蓋夫（Negev）機槍是一種輕量型自動武器，它的出現讓輕機槍和通用機槍之間的界線開始模糊。它使用北約規格的5.56公釐SS109彈藥，可以每分鐘700或900發的速度自動射擊。

年代	1988年
來源	以色列
槍管	46公分
重量	7.2公斤
口徑	5.56 X 45公釐北約規格

FN迷你迷

FN的氣動操作氣冷式迷你迷機槍可使用北約規格的標準化彈匣，也可以用可散式彈鏈進彈，不需要修改。美國陸軍採用這款機槍，成為M249班用自動武器，英國陸軍採用的迷你迷則是L108A1。

年代	1975年
來源	比利時
槍管	46.5公分
重量	6.83公斤
口徑	5.56 X 45公釐北約規格

特殊材料技術研發中心阿梅莉輕機槍

阿梅莉（AMELI）輕機槍的循環射速是由安裝的槍機種類來決定，就跟特殊材料技術研發中心（CETME）採用滾輪延遲閉鎖槍機的突擊步槍類似。如果是用輕的槍機，射速可達每分鐘1200發，若是較重的槍機則為每分鐘850發。這款機槍也研發出輕量化版本。

年代	1982年
來源	西班牙
槍管	40公分
重量	6.35公斤
口徑	5.56 X 45公釐北約規格

RPK74

RPK74輕機槍是從成功的AKM突擊步槍發展而來的，許多零部件都可和其他卡拉希尼可夫出產的武器共用。它在1960年代初期服役，並取代RPD成為蘇聯步兵的標準輕機槍。不過它的槍管是固定的，因此射速必須低於每分鐘750發，才能防止槍管過熱。

年代	1976年
來源	蘇聯
槍管	59公分
重量	5公斤
口徑	5.45 X 39公釐

L86A1輕型支援武器

英軍採用了L85A1個人武器以後，就需要開發使用相同口徑彈藥的新型支援武器，結果就是用L86A1來取代布倫機槍的L4系列。它的槍管比L85A1的更長、更重，並擁有一個後方握把可協助持續射擊。它也沒有可快速更換的槍管，因此射擊時間一定要短，並且要用點放的方式射擊以防止槍管過熱。

年代	1986年
來源	英國
槍管	64.5公分
重量	5.4公斤
口徑	5.56 X 45公釐北約規格

1920-1945年的衝鋒槍

早期的人想要製作輕型的連發武器時，都是以手槍為基礎。但他們很快就發現手槍在連發時太難控制，而且會是比較接近卡賓槍的東西，但發射適合手槍的降低威力彈藥似乎更有效。一直要到第二次世界大戰，人才發現對衝鋒槍（submachinegun, SMG）來說，木製槍托是個累贅，可以取消而不會有不良影響。

維拉爾佩羅薩（Villar Perosa）

它是世界上第一款衝鋒槍，生產於1915年，原本是一款雙連裝槍械，安裝在一組簡單的基座上，並搭配雙手握把、條狀扳機和雙腳架。之後經過改造成為卡賓槍，裝上槍托和傳統式扳機。

年代	1920年代
來源	義大利
槍管	28公分
重量	3.06公斤
口徑	9公釐格利森蒂彈（Glisenti）

MP40

1938年，德國陸軍採用一款全新設計、更好用的衝鋒槍，但生產成本高昂。兩年後，它經過修改，採用沖壓和焊接結構來取代原本昂貴的設計，之後這樣的設計就為一整個世代的衝鋒槍立下了典範。

年代	1940年
來源	德國
槍管	24.8公分
重量	4.03公斤
口徑	9公釐帕拉貝倫彈

湯普森M1921

美軍將領約翰・塔格里亞費羅・湯普森（John Tagliaferro Thompson）於1916年開始設計自動裝填步槍，成果卻無法令人滿意。但到了1919年，他已經完成之後被普遍稱為湯米槍（Tommy Gun）的早期設計。率先推出的是M1921，但一直等到1928年美國政府才採用，購買了一小批給海軍陸戰隊使用。

年代	1921年
來源	美國
槍管	26.7公分
重量	4.88公斤
口徑	.45ACP

PPSH41

什帕金（Shpagin）的「波波沙」（Peh-Peh-Sheh）衝鋒槍簡單可靠，堅固耐用，易於生產保養，在紅軍成功抵擋德軍進軍蘇聯之後，成為紅軍的主流武器。到了1945年，這款衝鋒槍已經生產了至少500萬把，步兵戰術也為了發揮它們的火力而做出相對應的修改。

年代	1944年
來源	蘇聯
槍管	27公分
重量	3.5公斤
口徑	7.62公釐蘇聯彈藥

槍口抑制器可抵消槍口上揚的狀況

槍身固定插銷

彈匣插口

射擊模式選擇桿

71發裝彈鼓

貝爾格曼MP18/I

胡果・施邁瑟（Hugo Schmeisser）設計的MP18/I絕對堪稱第一種有效的衝鋒槍。當時德國陸軍的突擊隊在突擊敵方重兵防守的陣地時，用的是拆卸下來的MG08/15機槍，相當笨重，因此他們需要更方便攜帶的武器，這款衝鋒槍因此應運而生。

年代	1918年	重量	5.25公斤
來源	德國	口徑	9公釐帕拉貝倫彈
槍管	19.6公分		

彈匣插口

有刻度的照門

開孔的槍管護罩

32發裝「蝸牛」彈鼓

司登MARK 2（減音版）

司登（Sten）比一雙好鞋還便宜，但如果忽略它的一些明顯缺陷，它可以讓沒經驗的戰鬥人員在近距離內發揮猛烈的火力。這個型號的司登衝鋒槍擁有整合式的減音減焰器，生產數量相當少。

年代	1941年
來源	英國
槍管	91公分
重量	3.4公斤
口徑	9公釐帕拉貝倫

減音減焰器

照門

隔熱用前握套

沖壓鋼製槍身

可摺疊骨架式槍托

32發裝彈匣

機匣以鋼條切削製成

照門可根據風偏和彈道高低狀況調整

THOMPSON SUBMACHINE GUN.
CALIBRE .45 AUTOMATIC COLT CARTRIDGE
MANUFACTURED BY
COLT'S PATENT FIRE ARMS MFG. CO.
HARTFORD, CONN., U.S.A.

有些型號的木托可拆卸

後槍背帶環

射擊模式選擇鈕

保險

後手槍式握把

黑社會的最愛

雖說湯普森很晚才獲得美國陸軍垂青，但在「咆哮的二十年代」（Roaring Twenties），它卻受到反抗美國禁酒令（Prohibition Laws）的黑社會犯罪集團熱烈歡迎，可說是一試成主顧。

MP5 衝鋒槍

黑克勒柯赫 MP5 **衝鋒槍**是絕大部分西方世界警察和特種部隊單位衝鋒槍的不二選擇。從機械角度來看，它和公司的一系列突擊步槍非常像，擁有滾輪閉鎖延遲反衝槍機。由於是從閉鎖的槍機發射（大部分衝鋒槍在上膛時槍機都是在後方），它比其他衝鋒槍更精準，且以每分鐘 800 發的射速進行全自動射擊時的操控性也更佳。它常被裝上雷射目標指示器，而本圖中安裝榴彈發射器的位置也可裝上戰術強光槍燈。

彈藥
MP5衝鋒槍使用的是葛歐格．魯格在1908年以自身名字命名的手槍而開發的9x19公釐彈藥。1996和2000年間也推出使用.40英寸和10公釐口徑的版本。

榴彈
在槍管下方安裝榴彈發射器後，MP5衝鋒槍就可以發射各式各樣的40公釐口徑榴彈，包括致命性、非致命性和照明彈等彈種，射程約數百公尺。

完整圖

MP5A5衝鋒槍

MP5衝鋒槍也可選擇剛性塑膠槍托。它的扳機組（圖中包括保險／單發／三發點放／全自動射擊模式）源自於HK33，但當然也可以換成其他配置。此外還有一種型號配備整合式減音器，以及短槍管的版本。

年代	1966年
來源	德國
槍管	22.5公分
重量	2.82公斤
口徑	9公釐帕拉貝倫彈

1945 年以後的衝鋒槍

第二代衝鋒槍在第二次世界大戰期間和戰後引進，結構並不複雜，適合大量生產。它們可發揮猛烈的近距離火力，噪音也相當大，但準確度極低，難以控制，因此軍事價值不高，所以之後的發展就集中在保安與警方用途。

烏茲衝鋒槍

烏茲衝鋒槍（Uzi）的穩定度已經是個傳奇，當中的祕密就在於它的槍栓包住槍管。這樣的設計可以把重心帶向前，進而協助抑制全自動射擊時槍管上揚的傾向。它的可動部件較重，因此能讓射速維持在可控制的水平。

年代	1950年代
來源	以色列
槍管	26公分
重量	3.6公斤
口徑	9公釐帕拉貝倫彈

M3/M3A1「黃油槍」

黃油槍（Grease Gun）生產成本低廉，且方便拆解、清潔與保養，使用和柯特自動手槍相同的子彈。

年代	1940年代
來源	美國
槍管	20.3公分
重量	3.66公斤
口徑	.45英寸ACP

MAT 49衝鋒槍

MAT　49最主要的特色在於可樞軸旋轉的彈匣插座。這種設計讓它便於隱藏，也是非常有創意的安全設計。

年代	1950年代
來源	法國
槍管	23公分
重量	3.53公斤
口徑	9公釐子彈

VZ/68蠍式MOD 83

蠍式（Skorpion）衝鋒槍設計作為近距離防身武器，可以用槍套攜帶，並用單手操作。它採用開放式反衝槍機設計，活動零件重量輕，因此射速非常快，但尾部內有一組巧妙的平衡裝置，可以降低射速。

年代	1960年代
來源	捷克斯洛伐克
槍管	11.5公分
重量	1.34公斤
口徑	9公釐帕拉貝倫彈

英格拉姆MAC-10

英格拉姆（Ingram）採用包絡式槍機，且把彈匣插在手槍式握把中，所以可以把MAC-10的整體尺寸縮減到和自動手槍差不多大。由於它的循環射速每分鐘超過1000發，因此只要差不多一秒多的時間，就可以打光彈匣裡的32發子彈。

年代	1970年代
來源	美國
槍管	14.6公分
重量	3.4公斤
口徑	9公釐帕拉貝倫彈

FN P90

FN P90可說是首度嘗試用全新方法打造一款小巧型自動武器，使用的是在設計時便已考慮到限制損害的「微型」彈藥。它所有的非機械結構零件都是以塑膠製成，獨一無二的水平進彈機制讓彈匣可以和機匣結合。

年代	1990年代
來源	比利時
槍管	30公分
重量	2.7公斤
口徑	5.7公釐子彈

迷你砲

在19世紀加特林機砲（參見第266-67頁）的啟發之下，奇異公司（General Electric Company）開發出現代化的電力驅動迷你砲（Minigun），會取這個名字是因為它是噴射戰機上使用的20公釐口徑火神（Vulcan）旋轉機砲的迷你版。迷你砲在美國介入越南期間研發出來，為了是滿足低空飛行的直升機需要投射比一般傳統機槍更大量火力的需求。美國陸軍賦予迷你砲M134的編號，並出口到世界各地。

照門

電力驅動總成

迷你砲支撐架

解鏈進彈器

雙手槍式握把及扳機總成

M134迷你砲

迷你砲是電力驅動的氣冷式六管旋轉機槍。它的多槍管系統可以防止過熱，且射速最高可達每分鐘6000發，不過最理想的狀態介於每分鐘3000到4000發。

年代	1963年
來源	美國
砲管	55.9公分
重量	39公斤
口徑	7.62 X 51公釐北約規格

正面圖

彈藥

M134使用標準的7.62公釐北約規格步槍彈，彈頭重10公克，槍口初速達每秒853公尺。它的供彈系統採用無鏈或可散式彈鏈，彈鏈長度從500發到5000發都有。

完整圖

重型狙擊步槍

重型狙擊步槍又叫反器材步槍，可發射威力強大的大型彈藥，例如.50英寸口徑白朗寧機槍彈（12.7 x 99 公釐北約規格）和俄國 14.5 x 114 公釐彈藥。它們主要是用來破壞輕裝甲車輛、飛彈發射器、輕型海軍船艇和通訊設備等目標，但用在遠距離直接擊殺敵方人員目標時，效果也很好。

巴瑞特M82

巴瑞特（Barrett）M82可說是第一款新世代重型狙擊步槍，是一款反衝操作的半自動武器，由美國陸軍在1984年採用。它的.50英寸口徑白朗寧機槍彈有效射程超過1800公尺。

年代	1982年
來源	美國
砲管	73.7公分
重量	14公斤
口徑	.50英寸口徑白朗寧機槍彈

赫卡忒2型

赫卡忒（Hecate）2型是為法國陸軍生產的，特色是具備金屬材質的骨架結構，並用前雙腳架搭配後單腳架。它的槍口抑制器效果極佳，可以把後座力降到跟標準7.62公釐口徑步槍相同等級。

年代	1993年
來源	法國
砲管	70公分
重量	13.8公斤
口徑	.50英寸口徑白朗寧機槍彈

巴瑞特M90

巴瑞特M90的開發目的是作為M82（左頁）的替代選擇，它採用較輕、較小巧的犢牛式設計（也就是彈匣位於扳機總成後方），且是栓動而非半自動槍機。

年代	1995年
來源	美國
砲管	73.7公分
重量	10.7公斤
口徑	.50英寸口徑白朗寧機槍彈

史泰爾HS50-M1

這把長槍管、栓式槍機的步槍有一個較不尋常的特點，就是它的五發裝彈匣是裝在機匣左側。此外它也有可調整式貼腮和槍托用單腳架。

年代	2004年
來源	奧地利
砲管	90公分
重量	14.5公斤
口徑	.50英寸口徑白朗寧機槍彈

精密國際AX50

栓動設計的AX50是精密國際狙擊槍的重型版本，是一款即使面對最嚴苛戰場條件依然可以維持高精準度的步槍。它的特色是配備重型的浮動設計槍管與五發裝彈匣。

年代	2010年
來源	英國
砲管	69公分
重量	12.5公斤
口徑	.50英寸口徑白朗寧機槍彈

現代槍械

許多現代槍械都採用模組化設計，因此可以迅速改變配置，以扮演多種不同的任務角色。例如 FN 的 SCAR 步槍就可以視需要變成精準射擊步槍、突擊步槍或個人防衛用的卡賓槍。其他創新包括牆角槍（Corner Shot），可以讓士兵隔著牆角觀測另一邊的動態並射擊，此外還有羅尼（RONI）手槍－卡賓槍轉換套件。

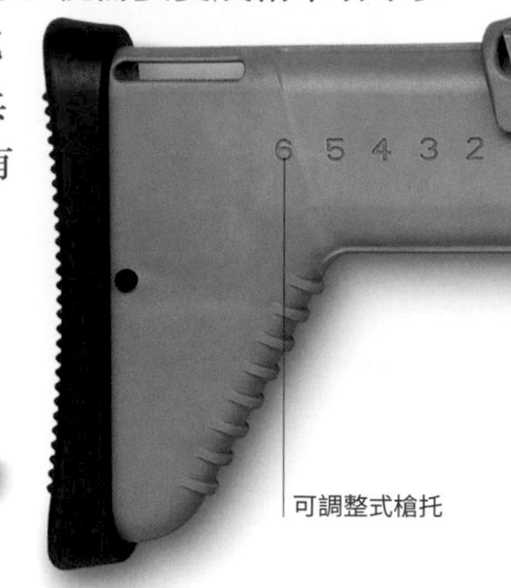

可調整式槍托

摺疊的雙腳架

光學瞄準鏡

LMT神射手（Sharpshooter）

這款突擊步槍由LMT公司研發，並由英國陸軍採用，成為L129A1。它是標準的7.62公釐北約規格口徑，但使用品質改良的狙擊手等級彈藥，因此一般步兵部隊也能精準射擊。

年代	2010年
來源	美國
槍管	41公分
重量	4.4公斤
口徑	7.6 X 51公釐北約規格

席格SP2022

SP2022是席格騷爾（SIG-Sauer）Pro系列手槍之一，生產給法國警方和其他政府單位部隊使用。除了15發裝彈匣以外，它在槍管下方還附有皮卡汀尼導軌，可安裝各式戰術配件使用。

年代	2002年
來源	瑞士
槍管	9.91公分
重量	0.72公斤
口徑	9公釐帕拉貝倫彈

聚合物握把

黑克勒柯赫HK416突擊步槍

這把短槍管的HK416A5突擊步槍擷取經典的AR15(M16)步槍設計元素，運用短行程活塞技術，受到特種部隊歡迎。2011年，美國海軍海豹部隊就是用它擊斃奧薩瑪·賓·拉登（Osama Bin Laden）。

年代	2013年
來源	德國
槍管	27.9公分
重量	3.12公斤
口徑	5.56 X 45公釐北約規格

30發彈匣

光學瞄準鏡

M16牆角槍

牆角槍是專為反叛亂作戰設計的，透過機械設計可以把夾住武器（如手槍或M16）的夾具轉向達90度。一組朝前的攝影機可以把影像傳遞到LCD螢幕上，讓操作者在不暴露自己的狀況下朝目標射擊。

年代	2003年
來源	以色列
槍管	82公分
重量	3.86公斤
口徑	5.56 X 45公釐北約規格

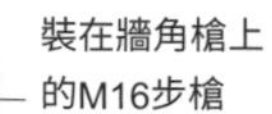

裝在牆角槍上的M16步槍

轉向機構

朝前的攝影機

完整圖

FN SCAR-L近戰突擊步槍

特種部隊戰鬥突擊步槍（Special operations forces Combat Assault Rifle, SCAR）也許是用途最多的模組化步槍系統，圖中這把搭配40公釐口徑下懸式榴彈發射器（Underslung Grenade Launcher, UGL），可發射高爆彈、煙霧彈和催淚彈等。

年代	2009年
來源	比利時
槍管	25.4公分
重量	3.04公斤
口徑	5.56 X 45公釐北約規格

沒有裝上下懸式榴彈發射器的SCAR突擊步槍

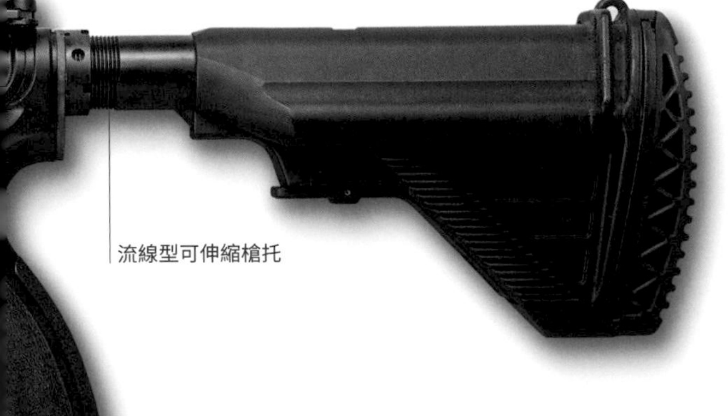

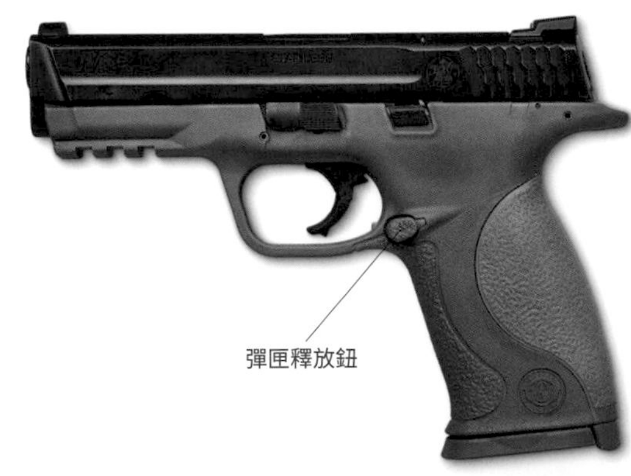

史密斯威森M&P9手槍

這款撞針擊發式手槍是史密斯威森軍警用（Military and Police, M&P）手槍系列之一，專門設計給執法機構人員使用。它採用現代化的塑膠和金屬材質結合設計，彈匣可裝17發子彈，操作相當順手。

年代	2005年
來源	美國
槍管	10.8公分
重量	0.68公斤
口徑	9公釐子彈

羅尼席格P226

羅尼手槍－卡賓槍轉換套件是把一把標準的手槍（如本圖是一把席格P226手槍）裝在一組鋁／聚合物外殼內，立即把它變成一把全自動衝鋒槍，而套件上的槍托和貼腮都可以依照使用者習慣調整。

年代	2010年
來源	美國
槍管	22公分
重量	1.41公斤
口徑	9公釐子彈

光學瞄準鏡

耐衝擊聚合物槍身

維克多（Vektor）CR21

這款原型突擊步槍運用最先進的聚合物材料，搭配一些外露的金屬零件。它屬於犢牛式設計，把長度縮減到和卡賓槍一樣，但沒有犧牲槍口初速。它的前握把可輕易拆卸，改加裝榴彈發射器。

年代	1997年
來源	南非
槍管	46公分
重量	3.72公斤
口徑	5.56 X 45公釐北約規格

1950-1980 年的土製槍械

握有子彈時，有時就會產生一股衝動，想做出一把槍來發射子彈。若要用最簡單、最粗陋的方式來發射，其實只要有一根直徑大概正確的管子、一根可以發揮撞針功能的針、還有用足夠的力道去推動這根針以引爆子彈底火就可以了。發射這種裝置，對射擊者和被害者來說應該一樣危險。

茅茅卡賓槍

這款短管的栓動單發卡賓槍是在1950年代肯亞對抗英國統治的「茅茅」（Mau-Mau）起義時製造出來的，比許多同類型武器複雜了一點。叛軍大多是基庫尤族的人，他們製作出來的應急武器大部分在開火時就爆炸了。

年代	1950年代
來源	肯亞
槍管	51.2公分
重量	1.6公斤
口徑	.303英寸

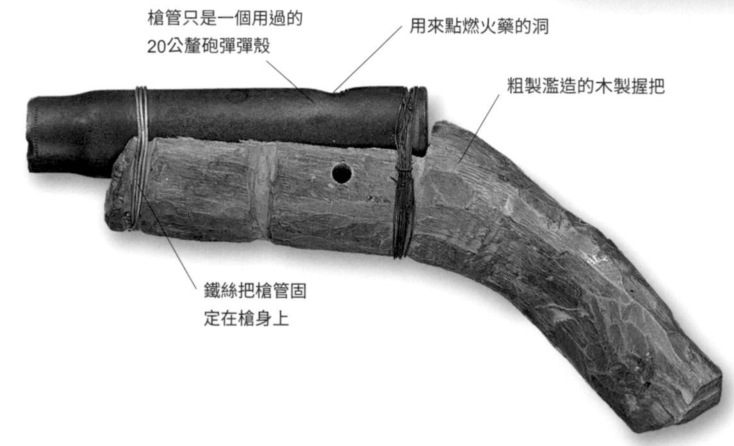

埃歐卡（Eoka）手槍

這把手槍實在太粗糙，幾乎稱不上是一把手槍。它的槍管是一個用過的20公釐砲彈彈殼，用鐵絲固定在簡陋的木造槍身上。要它真的發揮武器的效果，必須先把「槍口」抵在被害人身上然後再發射才行。

年代	1950年代
來源	賽普勒斯
槍管	11公分
重量	0.23公斤

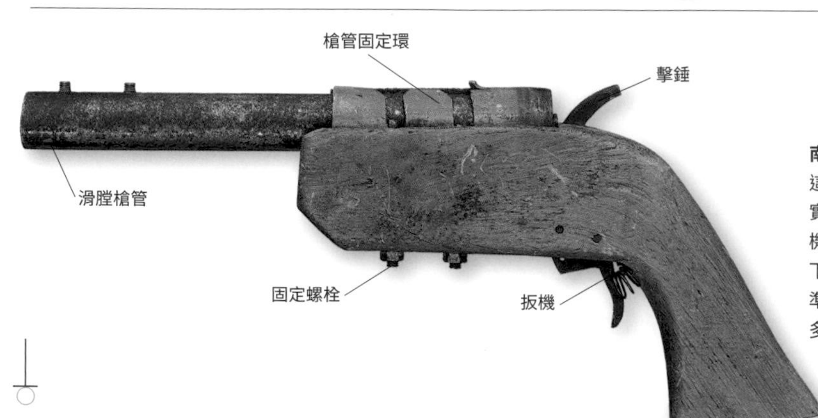

南非手槍

這是一把在南非發現的土製手槍，它的構造其實比乍看還複雜。它擁有一組簡單的單動槍機，連接扳機和擊錘，很可能是從玩具槍上拆下來改裝的，因此可以單手操作。它沒有任何準確度可言，因此連基本的瞄具對它來說都是多餘。

年代	1980年代
來源	南非
槍管	22公分
重量	1公斤

埃歐卡手槍

埃歐卡是指賽普勒斯鬥士國家組織（Ethniki Organosis Kyprion Agoniston, EOKA），他們於1955年到1959年間在地中海的賽普勒斯島上展開游擊戰，反抗英國的殖民統治。他們在那段期間製造了一小批土製槍械。這種全金屬製成的槍擁有簡單的可折開式設計，用裝有彈簧的活塞來射擊霰彈槍的子彈。

年代	1950年代
來源	賽普勒斯
槍管	11公分
重量	1.25公斤
口徑	12號鉛徑

忠誠者（Loyalist）衝鋒槍

這款土製衝鋒槍是以二次大戰期間的經典司登衝鋒槍為基礎，由北愛爾蘭的忠誠主義派民兵製造。它的槍管護罩和機匣是用方形鋼管製成，而彈匣看起來是沿用當時駐防在北愛爾蘭的英軍部隊配發的L2史特林（Sterling）衝鋒槍的彈匣。

年代	1970年代
來源	英國
槍管	20公分
重量	2.6公斤
口徑	9公釐

◄ 88-89 歐洲頭盔和中頭盔 ◄ 90-91 歐洲比武頭盔、鬍鬚盔、輕便盔 ◄ 176-177 歐洲比武頭盔

1900 年以後的頭盔

歐洲各國軍隊在 1680 年代大致放棄了金屬頭盔，但它們卻因為慘烈的第一次世界大戰而迅速重返戰場。雖然所有交戰國的部隊在這場戰爭剛開打時都戴著布製或皮製盔帽，但 1915 年起，他們都開始採用鋼盔，以減少頭部外傷，尤其是砲彈破片帶來的人員傷亡。大致上說來，第一次世界大戰期間發展出的頭盔類型經過改良之後就一直服役到 1980 年代，接著人造的凱夫勒（Kevlar）材料就獲得採用，成為鋼材的輕量化替代品，所有的身體護甲配備此時也都經歷了革命性的變化。

頭盔以皮革護板製成

鉚釘接合的護板

把額頭護甲固定到頭盔上的皮帶

「煤斗」般的盔形可保護頸部

面甲可保護臉部不受飛濺金屬碎片傷害

窺視孔的視野範圍有限

鏈甲護嘴

一次大戰時期戰車乘組員頭盔

當英軍在1916年引進戰車並投入戰場後，他們很快就發現戰車的裝甲無法提供乘組員適當的保護。當槍彈擊中裝甲板時，金屬碎片會在車內飛濺，造成傷亡。之後戰車乘組員就配發頭盔和面甲，以保護頭部和臉部。

年代	約1916年
來源	英國
重量	面甲0.29公斤

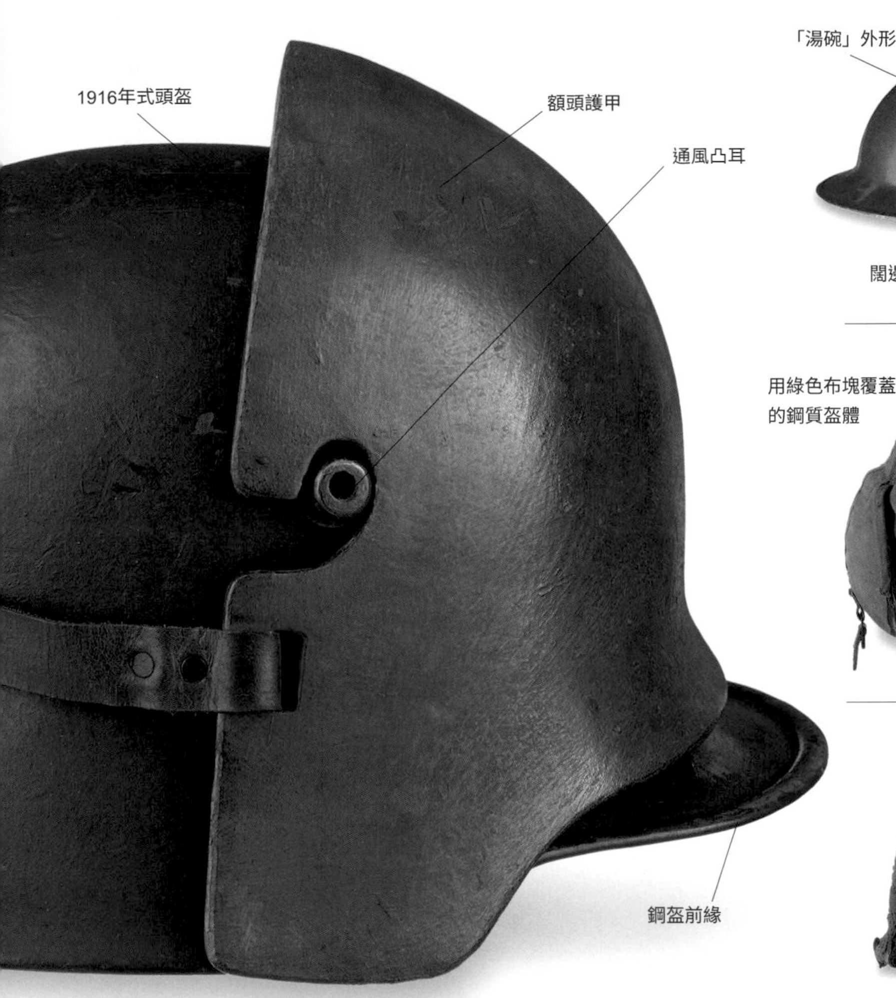

附額頭護甲的德國鋼盔

第一次世界大戰爆發時，德國陸軍是戴著皮製釘盔（Pickelhaube）上戰場的，但他們在1916年時開始採用鋼盔（Stahlhelm）。而需要承擔特殊風險的士兵，例如機槍手等，還會額外配發厚達4公釐的鋼質額頭護甲（Stirnpanzer），以保護頭部正面。但因為這種護甲重達4公斤左右，因此使用的時間相當短暫。

年代	1916年
來源	德國
重量	1.95公斤

索馬利亞摩加迪休（Mogadishu）的聯合國維和部隊士兵

聯合國維和部隊常被稱為「藍盔部隊」，因為他們配戴顏色獨特的頭盔。這種頭盔有雙重功能，一方面提供士兵保護，另一方面也表明士兵身為維和部隊的身分。

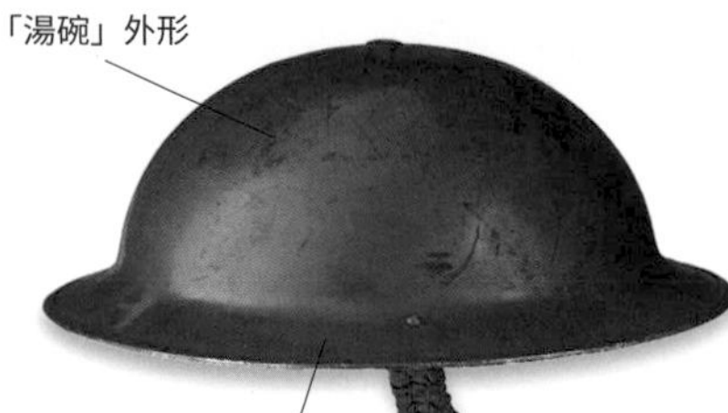

英國布洛迪鋼盔

這款鋼盔由約翰・布洛迪（John L. Brodie）設計，有個外號叫「錫帽」（tin hat），1915年9月首度被英國陸軍採用。它以硬化錳鋼製成，生產成本低廉，但無法對頸部或頭的下半部提供有效保護。英國和大英國協部隊在二次大戰期間依然繼續採用布洛迪式鋼盔。

年代	1939年
來源	英國
重量	1.6公斤

美國飛行盔

二次大戰期間，美軍轟炸機機組員因執行日間對德轟炸任務而傷亡慘重，因此配發鋼質高射砲盔，以防止高射砲火帶來的傷害。由於1944年配發的M3頭盔過於龐大笨重，不適合在轟炸機的槍塔中穿戴，因此馬爾科姆・格羅（Malcolm C. Grow）上校開發了這款M4頭盔。此外他也開發出稱為「高射砲裝」的輕型防彈衣。

年代	約1944年
來源	美國
重量	4.28公斤

美國M1頭盔

美國陸軍的M1頭盔於1942年首度投入戰場，以一個鋼質外殼和一組輕薄的內襯組成。它的鋼殼和內襯是分離式設計，因此把內襯拆下後，可以把鋼殼拿來當成鍋子或便斗等使用。M1經過改良後，持續在美國陸軍中服役到1980年代。

年代	1940年代
來源	美國
重量	0.99公斤

北越頭盔

越戰期間，北越陸軍官兵配戴各式各樣的盔帽，其中包括這款遮陽盔，又叫木髓盔（pith helmet）。這類頭盔大部分是以壓縮的紙張製成，少部分是用塑膠，因此面對美軍和南越軍的火力時，根本無法提供保護。

用輕量化材質製成的盔體

年代	約1970年
來源	北越
重量	0.5公斤

英國凱夫勒頭盔

在1980年代之前，英軍士兵配發的都是布洛迪式鋼盔，跟英軍在兩次大戰期間配戴的類似。這些頭盔之後被凱夫勒頭盔取代——凱夫勒是一種人造材料，在相同重量下比鋼材還堅固，還可以耐熱。這種新式頭盔的形狀也可為頭部提供更多保護，還時常加上迷彩圖案的偽裝布料。

年代	1990年
來源	英國
重量	1.36公斤

人群控制
2004 年在拉巴斯（La Paz）
市區，玻利維亞鎮暴警察對示威群
眾發射橡膠子彈。這種武器經常用來作為
人群控制的工具，因為它們雖然可以穿透皮膚，但
不太可能造成永久性傷害，除非在非常近的距離射擊。

索引

五畫

六畫

七畫

謝誌

出版社感謝以下人士慷慨提供照片：

ABBREVIATIONS KEY:
Key: a = above, b = below, c = centre, l=-left, r=-right, t=-top, f=-far, s =-sidebar

1 DK Images: By kind permission of the Trustees of the Wallace Collection (c). 2-3 Alamy Images: Danita Delimont. 8 DK Images: The Museum of London (tr); By kind permission of the Trustees of the Wallace Collection (tl). 10 DK Images: Museum of the Order of St John, London (b). 11 DK Images: Pitt Rivers Museum, University of Oxford (tr); By kind permission of the Trustees of the Wallace Collection (tc). 12 DK Images: By kind permission of the Trustees of the Wallace Collection (b). 13 DK Images: By kind permission of the Trustees of the Wallace Collection (cl) (b). 14 DK Images: By kind permission of the Trustees of the Wallace Collection (br). 16 DK Images: Courtesy of the Gettysburg National Military Park, PA (cla). 22 DK Images: Fort Nelson (ca, br); Royal Artillery, Woolwich (tl); DK Images: private collection (cl, crb). 22-23 DK Images: Fort Nelson (tc). 23 DK Images: Courtesy of the Royal Artillery Historical Trust (br), Imperial War Museum, London (cra); DK Images: private collection (clb). 24 Ancient Art & Architecture Collection: (r). DK Images: Courtesy of David Edge (b). 25 DK Images: Universitets Oldsaksamling, Oslo (tl). 26-27 The Art Archive: Museo della Civiltà Romana, Rome / Dagli Orti . 28 Corbis: Pierre Colombel. 29 akg-images: Erich Lessing. 30 akg-images: Rabatti - Domingie (c). DK Images: British Museum (b). 31 Corbis: Keren Su (r). 34 akg-images: Iraq Museum (r). Ancient Art & Architecture Collection: (l). 35 The Art Archive: British Museum / Dagli Orti (bl). DK Images: British Museum (tl). 36 The Trustees of the British Museum: (l). DK Images: British Museum (cr). 37 Corbis: Sandro Vannini (r) (cb). DK Images: British Museum (tl) (cl) (b). 38 DK Images: British Museum (tl) (b). 38-39 DK Images: British Museum (ca). 39 DK Images: British Museum (tr). 40-41 The Art Archive: Egyptian Museum Cairo / Dagli Orti. 42 DK Images: British Museum (cr). Shefton Museum of Antiquities, University of Newcastle: (cl). 43 DK Images: British Museum (cr) (br) (bl). 44 akg-images: Nimatalla (bl). DK Images: British Museum (tl) (c) (cra) (crb). 44-45 Bridgeman Art Library: Louvre, Paris / Peter Willi (c). 45 The Art Archive: Archaeological Museum, Naples / Dagli Orti . Shefton Museum of Antiquities, University of Newcastle: (cla). 46 DK Images: British Museum (bc); Courtesy of the Ermine Street Guard (cla); Judith Miller / Cooper Owen (cr); University Museum of Newcastle (bl). 47 akg-images: Electa (br). DK Images: British Museum (c); Courtesy of the Ermine Street Guard (fclb/lancea and pilum); Courtesy of the Ermine Street Guard (tr); University Museum of Newcastle (cr). 48 The Art Archive: National Museum Bucharest/ Dagli Orti (A) (tr). Corbis: Patrick Ward (cb). DK Images: Courtesy of the Ermine Street Guard (cr); Judith Miller / Cooper Owen (tl); University Museum of Newcastle (crb). 49 Archivi Alinari: Museo della Civiltà Romana, Rome (b). DK Images: British Museum (tl); Courtesy of the Ermine Street Guard (tr/short sword and scabbard) (cla). 50 DK Images: British Museum (cr); The Museum of London (cl).
51 DK Images: British Museum (tl) (r) (crb) (t); The Museum of London (cl); The Museum of London (clb) (tc).
52 DK Images: The Museum of London (clb/short and long spears); The Museum of London (b). 53 Ancient Art & Architecture Collection: (br). 54 DK Images: Danish National Museum (crb/ engraved iron axehead). 55 Ancient Art & Architecture Collection: (tl). DK Images: The Museum of London (bl); Universitets Oldsaksamling, Oslo (tr). 56 DK Images: Danish National Museum (c/double-edged swords). 56-57 DK Images: The Museum of London (ca). 58-59 The Art Archive: British Library. 60 Bridgeman Art Library: Musée de la Tapisserie, Bayeux, France, with special authorisation of the city of Bayeux. 61 Bridgeman Art Library: Bibliothèque Nationale, Paris. 62 The Art Archive: British Library (tl). Bridgeman Art Library: Courtesy of the Warden and Scholars of New College, Oxford (c). 63 Bridgeman Art Library: National Gallery, London. 65 DK Images: By kind permission of the Trustees of the Wallace Collection (t). 66-67 DK Images: By kind permission of the Trustees of the Wallace Collection (b). 67 DK Images: By kind permission of the Trustees of the Wallace Collection (double-edged sword). 74 DK Images: By kind permission of the Trustees of the Wallace Collection (tl/ poleaxe) (clb/German halberd). 75 DK Images: British Museum (bl) (bc) (tr); Museum of London (br); By kind permission of the Trustees of the Wallace Collection (cl/war hammer). 76 DK Images: By kind permission of the Trustees of the Wallace Collection (clb). 78 The Art Archive: British Library (l). Bridgeman Art Library: National Palace Museum, Taipei, Taiwan (b). DK Images: British Museum (tl). 79 Bridgeman Art Library: Bibliothèque Nationale, Paris. DK Images: British Museum (cra/ Mongolian dagger and sheath).
80 DK Images: By kind permission of the Trustees of the Wallace Collection (br). 80-81 DK Images: By kind permission of the Trustees of the Wallace Collection (hunting crossbow and arrows). 81 The Art Archive: British Library (tr). DK Images: Robin Wigington, Arbour Antiques, Ltd., Stratford-upon-Avon (cr). 84 DK Images: INAH (cl) (cla) (tl) (cr). 84-85 DK Images: INAH (br). 85 DK Images: British Museum (tl); INAH (cr) (c) (bl). 86-87 Corbis: Charles & Josette Lenars. 88 DK Images: Courtesy of Warwick Castle, Warwick (tc). 89 DK Images: By kind permission of the Trustees of the Wallace Collection (c/ hunskull basinet). 91 DK Images: By kind permission of the Trustees of the Wallace Collection (tl) (tr) (crb). 92 akg-images: VISIOARS (b). 92-93 The Art Archive: University Library Heidelberg / Dagli Orti (A) (c). 93 akg-images: British Library (c). 94 DK Images: Courtesy of Warwick Castle, Warwick (crb). 95 akg-images: British Library (tl). DK Images: By kind permission of the Trustees of the Wallace Collection (clb). 96 DK Images: Courtesy of Warwick Castle, Warwick (bl). 96-97 DK Images: Courtesy of Warwick Castle, Warwick (gorget) (breastplate). 97 DK Images: Courtesy of Warwick Castle, Warwick (tc) (cl) (cr) (tr) (clb) (crb) (bl) (br). 98-99 Werner Forman Archive: Boston Museum of Fine Arts. 100 The Art Archive: Museo di Capodimonte, Naples / Dagli Orti. 101 akg-images: Rabatti - Domingie. 102 The Art Archive: Private Collection / Marc Charmet (r). 103 Tokugawa Reimeikai: (r). 105 The Art Archive: University Library Geneva / Dagli Ort (tc). 108 Bridgeman Art Library: Royal Library, Stockholm, Sweden (tr). 109 DK Images: By kind permission of the Trustees of the Wallace Collection (b); Judith Miller / Wallis and Wallis (crb). 110 akg-images: (bl) (br). 110-111 The Art Archive: Château de Blois / Dagli Orti (c). 111 akg-images: (tr). 116-117 The Art Archive: Basilique Saint Denis, Paris / Dagli Orti. 118 DK Images: By kind permission of the Trustees of the Wallace Collection (l). 119 DK Images: Courtesy of Warwick Castle, Warwick (b). 122 Corbis: Asian Art & Archaeology, Inc (bl). 122-123 DK Images: Board of Trustees of the Royal Armouries (t). 124-125 DK Images: Pitt Rivers Museum, University of Oxford (t); By kind permission of the Trustees of the Wallace Collection (c). 128 Bridgeman Art Library: School of Oriental & African Studies Library, Uni. of London (bl). 128-129 Bridgeman Art Library: Private Collection (c). 129 akg-images: (r). Ancient Art & Architecture Collection: (tl). DK Images: Board of Trustees of the Royal Armouries (fcrb); By kind permission of the Trustees of the Wallace Collection (clb). 130 DK Images: Pitt Rivers Museum, University of Oxford (cr). 134 DK Images: By kind permission of the Trustees of the Wallace Collection (r) (l). 135 DK Images: By kind permission of the Trustees of the Wallace Collection (t) (cb) (b). 138-139 DK Images: By kind permission of the Trustees of the Wallace Collection. 139 DK Images:
By kind permission of the Trustees of the Wallace Collection (t). 140-141 The Art Archive: Museo di Capodimonte, Naples / Dagli Orti . 143 DK Images: History Museum, Moscow (cr); By kind permission of the Trustees of the Wallace Collection (r). 144-145 DK Images: By kind permission of the Trustees of the Wallace Collection.
162 DK Images: Royal Museum of the Armed Forces ands of Military History, Brussels, Belgium (cra). 162-163 DK Images: private collection (c). 163 DK Images: Army Museum, Stockholm, Sweden (br); Royal Artillery, Woolwich (tr, crb). 164 DK Images: Fort Nelson (tr, cla, cb, br, c). 164-165 DK Images: Fort Nelson (c). 165 DK Images: Fort Nelson (tc, cla, crb, bl). 168 DK Images: Courtesy of Ross Simms and the Winchcombe Folk and Police Museum (tl); Courtesy of Warwick Castle, Warwick (br). 169 DK Images: Judith Miller / Wallis and Wallis (br). 170-171 akg-images: Nimatallah. 172 DK Images: By kind permission of the Trustees of the Wallace Collection.
173 DK Images: By kind permission of the Trustees of the Wallace Collection (tr) (cr); Courtesy of Warwick Castle, Warwick (br). 174 DK Images: By kind permission of the Trustees of the Wallace Collection. 175 Corbis: Leonard de Selva (bl). DK Images: By kind permission of the Trustees of the Wallace Collection (tr) (cra) (cr) (crb) (br). 176 DK Images: Pitt Rivers Museum, University of Oxford (tl).
177 DK Images: Pitt Rivers Museum, University of Oxford (br). 178 DK Images: Board of Trustees of the Royal Armouries (l) (cb) (br) (tr). 179 DK Images: Board of Trustees of the Royal Armouries (bc) (tc) (r). 180-181 Corbis: Minnesota Historical Society. 182 Corbis: Bettmann. 183 akg-images.
184 The Art Archive: National Archives Washington DC (tl). 185 The Art Archive: Museo del Risorgimento Brescia / Dagli Orti (tr). Corbis: Hulton-Deutsch Collection (b).
190 DK Images: Courtesy of the Gettysburg National Military Park, PA (c) (r); US Army Military History Institute (l) (br). 191 DK Images: Confederate Memorial Hall, New Orleans (ca) (cra) (bc) (br) (tc) (tr); US Army Military History Institute (cb) (crb). 192-193 DK Images: By kind permission of the Trustees of the Wallace Collection. 200 akg-images: (br). 202 DK Images: Pitt Rivers Museum, University of Oxford (ca). 204 The Art Archive: Biblioteca Nazionale Marciana Venice / Dagli Orti (tl). 206 Mary Evans Picture Library: (bl) (bc). 206-207 Bridgeman Art Library: Stapleton Collection (c).
207 Bridgeman Art Library: Courtesy of the Council, National Army Museum, London (tr). 211 DK Images: The American Museum of Natural History (tl) (br) (bl). 212-213 Corbis: Stapleton Collection. 214 DK Images: The American Museum of Natural History (cla) (r). 215 American Museum Of Natural History: Division of Anthropology (bl). Corbis: Geoffrey Clements (tl). DK Images: The American Museum of Natural History (r). 216 Getty Images: Hulton Archive (tl). 225 DK Images: Courtesy of the Gettysburg National Military Park, PA (bl) (br). 226 Bridgeman Art Library: of the New-York Historical Society, USA (bl). DK Images: Courtesy of the Gettysburg National Military Park, PA (tl). 226-227 Corbis: Medford Historical Society Collection (c). 227 Bridgeman Art Library: Massachusetts Historical Society, Boston, MA (tr). DK Images: Courtesy of the C. Paul Loane Collection (br); Civil War Library and Museum, Philadelphia (cl); Civil War Library and Museum, Philadelphia (cr); Courtesy of the Gettysburg National Military Park, PA (crb); US Army Military History Institute (bl). 231 DK Images: Courtesy of the Gettysburg National Military Park, PA (tr). 234 The Kobal Collection: COLUMBIA (br). 236-237 Corbis: Fine Art Photographic Library.
238 DK Images: Fort Nelson (cl, cra); HMS Victory, Portsmouth Historic Dockyard / National Museum of the Royal Navy (bl). 238-239 DK Images: private collection (cb). 239 DK Images: Fort Nelson (cr); DK Images: private collection (tl). 240 DK Images: Fort Nelson (cra, cl, bl). 241 DK Images: Fort Nelson (tl, tr).
242 DK Images: By kind permission of The Trustees of the Imperial War Museum, London (br); Fort Nelson (cla, bl). 242-243 DK Images: Royal Artillery, Woolwich (c). 243 DK Images: Fort Nelson (tr, cr, b). 253 Bridgeman Art Library: Private Collection / Peter Newark American Pictures (br).
254 akg-images: Victoria and Albert Museum (l). 254-255 Bridgeman Art Library: Delaware Art Museum, Wilmington, USA, Howard Pyle Collection (c). 255 The Art Archive: Laurie Platt Winfrey (br). Bridgeman Art Library: Private Collection (bc). 258-259 DK Images: By kind permission of the Trustees of the Wallace Collection. 261 akg-images: (t). 265 Corbis: Bettmann (br). 266 DK Images: private collection (fcla, cla, ca, cb). 267 DK Images: private collection (c). 268-269 The Art Archive.
282 DK Images: HMS Victory, Portsmouth Historic Dockyard / National Museum of the Royal Navy (cr). 283 DK Images: Courtesy of the Royal Artillery Historical Trust (tl); The US Army Heritage and Education Center - Military History Institute (c). 284-285 DK Images: private collection (cl).
285 DK Images: private collection (ca).
287 Sunita Gahir: (cl). 288 DK Images: Powell-Cotton Museum, Kent (l) (c). 289 DK Images: Exeter City Museums and Art Gallery, Royal Albert Memorial Museum (tl); Powell-Cotton Museum, Kent (bl).
290 DK Images: Judith Miller / Kevin Conru (c); Judith Miller/Kevin Conru (r); Judith Miller / JYP Tribal Art (l). 291 DK Images: Judith Miller / JYP Tribal Art (l) (clb) (cr) (r). 292-293 Corbis: The Military Picture Library. 294 akg-images. 296 Getty Images: Hulton Archive (tl). 297 Getty Images: Rabih Moghrabi / AFP (b); Scott Peterson (t). 300 DK Images: Pitt Rivers Museum, University of Oxford (t); Pitt Rivers Museum, University of Oxford (ca); Pitt Rivers Museum, University of Oxford (c); By kind permission of the Trustees of the Wallace Collection (b). 301 Corbis: Bettmann (tr). DK Images: Pitt Rivers Museum, University of Oxford (cr). 302 DK Images: RAF Museum, Hendon (br). 303 DK Images: Imperial War Museum, London (b). 304-305 popperfoto.com. 306 akg-images: Jean-Pierre Verney (br). The Art Archive: Musée des deux Guerres Mondiales, Paris / Dagli Orti (tr). Corbis: Adam Woolfitt (bl). 307 Corbis: Hulton-Deutsch Collection (b). 315 Corbis: Seattle Post-Intelligencer Collection; Museum of History and Industry (bl). 316 The Kobal Collection: COLUMBIA / WARNER (tl).
320 akg-images: (bl). 320-321 Getty Images: Picture Post / Stringer (c). 321 Getty Images: Sergei Guneyev / Time Life Pictures (br); Georgi Zelma (tl). 325 Rex Features: Sipa Press (bc). 334-335 The Art Archive. 337 DK Images: Imperial War Museum, London (t); Courtesy of the Ministry of Defence Pattern Room, Nottingham (ca). 338 DK Images: © The Board of Trustees of the Armouries (ca). 338-339 DK Images: Small Arms School, Warminster (cb). 339 DK Images: © The Board of Trustees of the Armouries (t); Small Arms School, Warminster (bl). 351 Corbis: John Springer Collection (br). 358 DK Images: Courtesy of the Royal Artillery Historical Trust (clb); Imperial War Museum, London (br); Royal Artillery, Woolwich (tl). 358-359 DK Images: private collection (c). 359 DK Images: Courtesy of the Royal Artillery Historical Trust (tr); Royal Museum of the Armed Forces and of Military History , Brussels, Belgium (tl, br); Fort Nelson (clb). 360 DK Images: Courtesy of the Royal Artillery Historical Trust (cra, br); By kind permission of The Trustees of the Imperial War Museum, London (cl). 360-361 DK Images:The Tank Museum (c). 361 DK Images: Courtesy of the Royal Artillery Historical Trust (tl); DK Images: private collection (bc). 362 DK Images: Fort Nelson (cla, b); 362-363 Royal Artillery, Woolwich (c).
363 DK Images: Courtesy of the Royal Artillery Historical Trust (tl, cr); By kind permission of The Trustees of the Imperial War Museum, London (tr); © The Board of Trustees of the Armouries (br); Fort Nelson (bl). 364 DK Images: Imperial War Museum, London (cl); Jean-Pierre Verney (cla); The Wardrobe Museum, Salisbury (crb); DK Images: private collection (tr).
364-365 DK Images: private collection (cb). 365 Dorling Kindersley: © The Board of Trustees of the Armouries (clb); Vietnam Rolling Thunder (cl, c); Stuart Beeny (r). 372 Corbis: Leif Skoogfors (bl). 372-373 Getty Images: Greg Mathieson / Mai / Time Life (c). 373 Getty Images: Greg Mathieson / Mai (bc); U.S. Navy (tr).
375 DK Images: © The Board of Trustees of the Armouries (cra). 376 DK Images: Small Arms School, Warminster (cl); DK Images: private collection (cla). 376-377 DK Images: private collection (bl). 377 DK Images: © The Board of Trustees of the Armouries (t); DK Images: private collection (cr). 378 DK Images: private collection (cla, fcl, bl). 378-379 DK Images: private collection (c). 379 DK Images: private collection (ca, fcra, cr, crb). 382 DK Images: Imperial War Museum, London. 383 Corbis: Chris Rainier. DK Images: Courtesy of Andrew L Chernack (crb). 384-385 Corbis: David Mercado/Reuters.

Dorling Kindersley would like to thank Philip Abbott at the Royal Armouries for all his hard work and advice; Stuart Ivinson at the Royal Armouries; the Pitt Rivers Museum; David Edge at the Wallace Collection; Simon Forty for additional text; Angus Konstam; Victoria Heyworth-Dunne for editorial work; Steve Knowlden, Ted Kinsey, and John Thompson for design work; Alex Turner and Sean Dwyer for design support; Myriam Megharbi for picture research support; Arpita Dasgupta, Anna Fischel, Margaret McCormack, Stuart Nielson, Shramana Purkayastha, and Kate Taylor for editorial assistance; Tony Watts and team.